HTML5+CSS3
王者归来
洪锦魁◎著
U0317565
清华大学出版社
北京

内容简介

这是一本用来修炼网页编程基本功的图书，本书并不是从讲解酷炫功能入手，而是一步一步将 HTML5 元素与 CSS3 属性依功能分类，详细地用程序实例进行解析，期望读者以最轻松的方式学会网页设计的基础知识。

本书分成三篇：第一篇：HTML5 完整学习（这一篇是学习网页设计的基础。笔者将绝大部分 HTML5 的元素依功能分成 10 章，用了约 150 个程序实例与图片做出说明，相信读者可以由此建立 HTML 的扎实基础）；第二篇：CSS3 完整学习（本篇学习网页的编辑与美化。笔者将绝大部分 CSS3 的属性依功能分成 14 章，用了约 240 个程序实例与图片做说明，在此读者可以彻底学会网页编辑与美化的基础方法与技巧）；第三篇：迈向网页设计高手之路（在这一篇中最基础的知识是 JavaScript，当读者学会之后，可以继续阅读网页结构 BOM 与 DOM。后面章节读者可以挑选有兴趣的主题阅读；如果对动画有兴趣可以阅读 Canvas；如果对设计汽车导航与地图定位有兴趣可以阅读第 31 章；如果希望学习设计移动端网页可以参考第 32 章。在最后一章，本书将以实例说明网页转成 APP 应用程序的方法，未来各位读者可以随时将用 HTML+CSS+JavaScript 开发的网页转成 APP。在这一篇笔者用了约 210 个程序实例与图片做解说，这将对读者学习高级的网页设计有很大的帮助。

为了提升这本网页编程图书的阅读体验，本书从策划阶段就决心彩色印刷，因此，在图书结构上、案例选择上以及代码样式上都进行了细心设计，力争呈现给读者一本与众不同的网页编程书。

本书适合所有对网页设计与编程感兴趣的读者，尤其适合网页设计师等互联网设计岗位，同时也可以作为社会培训教材。

图书在版编目(CIP)数据

HTML5+CSS3王者归来 / 洪锦魁著. — 北京：清华大学出版社，2019
ISBN 978-7-302-51463-3

Ⅰ. ①H… Ⅱ. ①洪… Ⅲ. ①超文本标记语言—程序设计②网页制作工具
Ⅳ. ①TP312.8②TP393.092.2

中国版本图书馆 CIP 数据核字（2018）第 256566 号

责任编辑： 栾大成
封面设计： 杨玉芳
责任校对： 徐俊伟
责任印制： 李红英

出版发行： 清华大学出版社
网　　址： http://www.tup.com.cn，http://www.wqbook.com
地　　址： 北京清华大学学研大厦 A 座　**邮　　编：** 100084
社 总 机： 010-62770175　**邮　　购：** 010-62786544
投稿与读者服务： 010-62776969，c-service@tup.tsinghua.edu.cn
质 量 反 馈： 010-62772015，zhiliang@tup.tsinghua.edu.cn
印 装 者： 北京亿浓世纪彩色印刷有限公司
经　　销： 全国新华书店
开　　本： 170mm×240mm　**印　　张：** 29.25　**字　　数：** 763 千字
版　　次： 2019 年 4 月第 1 版　**印　　次：** 2019 年 4 月第 1 次印刷
定　　价： 128.00 元

产品编号：078141-01

序

根据多年的自学与教学经验，作者深刻体会到建立扎实学识基础的重要性，因此本书一开始并不是介绍一些炫酷的功能，而是一步一步将 HTML5 元素与 CSS3 属性依功能分类，详细地用程序实例做解说，期望读者以最轻松的方式学会网页设计的基础知识。

本书分成三篇：

- 第一篇：HTML5 完整学习

这一篇是学习网页设计的基础。作者将绝大部分 HTML5 的元素（Element）依功能分成 10 个章节，用了约 150 个程序实例与图片做说明，相信读者可以由此建立 HTML 的扎实基础。

- 第二篇：CSS3 完整学习

这一篇是学习网页的编辑与美化。作者将绝大部分 CSS3 的属性（Properties）依功能分成 14 个章节，用了约 240 个程序实例与图片做说明，在此读者可以彻底学会网页编辑与美化的基础方法与技巧。

- 第三篇：迈向网页设计高手之路

在这一篇中最基础的知识是 JavaScript，当读者学会之后，可以继续阅读网页结构的知识 BOM 与 DOM。后面章节读者可以挑选有兴趣的主题阅读；如果对动画有兴趣可以阅读 Canvas；如果对设计汽车导航与地图定位有兴趣可以阅读第 31 章介绍的内容；如果希望学习设计用于手机或平板电脑显示的网页可以参考第 32 章介绍的内容。在最后一章，本书将以实例说明网页转成 APP 应用程序的方法，未来各位读者可以随时将用 HTML+CSS+JavaScript 开发的网页转成 APP。在这一篇，作者用了约 210 个程序实例与图片做解说，对读者学习高级的网页设计有很大的帮助。

HTML5+CSS3 的设计方式已经改变了整个网页设计的观念。过去设计网页可以在 HTML 文件内做编辑美化，如今这些工作已经全部交由 CSS 处理，所以许多老版本的元素和属性已经被弃用。作者在撰写本书时也特别谨慎，原则上在程序内容中不再放入已经弃用的元素与属性，以免误导读者。另外，对于最新流行的响应式网页设计，作者也将以实例做解说。依作者的经验，在设计网页过程中随时需要参考 HTML 与 CSS 的语法，为了便于读者查询，本书附录部分包含了 HTML 元素与属性的索引表和 CSS 属性的索引表，这也将是各位工作时用来查询与参考的一大利器。

其实学会前 2 篇的内容已经足够让读者成为前端的网页设计师了，如果还有兴趣继续钻研，可以阅读第三篇。

作者写过许多计算机方面的书籍，本书沿袭一贯特色，程序实例丰富，相信读者只要按照本书内容学习，必定可以在最短时间内精通网页设计。编写本书虽力求完美，但能力有限，谬误难免，尚祈读者不吝指正。

洪锦魁

目　　录

第一篇　HTML5 完整学习

第 12 章 段落文字的编排知识

第 13 章 将 CSS 应用在项目列表

第 14 章 设计背景

第 23 章 变形动画

第 24 章 响应式（RWD）网页设计

第三篇 迈向网页设计高手之路

第 25 章 JavaScript 基础知识

第 26 章 JavaScript 的流程控制

第一篇

HTML5 完整学习

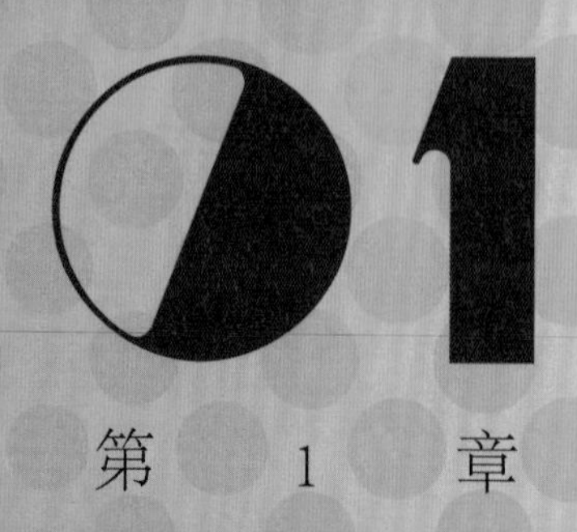

第 1 章

HTML5 的历史

本章摘要

1-1 认识 HTML

HTML 的英文全称是 HyperText MarkUP Language，它是一种标记（Tag）语言，其中的每一个标记皆是一个指令。将一系列的标记组织起来，就可用于网页设计，得到我们使用浏览器所看到的网页。

1-2 蒂姆·伯纳斯 - 李 (Tim Berners Lee)

蒂姆·伯纳斯相片来自下述网页：

www.flickr.com/photos/16189770@N00/3462300428/.

蒂姆·伯纳斯 - 李是万维网的发明人，是英国牛津大学物理系毕业的物理学家与计算机科学家。在 1980 年 6 月至 12 月在欧洲核子研究中心（European Organization for Nuclear Research，CERN）工程期间，为了让 CERN 的研究人员在不同的平台上可以分享信息，他建立了询问计划（ENQUIRE）的原型，在一份备忘录中提出了因特网（Internet）的超文本（Hypertext）概念。

之后他离开了 CERN，到英国西南部伯恩茅斯（Bournemouth）计算机公司工作，这期间他参与了远程过程调用计划，获得了更多计算机网络的经验，1984 年他以正式员工身份回到 CERN 工作。

1989 年，CERN 是欧洲最大的因特网节点，蒂姆·伯纳斯 - 李看到了将超文本与因特网结合的机会，同年 3 月他写下了将超文本系统、网络传输协议与域名系统结合的初步构想，并在 1990 年设计了全球第一个网页浏览器与网页服务器。世界第一个网站就在 CERN 成功建立了。

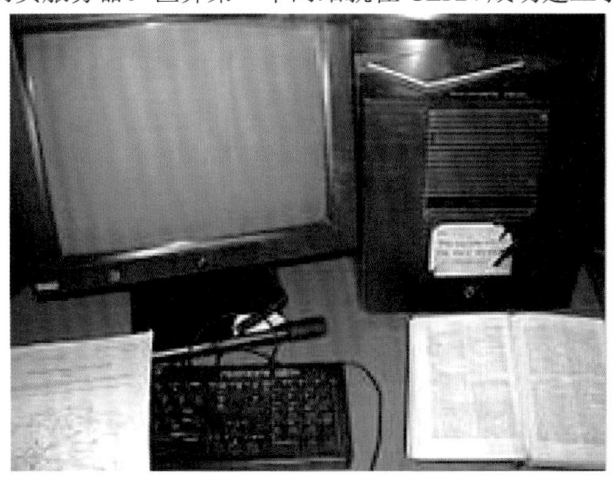

蒂姆·伯纳斯 - 李在 CERN 工作时的计算机 NeXT，也是世界第一台万维网服务器

https://upload.wikimedia.org/wikipedia/commons/thumb/d/d1/First_Web_Server.jpg/1024px-First_Web_Server.jpg

info.cern.ch 是世界上第一个网站，架设在上述机器上，第一个网页网址是：

http://info.cern.ch/hypertext/WWW/TheProject.html

1-3 HTML 历史上的 3 个重要协会

- IETF：Internet Engineering Task Force

国际互联网工程任务组，这个小组的英文简称是 IETF，成立于 1986 年 1 月 16 日，它的网址如下：

www.ieft.org

这个协会曾经参与整理与发布 HTML2.0，但只到公开讨论 RFC（Request For Comments）阶段，同时组织成员间因为竞争利益，让 HTML 标准制定工程停滞。IETS 在 1996 年 9 月 12 日关闭了它下设的 HTML 工作组。

- W3C：World Wide Web Consortium

中文译为万维网联盟，这个协会的英文简称是 W3C，成立于 1994 年 10 月 1 日，总部设在美国麻省理工学院，它的网址如下：

www.w3.org

这个协会是由万维网的发明人蒂姆·伯纳斯 - 李所创。

在网络世界许多大公司皆有自己的 Web 平台与技术，不同语系的国家也有各自的语言规范，为了解决这些问题，W3C 制定了一些标准，并推荐给各大浏览器（Browser）开发厂商和内容提供厂商遵循。在所有推荐标准发布前，会经过下列程序：

（1）W3C 委员根据各厂商建议，建立草案（Draft）并发布。

（2）进行草案公开讨论，然后进入候选（Candidate）阶段并发布。

（3）推荐（Recommendation，REC）标准发布。

W3C 目前除了制定 HTML 标准外，还制定了 CSS 规范。

- WHATWG：Web Hypertext Application Technology Working Group

中文译为网页超文本应用技术工作小组，这个协会的英文简称是 WHATWG，成立于 2004 年 6 月 4 日，总部设在美国麻省理工学院，它的网址是：

whatwg.org

这个组织初期主要由 Apple、Google、Opera 软件公司和 Mozilla 基金会等重要的浏览器开发厂商组成，成立的目的就是为了要推动 HTML5 标准。当时 W3C 曾经想要放弃 HTML 改为开发以 XML 为基础的技术 XHTML，在 WHATWG 成立后就否决了 W3C 所提的标准。2007 年 4 月 10 日几家重要的浏览器开发商 Apple、Google、Opera 和 Mozilla 基金会建议 W3C 接受 WHATWG 开发的

HTML5，2007 年 5 月 9 日 W3C 协会接受了这个建议，所以也可以说 HTML5 是 W3C 和 WHATWG 合作下的产品。

1-4 HTML 的发展史

认识了上一节所述的 3 个协会后，我们知道 HTML5 是 WHATWG 和 W3C 合作下的产物。

HTML 的发展史

版　本	发表日期	发表单位	发表形式
HTML2.0	1995 年 11 月 24 日	IETF	RFC 公开讨论发布
HTML3.2	1997 年 1 月 14 日	W3C	REC 推荐标准并发布
HTML4.0	1997 年 12 月 18 日	W3C	REC 推荐标准并发布
HTML4.01	1999 年 12 月 24 日	W3C	REC 推荐标准并发布
HTML5	2014 年 10 月 28 日	W3C	REC 推荐标准并发布
HTML5.1	2016 年 6 月 21 日	W3C	Candidate REC 推荐标准并发布

注 RFC（Request for Comments）是公开讨论阶段，REC（Recommendation）是正式定稿推荐标准并发布，Candidate REC 是目前候选阶段的推荐标准。

由上表可知，IETF 所发表的 HTML2.0 并未达到公开推荐标准阶段。其实在 1995 年 IETF 也曾经提案 HTML3.0 标准，但是当时不被浏览器开发商采纳，因此没有成功，就被后来 W3C 发表的 HTML3.2 取代了。

读者可能觉得奇怪，为什么没有 HTML1.0 版本？这主要是因为当时 W3C 尚未成立，没有专责机构制定规范，因此有许多不同版本。几个开发的重要草案发表时间如下：

- 1991 年 10 月

  非正式的 CERN 档案公开了 16 个 HTML 标记。

- 1992 年 6 月

  非正式草案 HTML DTD 发表。

- 1992 年 11 月

  非正式草案 HTML DTD 1.1 发表。

至于 HTML5 的诞生，从 2007 年 5 月 9 日 W3C 协会接受了 WHATWG 建议到正式发表，也经历了如下历程：

- 2008 年 1 月

  W3C 正式发布 HTML5 的工作草案。

- 2011 年 5 月

  W3C 将 HTML5 推广至最终征求（Last Call）阶段，将最终完成标准推荐的日期订在 2014 年。

- 2012 年 12 月

  W3C 将 HTML5 推广至候选推荐（Candidate Recommendation），也就是功能不会被删除，但是可以增加新功能。

- 2014年10月28日

正式推荐标准并发布。

1-5 HTML 开发中的插曲 XHTML

HTML4.01 推荐标准发布后，开始进入发展停滞状态，这时 W3C 协会利用 HTML 4.01 的基础转而开发 XHTML。

XHTML 的英文全名是 Extensible Hyper Text Markup Language，中文解释为可扩展超文件标记语言。下表是 XHTML 各版本的发表时间。

XHTML 各版本的发表时间

版　本	发表日期	发表单位	发表形式
XHTML1.0	2000年1月26日	W3C	REC 推荐标准并发布
XHTML1.1	2001年5月31日	W3C	REC 推荐标准并发布
XHTML2.0	2006年7月26日	W3C	Draft 草案发布

不过 XHTML 并不被浏览器开发商所接受与支持，WHATWG 甚至认为 XHTML 不是用户所需的规范，因此 XHTML 也就不再有后续版本。

1-6 HTML 与浏览器的兼容问题

W3C 是将制定的 HTML5 推荐标准发布了，但是它终究只是一个协会，制定的是规范，而不是强制规定，有的规范标准未被浏览器开发商采用，因此，在设计 HTML 文件时就可能会碰上有些功能在某些浏览器下可执行，但在另一些浏览器下无法执行的情况。

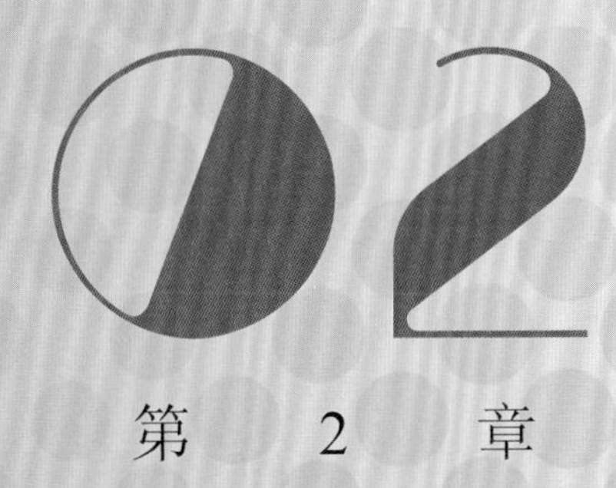

第　2　章

HTML5 从零开始

本章摘要

2-1 HTML5 与 HTML4.01

在过去学习计算机软件的观念中，每当有更新版的软件发表时，一定可以看到新版增加了许多新的功能，当然旧版软件的功能仍然可以在新版软件内使用。

但是 W3C 协会正式定稿的 HTML5 发表后，同时声明废除了许多 HTML4.01 的旧元素（Element）。虽然目前一些浏览器仍然支持这些已废除的旧元素，但笔者建议为了避免未来网页显示中可能发生的问题，在设计网页时不要使用 HTML5 已废除的元素。所以本书在叙述内容时，基本上不再介绍与使用存在于 HTML4.01 但 HTML5 已废除的元素。

本书后述 HTML 专指 HTML5。

2-2 HTML 文件结构

HTML 文件是纯文本组成的文件，它的基本文件结构如下：

```
01  <!doctype html>
02  <html lang="zh-tw">
03  <head>
04      … （标明文件资讯）
05  </head>
06  <body>
07      … （显示在网页上的内容）
08  </body>
09  </html>
```

其实我们也可以称 HTML 文件是由 <html>、<head> 和 <body>3 个元素所组成。注意，HTML 文件是没有行号的，此处的行号只是为了教学和读者学习方便而加上去的。

2-2-1 大小写皆可

HTML 对标记（tag）本身所用的英文字母大小写是不敏感的，用英文大写字母或小写字母编写皆可接受。例如，将 <html> 改成 <HTML> 或是将“doctype”改成“DOCtype”，所代表的意义相同。

2-2-2 文件声明 doctype

在 HTML4.01 版时，需要在文件前面编写一长串的 doctype 声明，以注明是使用哪一个版本的 DTD（Document Type Definition，文档类型定义）。HTML5 由于没有使用 DTD，所以简化了许多，其文件的第一行内容如下：

```
<!doctype html>
```

这相当于告诉浏览器，目前这份文件是符合 HTML5 规范的，请使用 HTML5 的标准来解析文件。

2-2-3 <html> … </html>

在 HTML 文件中只有 doctype 是写在 <html> 前面的。

起始标记 <html> 和结束标记 </html> 主要用来标示这区间内的数据是 HTML 文件。虽然所有 HTML 文件的扩展名都是 .htm 或 .html，浏览器已经可从扩展名判断出这是 HTML 文件了，不过笔者仍建议加上这个标记。

上面的文件结构中，在这个标记内笔者加上了属性 lang="zh-tw"，这个属性标明此份 HTML 文件所用的语言是繁体中文。标注语言可以协助搜索引擎和浏览器判别目前浏览文件所使用的语言。下列是几种常见语言的标注属性值。

简体中文：zh-cn　　日文：ja
英文：en　　韩文：ko

如果省略了标注语言的语句，浏览器将依所在计算机的语言设定来解读这份 HTML 文件。虽然在开始标记 <html> 不加 lang 属性设定，程序也可以正确执行，但是 HTML5 建议在所设计的 HTML 文件中于开始标记 <html> 内加上 lang 属性。

在 HTML 文件中，依次需写上 <head> … </head> 元素和 <body> … </body> 元素，其实我们也可以说，<html> … </html> 内部是由 <head> 和 <body> 组成的。下面两节会针对此做解说。

当然，文件没有加 <html> 起始和 </html> 结束标记仍可以被正确执行，不过笔者不建议如此操作，所以本书所有程序范例皆包含此标记。

2-2-4　<head> … </head>

位于 <head> 和 </head> 之间的内容基本上是 HTML 文件头，这里主要包含文件标题 <title> … </title>、CSS 样式定义、作者信息、文件关键词信息以及本文所在 URL（Universal Resource Locator，可理解为 Internet 地址）等基准信息。

写在 <head> … </head> 间的信息，除了标题（title）外，都不会在浏览器中显示。

2-2-5　<body> … </body>

<body> … </body> 之间的内容其实就是 HTML 文件的主体，这些内容会在浏览器中显示。

2-3　认识 HTML 基本元素

HTML 文件由元素组成，其实如果读者学习过其他程序语言，也可以将元素想成是程序指令。HTML 元素（element）的基本组成举例如下：

<a href=http://www.deepstone.com.tw> 深石数位网页 </a>

参见上例，几个与元素相关的名词说明如下：

- 元素 (element)

我们可以将上例整行代码称为一个 HTML 元素。

- 起始标记 (start tag)

以上例而言起始标记指的是下列数据。

<a href=http://www.deepstone.com.tw>

- 结束标记 (end tag)

以上例而言结束标记指的是下列数据。

</a>

结束标记是在“<”符号后紧接着“/”符号，最后再加上元素名称和“>”符号。

- 元素名称

以上例而言元素名称指的是“a”。

- 元素内容

以上例而言元素内容指的是下列数据。

深石数位网页

- 元素属性 (attribute)

以上例而言元素属性指的是“href”。

- 元素属性内容

以上例而言元素属性内容指的是下列数据。

http://www.deepstone.com.tw

HTML 所有元素名称使用时均需使用符号“<”和“>”括起来，所以有人称这是标记。上例中：

<a>：我们可称为“a 标记”或“标记 a”，也可称为“a 元素”或“元素 a”；

a：我们应该称为“a 元素”或“元素 a”，也可称为“a 标记”或“标记 a”。

读者须了解它们代表的意义相同。

如果看到数据注明 href 是“元素 <a> 的属性”或“标记 <a>”的属性，两者的意义是相同的。

综上所述，不论是元素还是标记，读者皆可视为 HTML 指令。对于 HTML 而言，元素和属性的概念最重要。有些相同字既是元素也可以当属性使用，例如，“span”或“button”。为了区分两者，后述将所有元素皆加上标记“<”和“>”。

2-4 HTML 标记类型

HTML 的标记类型有两种。

❑ 容器标记 (container tag)

这类型的标记最大特点是成对出现，也就是它有起始标记和结束标记，例如 <html>、<head> 和 <body> 等。

❑ 单一标记 (single tag)

有些标记是没有结束标记的，例如，
（换行输出，可参考 3-3 节）、<hr>（这是加上水平分隔线的标记，可参考 3-5 节）。

2-5 我的第一个 HTML 文件

2-5-1 编辑我的第一个 HTML 文件

HTML 是纯文本格式的文档，可以使用 Windows 内附的记事本来编辑 HTML 文件。除了记事本，目前也有一些公司开发了 HTML 文件编辑器，非常好用，例如 Notepad++（2-5-3 节将做简单说明）和 WebStorm 等。

程序实例 ch2_1.html：下面笔者将以记事本为例做解说。在记事本中输入如下所示的内容。

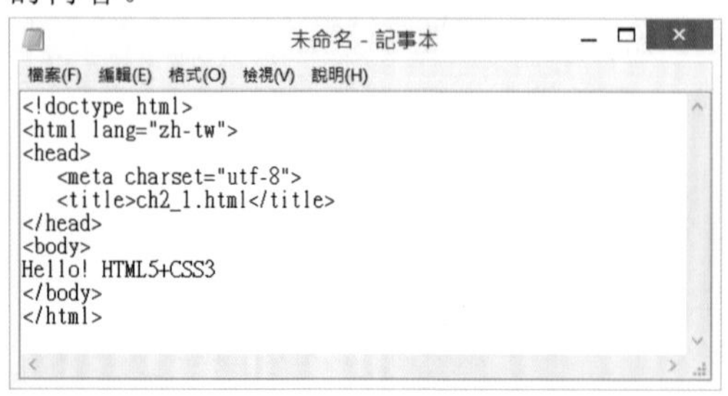

然后执行“文件”→“保存”命令。

随后可以看到“另存为”对话框，选择欲保存的文件夹，如“ch2”，然后在“文件名”输入框中输入“ch2_1.html”，在“编码”下拉列表框中选择“UTF-8”，然后单击“保存”按钮。HTML 文件的扩展名是 .html 或 .htm，本书全部使用 .html 为扩展名。

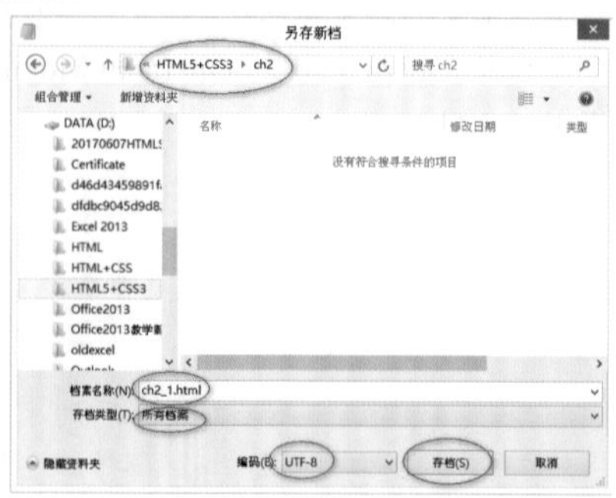

文件保存完成后，可以在记事本标题栏看到所指定的文件名“ch2_1”。

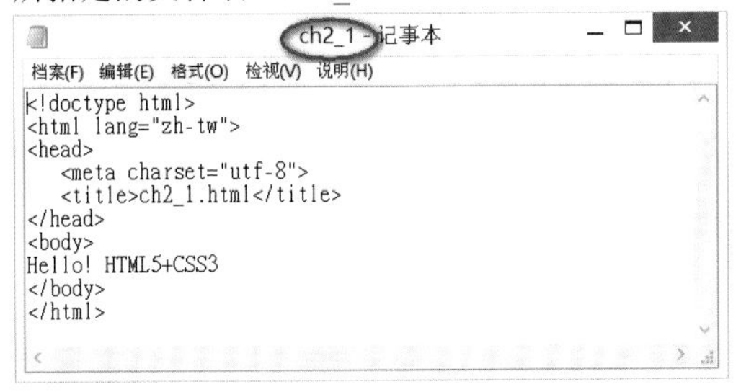

这时进入 ch2 文件夹可以看到下面的画面。

2-5-2　执行我的第一个 HTML 文件

双击上述 ch2_1 文件的图标或是将 ch2_1 文件的图标拖曳至浏览器，可以打开这份 HTML 文件，并显示如下结果。

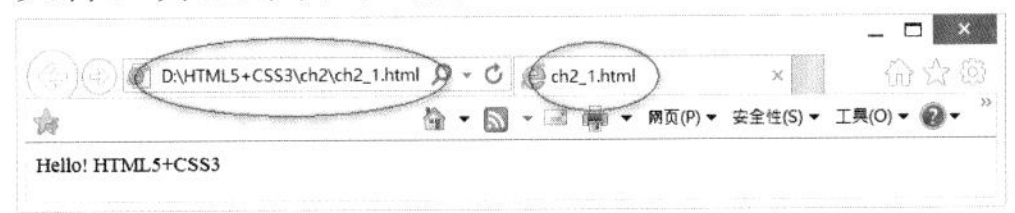

说明，本例笔者使用的是 Microsoft 公司的 Internet Explorer（简称 IE）浏览器，该浏览器到 9.0 版以后才对 HTML5 有较好的支持。笔者在撰写本书时，除了使用 Internet Explorer 浏览器外，还使用了 Apple 公司的 Safari、Google 公司的 Chrome、Opera 公司的 Opera 和 Mozilla 基金会的 Firefox 浏览器做测试。

2-5-3　Notepad++

Notepad++ 是适合在 Windows 环境中使用的 HTML 文件编辑器，主要优点如下：

1. 具有智能输入功能，输入元素或属性时，只要输入前面的英文字母，其后关联的英文字母即跳出供选用。这个功能除了可以加快输入速度，还可以避免输入错误。例如，当输入“he”时，可自动跳出相关的元素或属性供选用。

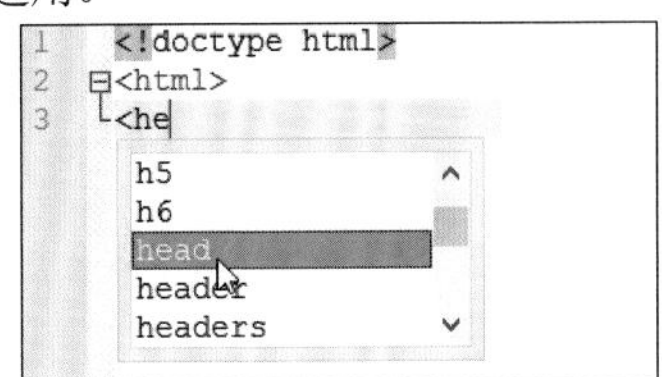

2. HTML 文件设计完成时，元素、元素内容、属性与属性值分别用不同颜色显示，方便检查程序。

3. 方便除错 (debug)。HTML 文件语法出问题时，可通过显示为不同颜色的元素或属性找出错误。例如下图是 <meta> 元素名称输入错误时显示的画面。

4. 可以选择使用哪一种浏览器执行所编写的 HTML 文件。

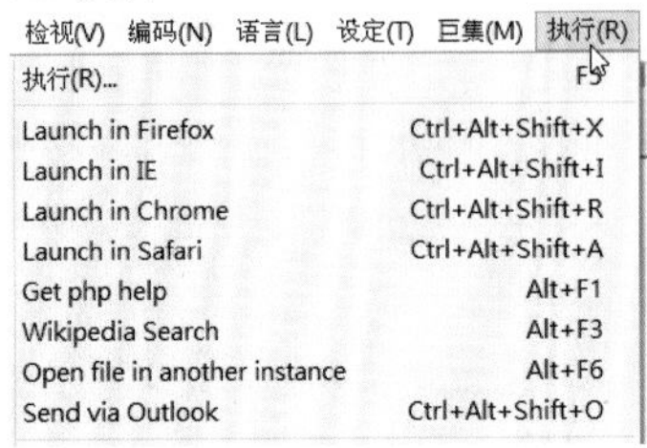

5. 文件左边有行号，方便用户了解目前的编辑状况与阅读文件。

2-6 解析我的第一个 HTML 文件

为了方便解说，笔者将 ch2_1.html 文件的内容再列示一次：

```
1  <!doctype html>
2  <html lang="zh-tw">
3  <head>
4     <meta charset="utf-8">
5     <title>ch2_1.html</title>
6  </head>
7  <body>
8  Hello! HTML5+CSS3
9  </body>
10 </html>
```

从上面的程序可以知道，相较 2-2 节所述 HTML 文件结构而言，我们只增加了 3 行数据，分别是第 4 行、第 5 行和第 8 行。

2-6-1 <meta> 元素

程序第 4 行笔者使用了 <meta> 元素，这个元素必须放在 <head> 标记内。有关 <meta> 的另一个规定是，必须写在 HTML 文件前 1024B 之内。<meta> 元素的主要目的是提供有关这份 HTML 文件的相关信息。例如编码方式、作者信息、关键词信息或重新导向网址以便将用户导向至另一个网址等。由于有关 <meta> 的设定有很多，所以允许 <head> 标记内有多个 <meta> 元素存在。它的相关属性设定如下：

❑ charset

这是设定这份 HTML 文件的编码方式，建议设定此属性为“utf-8”。

UTF-8 英文全名是 8-bit Unicode Transformation Format，这是一种适合多语系的编码规则，使用可变长度的方式存储字符，以节省内存空间。例如，对于英文字母而言使用 1B 存储即可，对于含有附加符号的希腊文、拉丁文或阿拉伯文等则用两个字节空间存储字符，汉字则是以 3 个字节空间存储字符，只有极少数的平面辅助文字需要 4 个字节空间储存字符。也就是说，这种编码规则已经包含了全球所有语言的字符了，所以采用这种编码方式设计网页时，其他国家的浏览器只要支持 UTF-8 编码规则即可正常显示。例如，美国人即使使用英文版的 Internet Explorer 浏览器，也可以正常显示汉字。

另外，有时我们在网络世界浏览其他国家的网页时，会发生显示乱码的情况，主要原因就是对方网页设计师并没有将 charset 属性设置为“utf-8”。例如，早期简体中文的编码是 GB2312，这种编码方式是以 2 个字符的长度存储一个简体中文字，由于这种编码方式不能用于多语系，无法在繁体中文 Windows 环境中使用，如果网页设计师采用此编码方式设计网页，将造成港、澳和台湾繁体中文 Windows 环境下的用户在浏览此网页时显示乱码。

❑ name

这个属性的值有：

author：文件的作者信息。

description：文件的描述，在此设定的内容会出现在搜索引擎的搜寻结果中。

keywords：文件相关的关键词，方便搜索引擎使用。如果要输入多个关键词，彼此间用逗号隔开。

generator：制作此文件所使用的软件。

revised：文件最新版本信息。

使用 name 属性时，需搭配一个 content 属性，这相当于将 content 的属性值关联到 name 的属性值。

实例 1：下面的语句提供作者的信息是“洪锦魁”。

```
<meta name="author" content="洪锦魁">
```

实例 2：下面的语句搜索引擎提供 3 个关键

词，分别是“洪锦魁”“深石”和“DeepStone”。

```
<meta name="keywords" content=" 洪锦魁 , 深石 , DeepStone">
```

实例 3：下面的语句是对 HTML 文件页面的描述。

```
<meta name="description" content="HTML5+CSS3 王者归来书籍范例 ">
```

实例 4：下面的语句列出了本文件最新版本的信息。

```
<meta name="revised" content=" 洪锦魁 2018/01/01">
```

❑ http-equiv

这个属性的值有：

content-type：在 HTML4.01 以前，可以使用此属性值设定语言编码信息，但是现在可以用 charset 属性取代。

refresh：可以设定经过几秒后重新读取这个页面，或是设定经过几秒后重新导向至另一个网页。

使用 http-equiv 属性时，需搭配一个 content 属性，这相当于将 content 的属性值关联到 http-equiv 的属性值。

实例 5：下面的语句是设定 HTML 文件语言编码为台湾繁体中文。

```
<meta http-equiv="content-language" content="zh-tw">
```

实例 6：下面的语句是设定 HTML 文件语言编码为简体中文。

```
<meta http-equiv="content-language" content="zh-ch">
```

实例 7：下面的语句是设定 HTML 文件语言编码为“utf-8”。

```
<meta http-equiv="content-type" content="text/html"; charset="utf-8">
```

注　其实上述实例是 HTML 老版本的实例，笔者此处只为列举用法，HTML5 的网页设计师基本不再使用这些语法，而直接采用 ch2_1.html 第 4 行的语法。

实例 8：下面的语句是设定 HTML 文件在经过 5 秒后自动重新读取页面。

```
<meta http-equiv="refresh" content="5">
```

实例 9：下面的语句是设定 HTML 文件在经过 5 秒后自动导向深石数字公司网页。

```
<meta http-equiv="refresh" content=" ：5;http://www.deepstone.con.tw">
```

上述实例 9 的功能常用在网页搬家时，可将用户导向新网页以避免客户流失。

2-6-2　<title> 元素

这个元素主要是设定文件标题，在 <head> 标记只能设定一次 <title>。标题会出现在浏览器标题、浏览器标记列、浏览记录及收藏列表中，所以在设定时要简洁，同时含义最好可以完整表达整个网页。以 ch2_1.html 而言，执行后将显示下图所示的文件标题。

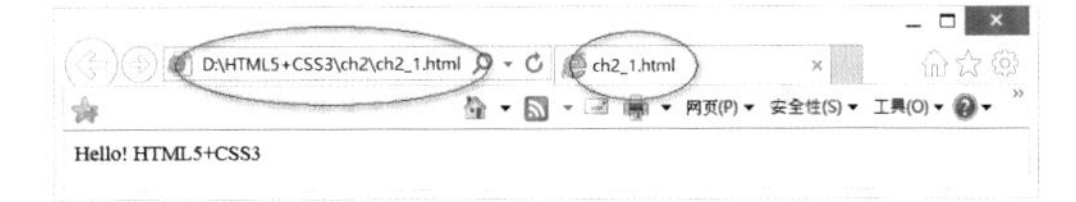

上图所示窗口中，左边显示的是 ch2_1.html 文件的地址，在真实网络世界里这里显示的是网页的地址，可想成 Internet 地址，第 4 章会做更完整的说明；右边的是使用 <title> 元素设定的标题。

2-6-3　文件主体

ch2_1.html 文件的第 8 行内容是其主体，属于 <body> … </body> 之间的内容将会呈现在网页内。2-6-2 节的执行结果图即其在浏览器中输出的内容。

2-7 HTML 文件的批注

程序编写需要的时间长了，难免会忘记当初的想法，所以有经验的程序设计师均会在设计程序时，在适当的位置加上批注；或是在团队合作中，需与其他程序设计师或主管分享程序原码时，应加上批注。强烈建议读者在设计中、大型程序时，适度地为程序加上批注，方便自己或是他人阅读。在 HTML 文件内，“<!--”符号开始的文字是文件批注，直至“-->”符号结束。批注一般用于说明所设计的文件，浏览器不会处理和显示。

程序实例 ch2_2.html：这个程序的第一行是 HTML 的文件批注，主要内容是在简单的 HTML 文件内增加作者信息，并且令程序执行 5 秒后，导向深石数字公司。

```
1  <!-- HTML+CSS王者归来程序范例 -->
2  <!doctype html>
3  <html lang="zh-tw">
4  <head>
5      <meta charset="utf-8">
6      <meta name="author" content="洪锦魁">
7      <meta name="keywords" content="洪锦魁, 深石">
8      <meta http-equiv="refresh" content="5;http://www.deepstone.com.tw">
9      <title>ch2_2.html</title>
10 </head>
11 <body>
12 5秒后将进入深石数字公司网页
13 </body>
14 </html>
```

执行结果

5秒后将进入深石数字公司网页

经过 5 秒后，浏览器导入深石数字公司的网页。

这个程序的第 1 行是文件批注，说明所设计的文件浏览器将不处理及显示。另外这个 HTML 文件的第 6 行和第 7 行是提供给搜索引擎使用的，所以浏览器页面无法显示其信息。

习题

请设计一个网页，这个网页将列出你的个人资料，所列内容可以自行发挥，并使网页在显示 30 秒后，导向你就读学校的官网。

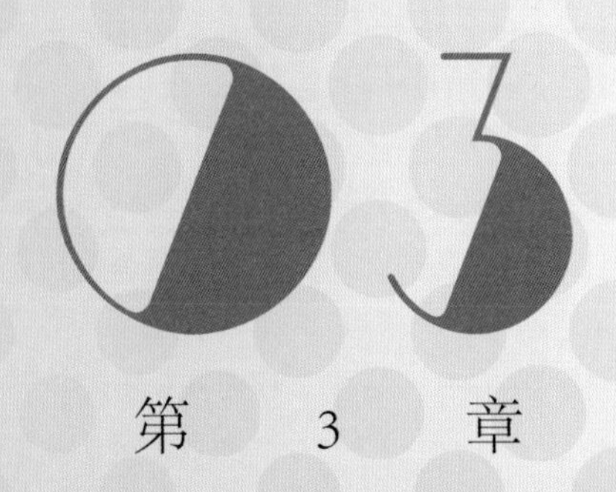

第 3 章

HTML 文件输出的基本知识

本章摘要

3-1 浏览器处理数据的输出
3-2 标题输出 <hn> 元素
3-3 换行输出
 元素
3-4 保持原始文件样式 <pre> 元素
3-5 水平线 <hr> 元素
3-6 段落 <p> 元素
3-7 文件某个区域 <section> 元素
3-8 页首 <header> 元素
3-9 页尾 <footer> 元素
3-10 粗体显示 <b> 和 <strong> 元素
3-11 斜体 <em> 和 <i> 元素
3-12 引用 <cite>、<q> 和 <blockquote> 元素
3-13 加上底纹 <mark> 元素
3-14 小型字 <small> 元素
3-15 显示与计算机有关联的文字 <kbd>、<samp>、<var> 和 <code> 元素
3-16 定义缩写 <abbr> 元素
3-17 定义用语 <dfn> 元素
3-18 内容新增与删除 <ins> 和 <del> 元素
3-19 隔离双向文字走向 <bdi> 元素
3-20 指定文字走向 <bdo dir="direction">…</bdo>
3-21 标示注音或拼音 <ruby>、<rt> 和 <rp> 元素
3-22 上标 <sup> 和下标 <sub> 元素
3-23 输出特殊字符
3-24 HTML 的树状结构
3-25 HTML5 不再支持的元素与属性设定

HTML5 增加了许多结构的区块元素，让整个文件设计可以更加结构化，同时清晰易懂。在正式介绍这些观念前，本章将只介绍在浏览器内输出 HTML 文件的基本知识，以奠定读者的学习基础。

3-1 浏览器处理数据的输出

浏览器读取 HTML 文件时，只能判读元素和文字，不会判别其中的回车和空格字符，所以输出的段落数据若包含回车和空格字符时，这些字符将被忽略。

程序实例 ch3_1.html：输出一首诗。

```
1 <!doctype html>
2 <html>
3 <head>
4     <meta charset="utf-8">
5     <title>ch3_1.html</title>
6 </head>
7 <body>
8 李白      月下独酌
9 花间一壶酒，
10 独酌无双亲；
11 举杯邀明月，
12 对影成三人。
13 </body>
14 </html>
```

执行结果

李白 月下独酌花间一壶酒，独酌无双亲；举杯邀明月，对影成三人。

不过，在输出时可以看到李白的“白”字与“月”之间有一个英文字符的空间，这个空间类似于英文单词间的空格，同样情况可以在每段第 1 个字（“花”“独”“举”和“对”）的左边看到。另外，浏览器在处理数据输出时，会因所开启的浏览器窗口宽度，自行处理段落数据的编排事宜。

程序实例 ch3_2.html：观察在不同浏览器窗口宽度下，段落数据的输出情况。

```
1 <!doctype html>
2 <html>
3 <head>
4     <meta charset="utf-8">
5     <title>ch3_2.html</title>
6 </head>
7 <body>
8 蒂姆·伯纳斯·李(Tim Berners Lee)是万维网的发明人，
9 是英国牛津大学物理系毕业的物理学家与计算机科学家。在
10 1980年6月至12月承包欧洲核子研究中心
11 (European Organization for Nuclear Research, CERN)
12 工程期间，为了让CERN的研究人
13 员在不同的平台上可以分享信息，他建立了询问计划(ENQUIRE)的
14 原型，在一份备忘录中提出了因特网的超文本(Hypertext)概念。
15 </body>
16 </html>
```

执行结果

蒂姆·伯纳斯-李(Tim Berners Lee)是万维网的发明人，是英国牛津大学物理系毕业的物理学家与计算机科学家。在 1980年6月至12月承包欧洲核子研究中心 (European Organization for Nuclear Research，CERN) 工程期间，为了让CERN的研究人员在不同的平台上可以分享信息，他建立了询问计划(ENQUIRE)的原型，在一份备忘录中提出了因特网的超文本(Hypertext)概念。

下图是 ch3_2.html 在不同浏览器窗口宽度下的输出结果。

蒂姆·伯纳斯-李(Tim Berners Lee)是万维网的发明人，是英国牛津大学物理系毕业的物理学家与计算机科学家。在 1980年6月至12月承包欧洲核子研究中心 (European Organization for Nuclear Research，CERN) 工程期间，为了让CERN的研究人员在不同的平台上可以分享信息，他建立了询问计划(ENQUIRE)的原型，在一份备忘录中提出了因特网的超文本(Hypertext)概念。

3-2 标题输出 <hn> 元素

<hn> 元素用于 HTML 文件的标题输出，输出时标题会在下一行显示，具有换行输出的效果，接着若有数据也会自动换行输出。n 的值是 1~6，代表有 6 种标题，<h1> 是字号最大的标题，<h6> 是字号最小的标题。设计 HTML5 文件更强调的是文件的语意，所以在设计网页时请慎重选择标题的大小，另外，不要将这个功能用在段落文字内，来处理段落中某字符串的字号。

程序实例 ch3_3.html：认识标题的输出效果。

```
1 <!doctype html>
2 <html>
3 <head>
4     <meta charset="utf-8">
```

```
5      <title>ch3_3.html</title>
6  </head>
7  <body>
8  <h1>标题 1</h1>
9  <h2>标题 2</h2>
10 <h3>标题 3</h3>
11 <h4>标题 4</h4>
12 <h5>标题 5</h5>
13 <h6>标题 6</h6>
14 </body>
15 </html>
```

执行结果

标题 1

标题 2

标题 3

标题 4

标题 5

标题 6

注　从这个实例起，为了节省版面空间，输出结果中将裁切掉窗口标题和功能区。

3-3　换行输出
 元素

这个元素属于 2-4 节所述的单一标记类，没有结束标记，主要功能是换行输出，常用在输出诗词之类的文件或是撰写地址数据时使用。

程序实例 ch3_4.html：使用 <hn> 和
 元素重新改写 ch3_1.html，其中“李白”使用标题 1 输出，“月下独酌”使用标题 3 输出。

```
1  <!doctype html>
2  <html>
3  <head>
4      <meta charset="utf-8">
5      <title>ch3_4.html</title>
6  </head>
7  <body>
8  <h1>李白</h1>
9  <h3>月下独酌</h3>
10 花间一壶酒，<br>
11 独酌无双亲；<br>
12 举杯邀明月，<br>
13 对影成三人。<br>
14 </body>
15 </html>
```

执行结果

李白

月下独酌

花间一壶酒，
独酌无双亲；
举杯邀明月，
对影成三人。

由于接着标题输出的数据会换行，所以可以看到“花间一壶酒”是在新的一行输出的。

注　有时候看到换行的写法是
，这其实是 XHTML 文件的写法。

3-4　保持原始文件样式 <pre> 元素

这个元素内的内容在浏览器中呈现的效果将与其在编辑程序时所看到的相同，常用在显示诗词或是程序语言的源代码，在网页内保留空格和换行。

程序实例 ch3_5.html：将编辑器内呈现的李白诗原始样貌呈现在浏览器内。

```
1  <!doctype html>
2  <html>
3  <head>
4      <meta charset="utf-8">
5      <title>ch3_5.html</title>
6  </head>
7  <body>
8  <pre>
9  李白
```

```
10 花间一壶酒，
11 独酌无双亲；
12 举杯邀明月，
13 对影成三人。
14 </pre>
15 </body>
16 </html>
```

执行结果

李白
花间一壶酒，
独酌无双亲；
举杯邀明月，
对影成三人。

3-5 水平线 <hr> 元素

这个元素也没有结束标记，主要用在主题发生变化时，输出为一条水平线。

程序实例 ch3_6.html：输出水平线。

```
1 <!doctype html>
2 <html>
3 <head>
4     <meta charset="utf-8">
5     <title>ch3_6.html</title>
6 </head>
7 <body>
8 <h1>月下独酌</h1>
9 花间一壶酒，独酌无双亲；举杯邀明月，对影成三人。
10 <hr>
11 <h1>静夜思</h1>
12 床前明月光，疑是地上霜。举头望明月，低头思故乡。
13 </body>
14 </html>
```

执行结果

月下独酌

花间一壶酒，独酌无双亲；举杯邀明月，对影成三人。

静夜思

床前明月光，疑是地上霜。举头望明月，低头思故乡。

3-6 段落 <p> 元素

程序 ch3_6.html 不是一个好的 HTML5 程序，因为 HTML5 希望每一个文字段落皆是有内涵的，皆使用段落元素来标记，而不希望文档版式中有未经元素注明的数据。

一般短段落可用 <p> 元素标记出来。

程序实例 ch3_7.html：将 <p> 元素应用在 ch3_6.html 中，将诗的内容标记为段落。

```
1 <!doctype html>
2 <html>
3 <head>
4     <meta charset="utf-8">
5     <title>ch3_7.html</title>
6 </head>
7 <body>
8 <h1>月下独酌</h1>
9 <p>花间一壶酒，独酌无双亲；举杯邀明月，对影成三人。</p>
10 <hr>
11 <h1>静夜思</h1>
12 <p>床前明月光，疑是地上霜。举头望明月，低头思故乡。</p>
13 </body>
14 </html>
```

执行结果

月下独酌

花间一壶酒，独酌无双亲；举杯邀明月，对影成三人。

静夜思

床前明月光，疑是地上霜。举头望明月，低头思故乡。

3-7　文件某个区域 <section> 元素

通常使用此元素在文件中标记某一个区域，在此区域内会有一个或多个标题。在实用上，通常会将段落数据或是小标题数据放在此元素内。

程序实例 ch3_8.html：使用 <section> 元素标注文件某一区段的应用。

```
1  <!doctype html>
2  <html>
3  <head>
4      <meta charset="utf-8">
5      <title>ch3_8.html</title>
6  </head>
7  <body>
8  <h1>Silicon Stone Education</h1>
9  <p>国际认证的权威机构，位于加州尔湾。</p>
10 <section>
11     <h1>Big Data Knowledge</h1>
12     <p>大数据(Big Data)已成为目前全球学术单位、政府机关以及
13     顶级企业必须认真面对的挑战，随着有关大数据的程序语言、
14     运算平台、基础理论，以及虚拟化、容器化技术的成熟，了解
15     大数据的原理、实作、工具、应用以及未来趋势，将会是求
16     学、进修、求职，深造的必备技能。</p>
17 </section>
18 <section>
19     <h1>R Language Today</h1>
20     <p>自由软件R是一种基于S 语言的GNU免费的统计数学套装分
21     享软件，为探索性数据分析、统计方法及图形提供了所有的
22     源码。</p>
23 </section>
24 </body>
25 </html>
```

执行结果

Silicon Stone Education

国际认证的权威机构，位于加州尔湾。

Big Data Knowledge

大数据(Big Data)已成为目前全球学术单位、政府机关以及顶级企业必须认真面对的挑战，随着有关大数据的程序语言、运算平台、基础理论，以及虚拟化、容器化技术的成熟，了解大数据的原理、实作、工具、应用以及未来趋势，将会是求学、进修、求职，深造的必备技能。

R Language Today

自由软件R是一种基于S 语言的GNU免费的统计数学套装分享软件，为探索性数据分析、统计方法及图形提供了所有的源码。

<section> 元素算是 HTML 的区块级元素，在这种层级元素内的标题会被自动降一级输出，所以虽然程序第 11 行和第 19 行是 h1 级标题，但输出时是以 h2 标题显示大小。

一般简单的网页版面配置可参考下图。我们可以将程序实例 ch3_8.html 内的两个 <section> 元素当作文本区，第 8 行和第 9 行的数据则当作网页的页首区。从网页语意上讲，上述程序最大的缺点是，我们没有将它的标题标示出来。HTML5 提供了功能来标示网页的标题区，标题区也可称为页首区，这将在下一小节说明。

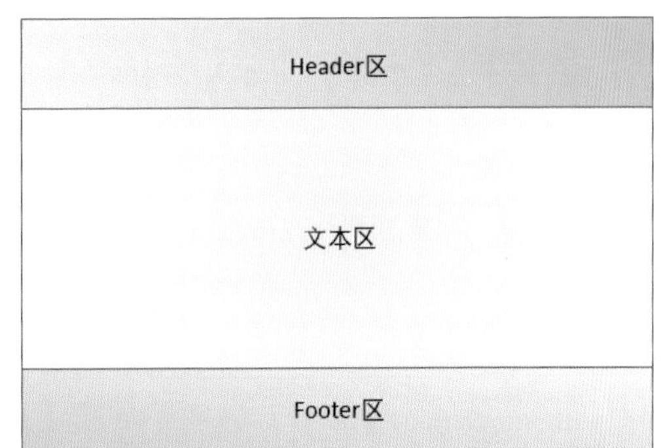

3-8　页首 <header> 元素

Header 区又称文件页首区，指的是网页或文件上方的区域，可参考 3-7 节简单网页版面配置图，通常会将网页大标题、简单批注说明等数据放在此区。

程序实例 ch3_9.html：重新设计实例 ch3_8.html，主要是增加页首标记。

```
1  <!doctype html>
2  <html>
3  <head>
4     <meta charset="utf-8">
5     <title>ch3_9.html</title>
6  </head>
7  <body>
8  <header>
9     <h1>Silicon Stone Education</h1>
10    <p>国际认证的权威机构，位于加州尔湾。</p>
11 </header>
12 <section>
13    <h1>Big Data Knowledge</h1>
14    <p>大数据(Big Data)已成为目前全球学术单位、政府机关以及
15    顶级企业必须认真面对的挑战，随着有关大数据的程序语言、
16    运算平台、基础理论，以及虚拟化、容器化技术的成熟，了解
17    大数据的原理、实作、工具、应用以及未来趋势，将会是求
18    学、进修、求职，深造的必备技能。</p>
19 </section>
20 <section>
21    <h1>R Language Today</h1>
22    <p>自由软件R是一种基于S语言的GNU免费的统计数学套装分
23    享软件，为探索性数据分析、统计方法及图形提供了所有的
24    源码。</p>
25 </section>
26 </body>
27 </html>
```

执行结果

ch3_9.html 的执行结果与 ch3_8.html 相同，所以不再列出，这个程序的最大特点是程序的语意非常清楚。

3-9 页尾 <footer> 元素

Footer 区又称文件页尾区，指的是网页或文件下方的区域，可参考 3-7 节简单网页版面配置图，通常会将公司联络信息、版权信息或相关链接放在此区域。

程序实例 ch3_10.html：为前一个实例加上页尾信息。

```
1  <!doctype html>
2  <html>
3  <head>
4     <meta charset="utf-8">
5     <title>ch3_10.html</title>
6  </head>
7  <body>
8  <header>
9     <h1>Silicon Stone Education</h1>
10    <p>国际认证的权威机构，位于加州尔湾。</p>
11 </header>
12 <section>
13    <h1>Big Data Knowledge</h1>
14    <p>大数据(Big Data)已成为目前全球学术单位、政府机关以及
15    顶级企业必须认真面对的挑战，随着有关大数据的程序语言、
16    运算平台、基础理论，以及虚拟化、容器化技术的成熟，了解
17    大数据的原理、实作、工具、应用以及未来趋势，将会是求
18    学、进修、求职，深造的必备技能。</p>
19 </section>
20 <section>
21    <h1>R Language Today</h1>
22    <p>自由软件R是一种基于S 语言的GNU免费的统计数学套装分
23    享软件，为探索性数据分析、统计方法及图形提供了所有的
24    源码。</p>
25 </section>
26 <footer>
27 <br>
28 <p>CopyRight 2017, Silicon Stone Education, Inc.</p>
29 </footer>
30 </body>
31 </html>
```

执行结果 加上页尾信息后的效果如下图所示。

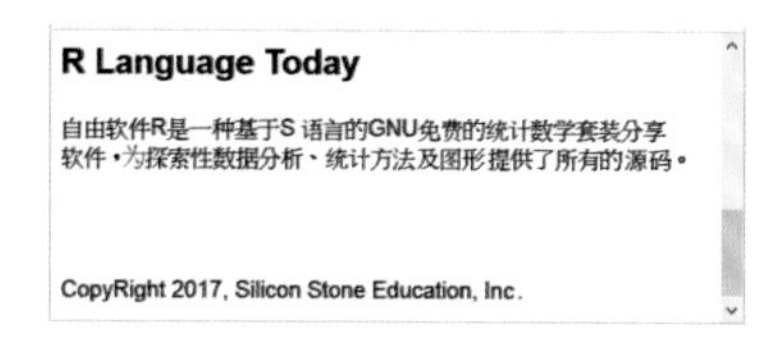

上述实例的第 27 行笔者加了
 元素，目的是让页尾数据与文本区之间多一些空间。

3-10 粗体显示 <b> 和 <strong> 元素

过去 <b> 元素只是标示粗体文字，而 HTML5 更强调的是元素的语意。因此 <b> 元素虽然显示时是粗体，但是原始的用意是希望用户将其应用在文件的关键词，例如商品介绍或目录内的商品名称，或是想要将某字符串与其他内容区隔。

<strong> 元素也可以让内容以粗体显示，一般是用在重要内容上。

程序实例 ch3_11.html：<b> 和 <strong> 元素的应用。

```
<!doctype html>
<html>
<head>
    <meta charset="utf-8">
    <title>ch3_11.html</title>
</head>
<body>
<p>深石数字的核心理念是<strong>深度学习滴水穿石</strong></p>
<p>深石数字的<b>网络数字部门</b>业务是<b>设计在线教材</b></p>
</body>
</html>
```

执行结果

深石数字的核心理念是**深度学习滴水穿石**

深石数字的**网络数字部门**业务是**设计在线教材**

3-11 斜体 <em> 和 <i> 元素

过去 <i> 元素只是标示斜体文字，而在 HTML5 中还代表声音、情感、思考、船舶名称或不同的语言类别等。

<em> 元素虽然也是将所标示的文字以斜体显示，但是此元素语意的重点是强调，如果表示重要内容则建议使用 <strong> 元素。

程序实例 ch3_12.html：<em> 和 <i> 元素的应用。

```
<!doctype html>
<html>
<head>
    <meta charset="utf-8">
    <title>ch3_12.html</title>
</head>
<body>
<h1>今年送给母亲节的礼物</h1>
<p>1:带母亲坐邮轮<i>维多利亚号</i>遨游地中海。</p>
<p>2:送母亲喜欢的<em>康乃馨</em>花卉。</p>
</body>
</html>
```

执行结果

今年送给母亲节的礼物

1:带母亲坐邮轮*维多利亚号*遨游地中海。

2:送母亲喜欢的*康乃馨*花卉。

3-12 引用 <cite>、<q> 和 <blockquote> 元素

<cite> 元素可以让内容以斜体显示，主要用在引用源的标题。

<q> 元素可以让内容前后自动加上引号，主要用在引用短篇文章或段落元素时。如果所引用的短文位于因特网则应使用 <cite> 元素，下一章会以程序实例 ch4_9.html 做说明。

<blockquote> 元素主要用于引用长篇文章，所引用的文章会有缩排效果，如果所引用的文章位于因特网则也应使用 <cite> 元素。

程序实例 ch3_13.html：<cite>、<q> 和 <blockquote> 元素的应用。

```
<!doctype html>
<html>
<head>
    <meta charset="utf-8">
    <title>ch3_13.html</title>
</head>
<body>
<p>千呼万唤始出来，犹抱琵琶半遮面。这句经典名言出自
<cite>琵琶行</cite>，这是唐代文学家白居易的作品</p>
<p><q>天生我材必有用</q> <q>抽刀断水水更流，举杯消
愁愁更愁</q>以上皆是唐代大诗人李白的名言</p>
<p>以下皆是唐代大诗人杜甫的作品</p>
<p><blockquote>
国破山河在，城春草木深。
感时花溅泪，恨别鸟惊心。
```

```
16 烽火连三月，家书抵万金。
17 白头搔更短，浑欲不剩簪。
18 剑外忽传收蓟北，初闻涕泪满衣裳。
19 却看妻子愁何在，漫卷诗书喜欲狂。
20 </blockquote></p>
21 </body>
22 </html>
```

执行结果

千呼万唤始出来，犹抱琵琶半遮面。这句经典名言出自 *琵琶行*，这是唐代文学家白居易的作品

"天生我材必有用" "抽刀断水水更流，举杯消愁愁更愁"以上皆是唐代大诗人李白的名言

以下皆是唐代大诗人杜甫的作品

> 国破山河在，城春草木深。感时花溅泪，恨别鸟惊心。烽火连三月，家书抵万金。白头搔更短，浑欲不剩簪。剑外忽传收蓟北，初闻涕泪满衣裳。却看妻子愁何在，漫卷诗书喜欲狂。

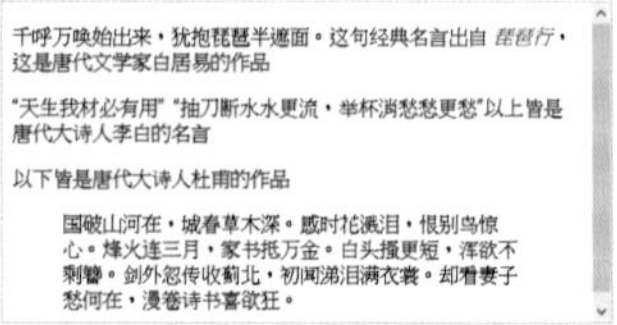

3-13 加上底纹 <mark> 元素

将资料加上底纹可以让读者更容易关注，所以一些需做特别解说的部分，最好加上底纹。

程序实例 ch3_14.html：<mark> 元素的应用。

```
1 <!doctype html>
2 <html>
3 <head>
4     <meta charset="utf-8">
5     <title>ch3_14.html</title>
6 </head>
7 <body>
8 <p>2006年2月，为了享受边泡温泉边看极光(Northern Light)
9 ，一人独自坐飞机至阿拉斯加（Alaska），再开车往北至接
10 近北极圈的<mark>Chena Hot Springs温泉渡假村</mark>。旅
11 游期间尝试开车直达北极海（Arctic Ocean），第一次车子在
12 冰天雪地打滑，撞山壁失败而返。第二次碰上暴风雪，再度
13 失败。</p>
14 </body>
15 </html>
```

执行结果

2006年2月，为了享受边泡温泉边看极光（Northern Light），一人独自坐飞机至阿拉斯加（Alaska），再开车往北至接近北极圈的Chena Hot Springs温泉渡假村。旅游期间尝试开车直达北极海（Arctic Ocean），第一次车子在冰天雪地打滑，撞山壁失败而返。第二次碰上暴风雪，再度失败。

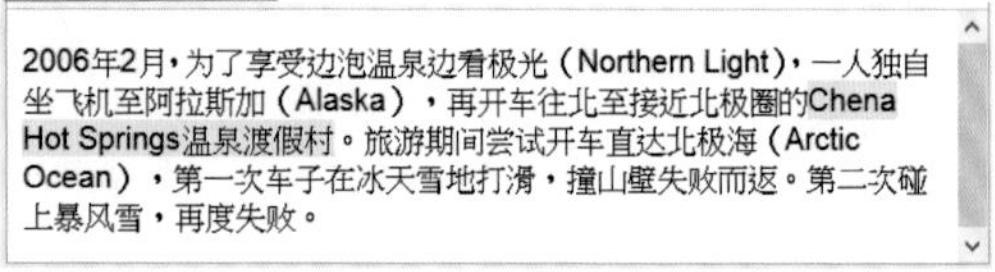

3-14 小型字 <small> 元素

<small> 元素虽然可以让所标示的文字变小，但是，这不是这个元素主要的意义，它的主要意义是用于批注信息，例如网页脚注区的法律声明、警告声明或著作权声明等。

程序实例 ch3_15.html：修改 ch3_10.html 的第 28 行。其实该行数据就很适合用 <small> 元素标示，下面将只列出该行内容。

```
28 <p><small>CopyRight 2017, Silicon Stone Education, INC.</small></p>
```

执行结果 读者可以将下列执行结果与 ch3_10.html 的执行结果做比较，可看到字号明显变小了。

R Language Today

自由软件R是一种基于S 语言的GNU免费的统计数学套装分享软件，对于探索性数据分析、统计方法及图形提供了所有的源码。

CopyRight 2017, Silicon Stone Education, Inc

3-15 显示与计算机有关联的文字 <kbd>、<samp>、<var> 和 <code> 元素

<kbd> 元素主要用于显示计算机键盘或语音输入的内容。

<samp> 元素主要用于显示计算机程序产生的结果。

<var> 元素主要用于显示变量，例如显示程序语言的变量或数学公式的变量。

<code> 元素主要用于显示部分程序语言的原始码、HTML 或 CSS 的元素名称或属性等。

程序实例 ch3_16.html：<kbd>、<samp> 和 <var> 元素的应用。

```
1  <!doctype html>
2  <html>
3  <head>
4     <meta charset="utf-8">
5     <title>ch3_16.html</title>
6  </head>
7  <body>
8  <p>进入系统首先需输入<kbd>deepstone</kbd>再按Enter键</p>
9  <p>在这个应用中，变量<var>data</var>需输入当天交易量</p>
10 <p>窗口会显示<samp>数据输入成功</samp></p>
11 </body>
12 </html>
```

执行结果

进入系统首先需输入deepstone再按Enter键

在这个应用中，变量*data*需输入当天交易量

窗口会显示数据输入成功

程序实例 ch3_17.html：<code> 元素的应用。

```
1  <!doctype html>
2  <html>
3  <head>
4     <meta charset="utf-8">
5     <title>ch3_17.html</title>
6  </head>
7  <body>
8  <p>CSS主要精神是使用<code>style</code>进行设计与排版</p>
9  <pre><code>
10    p {
11        color:blue;
12    }
13 </code></pre>
14 </body>
15 </html>
```

执行结果

CSS主要精神是使用style进行设计与排版

```
p {
    color:blue;
}
```

3-16 定义缩写 <abbr> 元素

<abbr> 元素主要用于定义一个缩写。

程序实例 ch3_18.html：<abbr> 元素的应用。

```
1  <!doctype html>
2  <html>
3  <head>
4     <meta charset="utf-8">
5     <title>ch3_18.html</title>
6  </head>
7  <body>
8  <p>The
9  <abbr title="Silicon Stone Education">SSE</abbr>
10 was founded in 2014.
11 </p>
12 </body>
13 </html>
```

执行结果

The SSE was founded in 2014.

3-17 定义用语 <dfn> 元素

<dfn> 元素用于定义用语，数据将以斜体输出。

程序实例 ch3_19.html：<dfn> 元素的应用。

```
1  <!doctype html>
2  <html>
3  <head>
4     <meta charset="utf-8">
5     <title>ch3_19.html</title>
6  </head>
7  <body>
8  <p>
9  <dfn>DeepStone</dfn>是台湾深石数字公司开发的软件，
10 核心精神是「深度学习滴水穿石」。
11 </p>
12 </body>
13 </html>
```

执行结果

*DeepStone*是台湾深石数字公司开发的软件，核心精神是「深度学习滴水穿石」。

3-18 内容新增与删除 <ins> 和 <del> 元素

<ins> 元素表示新增加的资料，将以加下画线的方式表示。

<del> 元素表示要删除的元素，将以加删除线的方式处理。

程序实例 ch3_20.html：<ins> 和 <del> 元素的应用。

```
1 <!doctype html>
2 <html>
3 <head>
4    <meta charset="utf-8">
5    <title>ch3_20.html</title>
6 </head>
7 <body>
8 <h2>深石数位公告</h2>
9 <p>
10 由于软件更新<del>深石学习1.0</del>即日起停止支持，
11 请下载<ins>深石学习2.0</ins>
12 </p>
13 </body>
14 </html>
```

执行结果

深石数位公告

由于软件更新~~深石学习1.0~~即日起停止支持，请下载<u>深石学习2.0</u>

3-19 隔离双向文字走向 <bdi> 元素

<bdi> 其实是指 Bi-Direction Isolation，也就是隔离双向文字走向。

中文或英文在横向书写时，皆是由左到右，但是有些语言，例如希伯来文或阿拉伯文，书写方向是由右到左，即使用编辑程序编辑希伯来文或阿拉伯文时，从输入第 2 个字起，该字将被自动放在前一个字的左边。如果所编文件是中文或英文交杂着阿拉伯文或希伯来文时，就会有文字方向的错乱，使用 <bdi> 元素可以避免此状况。

值得注意的是目前 IE 尚未支持此元素，不过 Google Chrome 和 Opera 则支持该元素。

程序实例 ch3_21.html：<bdi> 元素的应用。这个程序第 12 行的希伯来文英文字意是 Mary。

```
1 <!doctype html>
2 <html>
3 <head>
4    <meta charset="utf-8">
5    <title>ch3_21.html</title>
6 </head>
7 <body>
8 <h2>深石软件下载者姓名和年龄</h2>
9 <p>
10 <bdi>约翰</bdi>:18<br>
11 <bdi>Peter</bdi>:21<br>
12 <bdi>מרי</bdi>:20<br>
13 </p>
14 </body>
15 </html>
```

执行结果 下图所示为 ch3_21.html 在支持 <bdi> 元素的 Google Chrome 中的执行结果。

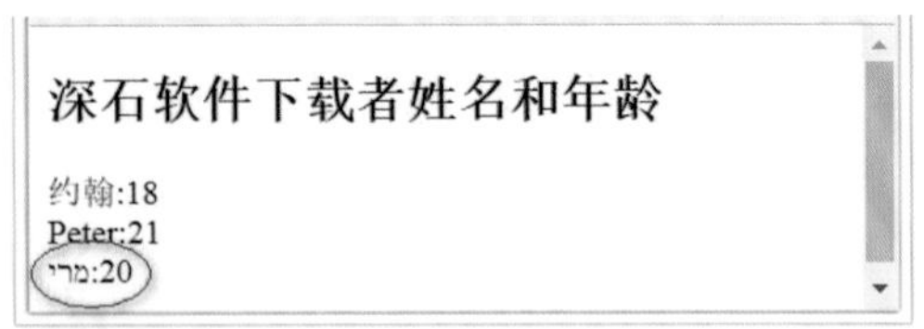

执行结果 下图所示为 ch3_21.html 在不支持 <bdi> 元素的 IE 中的执行结果。

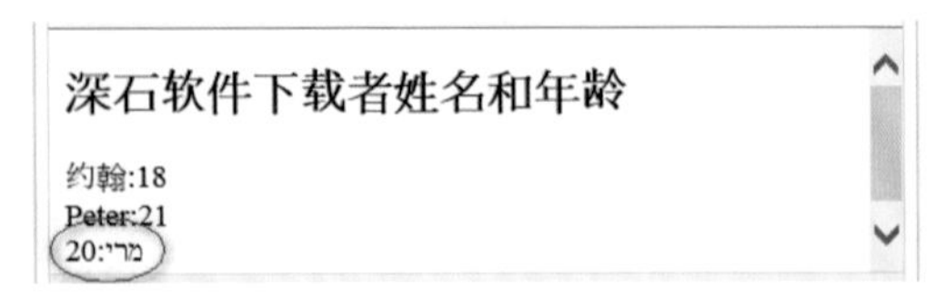

3-20 指定文字走向 <bdo dir="direction"> … </bdo>

浏览器可以根据网页所用语言判断文字的走向。<bdo> 元素可以直接利用 dir 属性设定文字走向，格式如下：

```
<bdo dir="direction"> … </bdo>
```

direction 可取下列值：

ltr：由左到右。

rtl：由右到左。

程序实例 ch3_22.html：<bdo> 元素的应用。

```
1  <!doctype html>
2  <html>
3  <head>
4     <meta charset="utf-8">
5     <title>ch3_22.html</title>
6  </head>
7  <body>
8  <p>
9  <bdo dir="ltr">DeepStone</bdo><br>
10 <bdo dir="rtl">DeepStone</bdo>
11 </p>
12 </body>
13 </html>
```

执行结果

DeepStone
enotSpeeD

3-21 标示注音或拼音 <ruby>、<rt> 和 <rp> 元素

使用 <ruby> 元素可以为每个汉字加上注音或拼音，此外，我们也可以利用这个功能为汉字加上英文拼音。本节将讲解这方面的应用。

<ruby> 元素主要用于标示拼音的范围。

<rt> 元素是 <ruby> 元素的子元素，放置的是拼音。

<rp> 元素是 <ruby> 元素的子元素，当浏览器不支持 <ruby> 元素时，就显示 <rp> 元素中的内容；如果浏览器支持 <ruby> 元素，就不显示 <rp> 元素中的内容。早期 Google Chrome 和 Opera 浏览器尚未支持拼音功能时，这个元素还很有用，但是现在这个功能比较少用了，因为笔者测试目前几乎所有主要浏览器，如 IE、Google Chrome、Opera、Safari 和 Firefox 均已支持此功能了。

程序实例 ch3_23.html：<ruby> 和 <rt> 元素的应用。本程序会为“明志科大”加上注音，同时也为“明志”加上英文拼音。

```
1  <!doctype html>
2  <html>
3  <head>
4     <meta charset="utf-8">
5     <title>ch3_23.html</title>
6  </head>
7  <body>
8  <p>
9  <ruby>明志科大<rt>ㄇㄧㄥˊ ㄓˋ ㄎ ㄉㄚˋ</rt></ruby><br>
10 <ruby>明志<rt>Ming Chi</rt></ruby>
11 </p>
12 </body>
13 </html>
```

执行结果

明志科大
Ming Chi
明志

上图是浏览器支持注音的状况，如果遇上浏览器不支持时，可考虑使用下面的程序实例实现。下例处理的情况是当浏览器不支持注音功能时，列出括号内的内容。

程序实例 ch3_24.html：加上 <rp> 元素，重新

设计 ch3_23.html。

```
1  <!doctype html>
2  <html>
3  <head>
4      <meta charset="utf-8">
5      <title>ch3_24.html</title>
6  </head>
7  <body>
8  <p>
9  <ruby>
10 明志科大<rp>(</rp><rt>ㄇㄧㄥˊ ㄓˋ ㄎ ㄉㄚˋ</rt><rp>)</rp>
11 </ruby><br>
12 <ruby>
13 明志<rp>(</rp><rt>Ming Chi</rt><rp>)</rp>
14 </ruby>
15 </p>
16 </body>
17 </html>
```

由于目前主要浏览器均已支持 <ruby> 和 <rt> 元素组成的标示注音或拼音功能，所以这个程序的执行结果与 ch3_23.html 相同。

3-22 上标 <sup> 和下标 <sub> 元素

<sup> 元素是上标元素，最常用作数学的次方，例如，X^3 代表 X 的三次方。

<sub> 元素是下标元素，最常用作化学符号，例如，水的化学符号 H_2O。

程序实例 ch3_25.html：sup 和 sub 元素的应用。

```
1  <!doctype html>
2  <html>
3  <head>
4      <meta charset="utf-8">
5      <title>ch3_25.html</title>
6  </head>
7  <body>
8  <p>
9  X<sup>3</sup><br>
10 H<sub>2</sub>O<br>
11 </p>
12 </body>
13 </html>
```

执行结果

X^3
H_2O

3-23 输出特殊字符

在设计 HTML 文件时难免会遇上需要输出空格符或特殊字符的情况，下表是常见的特殊字符及其处理方式。

常见特殊字符及 HTML 处理方式

显示结果	描述	实体名称	编码	显示结果	描述	实体名称	编码
空白	空格			£	英镑	£	£
<	小于	<	<	¥	日元	¥	¥
>	大于	>	>	€	欧元	€	€
"	引号	"	"	©	版权	©	©
&	和号	&	&	®	注册商标	®	®
¢	分	¢	¢				

程序实例 ch3_26.html：测试实体名称和以编码方式输出空格的方法。

```
1  <!doctype html>
2  <html>
3  <head>
4      <meta charset="utf-8">
5      <title>ch3_26.html</title>
6  </head>
7  <body>
8  <p>
9  明志科大视觉传达系<br>
10 明志科大 视觉传达系<br>
11 明志科大  视觉传达系<br>
12 </p>
13 </body>
14 </html>
```

执行结果

明志科大视觉传达系
明志科大 视觉传达系
明志科大 视觉传达系

上述程序第 9 行“明志科大”与“视觉传达系”字符串间没有空格，第 10 行笔者测试空一格，第 11 行笔者测试空 2 格，读者可以自行比较它们之间的差异。

程序实例 ch3_27.html：常见特殊符号输出的应用，所有特殊符号均使用实体名称和编码来输出。

```
1  <!doctype html>
2  <html>
3  <head>
4      <meta charset="utf-8">
5      <title>ch3_27.html</title>
6  </head>
7  <body>
8  <h1>常见特殊符号输出表</h1>
9  <p>以下特殊符号均使用2种方式输出</p>
10 <p>
11 小于 &lt; &#60;<br>
12 大于 &gt; &#62;<br>
13 引号 &quot; &#34;<br>
14 和号 &amp; &#38;<br>
15 分 &cent; &#162;<br>
16 英镑 &pound; &#163;<br>
17 日元 &yen; &#165;<br>
18 欧元 &euro; &#8364;<br>
19 版权 &copy; &#169;<br>
20 注册商标 &reg; &#174;<br>
21 </p>
22 </body>
23 </html>
```

执行结果

常见特殊符号输出表

以下特殊符号均使用2种方式输出

小于 < <
大于 > >
引号 " "
和号 & &
分 ¢ ¢
英镑 £ £
日元 ¥ ¥
欧元 € €
版权 © ©
注册商标 ® ®

3-24 HTML 的树状结构

相信读者学习到此已经具备了一定的 HTML 程序设计基础了，在结束本节前，笔者想总结一下 HTML 文件的结构知识。其实 HTML 文件就是一个树状的文件结构，整个文件的根部就是 <html> 元素，在这个根部底下分别是 <head> 元素和 <body> 元素，而这两个元素底下又有其他元素。我们通常使用下列名词定义元素之间的关系。

父元素：假设 A 元素包含 B 元素，则称 A 元素是 B 元素的父元素。例如，我们可以说 <html> 元素是 <head> 和 <body> 元素的父元素。

子元素：假设 A 元素包含 B 元素，则称 B 元素是 A 元素的子元素。例如，我们可以说 <head> 和 <body> 元素是 <html> 元素的子元素。

在继续解释之前，笔者想举一个更详细的实例来说明 HTML 的树状结构。

程序实例 ch3_28.html：HTML 树状结构的说明。

```
1  <!doctype html>
2  <html>
3  <head>
4      <meta charset="utf-8">
5      <title>ch3_28.html</title>
6  </head>
7  <body>
8  <header>
9      <h1>HTML的树状结构解析</h1>
10     <h2>页首区</h2>
```

```
11 </header>
12 <section>
13     <h1>HTML文本区</h1>
14     <p>我的网页结构分析</p>
15 </section>
16 <footer>
17     <h1>页尾区</h1>
18     </p><small>深石数位&reg;</small></p>
19 </footer>
20 </body>
21 </html>
```

执行结果

HTML的树状结构解析

页首区

HTML文本区

我的网页结构分析

页尾区

深石数位®

这个程序的重点并不是上述执行结果，而是意图呈现整个树状结构。如果我们将上述程序依树状结构分析，可以绘制出下图。

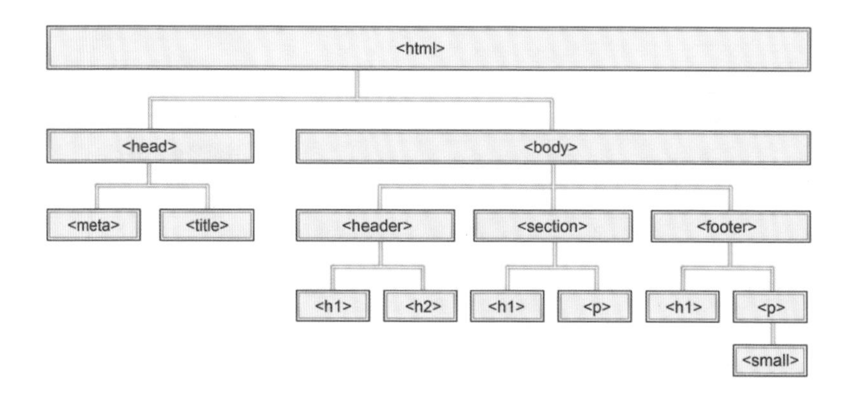

由上图可知父、子元素又衍生出下列关系：

子孙元素：若是A元素是B元素的父元素，则所有B元素的更下层元素皆是A元素的子孙元素。以上图为例，<meta>、<title>、<header>、<section>、<footer>、<h1>、<p>和<small>皆是<html>的子孙元素。

祖先元素：若是A元素是B元素的父元素，则所有A元素的更上层元素皆是B元素的祖先元素。以上图为例，<body>元素是<h1>、<h2>、<p>和<small>的祖先元素。

手足元素：若是A元素是B元素和C元素的父元素，则B元素和C元素是手足元素。<header>、<section>和<footer>彼此之间是手足元素。

上述关系是学习HTML布局区块观念和各元素间衍生继承关系的重要知识。

3-25 HTML5 不再支持的元素与属性设定

如果你曾经学习过HTML4.01或更早版本，可能老师在教文件输出时，同时也会教下列元素或属性：

- <basefont>元素：字体设定。
- <big>元素：放大字体。

- <center> 元素：文字置中。
- <s> 元素：删除线。
- <marquee> 元素：跑马灯。
- background 属性：设计网页背景图案。
- bgcolor 属性：设计网页背景颜色。
- text 属性：设计网页文字色彩。

之后你好像可以快速上手学会一些好像很炫的功能。其实上述功能皆是属于网页外观设计，在 HTML5 中以上功能已经被 CSS3 所取代了，笔者强烈不建议学习或使用上述已经停用的元素和属性。如果你在网页设计中号称使用 HTML5 设计网页却加上上述功能，虽然目前各浏览器皆有支持但是只会被认为不专业，而且不懂 HTML5 的真正内涵。同时，未来如果新的浏览器不支持旧版 HTML 元素时，你的网页会出现错误信息。

W3C 协会发布了 HTML5 和 CSS3，其最重要的设计理念就是将网页文件的内容与结构和外观设计分开。学习 HTML5 主要就是学习设计文件的内容与结构，学习 CSS3 主要就是学习网页的外观设计。上述理念主要是认为一个完美的商业网页设计，应由多人分工完成，HTML 程序设计师负责内容与结构，美工或 CSS 设计师负责网页外观设计。在 HTML5 架构下，一份 HTML 文件已经可以在不更改 HTML 文件内容的情况下，通过不同的 CSS 设计产生完全不一样的结果，而这个效果的好坏也考验着设计 CSS 的设计师与美工人员，这部分在 CSS 章节笔者会以实例解说。总之，如果我们在 HTML5 的内容与结构中加入了已经弃用的网页外观元素和属性时，就违背了 HTML5 真正的内涵。

例如下列两个画面最大的特色是 <body> 元素内的内容完全相同，笔者只是更改了 CSS 的设计，就获得了两个不一样的结果。但是如果读者在 HTML 程序的 <body> 内增加了不鼓励使用的元素时，在修改时就会动到整体 HTML 的文件设计。

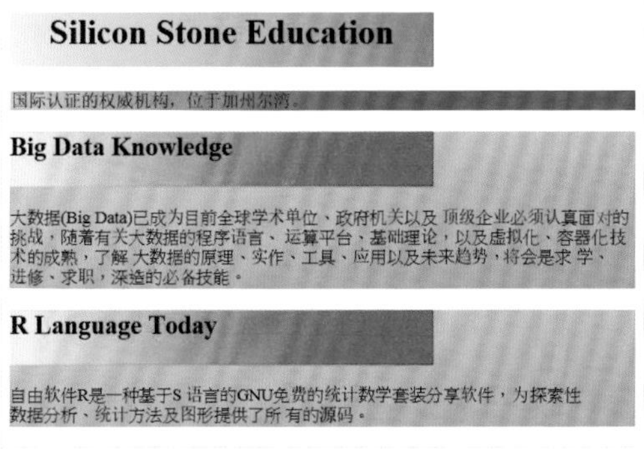

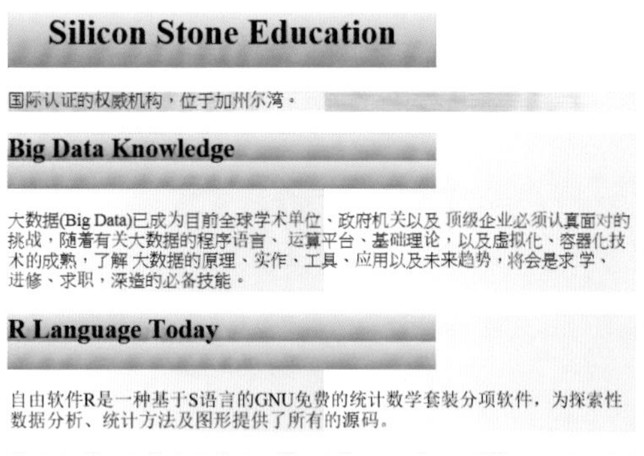

Silicon Stone Education

国际认证的权威机构，位于加州尔湾。

Big Data Knowledge

大数据(Big Data)已成为目前全球学术单位、政府机关以及 顶级企业必须认真面对的挑战，随着有关大数据的程序语言、运算平台、基础理论，以及虚拟化、容器化技术的成熟，了解 大数据的原理、实作、工具、应用以及未来趋势，将会是求 学、进修、求职，深造的必备技能。

R Language Today

自由软件R是一种基于S 语言的GNU免费的统计数学套装分享软件，为探索性数据分析、统计方法及图形提供了所 有的源码。

Silicon Stone Education

国际认证的权威机构，位于加州尔湾。

Big Data Knowledge

大数据(Big Data)已成为目前全球学术单位、政府机关以及 顶级企业必须认真面对的挑战，随着有关大数据的程序语言、运算平台、基础理论，以及虚拟化、容器化技术的成熟，了解 大数据的原理、实作、工具、应用以及未来趋势，将会是求 学、进修、求职，深造的必备技能。

R Language Today

自由软件R是一种基于S语言的GNU免费的统计数学套装分项软件，为探索性数据分析、统计方法及图形提供了所有的源码。

习题

1. 请设计一个网页介绍你最难忘的 3 个旅游地点，内容可以自行发挥。
2. 请设计一个网页介绍你最喜欢的 3 种食物，内容可以自行发挥。

第 4 章

设计含超链接的网页

本章摘要

因特网超链接的主要功能有 3 个。

（1）从网络的某一个节点跳到另一个节点。

（2）从一个 HTML 文件跳到另一个 HTML 文件。

（3）在同一个 HTML 文件中，从某一段落跳到另一段落。其实可将此用法称为书签。

本章笔者将只讲解超链接的基本知识，更多的应用将在后面章节搭配相关的进阶议题做更详尽的解说。

4-1 <a> … </a> 的基本应用

<a> 是超链接元素，这个元素的英文全名是 Anchor，可将它翻译成“锚”，其主要目的是在单本设置的超链接后，可以跳到指定网络节点位置。在 Internet 中节点的位置，也就是 Internet 地址，我们称之为 URL（Universal Resource Locator）。<a> 元素的基本使用方式如下：

```
<a href="URL"> … </a>
```

❑ href

超链接的 URL。

程序实例 ch4_1.html：分别建立两个超链接，使得单击超链接后可以分别进入深石数字或 Silicon Stone 公司的网页。

```
1  <!doctype html>
2  <html>
3  <head>
4      <meta charset="utf-8">
5      <title>ch4_1.html</title>
6  </head>
7  <body>
8  <p>
9      <a href="http://www.deepstone.com.tw">深石数字</a>
10 </p>
11 <p>
12     <a href="http://www.siliconstone.com">Silicon Stone Education</a>
13 </p>
14 </body>
15 </html>
```

执行结果　下图是4_1.html刚执行时的画面。

深石数字

Silicon Stone Education

将鼠标指针指向“深石数字”，鼠标指针变为手形，窗口左下角会列出深石数字的超链接地址，如下图所示，单击后将进入深石数字公司网页。

深石数字

Silicon Stone Education

http://www.deepstone.com/　116%

将鼠标指针指向“Silicon Stone Education”，鼠标指针变为手形，窗口左下角会列出 Silicon Stone Education 的超链接地址，如下图所示，单击后将进入 Silicon Stone 公司网页。

深石数字

Silicon Stone Education

http://www.siliconstone.com/　116%

超链接被浏览过后，超链接文字改成以紫色显示。

深石数字

Silicon Stone Education

4-2 浏览脉络的设定

所谓的浏览脉络（Browsing Context）是指开启浏览器页面的方式，此时我们可以在 <a> 元素的使用方式内增加 target 属性。

```
<a href="URL" target="target_
value"> … </a>
```

❑ target

属性值可以是下列几种：

_self：在目前的浏览页面下显示，这是系统默认值。

_blank：在现成的浏览器下新增一个浏览页面。

_parent：如果目前的页面有父层级，则在父层级页面显示。

_top：在目前浏览器的最顶端显示。

程序实例 ch4_2.html：采用 _blank 和 _self 重新设计 ch4_1.html 中的超链接。

```
1 <!doctype html>
2 <html>
3 <head>
4     <meta charset="utf-8">
5     <title>ch4_2.html</title>
6 </head>
7 <body>
8 <p>
9     <a href="http://www.deepstone.com.tw" target="_self">
10    深石数字</a>
11 </p>
12 <p>
13    <a href="http://www.siliconstone.com" target="_blank">
14    Silicon Stone Education</a>
15 </p>
16 </body>
17 </html>
```

执行结果

单击超链接之后，将用原来的页面显示深石数字公司网页，如下图所示，方法与实例 ch4_1.html 相同。

单击浏览器窗口左上角的图标，可以返回原来的 ch4_2.html 页面。若是单击 Silicon Stone Education 超链接，如下图所示。

可在浏览器内增加一个新的页面来显示 Silicon Stone Education 公司的网页。

4-3 从一个文件跳到另一个文件

在建立网页时，我们很可能为网页内容建立许多页面，每一个页面其实就是一个 HTML 文件。这一节我们将从相对路径下各种可能状况（4-3-1 ~ 4-3-3 节）与绝对路径（4-3-4 节）两方面说明如何在显示一个页面时，用超链接跳到另一份 HTML 文件页面。

4-3-1 超链接的 HTML 文件在同一个文件夹

这是最简单也最实用的状况，所有的 HTML 文件皆在同一个文件夹。一般是用在小型网页设计中。以 <a> 元素而言，我们可以修改使用格式如下：

```
<a href="HTML-file"> … </a>
```

接下来的实例 ch4_3.html 主要以笔者计算机中的数据结构为基础，如下图所示。

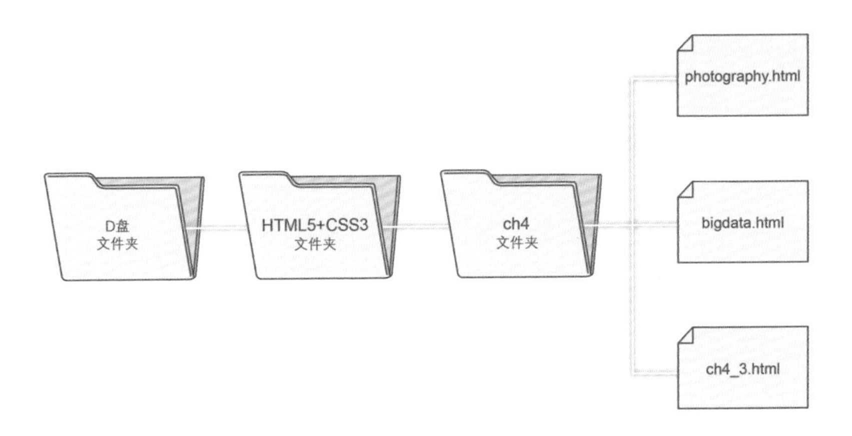

程序实例 ch4_3.html：这个程序包含 ch4_3.html、bigdata.html 和 photography.html 等文件，同时这 3 个 HTML 文件是在同一个文件夹 ch4 中。主要 HTML 文件是 ch4_3.html，程序执行时会列出 Big Data Series 和 Photography 这两个超链接，单击 Big Data Series 超链接将进入 bigdata.html 文件页面。单击 Photography 超链接将进入 photography.html 文件页面。bigdata.html 文件页面和 photography.html 文件页面皆有一个 Back 超链接，单击后可以返回 ch4_3.html 文件页面。

```
1  <!doctype html>
2  <html>
3  <head>
4     <meta charset="utf-8">
5     <title>ch4_3.html</title>
6  </head>
7  <body>
8  <h1>Silicon Stone Education</h1>
9  <p>Silicon Stone公司位于美国加州，是一所权威性
10    的国际认证公司，下列是其中2大考科。</p>
11 <p>
12    <a href="bigdata.html"><h3>Big Data Series</h3></a>
13 </p>
14 <p>
15    <a href="photography.html"><h3>Photography</h3></a>
16 </p>
17 </body>
18 </html>
```

bigdata.html

```
1  <!doctype html>
2  <html>
3  <head>
4     <meta charset="utf-8">
5     <title>bigdata.html</title>
6  </head>
7  <body>
8  <h3>Big Data Series</h3>
9  <p>
10 大数据(Big Data)已成为目前全球学术单位、政府机关以及
11 顶级企业必须认真面对的挑战，随着有关大数据的程序语言、
12 运算平台、基础理论，以及虚拟化、容器化技术的成熟，了解
13 大数据的原理、实作、工具、应用以及未来趋势，将会是求
14 学、进修、求职，深造的必备技能。
15 </p>
16 <a href="ch4_3.html"><h4>Back</h4></a>
17 </body>
18 </html>
```

photography.html

```
1  <!doctype html>
2  <html>
3  <head>
4     <meta charset="utf-8">
5     <title>photography.html</title>
6  </head>
7  <body>
8  <h3>Photography</h3>
9  <p>
10 在高阶摄影器才门坎降低,摄影信息垂手可得的现在,拥
11 有一张国际性、荣获业界一致推荐的职业能力鉴定证书,
12 更能让您在竞争激烈的摄影战场上立即出线！不论在国
13 内外职场上都将更具竞争力，为未来的职业生涯铺路！
14 </p>
15 <a href="ch4_3.html"><h4>Back</h4></a>
16 </body>
17 </html>
```

执行结果

Silicon Stone Education

Silicon Stone公司位于美国加州，是一所权威性的国际认证公司，下列是其中2大考科。

Big Data Series

Photography

file:///D:/HTML5+CSS3/ch4/bigdata.html

如果单击 Big Data Series 超链接，可以进入 bigdata.html 文件页面。

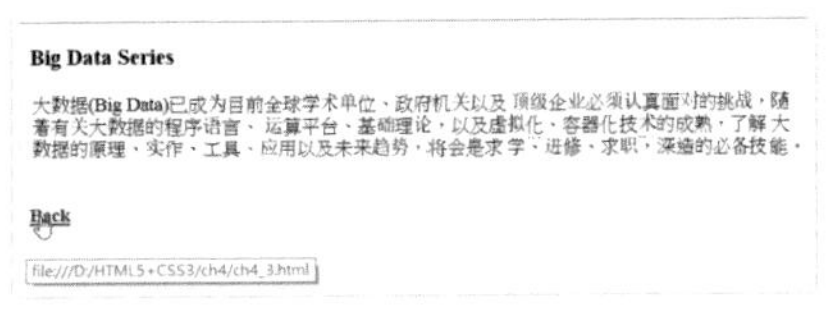

如果单击 Back 超链接，可以返回 ch4_3.

html 文件页面。下图是另一个执行结果页面。

Silicon Stone Education

Silicon Stone公司位于美国加州，是一所权威性的国际认证公司，下列是其中2大考科。

Big Data Series

Photography

file:///D:/HTML5+CSS3/ch4/bigdata.html

如果单击 Photography 超链接，可以进入 photography.html 文件页面。

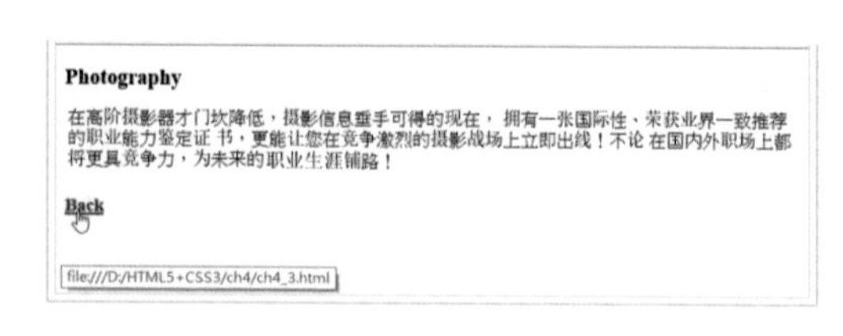

如果单击 Back 超链接，可以返回 ch4_3.html 文件页面。

4-3-2 超链接的文件在子文件夹

在设计大型网站时，网页通常是由许多的 HTML 文件所组成，一页最上层的网页可能有许多超链接，每一页超链接又可能会有其他好几个更深一层的超链接。为了管理这些 HTML 文件，网页的程序设计师会将 HTML 文件依层次建立在不同的子文件夹内。

在设计网页时，要引用到目前文件夹的子文件夹，可以使用下列方法，这样整个设计就简单多了。

```
<a href="subfolder/HTML-file"> … </a>
```

subfolder 是指子文件夹名称。下一节将介绍的实例 ch4_4.html 以笔者计算机中的数据结构为基础，ch4_4.html 位于 ch4 文件夹，bigdata.html 和 photography.html 文件在 ch4 文件夹下的 child 子文件夹中，如下图所示。

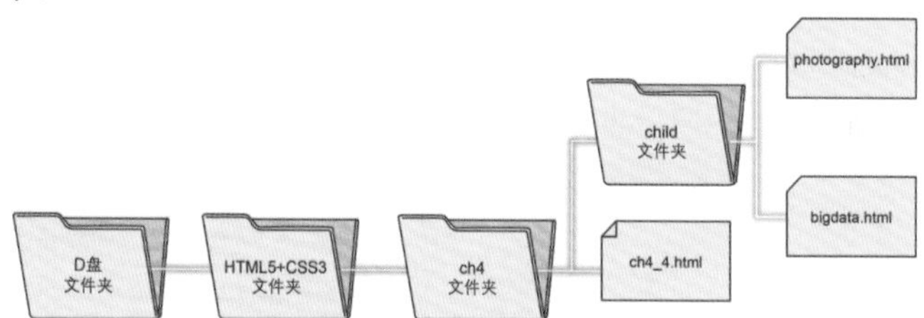

上述数据结构将衍生一个问题，bigdata.html 和 photography.html 文件将如何定义超链接返回父文件夹 ch4 的 ch4_4.html 文件？

4-3-3 超链接的文件在父文件夹

若想返回父文件夹，基本上只要在连接文件前方加上“../”即可，此时 <a> 元素的使用格式如下：

```
<a href="../HTML-file"> … </a>
```

程序实例 ch4_4.html：这个程序执行的结果和 ch4_3.html 相同，所以不再列出结果，在此笔者仅列出程序实例 ch4_4.html 与 ch4_3.html 不相同的内容。

```
11 <p>
12     <a href="child/bigdata.html"><h3>Big Data Series</h3></a>
13 </p>
14 <p>
15     <a href="child/photography.html"><h3>Photography</h3></a>
16 </p>
```

请读者留意第 12 行与第 15 行超链接到子文件夹的语法。

bigdata.html 与 photography.html 返回到父文件夹超链接的语法相同，如下所示：

```
<a href="../ch4_4.html"><h4>Back</h4></a>
```

4-3-4　绝对路径

一般网页设计较少使用绝对路径，主要原因是只要未来 HTML 文件所在的工作文件夹有更动，相关的超链接就可能出错。不过本书为了讲述完整的知识，笔者在此还是举例说明。其实在 ch4_3.html 的执行结果中，当鼠标指针指向超链接文字时，窗口左下角的网址就是绝对路径的网址。

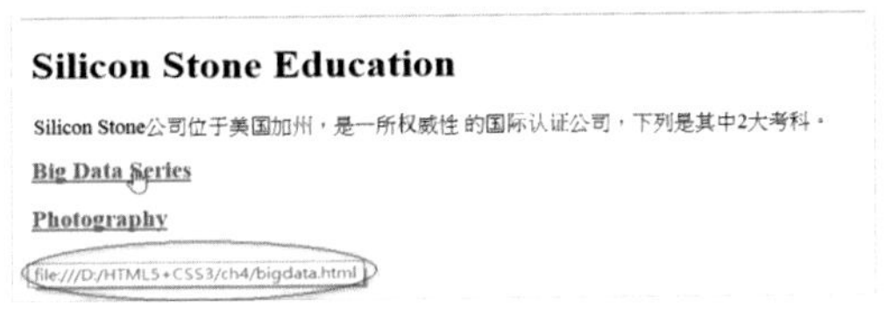

使用绝对地址设定超链接，则 <a> 元素格式如下：

```
<a href="file:///disk:/subfolder … /HTML-file"> … </a>
```

“file:///”是绝对地址的定义格式，disk 是指驱动器号。在 disk 和 subfolder 之间的“:/”符号也可以使用“|”取代。

程序实例 ch4_5.html：使用绝对地址重新设计 ch4_3.html，下面只列出程序代码与 ch4_3.html 不相同的地方。

```
11 <p>
12     <a href="file:///d:/HTML5+CSS3/ch4/bigdata.html">
13     <h3>Big Data Series</h3></a>
14 </p>
15 <p>
16     <a href="file:///d:/HTML5+CSS3/ch4/photography.html">
17     <h3>Photography</h3></a>
18 </p>
```

请读者重点关注上述程序的第 12 和 16 行。

4-4　同一个 HTML 文件中的超链接

有时可能所建立的网页内容分常丰富，一个 HTML 文件就需涵盖好多内容，此时可以考虑在这个 HTML 文件内建立几个书签，这样只要单击这些书签超链接，即可跳到书签地址。这时的 <a> 元素格式如下：

```
<a href="#mybookmark"> … </a>
```

上述 mybookmark 是我们自行定义的书签名称，接着在同一个 HTML 文件内目标书签位置使用 id 属性设定 mybookmark，这样才可定义完成超链接。id 属性是一种全局属性，可以在许多元素内使用，为了凸显书签，通常可以将它使用在 <h*n*> 标题标记内。下列是将超链接设定为“Big Data”，书签名称是“Big Data Series”的程序片段。

```
<a href="#Big Data">Big Data</a>
…
…
<h3 id="Big Data">Big Data Series</h3>
```

经上述设定后，当单击 Big Data 超链接，就可以跳到 Big Data Series 书签所在位置。

注　过去在 HTML4.01 版，<a> 标记内可以使用 name 属性来设定书签名称，HTML5 已经不支持了，改用 id 属性。

程序实例 ch4_6.html：同一个文件中超链接的应用。

```
1  <!doctype html>
2  <html>
3  <head>
4     <meta charset="utf-8">
5     <title>ch4_6.html</title>
6  </head>
7  <body>
8  <header>
9  <p id="top">Top</p>
10 <h1>Silicon Stone Education</h1>
11 <p>Silicon Stone公司位于美国加州，是一所权威性
12    的国际认证公司，下列是其中2大考科。</p>
13 <h3><a href="#Big Data">Big Data</a>
14 <a href="#Data Analyst">Data Analyst</a></h3>
15 </header>
```

```
16 <hr>
17 <section>
18 <h3 id="Big Data">Big Data Series</h3>
19 <p>Big Data Knowledge Today</p>
20 <p>R Language Today</p>
21 <p>SAS Knnowledge Today</p>
22 <a href="#top">Return Top</a>
23 </section>
24 <br><br><br>
25 <section>
26 <h3 id="Data Analyst">Data Analyst Series</h3>
27 <p>Statistical Knowledge Today</p>
28 <p>Data Power Today</p>
29 <p>Data Analysis Using Excel</p>
30 <a href="#top">Return Top</a>
31 </section>
32 </body>
33 </html>
```

执行结果 程序执行时可以看到两个超链接，分别是 Big Data 和 Data Analyst。

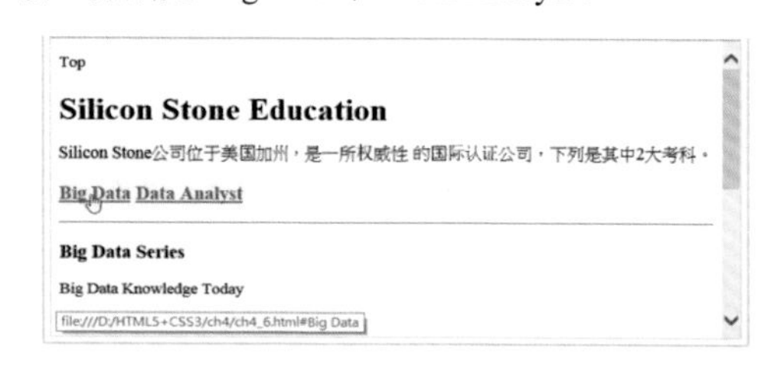

单击 Big Data 超链接可以跳到 Big Data Series 书签，让此书签数据跳到窗口最上方，如下图所示。

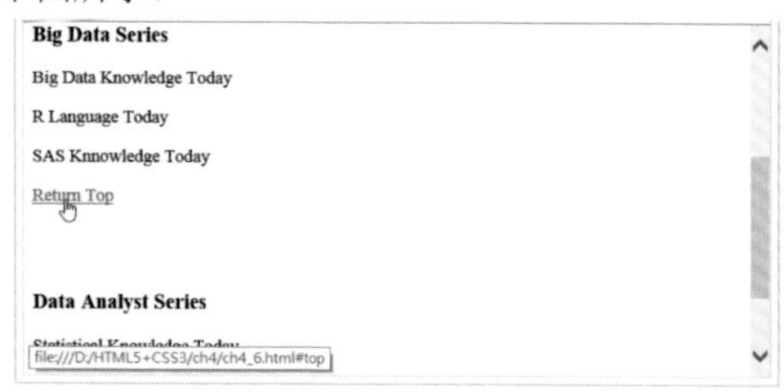

单击 Return Top 超链接可以跳到 Top 书签，窗口显示页面最顶端。

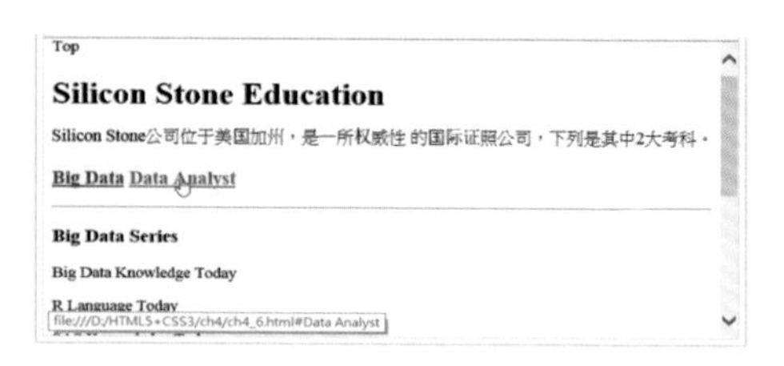

如果这时单击 Data Analyst 超链接，窗口内容将移至 Data Analyst Series 书签，如果这个书签内容或其后面的内容够多，则这个书签将在窗口画面最上端显示。否则只是将窗口卷动到最下方，如下图所示。

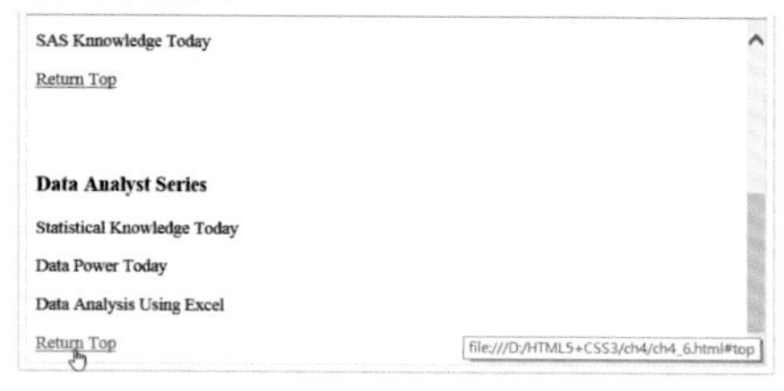

当然，若是单击 Return Top 超链接可以跳到 Top 书签，窗口显示页面最顶端。这个程序设计的几个重点如下：

（1）第 9 行设定 Top 书签区块，供 Big Data Series 书签区块和 Data Analyst Series 书签区块在单击 Return Top 时可以返回。

（2）第 13 行设定 Big Data 超链接，目的是可以跳至 Big Data Series 书签区块。

（3）第 14 行设定 Data Analyst 超链接，目的是可以跳至 Data Analyst Series 书签区块。

（4）第 17 行到 23 行是设定 Big Data Series 书签区块。

（5）第 25 行到 31 行是设定 Data Analyst Series 书签区块。

4-5 设定联络信息 <address> 元素

这个元素主要用于显示个别内容或是整个网站内容的联络信息。在设计网页时，有时需要在网页下方放置联络信息，便可以使用这个元素。

程序实例 ch4_7.html：<address> 元素的应用。这个程序在执行时若是单击“与客服人员联络”超链接，便可进入美国的 Silicon Stone 网页。

```
1  <!doctype html>
2  <html>
3  <head>
4     <meta charset="utf-8">
5     <title>ch4_7.html</title>
6  </head>
7  <body>
8  <header>
9     <h1>Silicon Stone Education</h1>
10    <p>Silicon Stone公司位于美国加州，是一所权威性的国际认证公司。</p>
11 </header>
12 <footer>
13    <address>欢迎到本公司网页
14       <a href="http://www.siliconstone.com">与客服人员联络</a>
15    </address>
16 </footer>
17 </body>
18 </html>
```

执行结果

4-6 链接到电子邮件信箱

HTML 也允许超链接直接链接到电子邮件信箱，使用方法如下：

<a href=Mailto: 电子邮件地址 > … </a>

此外，也可以在电子邮件地址后面加上参数实现用特别方式发送邮件。

主题：?subject= 信件标题。

副本：?cc= 副本收件者电子邮件地址。

密件抄送：?bcc= 密件抄送收件者地址。

邮件内容：?body= 邮件内容。

程序实例 ch4_8.html：重新设计程序实例 ch4_7.html，将超链接导向电子邮件信箱，同时附上不同参数实现用特别方式来发信邮件。读者应该分别单击以体会结果。

```
1  <!doctype html>
2  <html>
3  <head>
4     <meta charset="utf-8">
5     <title>ch4_8.html</title>
6  </head>
7  <body>
8  <header>
9     <h1>Silicon Stone Education</h1>
10    <p>Silicon Stone公司位于美国加州，是一所权威性的国际认证公司。</p>
11 </header>
12 <footer>
13    <address>>欢迎到本公司网页<br>
14       <a href="Mailto:test@sillicon.com">与客服联络(标准)</a><br>
15       <a href="Mailto:test@si.com?subject=Question">与客服联络(增加主题)</a><br>
16       <a href="Mailto:test@si.com?cc=aaa@si.com">与客服联络(增加副本)</a><br>
17       <a href="Mailto:test@si.com?bcc=bbb@si.com">与客服联络(增加密件副本)</a><br>
18       <a href="Mailto:test@si.com?body=Hello!">与客服联络(增加邮件内容)</a><br>
19    </address>
20 </footer>
21 </body>
22 </html>
```

执行结果 下图是进入网页及单击各个超链接后的执行效果。

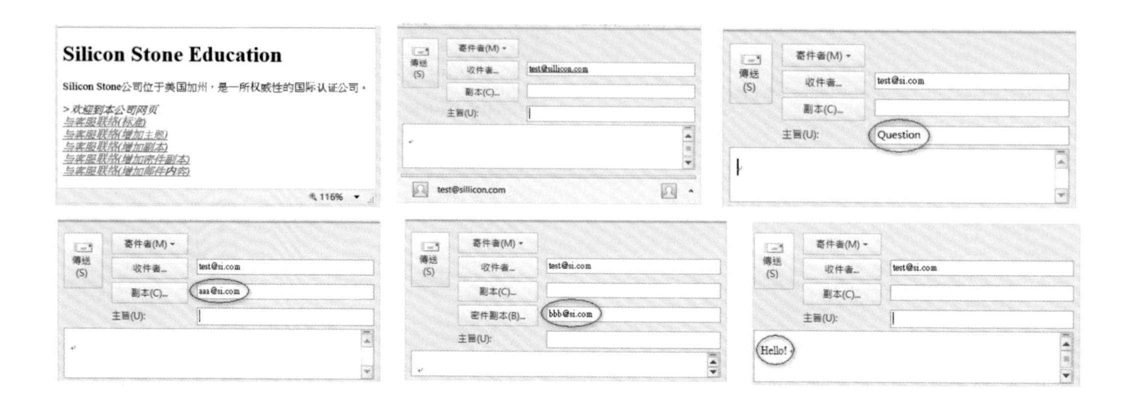

4-7 引用短文的实例 <cite> 元素与超链接的应用

在 3-12 节笔者曾经讲过可以用 <cite> 元素引用短文，下面举一个实例。

程序实例 ch4_9.html：<cite> 元素与超链接的应用。

```
1  <!doctype html>
2  <html>
3  <head>
4     <meta charset="utf-8">
5     <title>ch4_9.html</title>
6  </head>
7  <body>
8  <p>
9     <cite>
10       <a href="bigdata.html">大数据</a>
11       已经成为未来企业发展重要的资源
12    </cite>
13 </p>
14 </body>
15 </html>
```

执行结果 单击下图所示的“大数据”超链接可跳至 <cite> 所参考的 bigdata.html 文件。

大数据 已经成为未来企业发展重要的资源

4-8 指定基准的 URL

至今本书所有 URL 皆是以目前 HTML 文件的地址为基准。

HTML 内有 <base> 元素，这个元素可以设定 URL 的基准，执行这个元素设定的 URL 基准后，未来所有相对的 URL 皆以此为基准。这个元素必须放在 <head> 元素内，且一个 <head> 元素只能有一个 <base>。这个元素的使用格式如下：

```
<base 属性 >
```

❑ href

以绝对地址设定 HTML 文件的基准。

❑ target

属性值可参考 4-2 节。

程序实例 ch4_10.html：<base> 元素的测试。这个程序在第 6 行会先将 ch4/child 设为 URL 的基准，由于基准为子文件夹 ch4，所以程序第 9 行即使是引用同文件夹的超链接，此 URL 也需使用“../basetest.html”定义。

```
1  <!doctype html>
2  <html>
3  <head>
4      <meta charset="utf-8">
5      <title>ch4_10.html</title>
6      <base href="file:///D:/HTML5+CSS3/ch4/child/basech4_10.html">
7  </head>
8  <body>
9  <p>Base测试<a href="../basetest.html">basetest</a>应该在ch4文件夹</p>
10 </body>
11 </html>
```

程序 child/basech4_10.html：位于 ch4 的子文件夹 child，它的内容如下：

```
1  <!doctype html>
2  <html>
3  <head>
4      <meta charset="utf-8">
5      <title>basech4_10.html</title>
6  </head>
7  <body>
8  <h1>Benchmark for ch4_10.html</h1>
9  </body>
10 </html>
```

程序 basetest.html：与 ch4_10.html 相同，位于 ch4 文件夹。

```
1  <!doctype html>
2  <html>
3  <head>
4      <meta charset="utf-8">
5      <title>basetest.html</title>
6  </head>
7  <body>
8  <p>测试成功</p>
9  </body>
10 </html>
```

执行结果

Base测试basetest应该在ch4文件夹

file:///D:/HTML5+CSS3/ch4/basetest.htm　116%

测试成功

习题

1. 请设计一个网页介绍自己的求学履历，使其可以超链接到所读小学、初中和高中学校的网页，其他内容可自行发挥。
2. 请挑选 3 种不同风格的音乐主题，每一种主题挑 5 首歌曲，请设计一个网页可以从主网页跳至不同风格的音乐主题网页。

第 5 章

制作项目列表

本章摘要

项目列表有两大类，一类是点符列表，另一类是编号列表，本章将以实例讲解这两方面的应用。

5-1 点符列表

点符列表一般用在顺序不重要的条列式数据中，该元素的使用格式如下：

```
<ul><li> … </li></ul>
```

由于点符列表可有许多条，通常又将上述格式以下列方式表达。

```
<ul>
    <li> 清单 1</li>
    <li> 清单 2</li>
    …
    <li> 清单 n</li>
</ul>
```

一般浏览器在执行这个元素时，会在条列式数据前加上黑色中圆点符号“ • ”。在 HTML 4.01 中，<ul> 有 type 属性可以更改实心圆点符号“ • ”。HTML5 已经取消对此的支持，取而代之的是 CSS 的 list-style-type 或 list-style，本书将在 13-1 节和 13-4 节说明这两个属性的使用方法。

程序实例 ch5_1.html：以项目符号列出访问过的地点。

```
1  <!doctype html>
2  <html>
3  <head>
4      <meta charset="utf-8">
5      <title>ch5_1.html</title>
6  </head>
7  <body>
8  <h1>我的旅游经历</h1>
9  <ul>
10     <li>南极大陆</li>
11     <li>北极海</li>
12     <li>中国西藏</li>
13     <li>蒙古</li>
14 </ul>
15 </body>
16 </html>
```

执行结果

我的旅游经历

- 南极大陆
- 北极海
- 中国西藏
- 蒙古

程序实例 ch5_2.html：以点符列表方式重新设计 ch4_6.html。下面将只列出与 ch4_6.html 代码的不同之处。

```
13 <ul>
14     <li><h3><a href="#Big Data">Big Data</a></h3></li>
15     <li><h3><a href="#Data Analyst">Data Analyst</a></h3></li>
16 </ul>
```

执行结果

Top

Silicon Stone Education

Silicon Stone公司位于美国加州，是一所权威性的国际认证公司，下列是其中2大考科。

- Big Data
- Data Analyst

Big Data Series

Big Data Knowledge Today

R Language Today

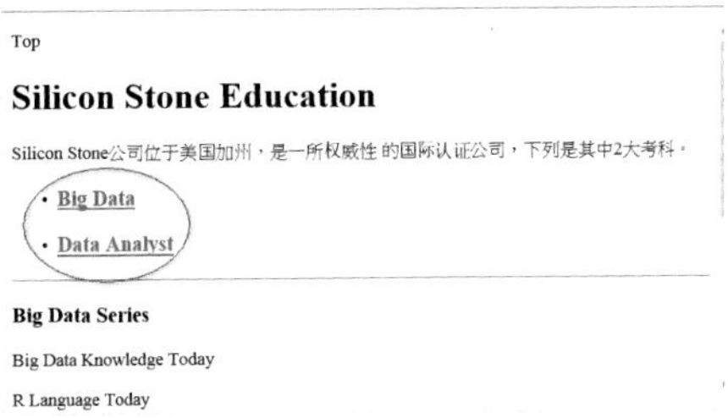

很明显，上图中的两个超链接文字尽管仍然保持是 h3 的标题格式，但是已加上本节介绍的点符列表符号了。

5-2 有编号的项目列表

有些列表数据需要强调它的顺序，那么就建议使用本节所述的功能。相关元素的使用格式如下：

```
<ol><li> … </li></ol>
```

由于编号列表有许多条，通常又将上述格式以下列方式表达。

```
<ol>
    <li> 清单 1</li>
```

```
    <li> 清单 2</li>
    …
    <li> 清单 n</li>
</ol>
```

程序实例 ch5_3.html：使用有编号的项目列表，列出美国大学排行榜。

```
1  <!doctype html>
2  <html>
3  <head>
4     <meta charset="utf-8">
5     <title>ch5_3.html</title>
6  </head>
7  <body>
8  <h1>美国大学排行榜</h1>
9  <ol>
10     <li>University of Harvard</li>
11     <li>MIT</li>
12     <li>University of Yale</li>
13     <li>University of Princeton</li>
14 </ol>
15 </body>
16 </html>
```

执行结果

美国大学排行榜

1. University of Harvard
2. MIT
3. University of Yale
4. University of Princeton

5-3 设定有编号项目列表的起始编号

5-2 节所述项目列表的起始编号是 1，HTML5 在 <ol> 元素中定义了 start 属性，可用设定 start 值的方式定义起始编号，此值必须是整数，可以是正值、0 或负值。此时 <ol> 元素的使用格式如下：

```
<ol start="n">
    <li> 清单 1</li>
    <li> 清单 2</li>
    …
    <li> 清单 n</li>
</ol>
```

上述 <ol> 标内的 n 是起始编号值。

程序实例 ch5_4.html：用属性 start 定义列表的起始编号，列出机器人赛跑第 4 名到第 6 名的排行榜。

```
1  <!doctype html>
2  <html>
3  <head>
4     <meta charset="utf-8">
5     <title>ch5_4.html</title>
6  </head>
7  <body>
8  <h1>机器人赛跑排行榜</h1>
9  <ol start="4">
10     <li>明志科大</li>
11     <li>台湾科大</li>
12     <li>台北科大</li>
13 </ol>
14 </body>
15 </html>
```

执行结果

机器人赛跑排行榜

4. 明志科大
5. 台湾科大
6. 台北科大

start 属性值也可以是负值，此时编号将采取每次递增 1 的方式处理。

程序实例 ch5_5.html：列出清单的起始编号是负值的应用，并观察执行结果。

```
1  <!doctype html>
2  <html>
3  <head>
4     <meta charset="utf-8">
5     <title>ch5_5.html</title>
6  </head>
7  <body>
8  <h1>数据表</h1>
9  <ol start="-2">
10     <li>高速公路流量</li>
11     <li>微信流量</li>
12     <li>阿里巴巴流量</li>
13     <li>亚马逊流量</li>
14 </ol>
15 </body>
16 </html>
```

执行结果

从上述执行结果可以看到列表编号由负数转到正数的过程。

5-4 更改项目列表的连续编号

在输出有编号的项目列表时，也可以使用 <li> 配合 value 属性更改项目列表的编号，编号必须是整数，可以是正数、0 或负数。此时 <li> 元素的使用格式如下：

```
<ol>
    <li> 清单 1</li>
    …
    <li value="n"> 清单 2</li>
    …
    <li> 清单 n</li>
</ol>
```

上述 <li> 标记内的 n 是新的编号值，后续的数据将自动连续编号。

程序实例 ch5_6.html：列出人口排名，但是故意跳开第 3 名，直接列出第 4 名。

```
1  <!doctype html>
2  <html>
3  <head>
4     <meta charset="utf-8">
5     <title>ch5_6.html</title>
6  </head>
7  <body>
8  <h1>全球人口排名</h1>
9  <ol>
10    <li>中国</li>
11    <li>印度</li>
12    <li value="4">印度尼西亚</li>
13    <li>巴西</li>
14 </ol>
15 </body>
16 </html>
```

执行结果

全球人口排名

1. 中国
2. 印度
4. 印度尼西亚
5. 巴西

上述程序第 12 行将促使排名直接跳至第 4 名。

5-5 更改项目列表的编号种类

HTML5 默认的项目列表编号是阿拉伯数字，<ol> 元素可以使用 type 属性更改这个设定，相关元素的使用格式如下：

```
<ol type="n"><li> … </li></ol>
```

由于编号列表有许多条，通常又将上述格式以下列方式表达。

```
<ol type="n">
    <li> 清单 1</li>
    <li> 清单 2</li>
    …
    <li> 清单 n</li>
</ol>
```

n 的可能值与影响如下：

1：这是默认值，编号是 1, 2, 3, …

a：小写英文字母，编号是 a, b, c, …

A：大写英文字母，编号是 A, B, C, …

i：小写罗马数字，编号是 i, ii, iii, …

I：大写罗马数字，编号是 I, II, III, …

程序实例 ch5_7.html：这里列出了各种项目列表种类的范例。

```
1  <!doctype html>
2  <html>
3  <head>
4     <meta charset="utf-8">
5     <title>ch5_7.html</title>
6  </head>
7  <body>
8  <h1>台湾旅游景点排名</h1>
9  <ol type="a">
10    <li>台北故宫</li><li>日月潭</li><li>阿里山</li>>
11 </ol>
12 <h2>台湾夜市排名</h2>
13 <ol type="A">
14    <li>士林夜市</li><li>永康夜市</li><li>逢甲夜市</li>
15 </ol>
16 <h2>台湾人口排名</h2>
17 <ol type="i">
```

```
18      <li>新北市</li><li>台北市</li><li>桃园市</li>
19  </ol>
20  <h2>台湾最健康大学排名</h2>
21  <ol type="I">
22      <li>明志科大</li><li>台湾体院</li><li>台北体院</li>
23  </ol>
24  </body>
25  </html>
```

执行结果

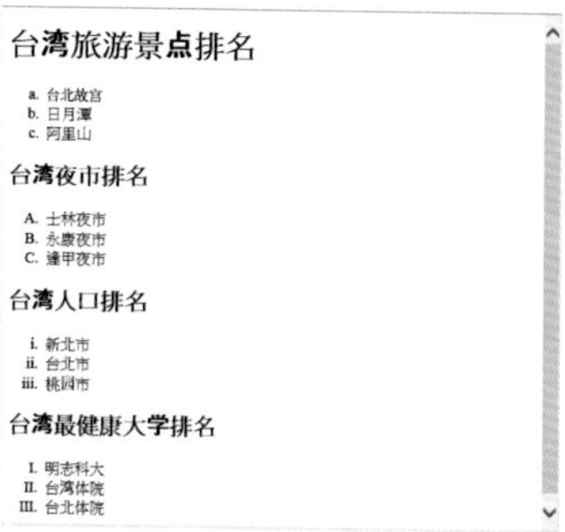

台湾旅游景点排名

a. 台北故宫
b. 日月潭
c. 阿里山

台湾夜市排名

A. 士林夜市
B. 永康夜市
C. 逢甲夜市

台湾人口排名

i. 新北市
ii. 台北市
iii. 桃园市

台湾最健康大学排名

I. 明志科大
II. 台湾体院
III. 台北体院

这个程序分别在第 9 行、第 13 行、第 17 行和第 21 行设定了项目列表的编号类别，由执行结果相信读者可以很容易了解本程序的设计原则。

5-6 项目列表编号递减的应用

前面几节所介绍的项目列表编号皆是递增，如果在 <ol> 元素内设定 reserved 属性，则可以让项目列表编号递减。相关元素的使用格式如下：

```
<ol reserved="reserved"><li> … </li></ol>
```

由于项目列表有许多条，通常又将上述格式以下列方式表达。

```
<ol reserved="reserved">
    <li> 清单 1</li>
    <li> 清单 2</li>
    …
    <li> 清单 n</li>
</ol>
```

另外，也可以使用 reserved 或 reserved="" 方式指定项目列表编号为递减。

程序实例 ch5_8.html：项目列表编号递减的应用。笔者测试了 3 种方法。

注 IE 11 尚未支持此功能，下列执行结果是使用 Google Chrome 得到的。

```
1  <!doctype html>
2  <html>
3  <head>
4      <meta charset="utf-8">
5      <title>ch5_8.html</title>
6  </head>
7  <body>
8  <h1>台湾城市人口最少排名</h1>
9  <ol reversed="reversed">
10     <li>台东</li><li>金门</li><li>马祖</li>
11 </ol>
12 <h2>世界啤酒排名</h2>
13 <ol reversed="">
14     <li>青岛啤酒</li><li>台湾啤酒</li><li>慕尼黑啤酒</li>
15 </ol>
16 <h2>亚洲物理竞赛排名</h2>
17 <ol reversed>
18     <li>台湾</li><li>苏联</li><li>中国</li>
19 </ol>
20 </body>
21 </html>
```

执行结果

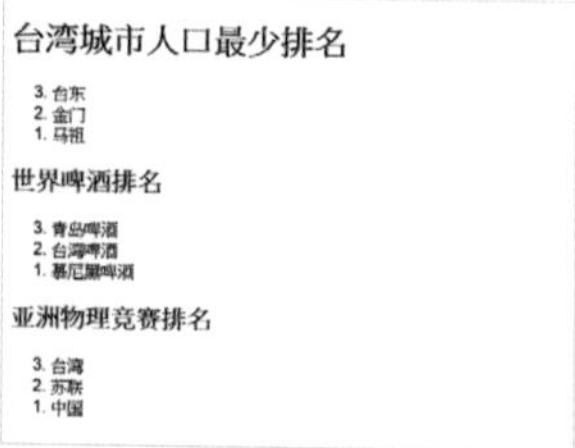

台湾城市人口最少排名

3. 台东
2. 金门
1. 马祖

世界啤酒排名

3. 青岛啤酒
2. 台湾啤酒
1. 慕尼黑啤酒

亚洲物理竞赛排名

3. 台湾
2. 苏联
1. 中国

上述程序的第 9 行、第 13 行和第 17 行，笔者分别使用不同的 reversed 属性设定方式，测试项目列表编号递减的功能。

5-7 自定义清单

所谓的自定义清单是自行定义一个名词，然后对此名词做解释。在 <dl> 元素内，有一个名词用语（以 <dt> 定义），以及针对该名词用语的说明（以 <dd> 定义）。自定义清单的基本格式如下：

```
<dl><dt> … </dt><dd> … </dd>
<dl>
```

由于自定义清单有许多条，通常又将上述格式以下列方式表达。

```
<dl>
    <dt> 名词 1</dt>
        <dd> 名词 1 的说明 </dd>
    <dt> 名词 2</dt>
        <dd> 名词 2 的说明 </dd>
    …
    <dt> 名词 n</dt>
        <dd> 名词 n 的说明 </dd>
</dl>
```

程序实例 ch5_9.html：自定义清单的基本使用说明。

```
1  <!doctype html>
2  <html>
3  <head>
4     <meta charset="utf-8">
5     <title>ch5_9.html</title>
6  </head>
7  <body>
8  <h1>国家首都数据表</h1>
9  <dl>
10    <dt>Washington</dt>
11       <dd>美国首都</dd>
12    <dt>Tokyo</dt>
13       <dd>日本首都</dd>
14    <dt>Paris</dt>
15       <dd>法国首都</dd>
16 </dl>
17 </body>
18 </html>
```

执行结果

国家首都数据表

Washington
　　美国首都
Tokyo
　　日本首都
Paris
　　法国首都

此外，在自定义清单的名词说明中，<dd> 元素内容也可以是一个段落文件、图片或超链接。

程序实例 ch5_10.html：自定义清单中，以整个段落表达 <dd> 元素的内容。

```
1  <!doctype html>
2  <html>
3  <head>
4     <meta charset="utf-8">
5     <title>ch5_10.html</title>
6  </head>
7  <body>
8  <h1>Silicon Stone Education</h1>
9  <dl>
10    <dt>Big Data Knowledge Today</dt>
11       <dd>大数据(Big Data)已成为目前全球学术单位、政府机关以及
12       顶级企业必须认真面对的挑战，随着有关大数据的程序语言、
13       运算平台、基础理论，以及虚拟化、容器化技术的成熟，了解
14       大数据的原理、实作、工具、应用以及未来趋势，将会是求
15       学、进修、求职，深造的必备技能。</dd>
16    <dt>R Language Today</dt>
17       <dd>自由软件R是一种根基于S 语言的GNU免费的统计数学套装分
18       享软件，为探索性数据分析、统计方法及图形提供了所有源码。
19       </dd>
20 </dl>
21 </body>
22 </html>
```

执行结果

Silicon Stone Education

Big Data Knowledge Today
　　大数据(Big Data)已成为目前全球学术单位、政府机关以及 顶级企业必须认真面对的挑战，随着有关大数据的程序语言、 运算平台、基础理论，以及虚拟化、容器化技术的成熟，了解 大数据的原理、实作、工具、应用以及未来趋势，将会是求 学、进修、求职，深造的必备技能。
R Language Today
　　自由软件R是一种根基于S 语言的GNU免费的统计数学套装分 享软件，为探索性数据分析、统计方法及图形 提供了所有源码。

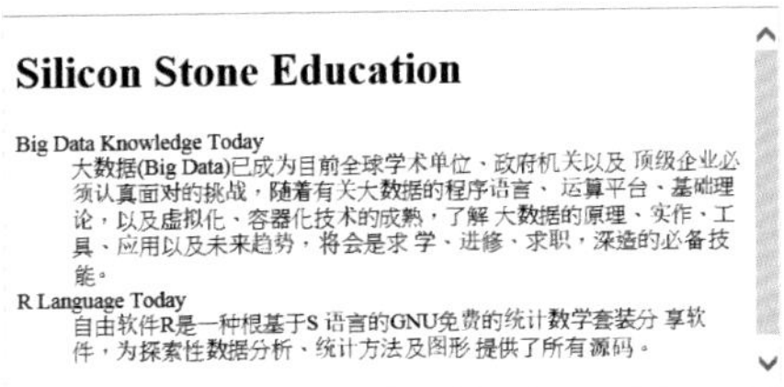

习题

1. 列出世界 5 个城市，以点符列表加超链接方式表达，单击后在网页适当位置介绍这个城市。请读者用一个 HTML 文件设计此网页，同时请自行美化网页。
2. 重新设计上述程序，每一个超链接皆使用新的 HTML 文件表达。
3. 以点符列表制作 5 种考试科目列表，当单击列表时，可以跳至显示各科考试分数，以座号排名。请使每一个超链接皆用新的 HTML 文件表达，同时请自行美化网页。

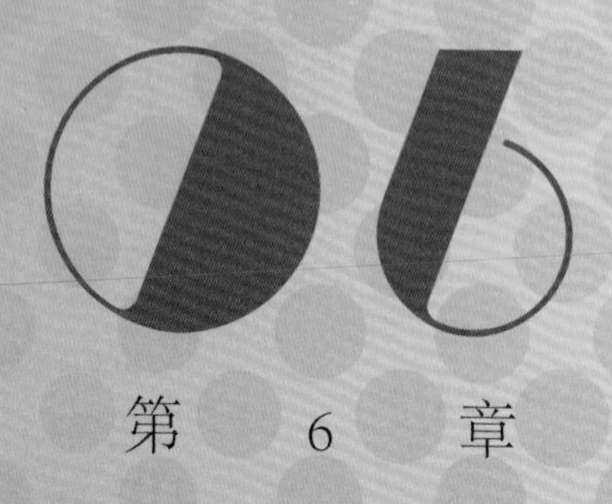

第 6 章

设计表格

本章摘要

6-1 表格的基本元素
6-2 表格框线的 border 属性
6-3 建立表头 <thead> 和 <th> 元素
6-4 建立表格本体 <tbody> 元素
6-5 建立表尾 <tfoot> 元素
6-6 合并横向单元格 colspan 属性
6-7 合并纵向单元格 rowspan 属性
6-8 表格的标题 <caption> 元素
6-9 单元格的群组化 <colgroup> 和 <col> 元素
6-10 表格与超链接的混合应用

表格是网页设计时频繁使用的单元。其实表格功能在设计上除了建立表格外，在 HTML4.01 时代，只要表格不加上框线，也有程序设计师会将此功能应用在网页排版上。不过，在 HTML5 时代，建议网页编辑排版时使用 CSS3。本章重点是讲解表格设计。在表格设计中，许多 HTML5 已经宣告不支持的属性，例如 align、bgcolor、cellpadding、cellspacing、frame、summary、rules 和 width 等属性，本章将不做介绍。这主要是期待读者从基础开始就有设计网页的好习惯，将网页文件的内容与结构和外观设计分开，同时避免读者使用，以免当浏览器不支持时，所设计的网页产生错误。

6-1 表格的基本元素

设计表格需要下列 3 个基本元素：

<table>：<table> 是表格的开始标记，</table> 是表格的结束标记，所有的表格规划就是在这个元素中。

<tr>：定义行（row），<tr> 定义行的起始，</tr> 定义行的结束。

<td>：定义单元格。

若是将上述 3 个元素综合使用，那么表格的格式如下：

```
<table>
<tr><td> 内容 </td> … <td> 内容 </td></tr>
  …
<tr><td> 内容 </td> … <td> 内容 </td></tr>
</table>
```

在这些表格的单元格内输入内容时默认的格式是靠左对齐。

程序实例 ch6_1.html：基本表格的应用，这个程序将建立一个有 2 行，每行有 3 个单元格的表格。

```
1  <!doctype html>
2  <html>
3  <head>
4      <meta charset="utf-8">
5      <title>ch6_1.html</title>
6  </head>
7  <body>
8  <table>
9      <tr><td>长江</td><td>中国</td><td>亚洲</td></tr>
10     <tr><td>尼罗河</td><td>埃及</td><td>非洲</td></tr>
11     <tr><td>亚马孙河</td><td>巴西</td><td>南美洲</td></tr>
12 </table>
13 </body>
14 </html>
```

执行结果

```
长江     中国 亚洲
尼罗河   埃及 非洲
亚马孙河 巴西 南美洲
```

我们已成功建立一个表格了，可是这个表格没有框线，下一节将介绍加框线的方法。

6-2 表格框线的 border 属性

在 HTML4.01 时代，当不指定 border 的值时所呈现的表格是没有框线的，HTML 程序设计师就利用这个特性进行网页排版。6-1 节程序实例的表格不含框线，其实只要将 border 属性设为 1，同时放在 <table> 元素内就可以为表格建立框线，使用方法如下：

```
<table border="1">
<tr><td> 内容 </td> … <td> 内容 </td></tr>
  …
<tr><td> 内容 </td> … <td> 内容 </td></tr>
</table>
```

另外，border 也可以取任一数值，这个数值所指的是外框线的宽度。不过，HTML5 语意上不用此方法设计外框线宽度，而是使用 CSS3。

程序实例 ch6_2.html：增加表格的框线，重新设计 ch6_1.html。

```
1  <!doctype html>
2  <html>
3  <head>
4      <meta charset="utf-8">
5      <title>ch6_2.html</title>
6  </head>
7  <body>
8  <table border="1">
9      <tr><td>长江</td><td>中国</td><td>亚洲</td></tr>
10     <tr><td>尼罗河</td><td>埃及</td><td>非洲</td></tr>
11     <tr><td>亚马孙河</td><td>巴西</td><td>南美洲</td></tr>
12 </table>
13 </body>
14 </html>
```

执行结果

长江	中国	亚洲
尼罗河	埃及	非洲
亚马孙河	巴西	南美洲

6-3 建立表头 <thead> 和 <th> 元素

HTML 使用 <thead> 元素建立表头（也可称为表格的标题行），在表头内则使用 <th> 定义表头的单元格，这两个元素配合 <table> 使用格式如下：

```
<table border="1">
    <thead>
      <tr><th> 内容 </th> … <th> 内容 </th></tr>
    </thead>
    <tr><td> 内容 </td> … <td> 内容 </td></tr>
    …
<tr><td> 内容 </td> … <td> 内容 </td></tr>
</table>
```

在默认环境下，表头内的数据将以粗体显示，同时在单元格内居中对齐。

程序实例 ch6_3.html：为表格建立表头，重新设计 ch6_2.html。

```
1  <!doctype html>
2  <html>
3  <head>
4     <meta charset="utf-8">
5     <title>ch6_3.html</title>
6  </head>
7  <body>
8  <table border="1">
9     <thead><!--建立表头 -->
10       <tr><th>河流名称</th><th>国家</th><th>洲名</th></tr>
11    </thead>
12    <tr><td>长江</td><td>中国</td><td>亚洲</td></tr>
13    <tr><td>尼罗河</td><td>埃及</td><td>非洲</td></tr>
14    <tr><td>亚马孙河</td><td>巴西</td><td>南美洲</td></tr>
15 </table>
16 </body>
17 </html>
```

执行结果

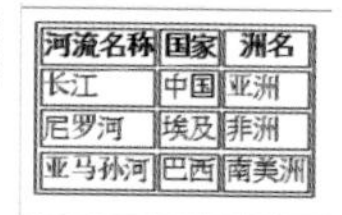

河流名称	国家	洲名
长江	中国	亚洲
尼罗河	埃及	非洲
亚马孙河	巴西	南美洲

6-4 建立表格本体 <tbody> 元素

上一节的程序虽然已很清楚地表达了表格的设计逻辑，但是当我们在表格中增加了 <thead> 元素定义表头时，习惯也会使用 <tbody> 定义表格的本体，这样整个程序设计起来会更明确。此时整个表格设计的格式如下：

```
<table border="1">
    <thead>
       <tr><th> 内容 </th> … <th> 内容 </th></tr>
    </thead>
    <tbody>
       <tr><td> 内容 </td> … <td> 内容 </td></tr>
       …
   <tr><td> 内容 </td> … <td> 内容 </td></tr>
</tbody>
</table>
```

程序实例 ch6_4.html：使用 <tbody> 定义表格的本体，使程序更清楚明确。

```
1  <!doctype html>
2  <html>
3  <head>
4      <meta charset="utf-8">
5      <title>ch6_4.html</title>
6  </head>
7  <body>
8  <table border="1">
9      <thead><!--建立表头 -->
10         <tr><th>河流名称</th><th>国家</th><th>洲名</th></tr>
11     </thead>
12     <tbody><!-- 建立表格本体 -->
13         <tr><td>长江</td><td>中国</td><td>亚洲</td></tr>
14         <tr><td>尼罗河</td><td>埃及</td><td>非洲</td></tr>
15         <tr><td>亚马孙河</td><td>巴西</td><td>南美洲</td></tr>
16     </tbody>
17 </table>
18 </body>
19 </html>
```

执行结果

河流名称	国家	洲名
长江	中国	亚洲
尼罗河	埃及	非洲
亚马孙河	巴西	南美洲

6-5 建立表尾 <tfoot> 元素

在建立表格时，有时候需要使用表尾 <tfoot> 元素做一份整体表格的注记。将表尾应用在表格设计时，使用的格式如下：

```
<table border="1">
    <thead>
        <tr><th> 内容 </th> … <th> 内容 </th></tr>
    </thead>
    <tbody>
        <tr><td> 内容 </td> … <td> 内容 </td></tr>
        …
        <tr><td> 内容 </td> … <td> 内容 </td></tr>
    </tbody>
    <tfoot>
        <tr><td> 内容 </td></tr>
    </tfoot>
</table>
```

程序实例 ch6_5.html：以增加表尾方式建立表格。

```
1  <!doctype html>
2  <html>
3  <head>
4      <meta charset="utf-8">
5      <title>ch6_5.html</title>
6  </head>
7  <body>
8  <table border="1">
9      <thead><!--建立表头 -->
10         <tr><th>河流名称</th><th>国家</th><th>洲名</th></tr>
11     </thead>
12     <tbody><!-- 建立表格本体 -->
13         <tr><td>长江</td><td>中国</td><td>亚洲</td></tr>
14         <tr><td>尼罗河</td><td>埃及</td><td>非洲</td></tr>
15         <tr><td>亚马孙河</td><td>巴西</td><td>南美洲</td></tr>
16     </tbody>
17     <tfoot><!-- 建立表尾 -->
18         <tr><td>制表2017年5月30日</td></tr>
19     </tfoot>
20 </table>
21 </body>
22 </html>
```

执行结果

河流名称	国家	洲名
长江	中国	亚洲
尼罗河	埃及	非洲
亚马孙河	巴西	南美洲
制表2017年5月30日		

6-6 合并横向单元格 colspan 属性

在上一节的实例中，我们在表尾中只设计了一个单元格，其实这不是好的设计，整体不一致，同时感觉怪怪的。通常我们在设计这类表格时，可以使用 colspan 属性，直接将整行单元格合并，再将单元格原先内容写入此合并的单元格内。如果将 colspan 属性放在定义表格本体的单元格 <td> 元素时，此时使用如下格式：

```
<tr><td colspan="n"> … </td></tr>
```

上述 n 代表合并单元格的个数。

程序实例 ch6_6.html：以合并单元格方式重新

设计 ch6_5.html。

```
1 <!doctype html>
2 <html>
3 <head>
4    <meta charset="utf-8">
5    <title>ch6_6.html</title>
6 </head>
7 <body>
8 <table border="1">
9    <thead><!--建立表头 -->
10      <tr><th>河流名称</th><th>国家</th><th>洲名</th></tr>
11   </thead>
12   <tbody><!-- 建立表格本体 -->
13      <tr><td>长江</td><td>中国</td><td>亚洲</td></tr>
14      <tr><td>尼罗河</td><td>埃及</td><td>非洲</td></tr>
15      <tr><td>亚马逊河</td><td>巴西</td><td>南美洲</td></tr>
16   </tbody>
17   <tfoot><!-- 建立表尾 -->
18      <tr><td colspan="3">制表2017年5月30日</td></tr>
19   </tfoot>
20 </table>
21 </body>
22 </html>
```

执行结果

河流名称	国家	洲名
长江	中国	亚洲
尼罗河	埃及	非洲
亚马逊河	巴西	南美洲
制表2017年5月30日		

上述第 18 行设定将 3 个单元格合并，然后在合并后的单元格输入“制表 2017 年 5 月 30 日”。

合并单元格的功能也可以应用在表格的表头，如果将 colspan 属性放在定义表格表头的单元格 <th> 元素时，此时使用如下格式：

```
<tr><th colspan="n"> … </th></tr>
```

另外，在表头的单元格内放置 colspan 属性时，所输入的内容将自动居中对齐。

程序实例 ch6_7.html：扩充 ch6_6.html，以合并单元格的观念应用在表格表头，同时在此输入“联合国水资源中心”。

```
1 <!doctype html>
2 <html>
3 <head>
4    <meta charset="utf-8">
5    <title>ch6_7.html</title>
6 </head>
7 <body>
8 <table border="1">
9    <thead><!--建立表头 -->
10      <tr><th colspan="3">联合国水资源中心</th></tr>
11      <tr><th>河流名称</th><th>国家</th><th>洲名</th></tr>
12   </thead>
13   <tbody><!-- 建立表格本体 -->
14      <tr><td>长江</td><td>中国</td><td>亚洲</td></tr>
15      <tr><td>尼罗河</td><td>埃及</td><td>非洲</td></tr>
16      <tr><td>亚马逊河</td><td>巴西</td><td>南美洲</td></tr>
17   </tbody>
18   <tfoot><!-- 建立表尾 -->
19      <tr><td colspan="3">制表2017年5月30日</td></tr>
20   </tfoot>
21 </table>
22 </body>
23 </html>
```

执行结果

联合国水资源中心		
河流名称	国家	洲名
长江	中国	亚洲
尼罗河	埃及	非洲
亚马逊河	巴西	南美洲
制表2017年5月30日		

上述第 10 行是设定将 3 个单元格合并，然后在合并后的单元格中输入“联合国水资源中心”。

6-7 合并纵向单元格 rowspan 属性

合并纵向单元格的属性是 rowspan，这个属性同样可以应用在定义表格表头的单元格元素 <th>，也可以应用在定义表格本体的单元格 <td>，此时的使用格式如下：

```
<tr><th rowspan="n"> … </th></tr>
```

或

```
<tr><td rowspan="n"> … </td></tr>
```

上述 n 是欲合并的单元格个数。在纵向合并的单元格中输入数据时，数据将主动垂直居中对齐。

程序实例 ch6_8.html：合并纵向单元格。

```
1 <!doctype html>
2 <html>
3 <head>
4    <meta charset="utf-8">
5    <title>ch6_8.html</title>
6 </head>
7 <body>
8 <table border="1">
9    <thead><!--建立表头 -->
10      <tr><th colspan="3">深石数位卖场</th></tr>
11      <tr><th>店名</th><th>地址</th><th>营业时间</th></tr>
12   </thead>
13   <tbody><!-- 建立表格本体 -->
14      <tr><td>天母店</td><td>台北市忠诚路200号</td>
15      <td rowspan="2">09:00-23:00</td></tr>
16      <tr><td>大安店</td><td>台北市大安路10号</td></tr>
17      <tr><td>新竹店</td><td>新竹市清华路112号</td><td>11:00-20:00</td></tr>
18   </tbody>
19   <tfoot><!-- 建立表尾 -->
20      <tr><td colspan="3">制表2017年5月30日</td></tr>
21   </tfoot>
22 </table>
23 </body>
24 </html>
```

执行结果

深石数位卖场		
店名	地址	营业时间
天母店	台北市忠诚路200号	09:00-23:00
大安店	台北市大安路10号	
新竹店	新竹市清华路112号	11:00-20:00
制表2017年5月30日		

上述程序的亮点是第 15 行，在这里执行了合并纵向 2 个单元格，同时在此输入“09:00-23:00”，最后所列出的执行结果将垂直居中对齐。

6-8 表格的标题 <caption> 元素

虽然先前笔者已经用实例介绍过利用表格的表头来建立表格的标题，但是有些人在建立表格时，还是想将表格标题独立于表格之外，此时可以使用 <caption> 元素，这也是本节的重点。这个元素的使用格式如下：

```
<table>
    <caption> 标题 </caption>
    …
    …
</table>
```

其实 <caption> 元素只要放在 <table> 和 </table> 标记之内即可在表格上方显示表格标题。上述使用格式笔者是将 <caption> 放在紧接着的 <table> 元素之后，这与将 <caption> 放在 </table> 上方的效果是相同的。另外，使用 <caption> 元素时，表格标题将居中对齐。

程序实例 ch6_9.html：使用 <caption> 元素为表格建立标题。

```
1  <!doctype html>
2  <html>
3  <head>
4      <meta charset="utf-8">
5      <title>ch6_9.html</title>
6  </head>
7  <body>
8  <table border="1">
9      <caption>深石数字卖场</caption>
10     <thead><!--建立表头 -->
11         <tr><th>店名</th><th>地址</th><th>营业时间</th></tr>
12     </thead>
13     <tbody><!-- 建立表格本体 -->
14         <tr><td>天母店</td><td>台北市忠诚路200号</td>
15         <td rowspan="2">09:00-23:00</td></tr>
16         <tr><td>大安店</td><td>台北市大安路10号</td></tr>
17         <tr><td>新竹店</td><td>新竹市清华路112号</td><td>11:00-20:00</td></tr>
18     </tbody>
19 </table>
20 </body>
21 </html>
```

执行结果

深石数位卖场

店名	地址	营业时间
天母店	台北市忠诚路200号	09:00-23:00
大安店	台北市大安路10号	
新竹店	新竹市清华路112号	11:00-20:00

这个程序的重点是第 9 行的 <caption> 元素，在此我们建立了表格的表题。

6-9 单元格的群组化 <colgroup> 和 <col> 元素

在表格使用中，如果想将整个列的单元格群组化，可以使用 <colgroup> 和 <col> 元素。在使用上 <col> 是 <colgroup> 的子元素，用于定义 <colgroup> 每一个列的列属性。<col> 这个元素没有结束标记。<colgroup> 元素在使用时必须放在 <table> 元素内，在 <caption> 之后但是需在 <thead>、<tbody>、<tfoot> 和 <tr> 元素之前。<colgroup> 配合 <col> 元素的使用格式如下：

```
<colgroup>
    <col span="n">
    …
</colgroup>
```

上述 span 属性设定的 n 值，主要是定义列的列数。如果省略 span 属性，则列数是 1。

程序实例 ch6_10.html：群组列的应用。这个程序将群组化的列数设为 3，不更改表格的定义，设定第一个群组列的背景色是灰色、第二个群组列的背景色是黄色、第三个群组列的背景色是橘色。这个程序笔者使用了尚未讲解的样式表元素“style”，在本书第 11 章起会大量介绍此元素，暂时建议读者只要了解即可：

```
style="background-color:lightgray"
style="background-color:yellow"
style="background-color:orange"
```

可分别产生背景色为灰色、黄色和橘色。

```
1  <!doctype html>
2  <html>
3  <head>
4     <meta charset="utf-8">
5     <title>ch6_10.html</title>
6  </head>
7  <body>
8  <table border="1">
9     <caption>深石数字卖场</caption>
10    <colgroup>
11       <col style="background-color:lightgray">
12       <col style="background-color:yellow">
13       <col style="background-color:orange">
14    </colgroup>
15    <thead><!--建立表头 -->
16       <tr><th>店名</th><th>地址</th><th>营业时间</th></tr>
17    </thead>
18    <tbody><!-- 建立表格本体 -->
19       <tr><td>天母店</td><td>台北市忠诚路200号</td>
20       <td rowspan="2">09:00-23:00</td></tr>
21       <tr><td>大安店</td><td>台北市大安路10号</td></tr>
22       <tr><td>新竹店</td><td>新竹市清华路112号</td><td>11:00-20:00</td></tr>
23    </tbody>
24 </table>
25 </body>
26 </html>
```

执行结果

深石数字卖场

店名	地址	营业时间
天母店	台北市忠诚路200号	09:00-23:00
大安店	台北市大安路10号	
新竹店	新竹市清华路112号	11:00-20:00

上述程序第 11 行定义了第一个群组列，由于省略 span 属性设定，所以只有一列，显示背景色是灰色。第 12 行定义了第二个群组列，也只有一列，显示背景色是黄色。第 13 行定义了第三个群组列，也是一列，显示背景色是橘色。

程序实例 ch6_11.html：这个程序重新设计 ch6_10.html，第一个群组列依旧是指第一列，不过将第二和第三个列群组化成第二个群组列，同时令第一个群组列的表格背景色是灰色，第二个群组列的背景色是黄色。

```
1  <!doctype html>
2  <html>
3  <head>
4     <meta charset="utf-8">
5     <title>ch6_11.html</title>
6  </head>
7  <body>
8  <table border="1">
9     <caption>深石数字卖场</caption>
10    <colgroup>
11       <col style="background-color:lightgray">
12       <col span="2" style="background-color:yellow">
13    </colgroup>
14    <thead><!-- 建立表头 -->
15       <tr><th>店名</th><th>地址</th><th>营业时间</th></tr>
16    </thead>
17    <tbody><!-- 建立表格本体 -->
18       <tr><td>天母店</td><td>台北市忠诚路200号</td>
19       <td rowspan="2">09:00-23:00</td></tr>
20       <tr><td>大安店</td><td>台北市大安路10号</td></tr>
21       <tr><td>新竹店</td><td>新竹市清华路112号</td><td>11:00-20:00</td></tr>
22    </tbody>
23 </table>
24 </body>
25 </html>
```

执行结果

深石数字卖场

店名	地址	营业时间
天母店	台北市忠诚路200号	09:00-23:00
大安店	台北市大安路10号	
新竹店	新竹市清华路112号	11:00-20:00

上述程序第 11 行定义了第一个群组列，但只有一列，背景色是灰色。最重要的是第 12 行，span="2" 目的是定义这个群组列包含 2 列，背景色是黄色。

6-10 表格与超链接的混合应用

在第 4 章笔者介绍了超链接的知识，这节主要是用一个实例将超链接应用在表格内。

程序实例 ch6_12.html：这个程序在执行时，可以通过单击表格内的超链接连上 IBM、Apple 或 Intel 公司的网页。

```
1 <!doctype html>
2 <html>
3 <head>
4     <meta charset="utf-8">
5     <title>ch6_12.html</title>
6 </head>
7 <body>
8 <table border="1">
9     <thead><!-- 建立表头 -->
10         <tr><th colspan="3">美国电子大厂</th></tr>
11         <tr><th>公司</th><th>产品</th></tr>
12     </thead>
13     <tbody><!-- 建立表格本体 -->
14         <tr><td><a href="http://www.ibm.com">IBM</a>
15         </td><td>大型主机</td></tr>
16         <tr><td><a href="http://www.apple.com">Apple</a>
17         </td><td>随身装置</td></tr>
18         <tr><td><a href="http://www.intel.com">Intel</a>
19         </td><td>电子芯片</td></tr>
20     </tbody>
21 </table>
22 </body>
23 </html>
```

执行结果　下方左图是执行结果，如果将鼠标指针指向超链接，将看到下方右图所示画面，单击后将连上指定网页。

习题

1. 请建立一个自己的课程表网页，并在课程表内用到合并列单元格和行单元格功能。

2. 请参考报纸或旅游网站的旅游专刊，以表格形式列出 6 天夏威夷旅游的行程表。

第 7 章

嵌入图片

本章摘要

精彩的图形是网页不可或缺的一部分，本章我们将就在网页嵌入图片的功能与方法做一个完整的解说。在本章我们会使用一些长度单位，有关网页设计所使用的长度单位可以参考附录 D。

7-1 嵌入图片 <img> 元素

这个元素没有结束标，它的使用格式如下：

```
<img src=" 图片的 URL" alt=" 替代的文字 " height=" 像素 " width=" 像素 ">
```

❑ src

src 指图片名称或是图片的 URL。HTML5 可以接受的图片格式有 GIF、PNG、JPG，或是 SVG、PDF 文件。

❑ alt

当图片因某些原因无法显示时，在图片位置可以列出此属性设定的文字。则如果省略这个属性，则当图片无法显示时，图片位置将以⊠取代。

❑ height/width

height 是图片的高度，单位是 px（pixel），此值必须大于 0；width 是图片的宽度，单位是 px，此值必须大于 0。如果所设定的值与真实图片大小不符，则浏览器会强制缩放图片。如果省略这两个属性，则依图片实际大小显示。

程序实例 ch7_1.html：输出图片的应用。这个程序会将图片输出两次，第一次指定宽度和高度，第二次不指定。在执行这个程序前，本程序所在的 ch7 文件夹内一定要有 sselogo.jpg 文件才可以正常执行。

```
1  <!doctype html>
2  <html>
3  <head>
4     <meta charset="utf-8">
5     <title>ch7_1.html</title>
6  </head>
7  <body>
8  <h1>Silicon Stone Education</h1>
9  <p>图片高是100px  图片宽是150px</p>
10 <img src="sselogo.jpg" height="100" width="150">
11 <p>使用默认图片大小</p>
12 <img src="sselogo.jpg">
13 </body>
14 </html>
```

执行结果

程序实例 ch7_2.html：测试 alt 属性。笔者故意写错文件名，所以无法正常输出图片。

```
1  <!doctype html>
2  <html>
3  <head>
4     <meta charset="utf-8">
5     <title>ch7_2.html</title>
6  </head>
7  <body>
8  <h1>Silicon Stone Education</h1>
9  <p>图片高是100px  图片宽是150px</p>
10 <img src="sse.jpg" height="100" width="150">
11 <p>使用默认图片大小</p>
12 <img src="sse.jpg" alt="SSE Logo输出错误">
13 </body>
14 </html>
```

执行结果

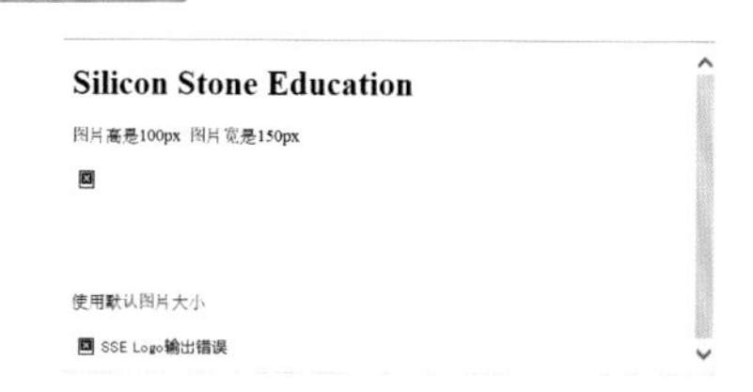

这个程序会在执行第 10 行输出第一个图片 sse.jpg 时，因为本程序所在的 ch7 文件夹没有 sse.jpg 文件，所以此图片文件名错误。由于没有 alt 属性指示输出替换文字，所以只能输出⊠。上述程序第 12 行要输出第二个图片 sse.jpg，而本程序所在的 ch7 文件夹中没有 sse.jpg，所以出现图片文件名错误。因为本指令使用了 alt 属性指示输出替换文字，所以输出了⊠和替换文字“SSE Logo 输出错误”。

7-2 标示文件标题 <figure> 和 <figcaption> 元素

<figure> 元素主要是标示文件内容所参照的图像、图表、照片或程序代码，同时这些内容可随时从文件中抽离。<figcaption> 元素主要是列出文件内容的名称，在本章可以理解成是图片名称，这个元素只能在 <figure> 元素开头或尾端使用一次。不过这两个元素由其元素名称判断，一般最常用的仍是标示图像。

程序实例 ch7_3.html：为文件内容（本例是图像）加上标题名称。

```
1  <!doctype html>
2  <html>
3  <head>
4      <meta charset="utf-8">
5      <title>ch7_3.html</title>
6  </head>
7  <body>
8  <figure>
9      <img src="rushmore.jpg" alt="图片输出错误">
10     <figcaption>Mount Rushmore</figcaption>
11 </figure>
12 </body>
13 </html>
```

执行结果

程序实例 ch7_4.html：用 <figure> 和 <figcaption> 标示表格。

```
1  <!doctype html>
2  <html>
3  <head>
4      <meta charset="utf-8">
5      <title>ch7_4.html</title>
6  </head>
7  <body>
8  <figure>
9      <table border="1">
10         <tr><td>长江</td><td>中国</td><td>亚洲</td></tr>
11         <tr><td>尼罗河</td><td>埃及</td><td>非洲</td></tr>
12         <tr><td>亚马逊河</td><td>巴西</td><td>南美洲</td></tr>
13     </table>
14     <figcaption>世界地理中心编制</figcaption>
15 </figure>
16 </body>
17 </html>
```

执行结果

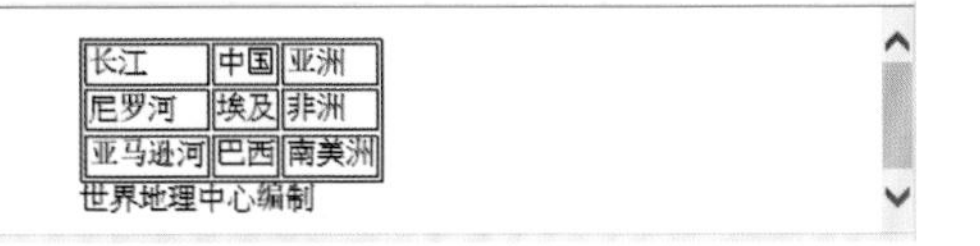

长江	中国	亚洲
尼罗河	埃及	非洲
亚马逊河	巴西	南美洲

世界地理中心编制

7-3 制作响应图

响应图可以分为客户端（Client site）和服务器端（Server site）两类。这两类响应图的差别在于，将鼠标指针指向图中的热点时，若是客户端的响应图，则启动浏览器的超链接；若是服务器端的响应图，则由服务器启动超链接。客户端的响应图，由于不会增加服务器的负担以及系统流量上的负荷，一般较常使用。

响应图可以当作一般网页的导航功能，例如，可以将网站所有功能制作成响应图，放在网页某一位置，方便用户参考。

7-3-1 建立地图 <img>

若想设计响应图，首先需定义一个地图的图片。我们可以将此地图想成未来要使用的响应图，当然我们必须为此图片命名。以上工作可

以使用 <img> 元素完成，但必须加上 usemap 属性，这个属性的功能是给未来要成为响应图的图片命名。若是我们想将一张地图 asiamap.jpg 设定为未来使用的响应图，同时响应图的名称是 MyMap，则 <img> 的写法如下：

```
<img src="asiamap.jpg"usemap=
"#MyMap">
```

基本上 usemap 属性所定义的就是未来程序须使用的响应图名称，在设定时需加上“#”符号，但是未来使用时则不须加上此符号。

7-3-2　响应图 <map>

该功能主要是将 <img> 所定义的图片链接至响应图。如果采用先前的实例，将 MyMap 链接至响应图，使用 <map> 的写法如下：

```
<map name="MyMap">
    <area … >
    …
</map>
```

7-3-3　定义响应图的链接区域 <area>

使用 <area> 定义响应图的链接区域，需使用几个重要的属性，分别是 shape、coords、href 和 alt，下面将分别说明。

❑ shape

shape 的取值有下列 4 种。

rect：代表链接区域是四边形。

circle：代表链接区域是圆形。

poly：代表链接区域是多边形。

default：一般是用在链接区以外，不执行任何动作，程序设计时也可省略。

❑ coords

coords 主要是定义链接的坐标，这个坐标又会因 shape 的值而有不同定义。坐标在定义时以 px 为单位，左上角是（0,0），向右延伸为 x 轴，越往右 px 值越；向下延伸为 y 轴，越往下 px 值越大。shape 在不同状况时 coords 的使用说明如下：

rect：需要 4 个值，分别是左上角 x 坐标，y 坐标；右下角 x 坐标，y 坐标。

circle：需要 3 个值，分别是中心点的 x 坐标，y 坐标和半径。

poly：至少需要 6 个值，如果是 3 角形需要 6 个值，4 边形需要 8 个值，依此类推。所有链接区域的端点以顺时针方向列出，先列出第一个点的 x 坐标和 y 坐标，再列出第二个点的 x 坐标和 y 坐标，其他依此类推。

default：如果是 default，则不用指定坐标值。

❑ href

href 用于设定所链接的文件或是 URL。

注　本节地图素材请读者自行准备，地图文件名改成代码中的文件名即可。

程序实例 ch7_5.html：设计响应图。本程序在执行时会出现一个亚洲地图，在这地图中含有 3 个超链接，当将鼠标指针指向超链接区域时，窗口左下方会列出超链接的地址。如果指向超链接区域时按住鼠标左键，可以看到虚线框，这个框就是超链接区域。正式执行超链接时，将执行指定的超链接 html 文件。

```
1  <!doctype html>
2  <html>
3  <head>
4     <meta charset="utf-8">
5     <title>ch7_5.html</title>
6  </head>
7  <body>
8  <p>
9  <img src="asiamap.jpg" usemap="#MyMap" alt="大陆版的地图">
10 <map name="MyMap">
11    <area shape="rect" coords="10,10,500,100"
12    href="russia.html" alt="俄罗斯">
13    <area shape="circle" coords="150,150,100" href="china.html"
14    alt="中国 ">
15    <area shape="poly" coords="250,150,500,100,450,300,250,350"
16    href="ocean.html" alt="太平洋">
17    <area shape="default" nohref>
18 </map>
19 </p>
20 </body>
21 </html>
```

soviet.html

```
1 <!doctype html>
2 <html>
3 <head>
4     <meta charset="utf-8">
5     <title>russia.html</title>
6 </head>
7 <body>
8 <h1>俄罗斯</h1>
9 <img src="russia.jpg" alt="俄罗斯风景">
10 </body>
11 </html>
```

mchina.html

```
1 <!doctype html>
2 <html>
3 <head>
4     <meta charset="utf-8">
5     <title>china.html</title>
6 </head>
7 <body>
8 <h1>中国</h1>
9 <img src="china.jpg" alt="中国风景">
10 </body>
11 </html>
```

ocean.html

```
1 <!doctype html>
2 <html>
3 <head>
4     <meta charset="utf-8">
5     <title>ocean.html</title>
6 </head>
7 <body>
8 <h1>太平洋</h1>
9 <img src="ocean.jpg" alt="太平洋风景">
10 </body>
11 </html>
```

执行结果 将鼠标指针移至“中国”区超链接出现圆圈。

如果按住鼠标左键不放，将看到“中国”区超链接的范围（虚线圆）。

若是单击，可以启动超链接，此程序实例的结果如下：

在上述执行结果中，笔者故意在 ch7 文件夹不放相对应的中国风景图片，这将是各位读者的作业。“俄罗斯”超链接的范围是个虚线矩形。

“太平洋”区超链接的范围是个虚线四边形。

上述俄罗斯和太平洋区的超链接范围已经超出原图片，这是故意的，这项修正也将是各位读者的作业。

7-4 在表格内嵌入图片

在第 6 章笔者介绍了建立表格的知识，其实我们也可以在表格内嵌入图片，下面将以实例说明。

程序实例 ch7_6.html：在 ch7 文件夹有 rushmore.jpg 和 yellowstone.jpg 图文件，本例会将这两张图嵌入表格内。

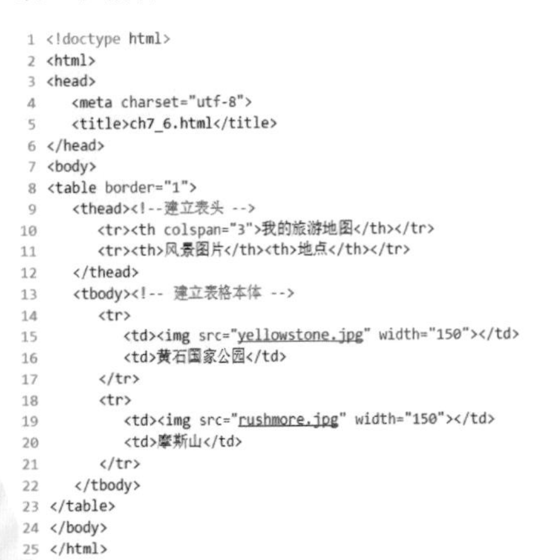

```
1 <!doctype html>
2 <html>
3 <head>
4     <meta charset="utf-8">
5     <title>ch7_6.html</title>
6 </head>
7 <body>
8 <table border="1">
9     <thead><!--建立表头 -->
10        <tr><th colspan="3">我的旅游地图</th></tr>
11        <tr><th>风景图片</th><th>地点</th></tr>
12    </thead>
13    <tbody><!-- 建立表格本体 -->
14        <tr>
15            <td><img src="yellowstone.jpg" width="150"></td>
16            <td>黄石国家公园</td>
17        </tr>
18        <tr>
19            <td><img src="rushmore.jpg" width="150"></td>
20            <td>摩斯山</td>
21        </tr>
22    </tbody>
23 </table>
24 </body>
25 </html>
```

执行结果

我的旅游地图	
风景图片	地点
	黄石国家公园
	摩斯山

读者须留意的是第 15 行和第 19 行，过去表格的单元格放的是文本数据，本例使用 <img> 元素嵌入的是图片，同时为了避免图片的尺寸太大表格走样，笔者特别设定了其宽度是 150px。其实未来读者在设计这类网页时，也可以同时设定图片的高度和宽度，不过可能会有图片没有保持宽高比的问题。

程序实例 ch7_7.html：设计网页时，在同一行中也可以将图片与文字并列，以达到增强印象的效果。本程序基本上是修订前一个程序实例，将用到一个 gif 文件 blueball.gif，笔者将在表格黄石国家公园和摩斯山字符串前将加上 blueball.gif 图形。

```
1 <!doctype html>
2 <html>
3 <head>
4     <meta charset="utf-8">
5     <title>ch7_7.html</title>
6 </head>
7 <body>
8 <table border="1">
9     <thead><!-- 建立表头 -->
10        <tr><th colspan="3">我的旅游地图</th></tr>
11        <tr><th>风景图片</th><th>地点</th></tr>
12    </thead>
13    <tbody><!-- 建立表格本体 -->
14        <tr>
15            <td><img src="yellowstone.jpg" width="150"></td>
16            <td><img src="blueball.gif">黄石国家公园</td>
17        </tr>
18        <tr>
19            <td><img src="rushmore.jpg" width="150"></td>
20            <td><img src="blueball.gif" width="12">摩斯山</td>
21        </tr>
22    </tbody>
23 </table>
24 </body>
25 </html>
```

blueball.gif 文件内容如下：

执行结果

上述程序使用两次 blueball.gif 图片，却大小不同，这是笔者故意的，用意在于让读者了解在“黄石国家公园”字符串前加上 blueball.gif 源文件，与修正图片大小后的结果。程序第 16 行笔者使用图片的默认大小，发现图形的显示大于字符串太多，似乎不协调。有时候碰上图形与字符串在同一行显示时或是想单独调整图形大小时可以在嵌入图片时，具体就直接指定图形的宽度，具体可参考程序第 20 行。

7-5 设计图片的超链接

第 4 章我们学会了字符串超链接的实现方法，其实也可以将此方法应用在所嵌入的图片上，然后建立图片的超链接。此时语法使用如下格式：

```
<a href="URL">
    <img src="URL" alt=" … " width=
    "…" height="…">
</a>
```

程序实例 ch7_8.html：单击 Silicon Stone 公司的 Logo 图片，可以进入 Silicon Stone 公司网页。

```
1 <!doctype html>
2 <html>
3 <head>
4     <meta charset="utf-8">
5     <title>ch7_8.html</title>
6 </head>
7 <body>
8 <h2>Silicon Stone Education</h2>
9 <p>
```

```
10     <a href="http://www.siliconstone.com">
11        <img src="sselogo.jpg" width="200">
12     </a>
13  </p>
14  </body>
15  </html>
```

执行结果

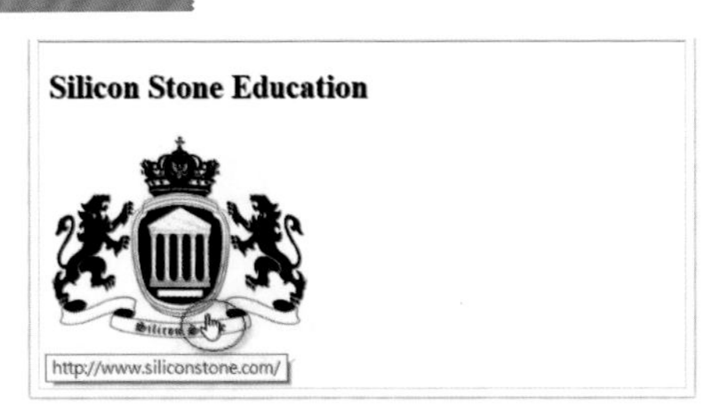

上述程序的第 11 行笔者设定了图片宽度是 200px，图片的高度将依宽度成比例自动调整。如果单击图中链接，可以进入 Silicon Stone 公司网页。

图片的超链接功能也可以应用在表格中，下面将以实例说明。

程序实例 ch7_9.html：重新设计程序实例 ch7_7.html，为表格内的 2 张图片增加超链接功能，相关链接网络信息如下：

黄石国家公园：http://www.nps.gov/yell

摩斯山：http://www.nps/gov/moru

```
1  <!doctype html>
2  <html>
3  <head>
4     <meta charset="utf-8">
5     <title>ch7_9.html</title>
6  </head>
7  <body>
8  <table border="1">
9     <thead><!-- 建立表头 -->
10       <tr><th colspan="3">我的旅游地图</th></tr>
11       <tr><th>风景图片</th><th>地点</th></tr>
12    </thead>
13    <tbody><!-- 建立表格本体 -->
14       <tr>
15          <td><!-- 建立黄石国家公园图片以及超链接 -->
16             <a href="http://www.nps.gov/yell">
17                <img src="yellowstone.jpg" width="150">
18             </a>
19          </td>
20          <td><img src="blueball.gif">黄石国家公园</td>
21       </tr>
22       <tr>
23          <td><!-- 建立摩斯山图片以及超链接 -->
24             <a href="http://www.nps.gov/moru">
25                <img src="rushmore.jpg" width="150">
26             </a>
27          </td>
28          <td><img src="blueball.gif" width="12">摩斯山</td>
29       </tr>
30    </tbody>
31 </table>
32 </body>
33 </html>
```

执行结果

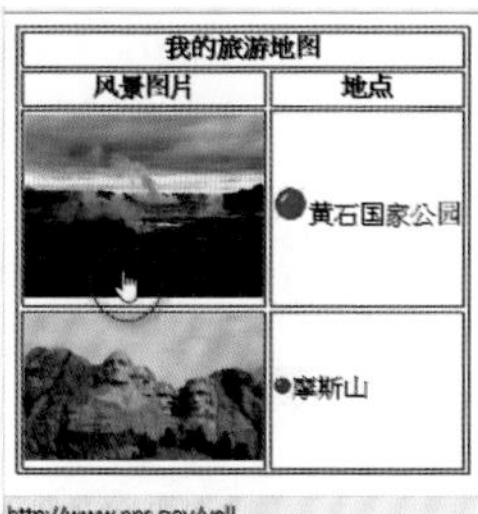

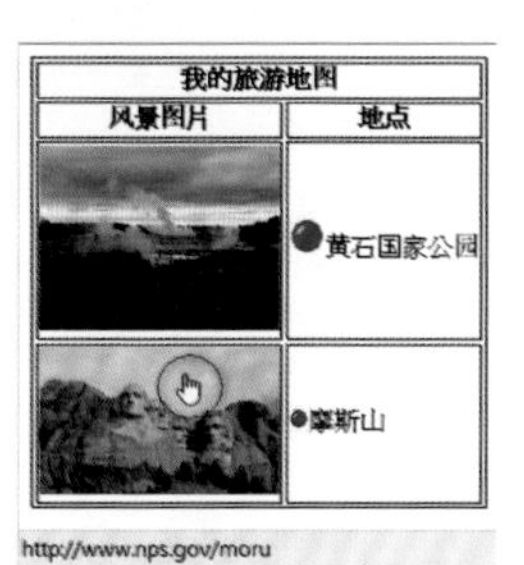

有关嵌入黄石国家公园图片以及建立此图片的超链接可参考第 15 至 19 行，有关嵌入摩斯山图片以及建立此图片的超链接可参考第 23 至 27 行。读者单击相应的图片即可进入黄石国家公园和摩斯山的官方网页。

7-6 将图片作为项目符号

相较于前几节，这一节内容相对简单多了。HTML 允许将图片作为项目符号，将 <img> 元素放在字符串数据前方即可，下面将以程序实例直接解说。

程序实例 ch7_10.html：在项目数据“Big Data 系列”前方加上 blueball.gif 图片。blueball.gif 的内容可参考程序实例 ch7_7.html。

```
1  <!doctype html>
2  <html>
3  <head>
4     <meta charset="utf-8">
5     <title>ch7_10.html</title>
6  </head>
7  <body>
8  <h2>Silicon Stone Education</h2>
9  <h3>国际认证课程</h3>
10 <dl>
11    <dt><img src="blueball.gif" width="15">Big Data系列</dt>
12    <ol>
13       <li>Big Data Knowledge Today</li>
14       <li>R Language Today</li>
15       <li>SAS Knowledge Today</li>
16    </ol>
17 </dl>
18 </body>
19 </html>
```

执行结果

Silicon Stone Education

国际认证课程

●Big Data系列

1. Big Data Knowledge Today
2. R Language Today
3. SAS Knowledge Today

这个程序实例读者需留意第 11 行，是在 <dt> 元素内但在字符串（Big Data 系列）前加上 <img> 元素。

7-7 简易编排嵌入图片与文字

在结束本章前，笔者以一个程序做总结，这个程序主要是在同一行中分别放入大小不一的图片，并穿插文字。读者可以由执行结果体会 HTML 文件的编排。

程序实例 ch7_11.html：同一行穿插大小不一图片与文字的应用。

```
1  <!doctype html>
2  <html>
3  <head>
4     <meta charset="utf-8">
5     <title>ch7_11.html</title>
6  </head>
7  <body>
8  <h1>我的旅游经验</h1>
9  <p>
10 黄石国家公园<img src="yellowstone.jpg" width="200">  
11 拉什莫尔<img src="rushmore.jpg" width="100">
12 </p>
13 <p>
14 <img src="mountain.jpg" width="100">高山市  
15 <img src="village.png" width="200">合掌村
16 </p>
17 </body>
18 </html>
```

执行结果

7-8 GIF 动画

GIF 格式是 HTML 支持的一种图片格式，这种图片格式支持用动画方式呈现内容。网络上有很多的免费 GIF 动画可以下载，一个网页加上些许的动画可以产生更加精彩的效果。请进入网页 http://gifgifs.com，将看到如下画面。

可以单击喜欢的 GIF 动画类别，本例笔者选择 Sports，将看到如下结果。

在此笔者选择 Bouncing_ball。

接着在提供超链接的 Direct link 字段处，笔者复制了此超链接。

程序实例 ch7_12.html：利用动态的 GIF 图形作为超链接，重新设计程序实例 ch7_10.html。请注意，如果发生此程序无法执行的情况代表这个超链接被移走了。

```
<!doctype html>
<html>
<head>
   <meta charset="utf-8">
   <title>ch7_12.html</title>
</head>
<body>
<h2>Silicon Stone Education</h2>
<h3>国际认证课程</h3>
<dl>
   <dt><img src="http://gifgifs.com/animations/sports/soccer/Bouncing_ball.gif"
   width="15">Big Data系列</dt>
   <ol>
      <li>Big Data Knowledge Today</li>
      <li>R Language Today</li>
      <li>SAS Knowledge Today</li>
   </ol>
</dl>
</body>
</html>
```

执行结果

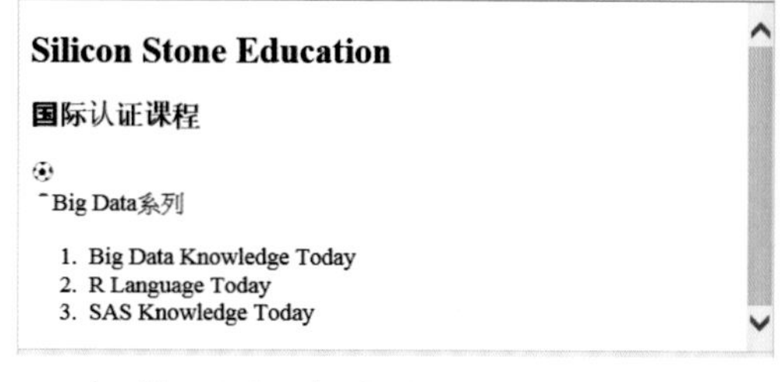

相较于程序实例 ch7_10.html，上述 Bouncing_ball 动画应该比静态的 blueball.gif 精彩吧！Internet 上免费资源有许多，读者可以用下面的关键词查询。

Free GIF 动画

谨记，有注明免费资源的即可使用，有些资源未注明，可能需付费，请尊重知识产权，就付费使用吧！预祝读者学习愉快。

习题

1. 请为 ch7_5.html 内的超链接文件增加图片。此程序有一个缺点是笔者故意不设定图片的长度与高度，因此影像地图区域超出地图尺寸，请修改此缺点。
2. 请摊开自己所在省份的地图，为所有县市建立一个响应图。地图越精确越好，超链接后所获得的结果请自行发挥创意。
3. 请以响应图形式设计 3×3 的井字响应区，即有 9 个超链接可以设计。请读者自行发挥，让这 9 个超链接具有娱乐效果。
4. 请参考程序实例 ch7_6.html，设计各位的旅游地图，每个地点需有 3 张以上图片，同时需有 10 个地点。叙述不完全的地方，读者可以自行发挥创意，美化整个网页版面。
5. 请建立一个表格，这个表格内有班上每位同学的相片，相片下方有姓名。本题目内容叙述不完全的地方，读者可以自行发挥创意，美化整个网页版面。
6. 请搜集国内 10 个电台设计一个表格。这个表格需要有电台代表图片、频道、地点（城市）、电话和代表性节目。令图片可以超链接方式链接至这家电台的官方网站。

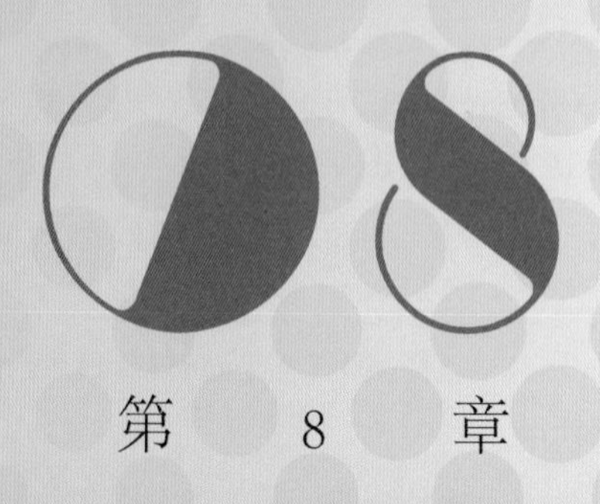

第 8 章

设计多媒体网页

本章摘要

设计网页时若是增加影片和声音组件，可以让整个网页更加精彩丰富。

早期使用者若想要正常浏览带有影片和声音组件的多媒体网页，需要在浏览器端安装外挂 (Plug-in) 的 RealPlayer 或 QuickTime Player(Apple 网站的影音) 等程序，后期则是需安装 Adobe Flash 等。例如，若是想欣赏 Apple 网站的影音文件，需安装 QuickTime Player，若是想欣赏 YouTube 影音文件，需安装 Adobe Flash。

但麻烦的是，Apple 公司的 iOS 不支持外挂 Adobe Flash、各公司的影片和声音组件格式不尽相同、安装插件不一定可以正常浏览这些影片和声音等多媒体文件、各浏览器开发公司又制定了一些特别的元素处理多媒体元素。以上缺点不仅困扰浏览网页的我们，也困扰着网页设计师。

W3C 推出的 HTML5 解决了上述问题。HTML5 的 <video> 和 <audio> 元素提供了标准接口技术，未来不再需要插件，只要浏览器支持 HTML5，就可以正常欣赏网页上的影片或声音等多媒体元素了。

本章笔者除了介绍 HTML5 的新元素 <video> 和 <audio> 外，也将针对旧版但是 HTML5 仍然推荐使用的其他多媒体元素做一个完整的说明。

8-1 播放影片 <video> 元素

在设计的网页中使用 <video> 元素后，只要浏览器支持 HTML5，就不再需要安装插件来欣赏影片了。<video> 元素目前支持 3 种影片文件格式：

❑ MP4

这是标准视频文件格式，优点是压缩质量佳，传送文件容易，广泛应用在各大影音分享网站，它的扩展名是 MP4。Apple 公司将此视频文件格式 MP4 扩充为 M4V，广泛应用在 iPhone、iPod 和 PlayStation Portable 上。本书所使用的影片文件大部分使用 iPhone 拍摄，所以扩展名皆是 M4V。

❑ OGG

这是自由开放标准的多媒体文件格式，应用在影片上的编码格式是 Theora 编码格式，扩展名是 OGV，不受软件专利限制，目前由 Xiph.org 基金会维护。

❑ WEBM

这是 Google 资助项目开发的版权免费的影片文件格式，扩展名是 WEBM。这个影片文件格式能提供高质量的影片压缩供 HTML5 使用。目前编码格式是 VP8，后续版本是 VP9。

<video> 元素的使用格式如下：

```
<video 属性> … </video>
```

其中属性内容如下：

❑ src

src 属性用于设定影片文件的 URL。不过因为影片文件的格式有许多，不同的浏览器对于影片文件格式的支持各不相同，如果想要一次设定多种影片文件，可以使用 source 元素取代 src 属性。source 元素也是 HTML5 的新增元素，笔者将在 8-3 节介绍。

❑ poster

这个属性用于设定影片播放前要显示图片文件的 URL。这个图片设计很重要，一个精彩的图片可以增加点击率。读者也可以将此图片设想成一部电影的海报，它需要有丰富、可以吸引消费者点击欣赏的元素。

❑ preload

这个属性用于设定当浏览者进入网页时是否要预先下载影片文件。可以有下列 3 种值：

auto：这是预设值，由浏览器决定。PC 设备的浏览器因为宽带使用方便会直接下载，但是移动设备的浏览器则因网络流量牵涉费用比较昂贵，所以不会事先下载。

metadata：只下载 meta 数据，例如播放时间、影片尺寸、第一个画格图片和影片标题等。

none：不下载。

❑ autoplay

如果设定这个属性，则当影片加载完成就自动播放。不过除了一些特别广告需求的影片，不建议设定这个属性，最好是让用户自己点击再播放较佳。

- mediagroup

如果要同时播放多个影片，且文件的 URL 相同时，可用这个属性组成群组方式播放。

- loop

若使用这个属性时，影片会重复循环播放。

- muted

若使用这个属性时，影片播放时会静音。

- controls

若使用这个属性时，影片播放时会出现播放控制器，类似看电视时的遥控器。

- height/width

这个属性可以设定影片画面的高度（height）和宽度（width）。设定时要特别留意是否同时设定高度和宽度，如果两个属性同时设定，但是比例与原影片尺寸不同，会出现空白区域；如果只设定一个尺寸，另一个尺寸将自动依比例调整。笔者建议只设定 width 宽度，高度让影片依比例调整。如果不设定此属性，则使用影片原始尺寸。

程序实例 ch8_1.html：制作一个简单的影片播放网页。这个网页将播放 mongolia.m4v 文件，这是 MP4 格式的影片文件，影片拍摄地点是蒙古国乌兰巴托。

```
1  <!doctype html>
2  <html>
3  <head>
4      <meta charset="utf-8">
5      <title>ch8_1.html</title>
6  </head>
7  <body>
8  <h1>蒙古乌兰巴托</h1>
9  <video src="mongolia.m4v">
10 </video>
11 </body>
12 </html>
```

执行结果

由于这个影片画面尺寸很大，窗口只显示了部分画面，必须放大窗口才可完全欣赏，另外这个影片只能看到部分画面，无法整个欣赏，下面笔者将逐步改良这个程序。

程序实例 ch8_2.html：重新设计程序实例 ch8_1.html，将播放尺寸宽度设为 500px。

```
1  <!doctype html>
2  <html>
3  <head>
4      <meta charset="utf-8">
5      <title>ch8_2.html</title>
6  </head>
7  <body>
8  <h1>蒙古乌兰巴托</h1>
9  <video src="mongolia.m4v" width="500">
10 </video>
11 </body>
12 </html>
```

执行结果　上述程序改良了影片大小。

程序实例 ch8_3.html：重新设计程序实例 ch8_2.html，为影片加上播放控制器。

```
1 <!doctype html>
2 <html>
3 <head>
4     <meta charset="utf-8">
5     <title>ch8_3.html</title>
6 </head>
7 <body>
8 <h1>蒙古乌兰巴托</h1>
9 <video src="mongolia.m4v" width="500" controls>
10 </video>
11 </body>
12 </html>
```

执行结果

程序实例 ch8_4.html：重新设计程序实例 ch8_3.html，使影片在启动后循环播放，不主动停止。要结束播放需单击播放控制器的停止钮⏸。

```
1 <!doctype html>
2 <html>
3 <head>
4     <meta charset="utf-8">
5     <title>ch8_4.html</title>
6 </head>
7 <body>
8 <h1>蒙古乌兰巴托</h1>
9 <video src="mongolia.m4v" width="500" controls loop>
10 </video>
11 </body>
12 </html>
```

由于本程序执行结果画面与前一程序相同，所以不再给出窗口画面。

程序实例 ch8_5.html：重新设计程序实例 ch8_4.html，使此影片播放时静音。

```
1 <!doctype html>
2 <html>
3 <head>
4     <meta charset="utf-8">
5     <title>ch8_5.html</title>
6 </head>
7 <body>
8 <h1>蒙古乌兰巴托</h1>
9 <video src="mongolia.m4v" width="500" controls loop muted>
10 </video>
11 </body>
12 </html>
```

由于本程序执行结果画面与前一程序相同，所以不再给出窗口画面。

程序实例 ch8_6.html：重新设计程序实例 ch8_5.html，去掉静音和重复循环播放功能，但是增加自动播放功能。

```
1 <!doctype html>
2 <html>
3 <head>
4     <meta charset="utf-8">
5     <title>ch8_6.html</title>
6 </head>
7 <body>
8 <h1>蒙古乌兰巴托</h1>
9 <video src="mongolia.m4v" width="500" controls autoplay>
10 </video>
11 </body>
12 </html>
```

只要进入此网页将自动播放影片。由于本程序执行结果画面与前一程序相同，所以不再给出窗口画面。

程序实例 ch8_7.html：重新设计程序实例 ch8_6.html，去掉自动播放功能，但是播放前要显示 airport.jpg 文件，文件内容是乌兰巴托机场。

```
1 <!doctype html>
2 <html>
3 <head>
4     <meta charset="utf-8">
5     <title>ch8_7.html</title>
6 </head>
7 <body>
8 <h1>蒙古乌兰巴托</h1>
9 <video src="mongolia.m4v" width="500" poster="airport.jpg" controls>
10 </video>
11 </body>
12 </html>
```

执行结果

程序实例 ch8_8.html：这个程序将重新设计程序实例 ch8_7.html，去掉播放前显示的 airport.jpg 文件，并且设定进入网页时，先不下载影片文件，也就是增加 preload 属性，同时将此属性设定为“none”。

```
1 <!doctype html>
2 <html>
3 <head>
4     <meta charset="utf-8">
5     <title>ch8_8.html</title>
6 </head>
7 <body>
8 <h1>蒙古乌兰巴托</h1>
9 <video src="mongolia.m4v" width="500" preload="none" controls>
10 </video>
11 </body>
12 </html>
```

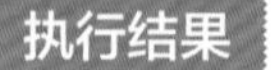
下图是在 Google Chrome 中的测试结果。

由于不先下载影片，所以窗口中呈现空白屏幕。

8-2 播放声音 <audio> 元素

设计网页可使用 <audio> 元素，未来只要浏览器支持 HTML5，就不再需要安装插件播放音乐了。<audio> 元素目前支持 3 种声音文件格式：

❑ MP3

这是数字音频编码格式，它会把对人类听觉不重要的数据舍弃，达到将文件压缩至最小的目的。目前此格式广泛应用在各大语音分享网站，它的扩展名是 MP3。

❑ OGG

这是自由开放标准的多媒体文件格式，应用在声音上的编码格式是 Vobis 编码格式，扩展名是 OGG，不受软件专利限制，目前由 Xiph.org 基金会维护。

❑ AAC

英文全名是 Advanced Audio Coding，可翻译为高级音频编码，它是由世界科技大厂 AT&T、SONY、杜比实验室和 Fraunhofer IIS 共同开发的。目前这种格式的编码扩展名有 3 种。

AAC：使用 MPEG-2 格式，这是传统的 AAC 编码。

MP4：使用 MPEG-4 格式。

M4A：Apple 公司开发，为了区别 MP4 文件，将扩展名更改为 M4A。

<audio> 元素在 HTML 的使用格式如下：

```
<audio 属性 > … </audio>
```

上述属性内容如下：

❑ src

设定声音文件的 URL。不过因为声音文件的格式有许多，不同的浏览器对于声音文件格式的支持不相同，如果想要一次设定多种声音文件，可以使用 <source> 元素取代此 src 属性。<source> 元素也是 HTML5 的新增元素，笔者将在 8-3 节介绍。

❑ preload

这个属性用于设定浏览这个网页时是否要预先下载声音文件。可以有下列 3 种值：

auto：这是预设值，由浏览器决定。PC 设备的浏览器因为宽带使用方便会直接下载，但移动装置的浏览器则因网络流量牵涉费用比较昂贵，所以不会事先下载。

metadata：只下载 meta 数据，例如播放时间、第一个画格图片和声音标题。

none：不下载。

❑ autoplay

如果设定这个属性，则当声音文件加载完成后就自动播放。不过除了一些特别广告需求的音乐，不建议设定这个属性，最好是让用户自己点击再播放较佳。

❑ mediagroup

如果要同时播放多个声音文件，且 URL 相同时，可使用此属性用群组方式播放。

❑ loop

若出现这个属性时，声音会循环播放。

❑ muted

若出现这个属性时，声音文件会静音播放。

❑ controls

若出现这个属性时，声音文件播放会出现播放控制器，播放控制器类似于 CD 音响的遥控器。

程序实例 ch8_9.html：一个有问题的声音播放程序。

```
1  <!doctype html>
2  <html>
3  <head>
4      <meta charset="utf-8">
5      <title>ch8_9.html</title>
6  </head>
7  <body>
8  <h1>My sound</h1>
9  <audio src="hello.m4a">
10 </audio>
11 </body>
12 </html>
```

执行结果

My sound

当看到上述执行结果时，你可能以为是程序设计错误，可又不知道问题出在哪里，其实最大问题是声音不像影片可以看到画面。下面是对上例的改良版本。

程序实例 ch8_10.html：改良 ch8_9.html，增加控制播放器。

```
1  <!doctype html>
2  <html>
3  <head>
4      <meta charset="utf-8">
5      <title>ch8_10.html</title>
6  </head>
7  <body>
8  <h1>My sound</h1>
9  <audio src="hello.m4a" controls>
10 </audio>
11 </body>
12 </html>
```

执行结果

单击播放器左边播放按钮可以播放声音文件，右边的控件则用来进行音量控制。

程序实例 ch8_11.html：重新设计程序实例 ch8_10.html，使此声音在启动后循环播放，不主动停止。要结束播放须单击播放控制器的停止按钮⏸。

```
1 <!doctype html>
2 <html>
3 <head>
4     <meta charset="utf-8">
5     <title>ch8_11.html</title>
6 </head>
7 <body>
8 <h1>My sound</h1>
9 <audio src="hello.m4a" controls loop>
10 </audio>
11 </body>
12 </html>
```

由于本程序执行结果画面与前一程序相同，所以不再给出窗口画面。

程序实例 ch8_12.html：重新设计程序实例 ch8_11.html，使此声音文件静音播放。

```
1 <!doctype html>
2 <html>
3 <head>
4     <meta charset="utf-8">
5     <title>ch8_12.html</title>
6 </head>
7 <body>
8 <h1>My sound</h1>
9 <audio src="hello.m4a" controls loop muted>
10 </audio>
11 </body>
12 </html>
```

由于本程序执行结果画面与前一程序相同，所以不再给出窗口画面。

程序实例 ch8_13.html：重新设计程序实例 ch8_12.html，去掉静音和重复循环播放功能，增加自动播放功能。

```
1 <!doctype html>
2 <html>
3 <head>
4     <meta charset="utf-8">
5     <title>ch8_13.html</title>
6 </head>
7 <body>
8 <h1>My sound</h1>
9 <audio src="hello.m4a" controls autoplay>
10 </audio>
11 </body>
12 </html>
```

浏览此网页将自动播放影片。由于本程序执行结果画面与前一程序相同，所以不再给出窗口画面。

8-3 指定多个播放文件 <source> 元素

这个元素必须存在于 <audio> 或 <video> 元素内。在 <audio> 或 <video> 内的 src 属性只能设定一个文件，但是使用 <source> 元素则可以设定多个文件。浏览器会由上往下确认文件可否执行，一旦确认文件可以执行，将忽略下面的内容。

设计网页含多媒体文件时，由于各浏览器支持的情况不一，所以一个影片或声音文件若是可以存成多种格式，利用 <source> 来同时设定，就可以避免因浏览器不支持而无法浏览这个多媒体文件。

<source> 元素的使用格式如下：

`<source src=" 文件的 URL" 其他属性 >`

上述属性说明如下：

- src

这是必要的属性，用于设定影片或声音文件的 URL。

- type

type 用于配置文件的 MIME 类型（下面会解说）。若加上这个设定，则先由这个类型让浏览器判断可否执行。

❑ media

可以由此属性设定在哪一种媒体设备中播放，电视机是“tv”、PC 屏幕是“screen”，移动设备是“handheld”，默认值是“all”，表示可以在所有设备中。

MIME 概念的说明

MIME 的英文全名是 Multipurpose Internet Mail Extensions，可以解释为多用途因特网邮件扩展。早期电子邮件无法使用 7 位 ASCII（0-127）字符集以外的字符，所以非英文字符、声音或图像等非英文信息皆无法通过电子邮件传送。MIME 制定了各种数据表示法，让电子邮件可以传送各类文件。后来 MIME 框架也被应用在 HTTP 协议内，所以也成为了因特网媒体类型的标准。

在 MIME 架构下的内容基本格式如下：

```
type/subtype
```

常见的 type 使用格式有：

text：文本。

image：图片。

audio：声音。

video：影片。

subtype 只用于指定 type 的详细格式，常见的组合如下：

text/plain：纯文本。

text/html：HTML 文件。

image/gif：GIF 图像文件。

image/png：PNG 图像文件。

image/jpeg：JPEG 图像文件。

video/mp4：MP4 视频文件

video/ogg：OGG 视频文件

video/webm：WebM 视频文件

程序实例 ch8_14.html：<source> 元素的应用。

```
1  <!doctype html>
2  <html>
3  <head>
4     <meta charset="utf-8">
5     <title>ch8_14.html</title>
6  </head>
7  <body>
8  <h1>蒙古乌兰巴托</h1>
9  <video width="500" controls>
10    <source src="mongolia.webm" type="video/webm">
11    <source src="mongolia.ogg" type="video/ogg">
12    <source src="mongolia.m4v" type="video/mp4">
13    <p>浏览器不支持此影文件</p>
14 </video>
15 </body>
16 </html>
```

执行结果

上述程序执行到第 12 行时，浏览器可以找到 mongolia.m4v 文件，由于支持此格式，所以就播放影片文件，而忽略输出第 13 行的字符串。上述第 13 行代码的作用是如果浏览器不支持 <video> 元素时，可以显示此字符串。

8-4 为影片加入字幕功能 <track> 元素

<track> 元素的功能是为嵌入的影片或声音文件加上字幕，所以这个元素只能放在 <audio> 和 <video> 元素内，同时这个元素需放在 <source> 元素后面。它的使用格式如下：

```
<track src=" 字幕的 URL" 其他属性 >
```

上述属性内容如下：

❑ src

这是必要的属性，用于设定字幕文件的 URL。这个字幕文件需是 WebVTT 的文件格式，扩展名是 .vtt。有关认识 WebVTT 的文件格式与如何建立 WebVTT 文件 8-4-1 节会解说。

❑ kind

kind 设定字幕的种类，可以有下列几个设定：

subtitles：这是默认选项。如果省略 kind 属性，浏览器视其设定为 subtitles，显示或是翻译影片对话内容，一般用于可以听见声音但不懂语言和内容的人。

captions：显示或是翻译影片对话内容、声音信息或音效，一般用在无法播放声音的环境或观众有听觉障碍时。

chapters：用于影片的开头标题或是影片选项。例如影片有 30 集，可用这种字幕制作影片选项。

description：用于影片内容的说明，一般用在无法看到影像的环境或观众有视觉障碍时，具有将字幕转换成声音的潜在应用。

metadata：用于不在屏幕上显示字幕。

❑ srclang

用于指定字幕语言：台湾繁体中文是"zh-tw"，简体中文是"zh-cn"，英文是"en"，美式英文是"en-US"，日文是"ja"，德文是"de"，法文是"fr"。若 kind 属性是 subtitles 或没有 kind 属性时，一定要在 <track> 元素内加上这个属性。

❑ label

字幕轨道的标记，当字幕轨道有多个时，可以用它列出辨别字幕。

❑ default

即使影片只有一个 track，也必须要加上这个属性。如果 <track> 元素内有多个字幕轨道时，可以用 default 指定预设字幕轨道。

8-4-1　认识与建立 WebVTT 文件

WebVTT 文件采用 UTF-8 编码格式，放在 <track> 标记内，目的是为 <video> 元素内的影片文件显示字幕。它的 MIME type 类型是“text/vtt”。可以使用 Windows 操作系统的记事本编辑 WebVTT，在保存文件时需执行下列设定：

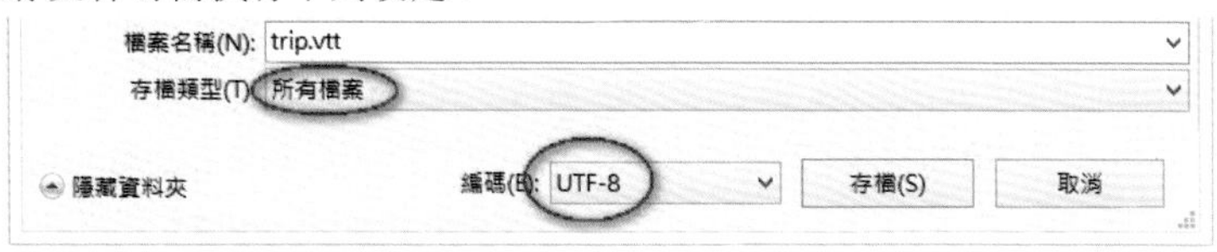

在保存类型需选择“所有档案”，编码需选“UTF-8”，在文件名输入框则输入文件名。这个文件名需同时注明扩展名，在上述实例笔者将 WebVTT 文件以 trip.vtt 为文件名保存。

WebVTT 文件是有一定格式的，笔者以实际范例做解说。

```
1  WEBVTT
2
3  1
4  00:00.000 --> 00:06.000
5  Welcome to Mongolia Prairie
6  By Jiin-Kwei Hung
7
8  2
9  00:06.500 --> 00:12.000
10 Thank You for Watching this Video
11
12 3
13 00:12.050 --> 00:18.000
14 The End
```

范例中，第 1 行一定是 WEBVTT，用来告知这是 WebVTT 文件。在第 3、8 和 12 行的阿拉伯数字编号称 cue，可以想成时间节点，由此可知上例共有 3 个时间节点，时间节点也就是我们要设计字幕的时间点。由第 4 行可知时间节点是 0 分 0 秒至 0 分 6 秒，时间节点的格式如下：

```
HH:MM:SS.sss
```

如果影片不长可以省略“HH”，所以在上例只显示“MM:SS.sss”。由上例第 3 行至第 6 行可知，在第 1 个时间节点 0 秒至 6 秒间显示 2 行英文字，这就是字幕，字幕可以有 1 行到多行，以下是此范例的字幕：

```
Welcome to Mongolia Prairie
By Jiin-Kwei Hung
```

所显示的字幕数据会在屏幕中居中对齐。在时间节点的起点和终点间需以“-->”隔开，同时隔开符号与时间数据间需空一格。在第 2 个时间节点 6.5 秒至 12 秒间显示下列英文：

```
Thank You for Watching this Video
```

在第 3 个时间节点 12.05 秒至 18 秒间显示下列英文：

```
The End
```

其实在设计 WebVTT 时，上例算是简单的。在许多情况下会因为影片中有对话出现，必须很精确地计算对话的时间节点，使用记事本编辑会花费许多工时。

8-4-2 HTML5 Video Caption Maker

HTML5 Video Caption Maker 是一个免费为影片文件建立字幕的工具。获取该工具软件的方法是，首先使用百度搜索关键词“HTML5 Video Caption Maker”。

然后可以看到如上图所示的网址，单击即可进入此网站。

HTML5 Video Caption Maker

在上图所示的页面中执行如下几个步骤：

（1）输入影片所在的 URL。

（2）文件格式选 WebVTT。

（3）单击控制播放器的◙按钮或 Play 按钮即可让影片开始放映。

（4）Pause 按钮可以暂停播放，这时可以输入字幕。下图所示为在时间节点约 6 秒处暂停，然后笔者输入字幕的画面。

在上图所示的画面中，如果单击 Save 按钮是先保存所输入的字幕，如果单击 Save&Continue 按钮则是保存的同时让影片继续播放，需注意的是这里的保存只是将字幕先存入 WebVTT 窗格。保存后，整个窗口将如下所示。

不仅窗口右边出现字幕信息，下方也有 WebVTT 窗格列出目前的 WebVTT 文件内容。如果单击 Save to File 按钮，可将窗格的 WebVTT 文件保存。

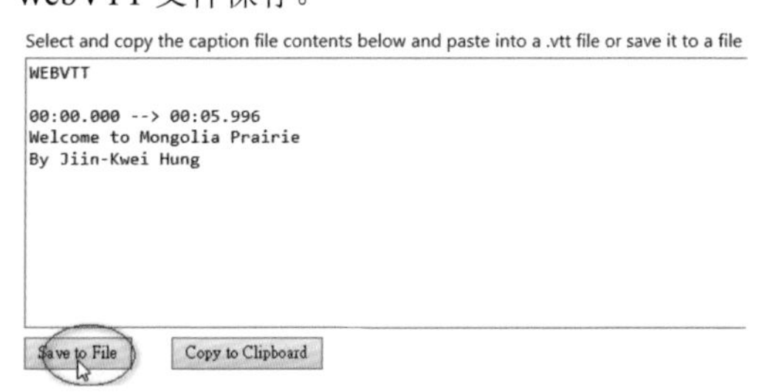

另外，如果想对进行的时间做微调，可以将鼠标指针移至影片下方的控制播放器，用拖曳方式进行播放时间节点的微调控制。

8-4-3 为影片加字幕的实例

程序实例 ch8_15.html：为 mp4 影片 trip.m4v 加上字幕。特别要注意的是，即使只有一个 <track> 指定英文字幕（在第 14 行设定），也需要在这个 <track> 标记内加上 “default”，否则不会显示字幕。

```
1  <!doctype html>
2  <html>
3  <head>
4      <meta charset="utf-8">
5      <title>ch8_15.html</title>
6  </head>
7  <body>
8  <h1>蒙古乌兰巴托</h1>
9  <video width="500" controls>
10     <source src="trip.webm" type="video/webm">
11     <source src="trip.ogv" type="video/ogv">
12     <source src="trip.m4v" type="video/mp4">
13     <--! 为影片trip.m4v加上字幕 -->
14     <track src="trip.vtt" srclang="en" label="English" default>
15     <p>浏览器不支持此影片文件</p>
16 </video>
17 </body>
18 </html>
```

trip.vtt：以下是 trip.vtt 的内容。

```
WEBVTT

1
00:00.000 --> 00:06.000
Welcome to Mongolia Prairie
By Jiin-Kwei Hung

2
00:06.500 --> 00:12.000
Thank You for Watching this Video

3
00:12.050 --> 00:18.000
The End
```

执行结果

下图所示是影片开始播放后的第二组字幕。

下图所示是影片开始播放后的第三组字幕。

程序实例 ch8_16.html：重新设计程序实例 ch8_15.html。这个实例主要是设计了两个字幕轨道，多了中文字幕，在欣赏影片时，可以切换显示中文或英文字幕，笔者设定默认是显示英文字幕。

```
1  <!doctype html>
2  <html>
3  <head>
4      <meta charset="utf-8">
5      <title>ch8_16.html</title>
6  </head>
7  <body>
8  <h2>蒙古乌兰巴托</h2>
9  <video width="500" controls>
10     <source src="trip.webm" type="video/webm">
11     <source src="trip.ogv" type="video/ogv">
12     <source src="trip.m4v" type="video/mp4">
13     <--! 为影片trip.m4v加上英文字幕，默认是显示英文字幕 -->
14     <track src="trip.vtt" srclang="en" label="English" default>
15     <--! 为影片trip.m4v加上中文字幕 -->
16     <track src="triptw.vtt" srclang="zh-tw" label="中文">
17     <p>浏览器不支持此影片文件</p>
18 </video>
19 </body>
20 </html>
```

triptw.vtt：以下是设定显示中文字幕的 WebVTT 文件的内容。

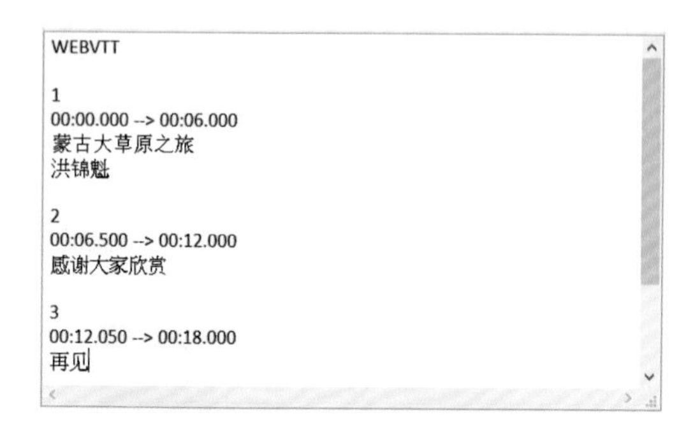

```
WEBVTT

1
00:00.000 --> 00:06.000
蒙古大草原之旅
洪锦魁

2
00:06.500 --> 00:12.000
感谢大家欣赏

3
00:12.050 --> 00:18.000
再见
```

执行结果

上述程序第 14 行的 <track> 标记内含 default，设定默认是显示英文字幕，如果单击 按钮，可以列出选择 English 或是中文的菜单。

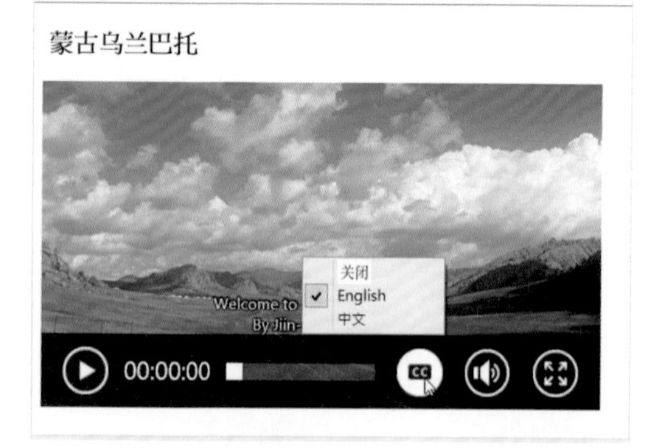

下图所示是选择切换至中文。

接着将显示第 16 行设定的中文字幕，中文字幕的 VTT 文件名是 triptw.vtt。下图所示是显示第一组字幕。

下图所示是第二组字幕。

下图所示是显示第三组字幕。

8-5 嵌入资源文件 <embed> 元素

如果你是年轻的学生，不曾经历因特网的兴衰，可能对 Netscape 不会有印象。20 多年前，这家公司所开发的浏览器主宰全球因特网市场，几乎所有人买了计算机安装完操作系统，下一步就是安装这家公司的浏览器 Netscape Navigator。右图所示的图书是笔者曾经撰写的。

<embed> 元素即使到了 HTML4.01 时代仍不被 W3C 认可为 HTML 的元素。其实这个元素是 Netscape 公司开发扩充的元素，过去一直被用在插件，后来逐渐被其他浏览器开发公司认可，到了 HTML5 时代，终于被认可并作为元素之一。在 HTML5 中也是将此元素用于需要插件来播放的网页内容。<embed> 元素的特点是没有结束标记，使用格式如下：

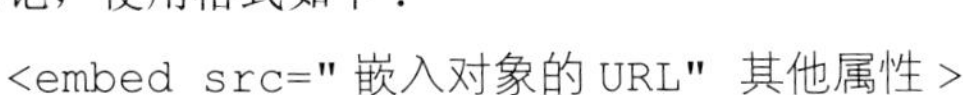

```
<embed src=" 嵌入对象的 URL"  其他属性 >
```

上述属性内容如下：

- src

  这是必要的属性，该属性用于设定嵌入对象的 URL。

- type

  该属性用于设定嵌入对象的 MIME 类型。

- width

  该属性用于嵌入对象的宽度，单位是 px。

- height

  该属性用于嵌入对象的高度，单位是 px。

程序实例 ch8_17.html：将 Flash 文件嵌入 HTML 文件。

```
1  <!doctype html>
2  <html>
3  <head>
4     <meta charset="utf-8">
5     <title>ch8_17.html</title>
6  </head>
7  <body>
8  <embed src="max1.swf"
9  type="application/x-shockwave-flash">
10 </embed>
11 </body>
12 </html>
```

执行结果　执行程序后将有下图所示的 Flash 动画效果。

不过要提醒的是，必须要外挂 Adobe Flash Player 才可欣赏此动画。如果使用 IE 浏览器安装完 Adobe Flash Player 之后仍无法看到动画效果，请执行浏览器的“管理加载项”选项。

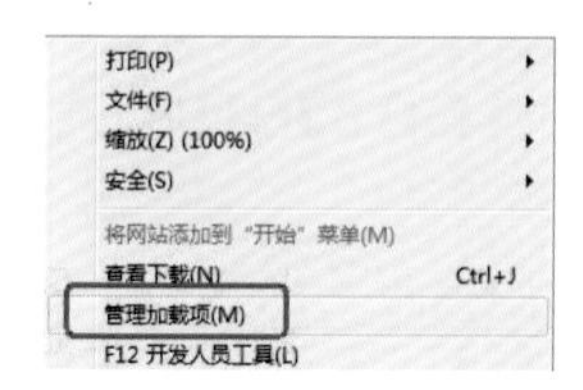

请确认并单击“管理加载项”窗格的“工具栏和扩展”选项。

请找寻 Shockwave Flash Object，同时确认其已启用。如果未启用，则请予以启用，这样就可以在浏览器上欣赏 Flash 动画了。

8-6 嵌入对象 <object> 元素

这是早期 HTML 版本就有的元素，可以使用这个元素嵌入图片、影片、声音或是其他 HTML 文件 。另外也可以将需要插件支持的图片、影片、声音等多媒体文件嵌入网页内。

这个元素的使用格式如下：

<object 各种属性 > … </object>

有关属性内容如下：

- ❑ data：设定要嵌入网页内容的 URL。
- ❑ type：设定要嵌入网页内容的 MIME 类型。
- ❑ height/width：设定嵌入对象的高度 / 宽度。
- ❑ name：定义对象的名称。
- ❑ form：定义窗体。
- ❑ usemap：指明嵌入的影像地图，可参考 7-3-1 节。

程序实例 ch8_18.html：嵌入一个多媒体文件 travel.wmv。

```
1  <!doctype html>
2  <html>
3  <head>
4      <meta charset="utf-8">
5      <title>ch8_18.html</title>
6  </head>
7  <body>
8  <object data="travel.wmv" height="300" width="400">
9  </object>
10 </body>
11 </html>
```

执行结果

Windows 操作系统中有一个 reminder.wav 声音文件，读者可以进入文件管理器以搜寻“*.wav”关键词的方式找到，笔者将此文件放置在 ch8 文件夹内做测试之用。不过测试完笔者就将之删除了，读者可以自己去寻找。

程序实例 ch8_19.html：使用 <object> 元素嵌入声音文件 reminder.wav 至网页。

```
1 <!doctype html>
2 <html>
3 <head>
4     <meta charset="utf-8">
5     <title>ch8_19.html</title>
6 </head>
7 <body>
8 <object data="reminder.wav">
9 </object>
10 </body>
11 </html>
```

执行结果

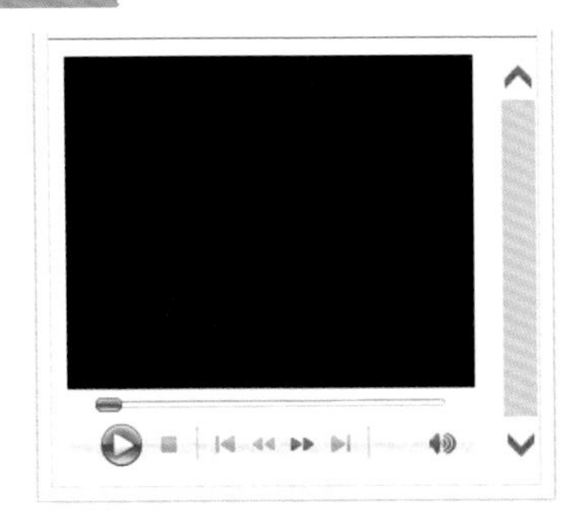

上例中，单击播放按钮可以播放 reminder.wav 声音文件。声音文件没有画面，有时我们可能会想制作网页的背景音乐，或是期待浏览者进入网页就可立即欣赏我们提供的音乐，可以将嵌入对象的高度和宽度设为 0，参考如下实例。

程序实例 ch8_20.html：只要浏览者一进入这个网页，立即播放 reminder.wav 声音文件。

```
1 <!doctype html>
2 <html>
3 <head>
4     <meta charset="utf-8">
5     <title>ch8_20.html</title>
6 </head>
7 <body>
8 <object data="reminder.wav" height="0" width="0">
9 </object>
10 </body>
11 </html>
```

这个程序执行时会立即播放 reminder.wav 声音文件，但画面是空白的。

程序实例 ch8_21.html：使用 <object> 元素，嵌入 Flash 动画。

```
1 <!doctype html>
2 <html>
3 <head>
4     <meta charset="utf-8">
5     <title>ch8_21.html</title>
6 </head>
7 <body>
8 <object data="max2.swf" width="400" height="300"
9 type="application/x-shockwave-flash">
10 </object>
11 </body>
12 </html>
```

执行结果

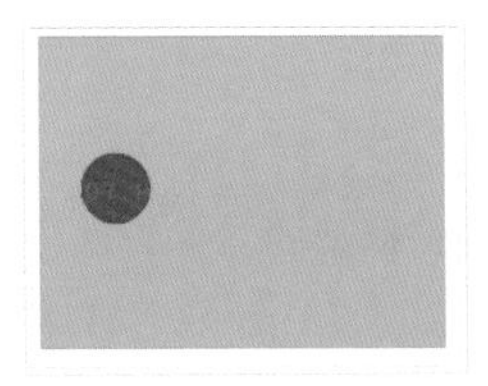

这个程序执行时，将显示 Flash 动画。

8-7 设定嵌入对象的参数 <param> 元素

在使用 <object> 元素嵌入外挂的对象时，这个元素为所嵌入的对象定义参数。在使用上，这个元素一定是 <object> 元素的子元素，要放在 <object> 标记内的最前面。

程序实例 ch8_22.html：使用 <object> 元素嵌入对象，然后使用 <param> 元素定义所嵌入对象的参数，程序第 10 行定义 Flash 文件的背景颜色是蓝色。如果你的浏览器尚未安装 Adobe Flash Player，则本程序将显示第 13 行的内容。

```
1  <!doctype html>
2  <html>
3  <head>
4     <meta charset="utf-8">
5     <title>ch8_22.html</title>
6  </head>
7  <body>
8  <object data="max2.swf" height="300" width="400"
9  type="application/x-shockwave-flash">
10    <param name="bgcolor" value="#0000ff">
11    <param name="quality" value="high">
12    <param name="movie" value="max2.swf">
13    <p>欣赏此动画需安装Adobe Flash Player</p>
14 </object>
15 </body>
16 </html>
```

执行结果

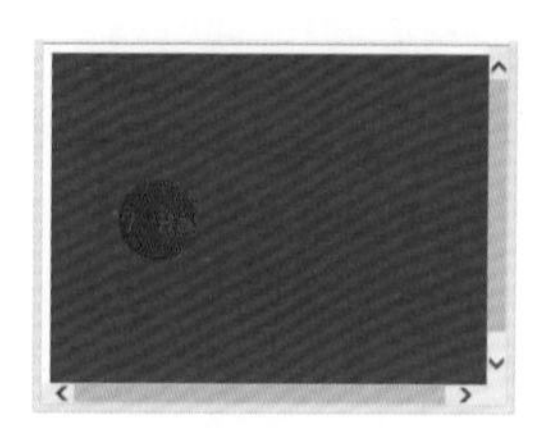

读者应可看到背景色已经修改了。有关颜色定义的参数意义相关知识将在附录 E 解说。

8-8 建立嵌入的浮动框架 <iframe> 元素

HTML5 允许我们在网页内建立内嵌浮动框架，以便在此框架内放置其他 HTML 文件的数据。这个元素的使用格式如下：

```
<iframe src="HTML 文件的 URL" 属性设定 > … </iframe>
```

有关属性内容如下：

❑ src

该属性设定要嵌入浮动框架 HTML 文件的 URL。

❑ srcdoc

该属性设定要显示在框架中的 HTML 文件内容。如果浏览器支持 srcdoc 属性，它将覆盖 src 属性设定的内容。如果浏览器不支持 srcdoc 属性，内嵌浮动框架将显示 src 属性设定的 HTML 文件。

❑ name

该属性设定框架的名称。这样如果用 <a> 元素的 target 属性引用此名称，就可以执行超链接。利用这个特性，可以进行多个 HTML 文件的超链接。

程序实例 ch8_23.html：这是 <iframe> 元素的基本应用。这个程序会建立一个内嵌式浮动框架，然后将 ch8_16.html 的网页内容嵌入。如果用户的浏览器不支持 <iframe> 元素，将列出第 10 行的内容。

```
1  <!doctype html>
2  <html>
3  <head>
4     <meta charset="utf-8">
5     <title>ch8_23.html</title>
6  </head>
7  <body>
8  <h1>Using iframe</h1>
9  <iframe src="ch8_16.html" width="600" height="400">
10 <p>浏览器不支持iframe元素</p>
11 </iframe>
12 </body>
13 </html>
```

执行结果

程序实例 ch8_24.html：这是一个混合应用的网页设计实例，内嵌浮动框架将放入 photo-Chicago.html 的内容。当单击“蒙古”超链接时，内嵌浮动框架将打开 photo-Mongolia.html 的内容，当单击“中国西藏”超链接时，内嵌浮动框架将打开 photo-Tibet.html 的内容。这个程序的关键是第 13 行的 name 属性，笔者将内嵌浮动框架命名为“photo”，然后在第 10 行和 11 行笔者使用 target 属性设定其超链接的 HTML 文件内容将放在 photo 内嵌浮动框架内。

```
1  <!doctype html>
2  <html>
3  <head>
4     <meta charset="utf-8">
5     <title>ch8_24.html</title>
6  </head>
7  <body>
8  <h1>我的旅游经历</h1>
9  <ul>
10    <li><a href="photo-Mongolia.html" target="photo">蒙古</a></i>
11    <li><a href="photo-Tibet.html" target="photo">中国西藏</a></i>
12 </ul>
13 <iframe src="photo-Chicago.html" width="500" height="400" name="photo">
14 </iframe>
15 </body>
16 </html>
```

photo-Chicago.html

```
1  <!doctype html>
2  <html>
3  <head>
4     <meta charset="utf-8">
5     <title>photo-Chicago.html</title>
6  </head>
7  <body>
8  <h1>我在Chicago</h1>
9  <img src="photo-Chicago.jpg" width="300">
10 </body>
11 </html>
```

photo-Mongolia.html

```
1  <!doctype html>
2  <html>
3  <head>
4     <meta charset="utf-8">
5     <title>photo-Mongoloa.html</title>
6  </head>
7  <body>
8  <h1>蒙古大草原</h1>
9  <img src="photo-Mongolia.jpg" width="400">
10 </body>
11 </html>
```

photo-Tibet.html

```
1  <!doctype html>
2  <html>
3  <head>
4     <meta charset="utf-8">
5     <title>photo-Tibet.html</title>
6  </head>
7  <body>
8  <h1>西藏布达拉宫</h1>
9  <img src="photo-Tibet.jpg" width="400">
10 </body>
11 </html>
```

执行结果　下列是程序刚启动时的画面。

我的旅游经历

- 蒙古
- 中国西藏

我在Chicago

当单击蒙古超链接时将看到下面的画面。

当单击西藏超链接时将看到下面的画面。

习题

1. 请为自己录制一份求职的自我介绍履历影片，同时将这份影片文件加上字幕。
2. 请为自己的科系建立一个招生广告网页，内容请自行发挥创意。
3. 请建立一个多媒体网页，这个网页的内容是介绍你的家乡。
4. 请参考程序实例 ch8_24.html，使用内嵌框架的概念，建立自己的旅游经历网页，至少要有 10 条数据。可以分别加载入内嵌框架内，内容请自行发挥创意。

第 9 章

制作输入表单

本章摘要

笔者所介绍的前 8 章的 HTML 内容，皆算是单向传递数据，当使用者浏览网页的时候，所看到的是文字、列表、表单、图片、声音与影片等。其实这些功能是不够的，一个网页更重要的是能够和使用者进行互动交流，例如近年来流行的网络搜索、网络投票、网络注册、网络购物、网络考试和连网欣赏各式影片等，笔者本章将介绍这方面应用的基本知识，制作输入表单。

本章内容中，可能会碰上 IE 不支持的功能，此时笔者会改用 Google Chrome 或其他浏览器来执行。

9-1 制作输入表单 <form> 元素

制作表单的核心元素是 <form>，网页设计师接下来需将组成表单相关结构与内容的子元素和属性写入 <form> 元素内。当表单数据上传后，服务器端有专门处理上传数据的程序（CGI 或 PHP），针对需求做处理。本章的重点是制作输入表单，有关服务器端的处理程序暂不说明。

<form> 元素的使用格式如下：

```
<form action=" 表单处理程序的 URL" method=" 数据传送方式 "  其他属性 > … </form>
```

❑ action

设定表单处理程序的 URL。不过，如果设计表单组件的 <input> 元素（type 属性是 submit 或 image）或 <button> 元素内有 form action 属性（这个属性有特别的表单处理程序），则 form action 属性优先使用。

❑ method

设定表单数据用哪一种方式传给服务器端的程序。有两种选项：

get：这是默认选项，表单数据会以 name/value 方式附加到 URL 的变量中。这种方式简单，基于安全考虑时请勿使用这个选项传送信息。

post：表单数据会以封包（package）方式传送到服务器端的 HTTP 文件头区块内。由于以封包方式传送，所以传送数据没有大小限制。

❑ name

设定表单的名称。一个 HTML 文件不可以有重复的表单名称，这样服务器端的表单处理程序才可针对这个表单执行更进一步的工作。

❑ accept-charset

一般通过表单传送数据时，它的文字编码应该和网页的文字编码相同。如果想要用不同的文字编码方式可以使用 accept-charset 属性来设定。假如有多种文字编码方式，可以彼此间空一格，这时书写顺序代表使用的优先顺序。

❑ autocomplete

可以由此属性设定输入字段是否具有自动填入的功能。所谓自动填入是指浏览器会记住之前的输入，下次链接到相同网站，会自动填入先前输入的数据。这方面的默认功能由浏览器决定，一般浏览器会询问是否储存信息。它有两个选项：

on：会自动输入。

off：不使用自动输入功能。

不过，如果设计表单组件的 <input> 元素（type 属性是 text）有 autocomplete 属性，这个属性的设定将优先使用。

- enctype

可以设定表单数据传送到服务器的编码方式，有下列 3 个选项：

application/x-www-form-urlencoded：这是默认选项。

multipart-form-data：在传送的表单有附加文件时使用。

text/plain：在传送纯文本的表单中使用。

不过，如果设计表单组件的 <input> 元素（type 属性是 submit 或 image）有 formenctype 属性，这个 formenctype 属性的设定将优先使用。

- novalidate

这个属性用于设定在进行表单传送时，不对所输入的数据做验证。

其实在 HTML5 中，若 <input> 元素的 type 属性是 url 或 email 时，会自动检查输入的数据是否正确，如果设定 novalidate 属性，则改成不做数据验证。

- target

可设定显示数据传送结果的浏览脉络。这个属性的意义与 <a> 元素的 target 属性用法相同，读者可参考 4-2 节。

9-2 制作表单组件 <input> 元素

<input> 元素用于制作表单组件，使用时需放在 <form> 元素内。此外，使用 <input> 元素时，可以利用 type 属性建立不同的表单按钮，笔者将一一以实例做说明。

- accept

设定服务器可以接收文件的 MIME 类型，如果要指定多个 MIME 类型时，可以用“,”隔开。

- alt

如果无法输出图片内容，可以将此属性所指定的内容输出，具体用法可参考 7-1 节与程序实例 ch7_2.html。

- autocomplete

可以通过此属性设定输入字段是否具有自动填入的功能。所谓自动填入是指浏览器会记住之前的输入，下次链接到相同网站，会自动填入先前输入的数据。这方面的默认功能由浏览器决定，一般浏览器会询问是否储存此信息。它有两个选项：

on：会自动输入。

off：不使用自动输入功能。

- autofocus

网页显示时，输入字段的插入点将位于此属性设定的字段上，也可称焦点（focus）在此字段；如果设定的是按钮，则该按钮将自动被选取，此时按 Enter 键，相当于单击这个按钮。在网页页面中按 Tab 键可以切换此焦点，一个页面只能有一个表单组件有此设定。

- checked

若设定这个属性核对框（checkbox）将呈被选取状态。

- dirname

这个属性用于设定文字走向信息，只用在 <input> 和 <textarea> 元素中，在传送数据到服务器端时，一定要加上“.dir”。例如：

```
<form action="get.exe" First Name: <input type="text" name="filename"
dirname="filename.dir">
```

- disabled

设定停用某个字段，这样此字段就无法用来输入和单击。

- form

这个属性可以令表单的字段和指定的 <form> 元素产生链接。

- formaction

和前一节介绍的 action 属性相同，这个属性可以设定表单数据处理程序的 URL。formaction 属性相较于 <form> 元素内的 action 有优先使用权。

- formenctype

可以设定表单数据组件传送到服务器的编码方式，有下列 3 种选项：

application/x-www-form-urlencoded：这是默认选项。

multipart-form-data：在传送的表单有附加文件时使用。

text/plain：在传送纯文本的表单中使用。

这个 formenctype 属性相较于 <form> 元素内的 enctype 有优先使用权。

- formmethod

和前一节所介绍的 method 属性相同，这个属性可以设定表单数据用那一种方式传送。formmethod 属性相较于 <form> 元素内的 method 有优先使用权。

- formnovalidate

可设定是否对所传送的数据做验证。formnovalidate 属性相较于 <form> 元素内的 novalidate 有优先使用权。

- formtarget

可设定显示数据传送结果的浏览脉络，其意义与 <a> 元素的 target 属性用法相同，读者可参考 4-2 节。formtarget 属性相较于 <form> 元素内的 target 有优先使用权。

- height 和 width

可设定图片的高度和宽度。

- list

定义候补选项，可将候补选项定义在 <datalist> 元素内，参考 9-8 节。

- maxlength

设定在某字段内可以输入的最多字符数。例如，在建立输入电话号码表单时，大陆的手机号码是 11 位，可以设定此属性值为 11，台湾的手机号码是 10 位，可以设定此属性值为 10。

- multiple

设定可以输入两个以上的值。

- name

设定表单的域名。

- pattern

这个属性适用于 <input> 元素的 type 类型是 email、text、tel、search、url 和 password 时，用来验证字段输入值的格式是否符合规定。

- placeholder

设定在某字段输入信息时提醒使用者的内容。例如：

```
<input type="text" name="fullname" placeholder=" 洪锦魁 ">
```

上例是提醒使用者该字段应该输入姓名的全名。

- readonly

将某字段设为只能阅读，无法更改或编辑。

- required

设定某字段是必填的，如果没有输入就无法传送。

- size

这个属性应是整数值，用于设定字段的宽度，所设定的长度代表字段可接受的字数。如果用在下拉式菜单，则是只可看到的选项数目。

- src

可设定图片文件的 URL。

- step

可设定输入值是按哪种方式做变化。如果 step=5，那么数字应该以 0、5、10、15 的方式变化。step 属性可以和 max 与 min 搭配使用，这样就可以建立值的范围，如果省略 min，预设 min 的值是 0。

这个属性适用于 input 元素的 type 类型是 number、range、time、month、date、week、datetime 或 datetime-local 时。step 属性使用在不同 type 类型下的默认值如下表所示。

step 属性用于不同 type 类型下的默认值

type 属性	step 单位	默认的 step 值
number	1	1
range	1	1

续表

type 属性	step 单位	默认的 step 值
time	秒	60
datetime	秒	60
datetime-local	秒	60
date	日	1
week	周	1
month	月	1

❑ max/min 属性

max 属性可设定字段输入数据的最大值，min 属性可设定字段输入数据的最小值。

❑ value

可设定按钮默认文字，或是字段的默认值或文字。

9-2-1 制作提交按钮 submit 属性值

这个属性值可以制作提交按钮，使用格式如下：

```
<input type="submit" 其他属性>
```

❑ value

可用于设定按钮名称。如果没有这个属性，浏览器会将名称默认为“送出查询”。不同的浏览器可能有不同的默认名称，例如“提交”。

❑ 其他可设定属性

其他可设定的属性有 autofocus、disabled、form、formaction、formmethod、formnovalidate、formtarget 和 name。

程序实例 ch9_1.html：制作送出按钮，程序第 11 行设定按钮使用默认的名称，程序第 14 行将按钮名称设为“测试送出”。

```
1  <!doctype html>
2  <html>
3  <head>
4      <meta charset="utf-8">
5      <title>ch9_1.html</title>
6  </head>
7  <body>
8  <form action="cgi-bin/get.exe" method="get">
9      <h1>数据查询</h1>
10     <p>按钮使用默认名称</p>
11     <input type="submit">
12     <p>
13         <p>自行设定按钮名称为测试送出</p>
14         <input type="submit" value="测试送出">
15     </p>
16 </form>
17 </body>
18 </html>
```

执行结果

上例中，若是单击“送出查询”按钮将看到下图所示画面。

这个程序只是显示出按钮，由于服务器端尚未有 get.ext 执行读取按钮输入，所以会看到上面的画面。

9-2-2　制作重设按钮 reset 属性值

这个属性值可以制作重设按钮，主要意义是取消输入，重新填写。这个属性值的使用格式如下：

<input type="reset" 其他属性 >

❑ value

可用于设定按钮名称。如果没有这个属性，浏览器会将名称默认为“重设”。不同的浏览器可能有不同的默认名称，例如“取消”。

❑ 其他可设定属性

其他可设定的属性有 autofocus、disabled、form 和 name。

程序实例 ch9_2.html：制作重设按钮。程序第 11 行设定按钮使用默认的名称，程序第 14 行将按钮名称设为“取消输入”。

```
1 <!doctype html>
2 <html>
3 <head>
4     <meta charset="utf-8">
5     <title>ch9_2.html</title>
6 </head>
7 <body>
8 <form action="cgi-bin/get.exe" method="get">
9     <h1>建立重设按钮</h1>
10    <p>按钮使用默认名称</p>
11    <input type="reset">
12    <p>
13        <p>自行设定按钮名称为取消输入</p>
14        <input type="reset" value="取消输入">
15    </p>
16 </form>
17 </body>
18 </html>
```

执行结果

建立重设按钮

按钮使用默认名称

重设

自行设定按钮名称为取消输入

取消输入

9-2-3　制作单行输入的文本框 text 属性值

这个属性值可用于制作单行输入的文本框，它的使用格式如下：

<input type="text" 其他属性 >

❑ value

可以使用此属性设定默认文字。

❑ 其他可设定属性

其他可设定的属性有 autocomplete、autofocus、dirname、disabled、form、list、maxlength、name、pattern、placeholder、readonly、required 和 size。

程序实例 ch9_3.html：要求输入姓名和地址数据，其中姓名数据字段设置宽度是可以输入 5 个汉字，地址字段则采用默认的宽度。

```
<html>
<head>
   <meta charset="utf-8">
   <title>ch9_3.html</title>
</head>
<body>
<form action="cgi-bin/get.exe" method="get">
   <h1>请输入会员数据</h1>
   <p>姓名:<input type="text" name="user" size="5"><
   <p>地址:<input type="text" name="addr"></p>
   <p><input type="submit" value="确认">
   <input type="reset" value="取消"></p>
</form>
</body>
```

执行结果

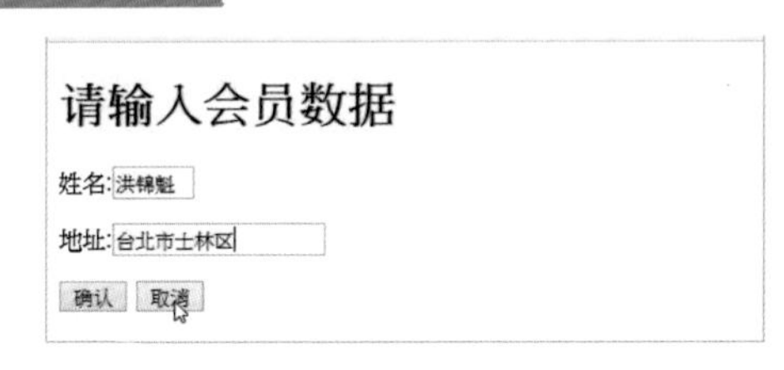

如果单击“取消”按钮，可以清除姓名和地址字段中的数据。

9-2-4 制作可输入密码的文本框 password 属性值

这个属性值可以制作以密码的方式输入信息的文本框，密码输入的特点是所输入的字符以“•”显示，同时字段右边会有 符号，它的使用格式如下：

```
<input type="password" 其他属性>
```

❑ 其他可设定属性

其他可设定的属性有 autocomplete、autofocus、disabled、form、list、maxlength、name、pattern、placeholder、readonly、required 和 size。

程序实例 ch9_4.html：这个程序基本是要求使用者输入账号和密码信息。在程序的第 11 行有 required 属性，其作用是如果没有输入密码就单击“确认”按钮，会出现提示信息告知密码是必需填写的。

```
1  <!doctype html>
2  <html>
3  <head>
4     <meta charset="utf-8">
5     <title>ch9_4.html</title>
6  </head>
7  <body>
8  <form action="cgi-bin/get.exe" method="get">
9     <h1>欢迎进入DeepStone系统</h1>
10    <p>账号:<input type="text" name="user" autofocus></p>
11    <p>密码:<input type="password" name="pwd" required></p>
12    <p><input type="submit" value="确认">
13    <input type="reset" value="取消"></p>
14 </form>
15 </body>
16 </html>
```

执行结果

由于程序的第 10 行增加了 autofocus 属性，所以网页加载后，插入点会在账号字段出现。下图所示是输入数据时密码字段以“•”显示的画面。

如果未输入密码直接单击“确认”按钮，将看到下图所示的提示信息。

9-2-5　制作搜索框 search 属性值

这个属性值可以用于制作输入搜寻内容的文本框，它的使用格式如下：

<input type="search"　其他属性>

❑ 其他可设定属性

其他可设定的属性有 autocomplete、autofocus、dirname、disabled、form、list、maxlength、name、pattern、placeholder、readonly、required、size 和 value。

程序实例 ch9_5.html：这个程序要求使用者输入欲查询的关键词。程序第 11 行在 placeholder 属性设定了“请输入关键词”，所以程序执行时，在输入栏可以看到此字符串信息。另外，这个字段也加上 autofocus 属性，所以程序执行时插入点将在此字段。

```
1  <!doctype html>
2  <html>
3  <head>
4      <meta charset="utf-8">
5      <title>ch9_5.html</title>
6  </head>
7  <body>
8  <form action="cgi-bin/get.exe" method="get">
9      <h1>欢迎进入DeepStone搜索系统</h1>
10     <p><input type="search" name="searching"
11         autofocus placeholder="请输入关键词"></p>
12     <p><input type="button" value="搜索"></p>
13 </form>
14 </body>
15 </html>
```

执行结果　下列程序笔者用 Chrome 执行。

9-2-6　制作图片按钮 image 属性值

这个属性值可用于制作图片按钮，它的使用格式如下：

<input type="image" src="图片的 URL" alt="文字 "　其他属性>

❑ src

这个属性用于设定图片的 URL。

❑ alt

如果图片不存在，可使用此属性设定代替图片的文字。

❑ 其他可设定属性

其他可设定的属性有 autofocus、disabled、form、formaction、formenctype、formmethod、formnovalidate、formtarget、height、name、size、value 和 width。

程序实例 ch9_6.html：在 ch9 文件夹内有 mybutton.jpg 按钮图片文件，这个程序是重新设计 ch9_5.html，但使用 mybutton.jpg 图片文件制作按钮。

```
1 <!doctype html>
2 <html>
3 <head>
4     <meta charset="utf-8">
5     <title>ch9_6.html</title>
6 </head>
7 <body>
8 <form action="cgi-bin/get.exe" method="get">
9     <h1>欢迎进入DeepStone搜索系统</h1>
10    <p><input type="search" name="searching"
11        autofocus placeholder="请输入关键词"></p>
12    <p><input src="mybutton.jpg" type="image" alt="搜索"></p>
13 </form>
14 </body>
15 </html>
```

执行结果 下图所示为笔者用 Chrome 执行程序的结果。

mybutton.jpg 内容如下：送出

9-2-7 制作输入电话号码的文本框 tel 属性值

这个属性值可以用于制作输入电话号码的文本框，它的使用格式如下：

`<input type="tel" 其他属性>`

❑ 其他可设定属性

其他可设定的属性有 autocomplete、autofocus、disabled、form、list、maxlength、name、pattern、placeholder、readonly、required、size 和 value。

9-2-8 制作输入电子邮件字段的文本框 email 属性值

这个属性值可用于制作输入电子邮件的文本框，它的使用格式如下：

`<input type="email" 其他属性>`

如果希望设定多个邮件账号，需增加 multiple 属性，然后各邮件以逗号“,”隔开。

❑ 其他可设定属性

其他可设定的属性有 autocomplete、autofocus、disabled、form、list、maxlength、multiple、name、pattern、placeholder、readonly、required、size 和 value。

9-2-9 制作输入 URL 的文本框 url 属性值

这个属性值可用于制作输入 URl 的文本框，它的使用格式如下：

`<input type="url" 其他属性>`

❑ 其他可设定属性

其他可设定的属性有 autocomplete、autofocus、disabled、form、list、maxlength、name、pattern、placeholder、readonly、required、size 和 value。

程序实例 ch9_7.html：这是 tel、email 和 url 3 个属性值的应用，在这个程序中用户需输入 3 种数据，分别是电话号码、电子邮件地址和网址。其中电话号码和电子邮件字段有示范输出，网址信息则是程序先默认输入 http://，其余由用户补充。

```
1 <!doctype html>
2 <html>
3 <head>
4    <meta charset="utf-8">
5    <title>ch9_7.html</title>
6 </head>
7 <body>
8 <form action="cgi-bin/get.exe" method="get">
9    <h1>欢迎进入DeepStone民调系统</h1>
10   <p>请留个人资料</p>
11   <p>电话号码:<input type="tel" name="phone"
12       autofocus placeholder="0928833911"></p>
13   <p>邮件地址:<input type="email" name="e_mail"
14       placeholder="deep@me.com" pattern></p>
15   <p>请输入最常浏览网址</p>
16   <p>URL网址:<input type="url" name="myurl" value="http://"></p>
17   <p><input type="submit" value="确认">
18   <input type="reset" value="取消"></p>
19 </form>
20 </body>
21 </html>
```

执行结果　下图所示为笔者用 Chrome 执行程序的结果，因为程序的部分功能 IE 不支持。

程序第 14 行设定 pattern 属性，作用是如果电子邮件格式错还单击“确认”按钮，将看到下图所示式错误信息。

9-2-10　制作单选按钮 radio 属性值

这个属性值用于制作单选按钮，单选按钮的特色是一系列按钮中只有一个被选取。它的使用格式如下：

```
<input type="radio" name="名称" value="值" 其他属性>
```

❑ name

相同单选组的选单应该要有相同的名称，此属性用于设定名称。

❑ value

此属性用于为单选按钮设定一个值，这个值将被送回服务器。

❑ checked

如果有这个属性，相当于所设定的按钮被选取。

❑ 其他可设定属性

其他可设定的属性有 autofocus、disabled、form 和 required。

程序实例 ch9_8.html：这个程序有性别单选按钮和年龄分析数据单选按钮。其中在年龄分析数据选单组，程序的第 19 行笔者设定了 checked 属性，所以程序一执行即可看到“小于 20 岁”单选按钮被选取。性别单选组则不做设定，主要是用来给读者做比较。

```
1 <!doctype html>
2 <html>
3 <head>
4     <meta charset="utf-8">
5     <title>ch9_8.html</title>
6 </head>
7 <body>
8 <form action="cgi-bin/get.exe" method="get">
9     <h1>欢迎进入DeepStone民调系统</h1>
10    <p>请留个人资料</p>
11    <p>姓名:<input type="text" name="user" autofocus></p>
12 <!-- 建立年性别分析数据 -->
13    <p>性别:<br>
14    <input type="radio" name="sex" value="1">男性<br>
15    <input type="radio" name="sex" value="0">女性
16    </p>
17 <!-- 建立年龄层分析数据 -->
18    <p>年龄分析资料:<br>
19    <input type="radio" name="age" value="20" checked>小于20岁<br>
20    <input type="radio" name="age" value="40">20-40岁<br>
21    <input type="radio" name="age" value="60">41-60岁<br>
22    <input type="radio" name="age" value="70">大于60岁<br>
23    </p>
24 </form>
25 </body>
26 </html>
```

执行结果 下图所示为笔者用 Chrome 执行程序的结果。

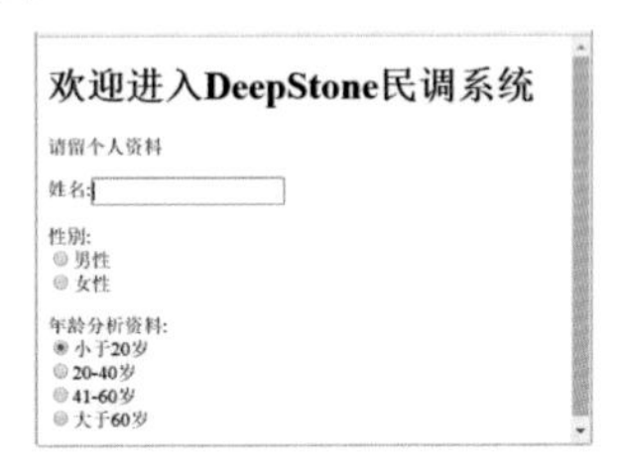

9-2-11 制作复选框 checkbox 属性值

这个属性值用于制作复选框，复选框的特色是一系列方块中可以有多个被选取。它的使用格式如下：

<input type="checkbox" name=" 名称 " value=" 值 " 其他属性 >

❑ name

相同复选框群组的选单应该要有相同的名称，此属性用于设定名称。

❑ value

此属性用于为复选框设定一个值，这个值将被送回服务器。

❑ checked

如果有这个属性，相当于所设定的复选框被选取。

❑ 其他可设定属性

其他可设定的属性有 autofocus、disabled、form 和 required。

程序实例 ch9_9.html：这个程序的重点是程序的第 18 行至 23 行，在这里有一个名称是 software 的复选框组，用户可以由此执行多项复选框的选取操作。同一组复选框必须有相同的名称，此例是 software。

```
1 <!doctype html>
2 <html>
3 <head>
4     <meta charset="utf-8">
5     <title>ch9_9.html</title>
6 </head>
7 <body>
8 <form action="cgi-bin/get.exe" method="get">
9     <h1>欢迎进入DeepStone软件实力调查系统</h1>
10    <p>请留个人资料</p>
11    <p>姓名:<input type="text" name="user" autofocus></p>
12 <!-- 建立年性别分析数据 -->
13    <p>性别:<br>
14    <input type="radio" name="sex" value="1" checked>男性<br>
15    <input type="radio" name="sex" value="0">女性<br>
16    </p>
17 <!-- 建立计算机软件能力分析数据 -->
18    <p>软件能力分析数据:<br>
19    <input type="checkbox" name="software" value="HTML">HTML<br>
20    <input type="checkbox" name="software" value="CSS">CSS<br>
21    <input type="checkbox" name="software" value="JavaScript">JavaScript<br>
22    <input type="checkbox" name="software" value="JQuery">JQuery<br>
23    </p>
24 </form>
25 </body>
26 </html>
```

执行结果

欢迎进入DeepStone软件实力调查系统

请留个人资料

姓名: 洪锦魁

性别:
男性
女性

软件能力分析数据:
HTML
CSS
JavaScript
JQuery

9-2-12　制作数值输入框 number 属性值

这个属性值用于制作数值输入，它的使用格式如下：

<input type="number" 其他属性 >

- value

可以设定默认数值。

- 其他可设定属性

其他可设定的属性有 autocomplete、autofocus、disabled、form、list、max、min、name、placeholder、readonly、required 和 step。

程序实例 ch9_10.html：这个程序会要求用户输入年龄，输入完成后，将鼠标指针移至年龄字段右边，通过单击 按钮可增减年龄数字。这个程序设定年龄数字的最小值是 1。

```
1  <!doctype html>
2  <html>
3  <head>
4     <meta charset="utf-8">
5     <title>ch9_10.html</title>
6  </head>
7  <body>
8  <form action="cgi-bin/get.exe" method="get">
9     <h1>欢迎进入DeepStone外语能力调查系统</h1>
10    <p>请留个人资料</p>
11    <p>姓名:<input type="text" name="user" autofocus></p>
12 <!-- 建立年年龄分析数据 -->
13    <p>年龄:<br>
14    <input type="number" name="num" min="1">
15    </p>
16 <!-- 建立外语能力分析数据 -->
17    <p>外语能力分析资料:<br>
18    <input type="checkbox" name="language" value="Ja">日语<br>
19    <input type="checkbox" name="language" value="En">英语<br>
20    <input type="checkbox" name="language" value="Fr">法语<br>
21    <input type="checkbox" name="language" value="De">德语<br>
22    </p>
23 </form>
24 </body>
25 </html>
```

执行结果

9-2-13　制作指定范围的数值输入框 range 属性值

这个属性值用于制作指定范围的数值输入框，它的使用格式如下：

<input type="range" 其他属性 >

- value

可用于设定默认数值，如果不指定则取中间数“50”。

max/min

如果不指定数值，则默认 max 是 100，min 是 0。

- 其他可设定属性

其他可设定的属性有 autocomplete、autofocus、disabled、form、list、name、placeholder 和 step。

程序实例 ch9_11.html：这是满意度调查程序，用户可用拖曳数字滑块的方式调整满意度。这个程序的最高满意度是 10（程序第 12 行设定），最低是 0（使用预设）。

```
<!doctype html>
<html>
<head>
   <meta charset="utf-8">
   <title>ch9_11.html</title>
</head>
<body>
<form action="cgi-bin/get.exe" method="get">
   <h1>欢迎进入DeepStone满意度调查系统</h1>
   <p>请留个人资料</p>
   <p>姓名:<input type="text" name="user" autofocus></p>
   <p>满意度调查:<input type="range" name="Grade" max="10"></p>
</form>
</body>
</html>
```

执行结果

欢迎进入DeepStone满意度调查系统

请留个人资料

姓名:

满意度调查:

9-2-14 指定颜色 color 属性值

这个属性在执行时会跳出色彩框，用户可以选择特定色彩。有关色彩的相关知识可参考附录E。color 的使用格式如下：

```
<input type="color" 其他属性 >
```

❑ 其他可设定属性

其他可设定的属性有 autocomplete、autofocus、disabled、form、list、name 和 value。

程序实例 ch9_12.html：色彩选择的应用。这个程序执行时会出现两个色彩，第 1 个是使用预设颜色，第二个是设定的蓝色。不论单击哪一个色彩框均会出现色彩对话框，可以在此更改色彩。

```
<!doctype html>
<html>
<head>
   <meta charset="utf-8">
   <title>ch9_12.html</title>
</head>
<body>
<form action="cgi-bin/get.exe" method="get">
   <p>色彩选择1:<input type="color" name="color1"></p>
   <p>色彩选择2:<input type="color" name="color2" value="#0000ff"></p>
</form>
</body>
</html>
```

只要鼠标单击色彩框即可出现色彩对话框，供用户选择新色彩。

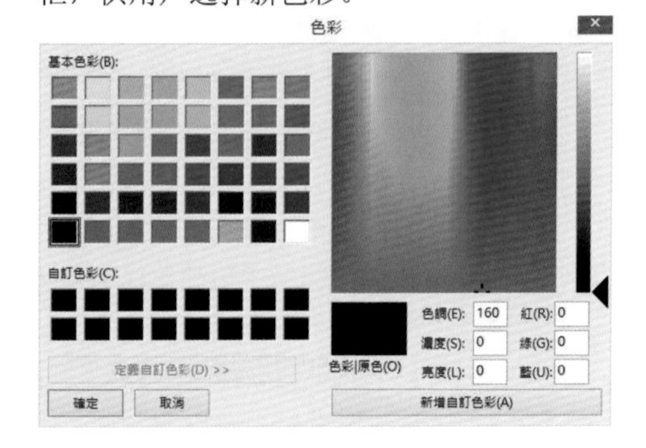

执行结果

9-2-15 制作不显示但要传送的信息 hidden 属性值

具有这个属性的数据不会在网页上显示，但是会传送到服务器端。例如，大型购物网站可以为底下的网络商店给予编号，然后做市场调查，了解这家网络商店的服务满意度。消费者看不到网络商店的编号，但是消费者做问卷响应时，服务器端可以知道这是那一家商店的调查结果。这个属性的使用格式如下：

```
<input type="hidden" value=" 编号 " 其他属性 >
```

❑　value

这个值不会在网页中显示，但是会传回服务器。在做市场调查的应用中，这个值一般用于显示商店编号。

❑　其他可设定属性

其他可设定的属性有 autofocus、disabled、form 和 name。

程序实例 ch9_13.html：制作一个对自己居住城市满意度的调查，其中在第 10 行使用 hidden 属性，当用户单击“送出查询”按钮时，govID:001 数值也将被传送至服务器端。

```
1  <!doctype html>
2  <html>
3  <head>
4      <meta charset="utf-8">
5      <title>ch9_13.html</title>
6  </head>
7  <body>
8  <form action="cgi-bin/get.exe" method="get">
9      <h1>对自己居住县市的满意度</h1>
10     <p><input type="hidden" name="gov" value="govID:001"></p>
11     <br>
12     <p><input type="radio" name="city" value="A">满意</p>
13     <p><input type="radio" name="city" value="B">尚可</p>
14     <p><input type="radio" name="city" value="B">不满意</p>
15     <p><input type="submit"><input type="reset"></p>
16 </form>
17 </body>
18 </html>
```

执行结果

9-2-16　制作输入时间的控件 time 属性值

这个属性值用于制作时间输入的控件，它的使用格式如下：

```
<input type="time" 其他属性>
```

时间格式是“hh:mm:ss”，例如 11:45 书写格式为“11:45:0”0 或“11:45”，step 的默认值是“60”秒。

❑　其他可设定属性

其他可设定的属性有 autocomplete、autofocus、disabled、form、list、max、min、name、readonly、required、step 和 value。

程序实例 ch9_14.html：编写输入当前时间的应用。

```
1  <!doctype html>
2  <html>
3  <head>
4      <meta charset="utf-8">
5      <title>ch9_14.html</title>
6  </head>
7  <body>
8  <form action="cgi-bin/get.exe" method="get">
9  <!-- 时间跳动使用默认每单位1分钟 -->
10     <p>设定时间<input type="time" name="t"></p>
11 <!-- 时间跳动使用每单位2分钟 -->
12     <p>设定时间<input type="time" name="t" step="120"></p>
13 <!-- 时间跳动使用每单位秒钟 -->
14     <p>设定时间<input type="time" name="t" step="1"></p>
15 </formm>
16 </body>
17 </html>
```

执行结果　首先可以单击适当的时间字段，再将鼠标指针移至时间输入框右边的 ⬍ 按钮处，然后可以单击以设定时间。下图是本例在 Chrome 浏览器中的执行结果。

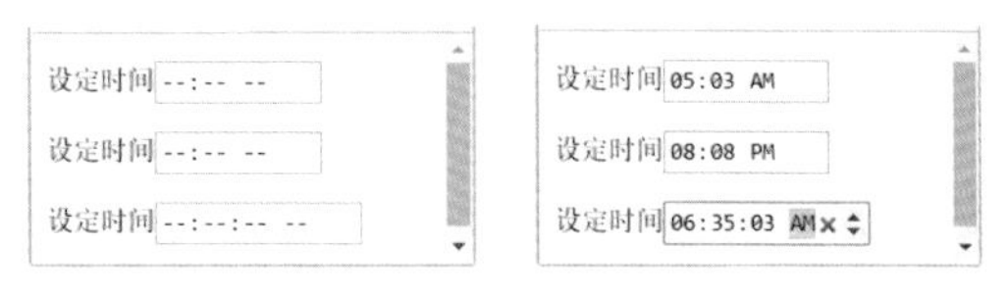

9-2-17 制作输入日期的控件 date 属性值

这个属性值用于制作日期输入的控件，它的使用格式如下：

<input type="date" 其他属性 >

日期格式是“YYYY-MM-DD”，例如，2018 年 11 月 9 日书写格式为“2018-11-09”，step 的默认值是“1 日”。

❑ 其他可设定属性

其他可设定的属性有 autocomplete、autofocus、disabled、form、list、max、min、name、readonly、required、step 和 value。

程序实例 ch9_15.html：编写输入出生日期的应用。

```
1  <!doctype html>
2  <html>
3  <head>
4     <meta charset="utf-8">
5     <title>ch9_15.html</title>
6  </head>
7  <body>
8  <form action="cgi-bin/get.exe" method="get">
9     <p>出生日期<input type="date" name="dd"></p>
10 </form>
11 </body>
12 </html>
```

执行结果 下图是本例在 Chrome 浏览器中的执行结果。

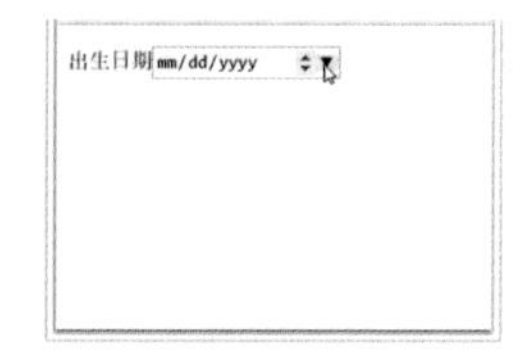

本例在不同浏览器可能会有不同的呈现方式。

9-2-18 制作输入周次 week 属性值

这个属性可以用于制作是第几周次的输入字段，它的使用格式如下：

<input type="week" 其他属性 >

周次格式是“YYYY-Www”，例如，2018 年第 30 周次书写格式为“2018-W30”，step 的默认值是“1 周”。

程序实例 ch9_16.html：编写输入周次的应用。

```
1  <!doctype html>
2  <html>
3  <head>
4     <meta charset="utf-8">
5     <title>ch9_16.html</title>
6  </head>
7  <body>
8  <form action="cgi-bin/get.exe" method="get">
9     <p>输入周次:<input type="week" name="wnum"></p>
10 </form>
11 </body>
12 </html>
```

执行结果 右图是本例在 Chrome 浏览器中的执行结果。

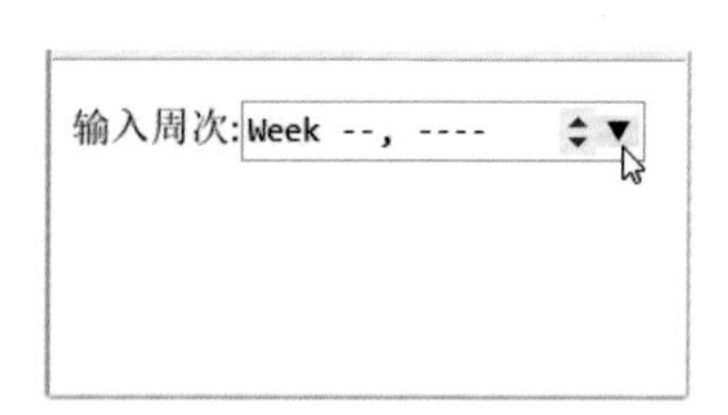

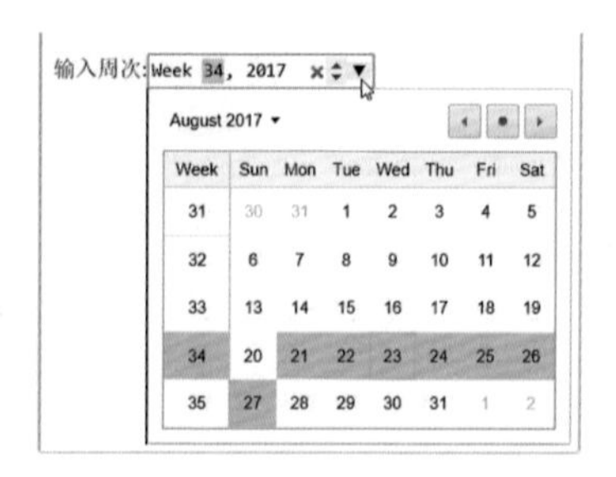

9-2-19　制作输入年份和月份 month 属性值

这个属性可以用于制作年份和月份的输入字段，它的使用格式如下：

```
<input type="month" 其他属性 >
```

年月格式是“YYYY-MM”，例如，2018 年 8 月书写格式为“2018-08”，step 的默认值是“1 个月”。

❑ 其他可设定属性

其他可设定的属性有 autocomplete、autofocus、disabled、form、list、max、min、name、readonly、required、step 和 value。

程序实例 ch9_17.html：编写输入指定的年份和月份的应用。

```
1 <!doctype html>
2 <html>
3 <head>
4    <meta charset="utf-8">
5    <title>ch9_17.html</title>
6 </head>
7 <body>
8 <form action="cgi-bin/get.exe" method="get">
9    <p>输入月份:<input type="month" name="mon"></p>
10 </form>
11 </body>
12 </html>
```

执行结果　下图是本例在 Chrome 浏览器中的执行结果。

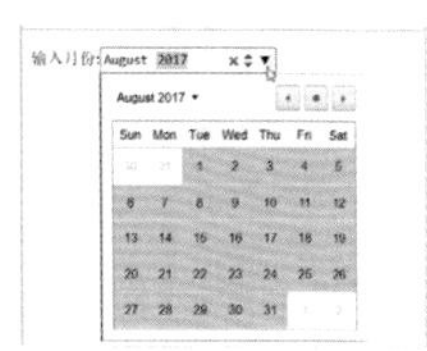

9-2-20　本地与世界标准时间 datetime/datetime-local 属性值

datetime 可设定世界时间（格林威治时间或称 Coordinated Universal Time（UTC）），也可称 GMT 时间；datetime-local 可设定本地时间。下列是这两种时间的书写格式：

datetime：YYYY-MM-DDThh:mm:ssZ，例如“2017-06-02T13:30:50Z”代表 2017 年 6 月 2 日 13 点 30 分 50 秒。

datetime-local：YYYY-MM-DDThh:mm:ss，例如“2017-06-02T13:30:50”代表本地时间 2017 年 6 月 2 日 13 点 30 分 50 秒。

这两个属性的使用格式如下：

```
<input type="datetime" 其他属性 >
<input type="datetime-local" 其他属性 >
```

❑ 其他可设定属性

其他可设定的属性有 autocomplete、autofocus、disabled、form、list、max、min、name、readonly、required、step 和 value。

程序实例 ch9_18.html：设定输入 UTC 时间和本地时间的应用。

```
1 <!doctype html>
2 <html>
3 <head>
4    <meta charset="utf-8">
5    <title>ch9_18.html</title>
6 </head>
7 <body>
8 <form action="cgi-bin/get.exe" method="get">
9    <p>输入UTC时间:<input type="datetime" name="dt"></p>
10    <p>输入本地时间:<input type="datetime-local" name="dtl"></p>
11 </form>
12 </body>
13 </html>
```

执行结果　下图是本例在 Chrome 浏览器中的执行结果。

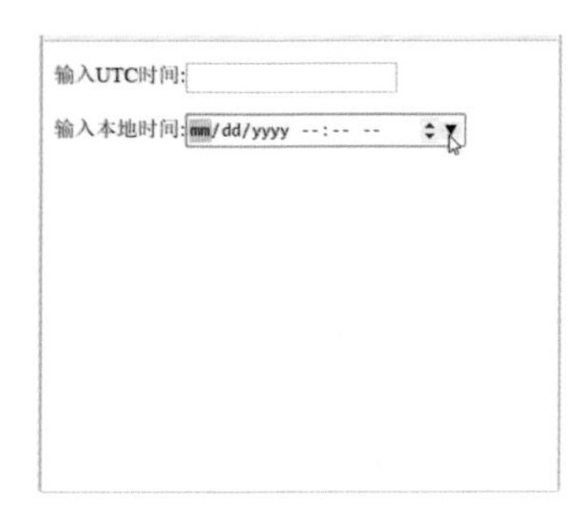

上述 UTC 时间需用标准方式输入。

9-2-21 制作选择文件后上传的 file 属性值

这个属性可以建立表单和按钮让用户选择文件后上传。下面是这个属性的使用格式：

<input type="file" 其他属性 >

❑ enctype

在 form 元素内需要设定“multipart/form-data”才可以制作可上传的表单。

❑ 其他可设定属性

其他可设定的属性有 autofocus、disabled、form、multiple、name、required 和 value。

程序实例 ch9_19.html：可选择要上传文件的应用。

```
1  <!doctype html>
2  <html>
3  <head>
4     <meta charset="utf-8">
5     <title>ch9_19.html</title>
6  </head>
7  <body>
8  <form action="cgi-bin/formsample.php" method="post"
9   enctype="multipart/form-data">
10     <p>上传文件:
11        <input type="file" name="fileupload">
12     </p>
13     <p>
14        <input type="submit" value="上传文件">
15        <input type="reset" value="重新设定">
16     </p>
17 </form>
18 </body>
19 </html>
```

执行结果

上图中，单击“打开”按钮可以选择文件，下图所示。

单击“重新设定”按钮可以取消所选文件，结果如下图所示。

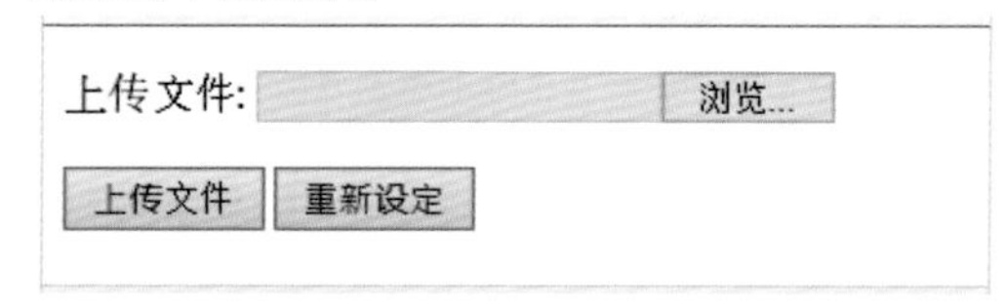

9-3 建立多行输入的文字框 <textarea> 元素

这个元素可以用于建立文本多行文字的文字框，如果预先在此输入文字，则这些文字将成为文字框的默认文字，有类似提醒的效果。这个元素常被应用在供消费者回馈意见。这个元素的使用格式如下：

```
<textarea 属性> … </textarea>
```

❑ cols

可设定文字框的宽度，相当于 1 行可以输入的英文字符数，默认是 20 个字。

❑ rows

可设定行数，预设是 2 行。

❑ wrap

可设定传送文字框内容至服务器时要不要加上换行符，可以有下列两种选择。

soft：这是默认值，除了按 Enter 键造成的换行外，其他皆不加换行符传送。

hard：如果设定这个属性，则 rows 属性一定要设定字段宽度，只要因宽度换行的地方传送时一定要加上换行字符。

❑ 其他可设定属性

其他可设定的属性有 autofocus、dirname、disabled、form、maxlength、name、placeholder、readonly 和 required。

程序实例 ch9_20.html：设计消费者意见回馈区。

```
1  <!doctype html>
2  <html>
3  <head>
4      <meta charset="utf-8">
5      <title>ch9_20.html</title>
6  </head>
7  <body>
8  <form action="cgi-bin/formsample.php" method="post">
9      <h1>欢迎进入JobExam市调系统</h1>
10     <p>请留个人资料</p>
11     <p>姓名:<input type="text" name="user" autofocus></p>
12 <!-- 建立年性别分析数据 -->
13     <p>性别:<br>
14     <input type="radio" name="sex" value="1" checked>男性<br>
15     <input type="radio" name="sex" value="0">女性<br>
16     </p>
17 <!-- 建立使用者回馈机制 -->
18     <p>请给JobExam系统使用建议</p>
19     <p><textarea name="opinion1" cols="30" rows="5"></textarea></p>
20     <p>下列文字框使用系统默认大小</p>
21     <p><textarea name="opinion2">文字框使用默认大小</textarea></p>
22 </form>
23 </body>
24 </html>
```

执行结果

欢迎进入JobExam市调系统

请留个人资料

姓名:

性别:
男性
女性

请给JobExam系统使用建议

下列文字框使用系统默认大小

文字框使用默认大小

9-4 为对象加上关联标记 <label> 元素

至今所学的表单制作，在组件旁的域名皆是无法和表单属性有任何关联的普通文字。label 元素可以将域名和表单组件产生关联，甚至在应用于单选按钮或复选框时，只要单击域名就能达到选取的目的。这个元素的使用格式如下：

```
<label for="id 名称 "> 关联文字 </label>
```

- for

若想将表单组件应用 label 做关联文字，表单组件内需有 id 属性并设定此值，然后将表单 id 值设为 for 属性值，这样就可以产生关联。

- 全局属性 global attributes

接下来的实例的第 17 行和 19 行所使用的 <input> 元素会使用到 id 属性，这是一个全局属性。所谓全局属性是指此类属性可以用在大多数的 HTML 元素中，笔者将在 10-1 节列出所有全局属性和每一属性的意义。id 属性用作元素对象的识别值，这值是唯一的，在各对象关联时使用。后面章节会有更多 id 属性的应用。

程序实例 ch9_21.html：重新设计 ch9_8.html 和 ch9_9.html，使用 label 标记将这两个程序的域名和单选按钮与复选框进行关联。

```
1  <!doctype html>
2  <html>
3  <head>
4      <meta charset="utf-8">
5      <title>ch9_21.html</title>
6  </head>
7  <body>
8  <form action="cgi-bin/get.exe" method="get">
9      <h1>欢迎进入DeepStone民意调查系统</h1>
10     <p>请留个人资料</p>
11     <p>
12         <label>姓名:<input type="text" name="user" autofocus></label>
13     </p>
14 <!-- 建立年性别分析数据 -->
15     <p>性别:</p>
16     <p>
17         <input type="radio" name="sex" value="1" id="M">
18         <label for="M">男性</label>
19         <input type="radio" name="sex" value="0" id="F">
20         <label for="F">女性</label>
21     </p>
22 <!-- 建立软件能力分析数据 -->
23     <p>软件能力分析数据:<br>
24     <p>
25         <input type="checkbox" name="softw" value="html" id="HT">
26         <label for="HT">HTML5</label>
27         <input type="checkbox" name="softw" value="css" id="CS">
28         <label for="CS">CSS3</label>
29     </p>
30 </form>
31 </body>
32 </html>
```

执行结果 下图所示为只要单击关联文字（例如 CSS3），即可选取。

9-5 显示进度 <progress> 元素

这个元素可以用来显示执行进度，它的使用格式如下：

```
<progress value=" 进度值 " max=" 进度的最大值 "> … </progress>
```

❑ value

进度值，此值必须是 0 以上，max 以下的数值。如果没有此值会显示正在进行中，不同浏览器显示方式可能有差异。

❑ max

进度的最大值，也可理解成完成时的数值。

程序实例 ch9_22.html：列出两个进度值，一个是不设进度值 value，另一个是将进度值设为 35，最大进度值是 100。

```
1  <!doctype html>
2  <html>
3  <head>
4     <meta charset="utf-8">
5     <title>ch9_22.html</title>
6  </head>
7  <body>
8  <form action="cgi-bin/get.exe" method="get">
9  <!-- 不设进度 -->
10    <p>未指明进度:<progress max="100"></progress></p>
11 <!-- 设定35% -->
12    <p>执行进度:<progress value="35" max="100"></progress></p>
13 </form>
14 </body>
15 </html>
```

执行结果　下图是本例在 IE 浏览器中的执行结果。

下图是在 Chrome 浏览器中的执行结果。

9-6 显示仪表值 <meter> 元素

这个元素可以显示出某范围的仪表值，也可称仪表值，它的使用格式如下：

```
<meter value=" 仪表值 " max=" 最大值 " min=" 最小值 "> … </meter>
```

❑ value

这个属性为仪表值，必须存在。

❑ max

范围的最大值，若省略则默认值是 1。

❑ min

范围的最小值，若省略则默认值是 0。

❑ high

高标准值，若省略则和 max 值相同。

❑ low

低标准值，若省略则和 min 值相同。

❑ optimum

最佳值，如果不写则是取 max 和 min 的中间值。

程序实例 ch9_23.html：列出 0 至 100 范围内的仪表值 75。

```
1 <!doctype html>
2 <html>
3 <head>
4     <meta charset="utf-8">
5     <title>ch9_23.html</title>
6 </head>
7 <body>
8 <form action="cgi-bin/get.exe" method="get">
9 <!-- 不设定min,high和low -->
10     <p>未指明min,high和low:
11         <meter value="75" max="100"></meter>
12     </p>
13 <!-- 有设定min,high和low -->
14     <p>有设定min,high和low:
15         <meter value="75" max="100" min="0" high="85" low="60"></meter>
16     </p>
17 </form>
18 </body>
19 </html>
```

执行结果 下图是本例在 Chrome 浏览器中的执行结果。

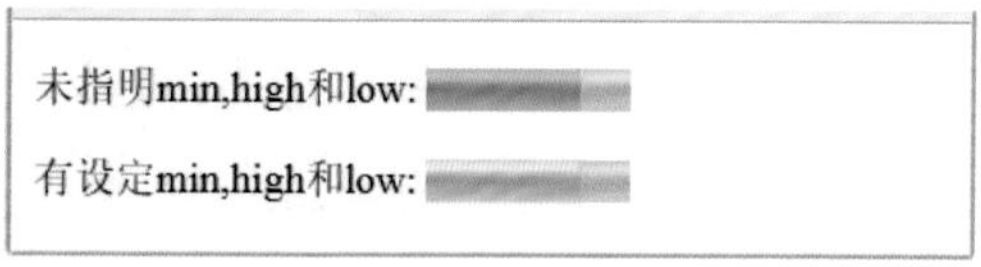

未指明min,high和low:

有设定min,high和low:

<metter> 元素在应用时有时会碰上浏览器不支持的情况，此时可以将仪表值写在 <meter> 元素内，这样不支持的浏览器会直接列出数值。可参考下列实例。

程序实例 ch9_24.html：列出中国美女票选结果，这个程序会用 IE 和 Chrome 浏览器执行，由于 IE 不支持此元素，所以直接列出得票率。

```
1 <!doctype html>
2 <html>
3 <head>
4     <meta charset="utf-8">
5     <title>ch9_24.html</title>
6 </head>
7 <body>
8 <h1>中国美女票选结果</h1>
9 <form action="cgi-bin/get.exe" method="get">
10     <p>西施得票率:
11         <meter value="58" max="100">58%</meter>
12     </p>
13     <p>貂蝉得票率:
14         <meter value="18" max="100">18%</meter>
15     </p>
16     <p>冰冰得票率:
17         <meter value="24" max="100">24%</meter>
18     </p>
19 </form>
20 </body>
21 </html>
```

执行结果 以下分别是本例在 IE 浏览器（左图）和 Chrome 浏览器（右图）中的执行结果。9-7、9-8 节各程序实例的执行结果也是左图为 IE 浏览器，右图为 chrome 浏览器，下面不再赘述。

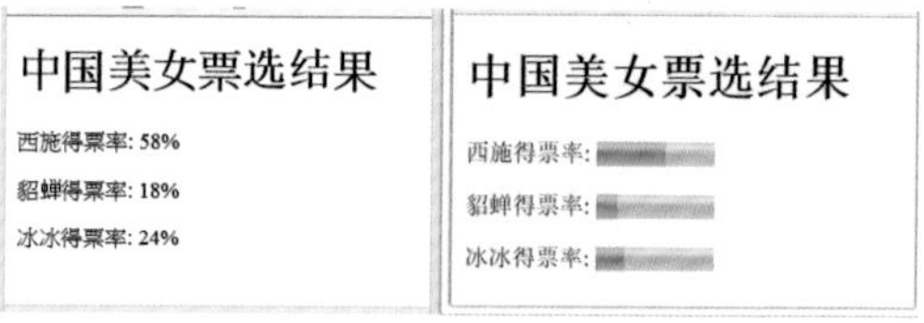

中国美女票选结果

西施得票率: 58%

貂蝉得票率: 18%

冰冰得票率: 24%

中国美女票选结果

西施得票率:

貂蝉得票率:

冰冰得票率:

9-7 下拉式选单与列表框 <select> 和 <option> 元素

这组元素配合不同的属性可以建立下拉式选单与列表框，下面将分别说明。

9-7-1 建立下拉式选单

<select> 元素用于建立下拉式选单的框架，<option> 元素则用于建立下拉式选单的选项。这组元素的使用格式如下：

```
<select name=" 框架名称 ">
    <option value=" 选单 "> … </option>
      …
    <option value=" 选单 "> … </option>
</select>
```

- name

<select> 元素内的 name 属性用于指定下拉式选单框架名称。

- value

选单代表值，该值将被传送到服务器。如果省略 value，则 <option> 元素内容将被传送至服务器端。

- selected

<option> 元素如果有 selected 属性，代表这个选项是默认值了。

- 其他可设定属性

<select> 元素的可设定属性：autofocus、disabled、form、name 和 required。

<option> 元素的可设定属性：disabled 和 label。

程序实例 ch9_25.html：这个程序的第一组下拉式选单，默认选项会列出“博士”，因为在程序第 15 行有 selected 属性；第二组下拉式选单，没有一个选项有 selected 属性，所以依顺序列出默认选项台积电。

```
1  <!doctype html>
2  <html>
3  <head>
4      <meta charset="utf-8">
5      <title>ch9_25.html</title>
6  </head>
7  <body>
8  <h1>DeepStone民意调查中心</h1>
9  <form action="cgi-bin/get.exe" method="get">
10     <p>选举人学历</p>
11     <p>
12     <select name="Edu">
13         <option value="BA">大学</option>
14         <option value="MS">硕士</option>
15         <option value="PhD" selected>博士</option>
16     </select>
17     </p>
18     <p>选择心中最佳企业</p>
19     <p>
20     <select name="Cor">
21         <option value="TSMC">台积电</option>
22         <option value="Alibaba">阿里巴巴</option>
23         <option value="Amazon">亚马逊</option>
24     </select>
25     </p>
26 </form>
27 </body>
28 </html>
```

执行结果

9-7-2　建立列表框

<select> 和 <option> 元素互相搭配可以制作另一种表单，称列表框。下面是组成列表框的 <select> 元素的属性设定：

- size

列表框的行数。

- multiple

若设定这个属性则选项可以复选。若省略 size 而设定这个属性则 size 默认是 4 行。

程序实例 ch9_26.html：重新设计程序实例 ch9_25.html，其中选举人学历增为 5 个选项，然后以 3 个选项行数显示列表框，仍然只能选择一个，但是将默认选项改为“大学”。至于心中理想企业则可以复选，由于省略了 size 属性，所以以 4 个选项行数显示列表框，使用鼠标单击理想企业时，只要同时按 Ctrl 键即可复选。

```
1  <!doctype html>
2  <html>
3  <head>
4      <meta charset="utf-8">
5      <title>ch9_26.html</title>
6  </head>
7  <body>
8  <h1>DeepStone民意调查中心</h1>
9  <form action="cgi-bin/get.exe" method="get">
10     <h2>选举人学历</h2>
11     <p>
12     <select name="Edu" size=3>
13         <option value="HS">高中</option>
14         <option value="DP">专科</option>
15         <option value="BA" selected>大学</option>
16         <option value="MS">硕士</option>
17         <option value="PhD">博士</option>
18     </select>
19     </p>
20     <h2>选择心中理想企业</h2>
21     <p>可以复选</p>
22     <p>
23     <select name="Cor" Multiple>
24         <option value="TSMC">台积电</option>
25         <option value="Alibaba">阿里巴巴</option>
26         <option value="Amazon">亚马逊</option>
27         <option value="Intel">英特尔</option>
28         <option value="Microsoft">微软</option>
29     </select>
30     </p>
31 </form>
32 </body>
33 </html>
```

执行结果

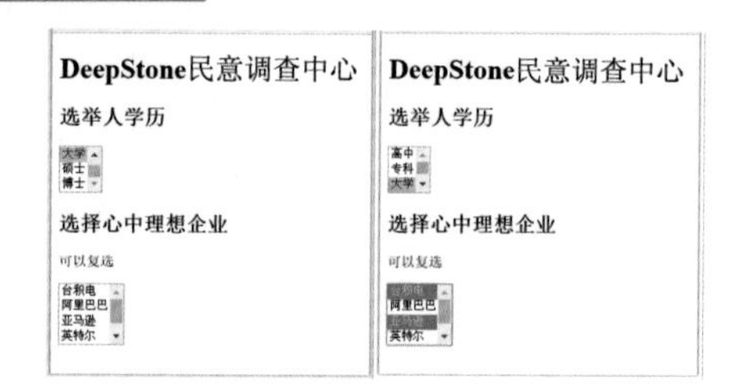

9-7-3 选项组化 <optgroup> 元素

如果所建的选单项目有很多时，依特性分类以层级方式显示时有助于使用者可以比较容易找到选单项目。<optgroup> 元素可以将 <select> 和 <option> 元素所建的下拉式选单内容群组化，以层级方式显示，它的使用格式如下：

```
<optgroup label=" 组名 ">
    <option label=" 选项名称 "> … </option>
    …
    <option label=" 选项名称 "> … </option>
</optgroup>
```

- <optgroup> 元素的 label

这是群组选项的名称，不可省略。

- <option> 元素的 label

这是个别的选项名称，如果浏览器能支持，它会比 <option> 元素内容更优先显示，如果省略则以 <option> 元素内容显示。

- value

单击时将传送到服务器端的值，如果省略则 <option> 元素内容被传送。

- 其他可设定属性

<optgroup> 元素中其他可设定的属性有 disabled。

程序实例 ch9_27.html：本例是群组化下拉式选单的应用，在选单中有两个群组，分别是“亚洲”和“欧洲”。

```
1  <!doctype html>
2  <html>
3  <head>
4      <meta charset="utf-8">
5      <title>ch9_27.html</title>
6  </head>
7  <body>
8  <h1>DeepStone民意调查中心</h1>
9  <form action="cgi-bin/get.exe" method="get">
10     <h2>选择未来3年最想去的旅游城市</h2>
11     <p>
12     <select name="Country">
13         <optgroup label="亚洲">
14             <option label="东京" value="TK">东京</option>
15             <option label="北京" value="BJ">北京</option>
16             <option label="香港" value="HK">香港</option>
17         </option>
18         <optgroup label="欧洲">
19             <option label="伦敦" value="LN">伦敦</option>
20             <option label="巴黎" value="PA">巴黎</option>
21             <option label="维也纳" value="VN">维也纳</option>
22         </option>
23     </select>
24     </p>
25 </form>
26 </body>
27 </html>
```

执行结果

程序实例 ch9_28.html：重新设计程序实例 ch9_27.html，与上个程序有下列几项差异。

（1）这是复选，程序的第 13 行，<select> 元素内增加了 Multiple 属性。

（2）程序第 15 行，<option> 元素内容笔者故意省略字符串“东京”，但它依旧可以正常显示，这是为证明 <option> 元素内容碰上浏览器不支持时显示备用的。

（3）程序第 16 行，<option> 元素内笔者故意省略 label 标记内容“北京”，但它依旧可以正常显示，这是为证明省略 <option> 元素的 label 内容时，可以用元素内容取代。

（4）程序第 17 行，笔者故意将 <option> 元素内容写“香港岛”，但是选单显示的仍是“香港”，这是为证明 label 属性内容相较于元素内容会优先显示。

（5）程序第 20 行，笔者在 <option> 元素内加上 selected 属性，所以程序一执行，默认选项“伦敦”即被选取。

```
1  <!doctype html>
2  <html>
3  <head>
4      <meta charset="utf-8">
5      <title>ch9_28.html</title>
6  </head>
7  <body>
8  <h1>DeepStone民意调查中心</h1>
9  <form action="cgi-bin/get.exe" method="get">
10     <h2>选择未来3年最想去的旅游城市</h2>
11     <p>可以复选</p>
12     <p>
13     <select name="Country" Multiple>
14         <optgroup label="亚洲">
15             <option label="东京" value="TK"></option>
16             <option value="BJ">北京</option>
17             <option label="香港" value="HK">香港岛</option>
18         </option>
19         <optgroup label="欧洲">
20             <option label="伦敦" value="LN" selected>伦敦</option>
21             <option label="巴黎" value="PA">巴黎</option>
22             <option label="维也纳" value="VN">维也纳</option>
23         </option>
24     </select>
25     </p>
26 </form>
27 </body>
28 </html>
```

执行结果　下列分别是本例在 IE 浏览器（左图）和 Chrome 浏览器（右图）中的执行结果。

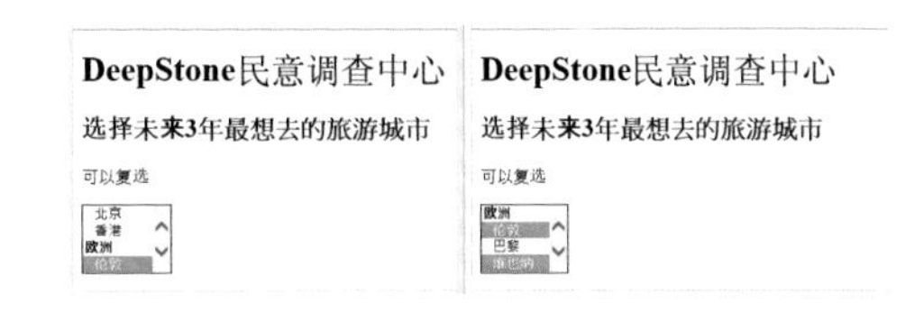
DeepStone民意调查中心
选择未来3年最想去的旅游城市
可以复选
DeepStone民意调查中心
选择未来3年最想去的旅游城市
可以复选

9-8　制作文字框的候补选项 <datalist> 和 <option> 元素

有时在使用 <input> 元素建立的输入文字框（9-2-3 节）或搜索框（9-2-5 节）内，允许用户自行输入要传送的数据，也允许建立一些候补选项，供输入时做选择。在建立候补选项时，可以利用

<datalist> 和 <option> 元素建立候补选项数据。这组元素的使用格式如下：

```
<datalist id=" 值 ">
    <option 属性 > … </option>
    …
    <option 属性 > … </option>
</datalist>
```

❑ id

<datalist> 元素 id 属性值的内容应该与使用 <input> 元素建立输入框组件的 list 属性值内容相同，如此才可将 <datalist> 元素和 <input> 元素进行关联。

程序实例 ch9_29.html：本例是一个输入资料的应用，可以用直接输入方式，也可以单击输入框，之后单击候补选项再输入。

```
1 <!doctype html>
2 <html>
3 <head>
4    <meta charset="utf-8">
5    <title>ch9_29.html</title>
6 </head>
7 <body>
8 <form action="cgi-bin/get.exe" method="get">
9    <h2>请输入会员数据</h2>
10   <p>姓名:<input type="text" name="user" list="member"></p>
11   <p><input type="submit" value="确认">
12   <input type="reset" value="取消"></p>
13   <datalist id="member">
14      <option value="外国参访"></option>
15      <option value="临时会员"></option>
```

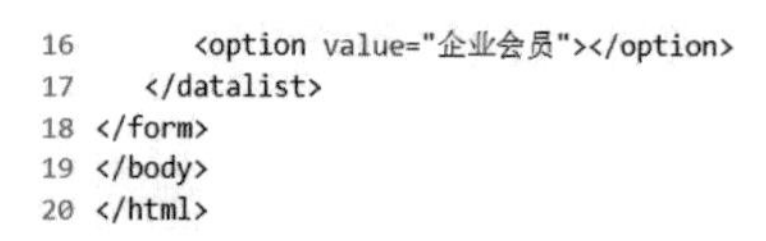

```
16      <option value="企业会员"></option>
17   </datalist>
18 </form>
19 </body>
20 </html>
```

执行结果

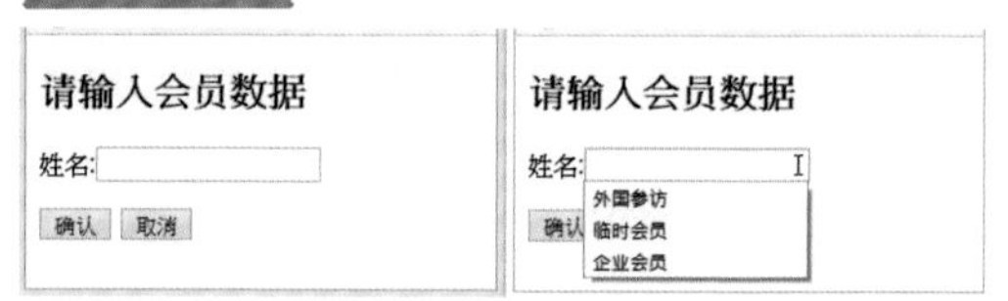

9-9 表单组件群组化 <fieldset> 和 <legend> 元素

一个表单难免会有许多组件，为了表单整理方便，HTML 提供功能可以将表单的各组件组织起来，这个群组化的表单将有外框。<fieldset> 元素主要是将所有的表单组件组织起来，在 <fieldset> 元素内的开头需加 <legend> 元素，这个元素用来设定这个群组化表单的标题。下列是这两个元素的使用格式。

```
<fieldset>
    <legend> 表单标题 </legend>
    …
</fieldset>
```

❑ 其他可设定属性

<fieldset> 元素中其他可设定的属性有 disabled、form 和 name。

程序实例 ch9_30.html：建立数据调查表的应用。

```
1 <!doctype html>
2 <html>
3 <head>
4     <meta charset="utf-8">
5     <title>ch9_30.html</title>
6 </head>
7 <body>
8 <form action="cgi-bin/formsample.php" method="post">
9 <fieldset>
10     <legend>JobExam客户资料调查表</legend>
11     <p>
12         <label>姓名:<input type="text" name="user" required></label>
13         <label>出生日期:<input type="month" name="mon"></label>
14     </p>
15     <p>
16         <label>性别:</label>
17         <input type="radio" name="sex" value="1" id="M">
18         <label for="M">男性</label>
19         <input type="radio" name="sex" value="0" id="F">
20         <label for="F">女性</label>
21     </p>
22     <p><label>电话:<input type="tel" name="phone"></label></p>
23     <p><label>电子邮件:<input type="email" name="mail"></label></p>
24     <p>
25         <input type="submit" value="确认">  
26         <input type="reset" value="取消">
27     </p>
28 </fieldset>
29 </form>
30 </body>
31 </html>
```

执行结果

JobExam客户资料调查表

姓名: 出生日期:

性别: ○ 男性 ○ 女性

电话:

电子邮件:

确认 取消

9-10 加密密钥 <keygen> 元素

<keygen> 元素可以在传送表单时产生一对加密密钥，公的密钥会送到服务器，私的密钥则保存在浏览器。这个元素的使用格式如下：

<keygen keytype=" 加密方法 " 其他属性 >

- keytype

加密的方法，目前有 rsa、dsa 和 ec 等 3 种方法，若省略则是使用 rsa。

- challenge

指出与密钥一起传送的数据将被认证。

- 其他可设定属性

其他可设定的属性有 autofocus、disabled、form 和 name。

程序实例 ch9_31.html：加密密钥的应用。

```
1 <!doctype html>
2 <html>
3 <head>
4     <meta charset="utf-8">
5     <title>ch9_31.html</title>
6 </head>
7 <body>
8 <form action="cgi-bin/formsample.php" method="post">
9     <p>
10         姓名:<input type="text" name="user">
11         密钥:<keygen name="security">
12         <input type="submit">
13     </p>
14 </form>
15 </body>
16 </html>
```

执行结果

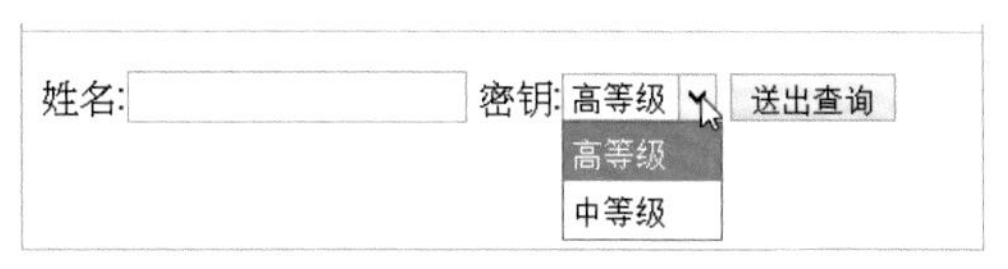

习题

1. 建立下列表单

   标题：大学生知识技能调查表

   组件 1（text）：姓名

   组件 2（radio）：性别

   组件 3（date）：出生日期

   组件 4（email）：电子邮件

   组件 5（month）：毕业年月

   组件 6（text）：毕业学校

   组件 7（text）：毕业科系

   组件 8（checkbox）：外文能力，选项 5 种，语言自定，可以复选

   组件 9（checkbox）：证照列表，选项 5 种，科目自定，可以复选

   组件 10：请参考 9-9 节将以上表单组件数据群组化。

2. 请参考上一题，取消表单组件群组化，但是请利用第 6 章所介绍的表格将上述数据以表格方式表达。

3. 请为便利商店建立一份顾客调查表网页，内容请自行发挥创意。

4. 请为班级建立一份旅游调查表网页，内容请自行发挥创意。

5. 假设你想举办全校歌咏比赛，请建立一份报名表，内容请自行发挥创意。

第 10 章

HTML 功能总结

本章摘要

前 9 章笔者已经介绍了 HTML 大部分的元素与设计网页的基本知识了，相信读者也应该对用 HTML 设计网页有基本概念了。其实还有一些元素与相关知识尚未介绍，主要原因是这些元素与知识如果要有完美的应用，需读者有 CSS 或 JavaScript 知识，如果冒然在前面章节穿插 CSS 或 JavaScript 知识会让学习 HTML 网页设计变得复杂与困难。

10-1 全局属性

所谓全局属性是指所有元素皆可以使用的属性。在先前章节，笔者已经以实例说明过 id 属性的用法了，下面是全局属性的说明。

- accesskey

设定按键组合，执行时将焦点指到这个窗体对象。在 IE、Chrome、Safari 和 Opera 中使用时按 Alt+accesskey 键，例如，所设定的字母是 e，则使用时按 Alt+e。

程序实例 ch10_1.html：重新设计 ch9_4.html，使得按 Alt+e 键可以让焦点位于“取消”按钮。下面只列出修改的第 13 行，即为“取消”按钮设定 accesskey 为 e 键。

```
13    <input type="reset" value="取消" accesskey="e"></p>
```

执行结果 焦点原先在账号字段，按 Alt+e 键后焦点切换到“取消”按钮，如下图所示。

- class

设定元素的类别，在本书第二篇会有许多这方面的应用。

- contenteditable

设定元素内容可否被编辑，它的值可以是“true”或“false”。

程序实例 ch10_2.html：列出使用者可以修改的网页内容。

```
1 <!doctype html>
2 <html>
3 <head>
4    <meta charset="utf-8">
5    <title>ch10_2.html</title>
6 </head>
7 <body>
8 <p contenteditable="true">深石数字</p>
9 <p contenteditable="true">洪锦魁</p>
10 </body>
11 </html>
```

执行结果 下列左图是本例的执行结果，右图是笔者修改内容后的结果。

- contextmenu

可设定使用鼠标右键单击元素时出现快捷菜单，目前只有 FireFox 浏览器支持。

- data-*

提供可以自行定义资料的场合，常被用在 JavaScript 设计中，以创造更好的用户体验。在使用上“*”指代的内容必须是小写字母，可以是任何长度。下列是自行定义数据的使用实例。

```
<ul>
   <li data-continent-loc="Europe">French</li>
   <li data-continent-loc="Asia">China</li>
```

```
    <li data-continent-loc="Africa">Egypt</i>
</ul>
```

❑ dir

设定文字方向，它的值可以是“ltr”（左到右）或是“rtl”（右到左），默认是从左到右。

程序实例 ch10_3.html：测试文字方向。

```
1 <!doctype html>
2 <html>
3 <head>
4    <meta charset="utf-8">
5    <title>ch10_3.html</title>
6 </head>
7 <body>
8 <p>文字从左到右</p>
9 <p dir="rtl">文字从右到左!</p>
10 </body>
11 </html>
```

执行结果

文字从左到右

!文字从右到左

❑ draggable

可设定这个元素可否被拖曳移动，有 3 个选项（有关这方面应用需有 JavaScript 的知识）：

true：可以；false：不可以；auto：由浏览器决定。

❑ hidden

有些元素内容可能需要移除或是暂时不需要显示，皆可以使用这个属性设定。它是一个 Boolean 属性（也就是以 true 或 false 方式呈现），若元素含这个属性，则这个元素会被隐藏。网页设计中，也可以使用 JavaScript 更改元素的 hidden 属性设定。

程序实例 ch10_4.html：hidden 属性的应用。

```
1 <!doctype html>
2 <html>
3 <head>
4    <meta charset="utf-8">
5    <title>ch10_4.html</title>
6 </head>
7 <body>
8 <p>深石数字深入学习</p>
9 <p hidden>DeepStone</p>
10 <p>Deep Learning</p>
11 </body>
12 </html>
```

执行结果 这个程序执行时第 9 行的文本“DeepStone”将被隐藏。

深石数字深入学习

Deep Learning

❑ id

这个属性已经有许多实例说明了，这是元素的 id，是唯一的。

❑ lang

设定元素的语系，可参考 2-2-3 节或程序实例 ch10_5.html。

❑ spellcheck

可设定是否对元素内容进行拼字或语法检查，使用时它的值可以是“true”或“false”，应用时可以对下列 3 种元素进行拼字或语法检查。

<input> 元素的文本内容；

<textarea> 元素的内容；

可编辑的元素内容区。

备注：使用时需将语系设为英文 lang="en"。

程序实例 ch10_5.html：输入英文并按 Enter 键后，会进行拼字和语法检查。

```
1 <!doctype html>
2 <html>
3 <head>
4     <meta charset="utf-8">
5     <title>ch10_5.html</title>
6 </head>
7 <body>
8 <form action="cgi-bin/formsample.php" method="post">
9     <textarea lang="en" spellcheck="true" rows="5" cols="30">
10    可输入英文，这个文字框可以进行拼字与语法检查
11    </textarea>
12 </form>
13 </body>
14 </html>
```

执行结果 下方左图是本例执行时的画面，右图是输入英文错字的画面，均以 Chrome 执行。如果以 IE 执行，中文字部分也会被视为拼字错误。

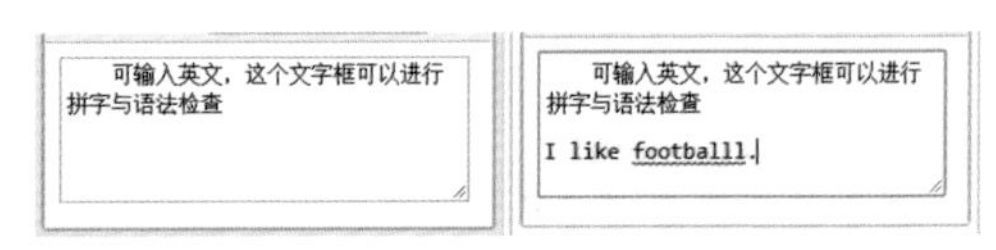

- style

这个属性可套用到元素的 CSS 样式表单，这也是本书下一篇的主题。

- tabindex

这个属性可以设定按 Tab 键时，焦点的移动顺序。

程序实例 ch10_6.html：控制窗体对象的焦点顺序，本程序执行时焦点在“取消”按钮，然后按 Tab 键可以将焦点依次序转移至“账号”“密码”字段及“确认”钮。

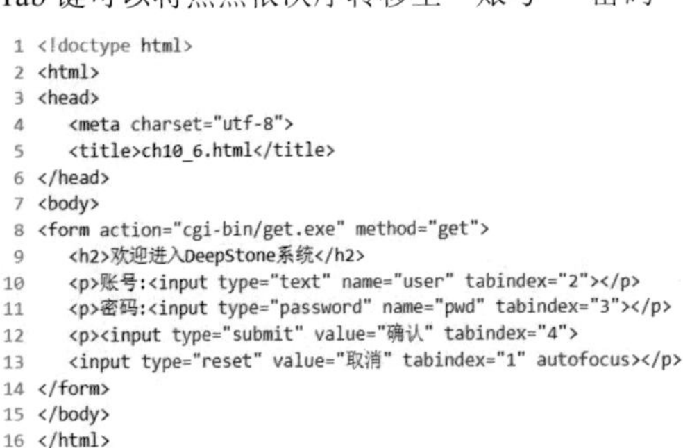

```
1 <!doctype html>
2 <html>
3 <head>
4     <meta charset="utf-8">
5     <title>ch10_6.html</title>
6 </head>
7 <body>
8 <form action="cgi-bin/get.exe" method="get">
9     <h2>欢迎进入DeepStone系统</h2>
10    <p>账号:<input type="text" name="user" tabindex="2"></p>
11    <p>密码:<input type="password" name="pwd" tabindex="3"></p>
12    <p><input type="submit" value="确认" tabindex="4">
13    <input type="reset" value="取消" tabindex="1" autofocus></p>
14 </form>
15 </body>
16 </html>
```

执行结果

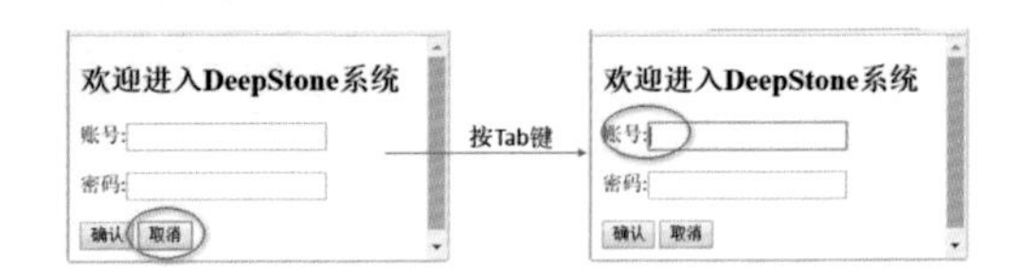

- title

这个属性用于定义元素的额外信息，如果将鼠标指针移至元素，将列出此元素的 title 信息。

程序实例 ch10_7.html：如果将指针移至 <textarea> 元素所建的文字框，将列出 title 信息。此例的信息在程序第 10 行设定。

```
1 <!doctype html>
2 <html>
3 <head>
4     <meta charset="utf-8">
5     <title>ch10_7.html</title>
6 </head>
7 <body>
8 <form action="cgi-bin/formsample.php" method="post">
9     <textarea lang="en" spellcheck="true" rows="5" cols="30"
10    title="可输入英文，这个文字框可以进行拼字与语法检查">
11    </textarea>
12 </form>
13 </body>
14 </html>
```

执行结果

下图是用 Chrome 测试的结果。

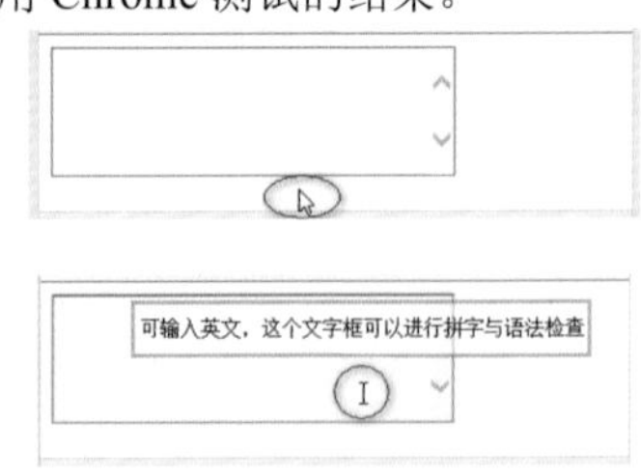

- translate

  这个属性可设定是否翻译此文，不过目前主流的浏览器皆未支持此属性。

10-2 事件属性

当用户浏览网页时会触发的一系列动作，HTML 提供了这些触发的事件名称，网页设计师可以针对此事件使用 JavaScript 设计一段脚本（Script）。HTML 的元素 <script> 和 <noscript> 就是供设定事件属性使用。下列是事件属性的类别。

- 窗口事件（Window Event Attributes）

  此类事件属性主要用在 <body> 元素，以下是 Window 事件属性名称。

  onafterprint：文件打印后所触发的事件。

  onbeforeprint：文件打印前所触发的事件。

  onbeforeunload：文件卸载前所触发的事件。

  onerror：错误发生时所触发的事件。

  onhaschange：文件改变时所触发的事件。

  onload：网页下载结束所触发的事件。

  onmessage：信息被触发时的事件。

  onoffline：文件脱机时所触发的事件。

  ononline：文件联机时所触发的事件。

  onpagehide：当网页被隐藏时所触发的事件。

  onpageshow：当网页可见时所触发的事件。

  onpopstate：当窗口历史记录改变时所触发的事件。

  onresize：当浏览器窗口大小被更改时所触发的事件。

  onstorage：当 Web Storage 区域更新后所触发的事件。

  onunload：浏览窗口关闭所触发的事件。

- 窗体事件（Form Events Attributes）

  此类事件属性几乎所有的 HTML 元素皆会使用，但是较常在 <form> 元素内看到。

  onblur：元素失去焦点时所触发的事件。

  onchange：元素值被更改时所触发的事件。

  oncontextmenu：当下拉菜单命令被选择时所触发的事件。

  onfocus：当元素获得焦点时所触发的事件

  oninput：当元素获得输入时所触发的事件。

  oninvalid：当元素无效时所触发的事件。

  onreset：当单击 reset 按钮时所触发的事件。

  onselect：当元素本文被选取时所触发的事件。

  onsubmit：当单击 submit 按钮后送出窗体时所触发的事件。

- 键盘事件（Keyboard Events Attributes）

onkeydown：用户按键盘键时所触发的事件。

onkeypress：用户单击所建的按钮时所触发的事件。

onkeyup：用户释放键盘按钮时所触发的事件。

- 鼠标事件（Mouse Events Attributes）

此类事件属性主要是由鼠标触动元素引发的一系列事件。

onclick：鼠标单击某元素时所触发的事件。

ondblclick：鼠标双击某元素时所触发的事件。

onmousedown：元素被鼠标按下时所触发的事件。

onmousemove：鼠标指针经过元素时所触发的事件。

onmouseout：鼠标指针离开元素时所触发的事件。

onmouseover：鼠标指针经过元素时所触发的事件。

onmouseup：在某元素处放开鼠标按键时所触发的事件。

onmousewheel：HTML5 不建议使用，请改用 onwheel。

onwheel：在元素上滚动鼠标滚轮时所触发的事件。

- 拖曳事件（Drag Events Attributes）

此类事件是由鼠标拖曳触动元素引发的一系列事件。

ondrag：鼠标拖曳元素时所触发的事件。

ondragend：鼠标拖曳元素操作结束时，所触发的事件。

ondragenter：元素被鼠标拖曳到有效区域时所触发的事件。

ondragleave 元素被鼠标拖曳离开有效区域时所触发的事件。

ondragover：元素在有效目标区域被拖曳时所触发的事件。

ondragstart：在拖曳元素开始时所触发的事件。

ondrop：元素在拖曳结束，被放开时所触发的事件。

onscroll：当元素的滚动条被卷动时所触发的事件。

- 剪贴簿事件 (Clipboard Events Attributes)

oncopy：用户复制元素内容时所触发的事件。

oncut：用户剪切元素内容时所触发的事件。

onpaste：用户贴上元素内容时所触发的事件。

- 媒体事件（Media Events Attributes）

媒体事件属性常用在 <audio>、<embed>、<object> 和 <video> 元素中。

onabort：媒体文件下载中断时所触发的事件。

oncanplay：当文件可以播放时所触发的事件。

oncanplaythrough：当媒体文件可以不考虑缓冲，可持续播放到结束时所触发的事件。

oncuechange：在 <track> 元素中时间节点（cue）改变时所触发的事件。

ondurationchange：当媒体文件长度改变时所触发的事件。

onemptied：当发生故障媒体文件无法执行时所触发的事件。

onended：当媒体播放已经到达结束时所触发的事件，可发送类似“感谢观赏”的信息。

onerror：在媒体下载阶段发生错误时所触发的事件。

onloadeddata：当媒体已下载时所触发的事件。

onloadstart：当媒体要开始下载但是尚未下载前所触发的事件。

onpause：当用户暂停播放媒体时所触发的事件。

onplay：当已经准备好可以播放媒体时所触发的事件。

onplaying：当已经开始播放媒体时所触发的事件。

onprogress：当浏览器正在获取媒体数据时所触发的事件。

onratechange：当播放速度改变时，例如快放或慢放时所触发的事件。

onseeking：当开始设定播放位置时所触发的事件。

onseeked：当播放位置定位结束且 seeking 属性设为 false 时所触发的事件。

onstalled：当仍在定位播放位置 seeking 属性设为 true 时所触发的事件。

onsuspend：浏览器下载媒体数据中断时所触发的事件。

ontimeupdate：当播放位置改变时所触发的事件。

onvolumechange：当媒体播放音量改变时所触发的事件。

onwaiting：当媒体暂停播放因为要让缓冲存储器取得更多媒体数据，将来仍继续播放时所触发的事件。

- 其他事件（Misc Events Attributes）

onshow：当 <menu> 元素所建的菜单被显示时所触发的事件。

ontoggle：当用户打开或关闭 <details> 元素所建的对象时所触发的事件。

10-3 认识 <script> 元素与一个超简单的 JavaScript 应用

前一节介绍了事件属性，一直卡在需要 JavaScript，无法用实例做解说。笔者将在本书第三篇，介绍使用 JavaScript，同时讲解更多与网页设计有关的应用，在此决定以一个超简单的 JavaScript 做实例解说。

Script 的中文字义是脚本，HTML 有一个属性 <script>，供网页设计师设计脚本，所以 JavaScript 程序代码就是放在 <script> 元素内。它的使用格式如下：

```
<script 属性>
   script 语言 (Javascript)
</script>
```

<script> 元素的属性内容如下：

- type

设定 script 语言的 MIME 类型，默认是“text/javascript”，所以在以 JavaScript 设计网页时可以省略。

- src

  如果是由外部汇入 Script 文件时，就需配置文件的 URL。

- charset

  如果是由外部汇入 Script 文件时，就需设定此 Script 文件的文字编码。

程序实例 ch10_8.html：设定当浏览器加载网页时出现一个警告窗口，内容是“Hi! JavaScript”。

```
1  <!doctype html>
2  <html>
3  <head>
4     <meta charset="utf-8">
5     <title>ch10_8.html</title>
6     <script>
7     function load()
8     {
9        window.alert("Hi! JavaScript")
10    }
11    </script>
12 </head>
13 <body onload="load()">
14 <p>Hello!</p>
15 </body>
16 </html>
```

执行结果 以 IE 执行时会需要先单击“允许被封锁的内容”按钮。

然后浏览器窗口会看到上方右图所示文字，屏幕中央会出现下图所示的警告窗口。

本例中，当网页加载时会触发 onload 事件，程序 13 行设定执行 load() 函数，这是一个 JavaScript 程序，位于第 7 行至第 10 行，在 <head> 元素的子元素 <script> 内。load() 函数执行时调用 window.alert() 函数。window.alert() 这个函数用于显示警告窗口，同时输出第 9 行设定的文字，只要单击确定按钮，窗口就会关闭。

有时设计网页时可能不知道客户端的浏览器是否支持 <script> 元素，此时可以使用 <noscript> 元素，这个元素的功能是，当浏览器不支持 <script> 元素时，可以执行另一个动作。

程序实例 ch10_9.html：重新设计前一程序，当浏览器不支持 <script> 元素时，列出客户端浏览器不支持 script 的信息。

```
1  <!doctype html>
2  <html>
3  <head>
4     <meta charset="utf-8">
5     <title>ch10_9.html</title>
6     <script>
7     function load()
8     {
9        alert("Hi! JavaScript")
10    }
11    </script>
12 </head>
13 <body onload="load()">
14 <noscript>
15    <p>浏览器不支持script</p>
16 </noscript>
17 <p>Hello!</p>
18 </body>
19 </html>
```

执行结果 由于笔者计算机支持 <script>，所以执行结果与前一程序相同。

10-4 设定一般区块 <div> 元素

这个元素虽然在语意上并不具有特别的意义，但是却在网页编排时常常会使用，用于将一些元素群组化。此外，这个元素在使用时，常需搭配 class 和 id 属性并套用在 CSS 样式表内。本节笔者先介绍此元素的基本用法，将来还会有更多更完整的应用。

程序实例 ch10_10.html：简单 <div> 元素的应用，这个程序主要是利用 <div> 元素将 Big Data Series 和 Web Design Series 分别群组化。

```
1  <!doctype html>
2  <html>
3  <head>
4     <meta charset="utf-8">
5     <title>ch10_10.html</title>
6  </head>
7  <body>
8  <h1>Silicon Stone Education</h1>
9  <div>
10    <h3>Big Data Series</h3>
11    <ol>
12       <li>Big Data Knowledge Today</li>
13       <li>R Language Today</li>
14    </ol>
15 </div>
16 <div>
17    <h3>Web Design Series</h3>
18    <ol>
19       <li>HTML5</li>
20       <li>CSS3</li>
21    </ol>
22 </div>
23 </ol>
24 </body>
25 </html>
```

执行结果

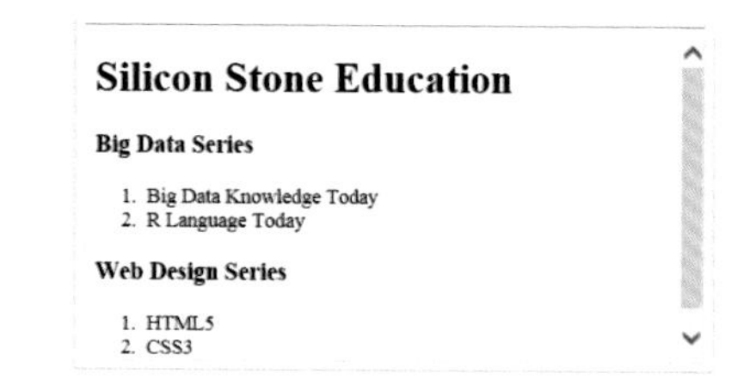

10-5 设定一般范围 <span> 元素

这个元素与 <div> 元素一样在语意上并不具有特别的意义，但是却在网页编排时常常会使用，用于将一些段落内的内容与其他内容区隔，但是如果未使用 CSS 做进一步处理，外表看不出有何差异。此外，这个元素在使用时，常需搭配 class 和 id 属性并套用在 CSS 样式表内。这是一个行内层级（inline level）的元素，本节笔者先介绍此元素的基本用法，下一节还会有更完整的应用说明。

程序实例 ch10_11.html：<span> 元素的基本应用。本程序基本是修改了 ch3_7.html，增加了 <span> 元素，程序执行结果与 ch3_7.html 相同。

```
1  <!doctype html>
2  <html>
3  <head>
4     <meta charset="utf-8">
5     <title>ch10_11.html</title>
6  </head>
7  <body>
8  <h1>月下独酌</h1>
9  <p>花间一壶酒，独酌无双亲；<span>举杯邀明月</span>，对影成三人。</p>
10 <hr>
11 <h1>静夜思</h1>
12 <p>床前明月光，疑是地上霜。<span>举头望明月</span>，低头思故乡。</p>
13 </body>
14 </html>
```

10-6 区块层级与行内层级

所谓的区块层级（Block Level）是指此区块的数据在浏览页面时，会由新的一行开始放置。例如，下列左图是原网页版面只有区块 1 的画面，当放置区块层级的内容区块 2 时，它们彼此位置可参考下方右图。

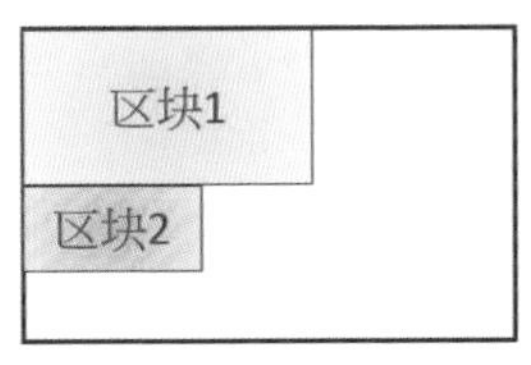

我们所学的 <div>、<hn>、<p> 和 <pre> 元素皆属于区块层级元素，这些元素所产生的区块又称 Block Box。

程序实例 ch10_12.html：更进一步认识区块层级。读者可以看到由于各区块皆占据整行空间，所以要用新的一行放置新的区块。

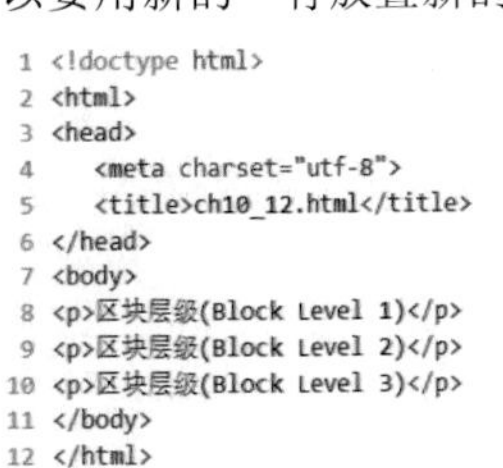

```
1 <!doctype html>
2 <html>
3 <head>
4     <meta charset="utf-8">
5     <title>ch10_12.html</title>
6 </head>
7 <body>
8 <p>区块层级(Block Level 1)</p>
9 <p>区块层级(Block Level 2)</p>
10 <p>区块层级(Block Level 3)</p>
11 </body>
12 </html>
```

执行结果

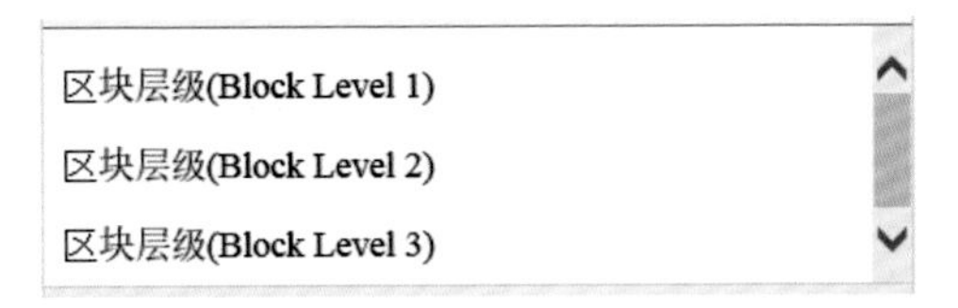

所谓的行内层级（inline Level）是指此区块的数据在浏览页面中不会由新的一行开始放置。例如，下列左图是原网页版面只有区块 1 的画面，当放置行内层级的内容区块 2 时，它们彼此的位置可参考下方右图。

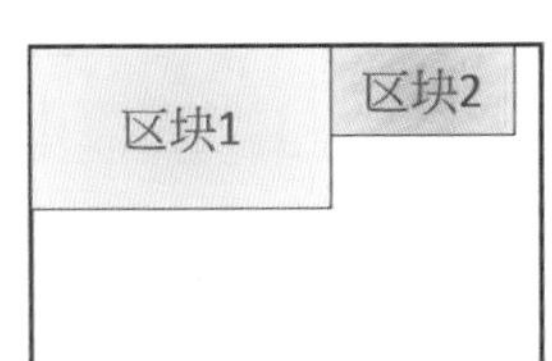

我们所学的 <a>、<img> 和 <span> 元素皆属于行内层级元素，而这些元素所产生的区块又称 Inline Box。

程序实例 ch10_13.html：更进一步认识行内层级，读者可以看到各区块逐一往右排列。

```
1 <!doctype html>
2 <html>
3 <head>
4     <meta charset="utf-8">
5     <title>ch10_13.html</title>
6 </head>
7 <body>
8 <span>行内层级(inline Level 1)</span>
9 <span>行内层级(inline Level 2)</span>
10 <span>行内层级(inline Level 3)</span>
11 </body>
12 </html>
```

执行结果

行内层级(inline Level 1) 行内层级(inline Level 2) 行内层级(inline Level 3)

10-7 网页布局

本章是介绍 HTML 的最后一章，各位读者应该对使用 HTML 设计网页有相当的认识了。本节的主题是网页布局，下图是一个很典型的网页布局。

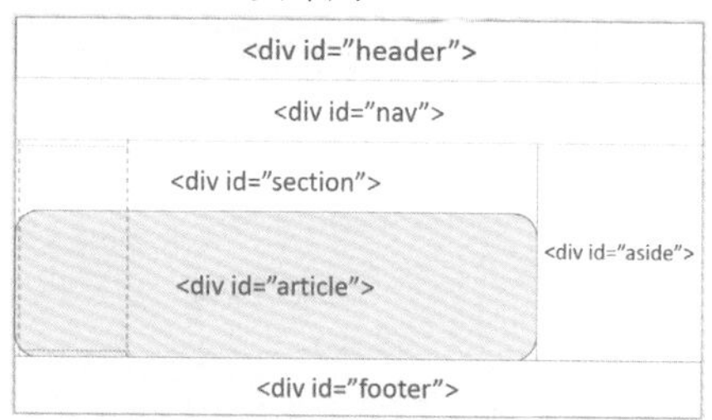

过去要设计这类的网页，基本语法如下：

```
<body>
   <div id="header"> ... </div>
   <div id="nav"> ... </div>
   <div id="section"> ... </div>
   <div id="article"> ... </div>
   <div id="aside"> ... </div>
   <div id="footer"> ... </div>
</body>
```

上述 id 属性的标记可由网页设计师自行命名，如果用与架构无关的命名方式，它最大的缺点是一个网页存在太多的 id，每个网页设计师可能对个网页区块的 id 命名有不同的喜好，促使其他人阅读有困难。另外，当网页区块一多时，可能设计师本身也会忘记。此外，网络搜索引擎在搜寻判断关键词时，也会增加判别的困扰。

HTML5 的发表一个重要里程碑是，赋予每个网页区块语意名称的元素，只要依照语意设计网页，将来不仅自己可以很快记起当初如何规划设计网页，他人也可以很容易地阅读此网页的设计模式。当然，网络搜索引擎也容易判读关键词。如果使用 HTML5 规划设计，整个程序代码结构将如下所示：

```
<body>
   <header> ... </header>
   <nav> ... </nav>
   <section> ... </section>
   <article> ... </article>
   <aside> ... </aside>
   <footer> ... </footer>
</body>
```

上述结构相当于为每一个网页区块皆赋予一个语意上的名称，每个名称均有适合的元素，整个网页布局图形架构将如下所示：

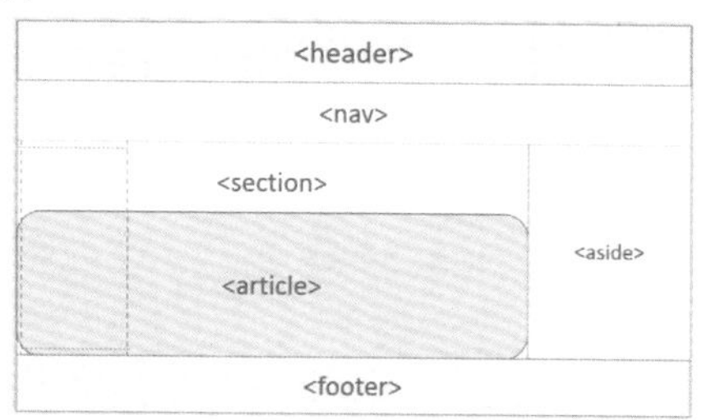

在本书第 3 章笔者已经概略地解说 <header>、<section> 和 <footer> 元素使用的语意了，本节将针对其他语意做完整解说。

10-7-1 <header> 元素与群组化标题

设计网页时，有时会有多个标题在同一区块。标题数据在 HTML 内隐藏着章节的概念，如果发现多个标题同时出现，但是彼此并没有形成章节关系时，可以将这些标题群组化。标题经群组化后，只有最高层级的标题才会显示为章节标题的一部分，也就是被视为大纲层级的标题，其他标题则会被忽略。群组化使用的元素是 <hgroup>，使用格式如下：

```
<hgroup> … </hgroup>
```

常发生的应用在页首区（header），往往同时有多个标题，例如大标题、中标题或小标题，我们可以将这些标题群组化。

程序实例 ch10_14.html：将标题群组化。

```
1 <!doctype html>
2 <html>
3 <head>
4     <meta charset="utf-8">
5     <title>ch10_14.html</title>
6 </head>
7 <body>
8 <header>
9     <hgroup>
10        <h1>深石数字科技</h1>
11        <h3>深度学习滴水穿石</h3>
12    </hgroup>
13 </header>
14 </body>
15 </html>
```

执行结果

深石数字科技

深度学习滴水穿石

10-7-2 <nav> 元素应用实例

这个元素的主要功能是建立网站导航超链接区块，用以导览到其他网页或是网页的其他区域。导航超链接区块一般放到网页上方、标题栏下方，有时候也可以放在左或右边栏。若是有页尾（footer）的导航栏，例如公司客服、版权声明、返回首页等的超链接区块则放在 footer 区块较为适合。

程序实例 ch10_15.html：网站导览超链接的实例。

```
1 <!doctype html>
2 <html>
3 <head>
4     <meta charset="utf-8">
5     <title>ch10_15.html</title>
6 </head>
7 <body>
8 <header>
9     <hgroup>
10        <h1>深石数字科技</h1>
11        <h3>深度学习滴水穿石</h3>
12    </hgroup>
13 </header>
14 <nav>
15    <p>
16        <a href="http://www.siliconstone.com">国际认证</a>  
17        <a href="http://www.grandtech.info">书籍出版</a>  
18        <a href="http://www.jobexam.tw">JobExam</a>
19    </p>
20 </nav>
21 </body>
22 </html>
```

执行结果　本例的执行结果如下图所示，单击超链接可进入各主题区。

深石数字科技

深度学习滴水穿石

国际认证　书籍出版　JobExam

10-7-3　<article> 元素应用实例

这个元素用于放置独立、完整且只有一页的内容，可以是一个布告栏贴文、一篇文章。

有时候可以将 <article> 内容放入 <section> 元素内，也可以将 <section> 内容放入 <article> 元素内，其实没有固定规则，完全视实际内容而定。

程序实例 ch10_16.html：重新设计前一个程序实例 ch10_15.html，增加了 <section> 和 <article> 元素以及相关内容。

```
1 <!doctype html>
2 <html>
3 <head>
4     <meta charset="utf-8">
5     <title>ch10_16.html</title>
6 </head>
7 <body>
8 <header>
9     <hgroup>
10        <h1>深石数字科技</h1>
11        <h3>深度学习滴水穿石</h3>
12    </hgroup>
13 </header>
14 <nav>
15    <p>
16        <a href="http://www.siliconstone.com">国际认证</a>  
17        <a href="http://www.grandtech.info">书籍出版</a>  
18        <a href="http://www.jobexam.tw">JobExam</a>
19    </p>
20 </nav>
21 <section>
22    <h1>最新出版公告</h1>
23    <article>
24        <h1>R语言迈向Big Data之路</h1>
25        <p>现在是Big Data时代，若想进入这个领域，R语言可说是最重要的
26            程序语言，学习本书不需要有统计基础，但是在无形中本书已经
27            灌输了统计知识给你。</p>
28    </article>
29    <article>
30        <h1>HTML5+CSS3 王者归来</h1>
31        <p>HTML可以设计网页内容与结构，CSS则是设计网页排版与外观。</p>
32    </article>
33 </section>
34 </body>
35 </html>
```

执行结果

深石数字科技

深度学习滴水穿石

国际认证　书籍出版　JobExam

最新出版公告

R语言迈向Big Data之路

现在是Big Data时代，若想进入这个领域，R语言可说是最重要的程序语言，学习本书不需要有统计基础，但是在无形中本书已经灌输了统计知识给你。

HTML5+CSS3 王者归来

HTML可以设计网页内容与结构，CSS则是设计网页排版与外观。

细心的读者可能会留意到，第 10 行、第 22 行、第 24 行与第 30 行笔者皆使用 <h1> 元素当标题，可是画面看起来却好像是不同级别的标题，这牵涉到 HTML 章节与大纲的概念，将在 10-8 节解说。

10-7-4　<aside> 元素应用实例

这个元素通常用于放置与主要版面内容关联性比较弱的内容，甚至若是将此内容拿掉也不影响整体页面内容的完整性，这个文件区块通常可以放到侧边栏。网页设计时在此区块可以放置一般新闻的补充说明、前导文、图片或是广告信息。

程序实例 ch10_17.html：重新设计 ch10_16.html，但是增加 <aside> 元素字段。本范例在此字段放上笔者所著的 R 语言书籍封面，下列只列出相较上一程序增加的 <aside> 区块内容。

```
34 <aside>
35     <img src="RBook.jpg" width="100">
36 </aside>
```

执行结果

可能各位读省会奇怪，HTML 所设计的网页太单调了，其实，更多精彩的版面就交给下一篇的主题 CSS 吧！

10-8 HTML 章节的概念

过去若是处理的网页文件与章节标题有关，可以使用 <h1> ~ <h6> 标题，由标题编号可以了解各章节的层次。但是当使用 CSS 进行版面美化时，由于是使用 <div> 元素切割版面，往往会让整份文件变得复杂。下列是过去处理一份单纯文件网页章节标题的方法。

```
</head>
<body>
<h1>HTML+CSS3王者归来</h1>
<h2>第 1 章  HTML的历史</h1>
<h3>1-1  认识HTML</h1>
<p>HTML的英文全名是</p>
<h2>第 2 章</h1>
</body>
```

上述文件想表达的章节标题的层次概念如下：

HTML+CSS3王者归来

第 1 章　HTML的历史

1-1　认识HTML

HTML的英文全名是

第 2 章

由于现在有了 <nav><section><article> 和 <aside> 元素，就可以明确地区分主题，在 HTML 规则书内强烈建议网页设计师在设计网页时只使用 <h1> 标题。依照 HTML 的规则书，上述程序片段的写法应该如下所示：

```
<body>
<h1>HTML+CSS3王者归来</h1>
<section>
   <h1>第 1 章  HTML的历史</h1>
   <article>
      <h1>1-1  认识HTML</h1>
      <p>HTML的英文全名是</p>
   </article>
</section>
<section>
   <h1>第 2 章</h1>
<section>
</body>
```

最外层的标题“HTML5+CSS3 王者归来”仍是 h1 标题，<section> 元素内的标题“第 1 章 HTML 的历史”程序虽是注明 h1 标题，但将自动降一级为以 h2 标题显示。<article> 元素在上述实例中是 <section> 的子元素，所以标题“1-1　认识 HTML”虽然也是注明 h1 标题，也将比 <section> 再降一级以 h3 标题显示。

10-9 日期与时间 <time> 元素

这个元素用于设定搜索引擎与机器可阅读的时间与日期格式。有了这个显示日期与时间的元素，标注的日期与时间数据将被搜索引擎加入到它的搜寻列表内，另外也可以用此元素标记重要日期。它的使用格式如下：

```
<time datetime="YYYY-MM-DDThh:mm:ssTZD"> … </time>
YYYY：公元          MM：月份          DD：日期          T：分隔符
hh：时              mm：分            ss：秒
```

TZD：时区，Z 是表示格林威治时间，用在北京需加 8 小时“+08:00”

下列是实例：

```
datetime="18:20"                表示 18 点 20 分
datetime="18:20:30"             表示 18 点 20 分 30 秒
```

```
datetime="2018-06"                表示 2018 年 6 月
datetime="2018-06-20"             表示 2018 年 6 月 20 日
datetime="2018-06-20T18:20:30"
```

表示格林威治时间 2018 年 6 月 20 日 18 点 20 分 30 秒的方法是：

```
datetime=2018-06-20T18:20:30+08:00
```

北京时间与格林威治时间相差 8 小时，上例表述的是北京时间 2018 年 6 月 20 日 18 点 20 分 30 秒。

程序实例 ch10_18.html：<time> 元素的基本应用。

```
1 <!doctype html>
2 <html>
3 <head>
4    <meta charset="utf-8">
5    <title>ch10_18.html</title>
6 </head>
7 <body>
8 <p>本门市营业时间<time>11:00</time></p>
9 <p>我在<time datetime="2020-12-25T19:30+08:00">圣诞节</time>晚上有一个约会</p>
10 </body>
11 </html>
```

执行结果

本门市营业时间11:00

我在圣诞节晚上有一个约会

习题

1. 请以目前所学的知识设计一个以自己为主题的网页，内容可自行发挥。

2. 请以目前所学的知识，任选下列一个主题，设计一个网页。

餐饮业　IC 设计业　销售汽车业　百货公司　自创设计工作室

第二篇

CSS3 完整学习

第 11 章

CSS3 的基础知识

本章摘要

font-family

Welcome font:family - Times New Roman字体优先

Welcome font:family - Arial字体优先

W3C 协会所发表的 HTML5 与 CSS3 的基本精神是将网页内容与结构交由 HTML5 处理，网页排版与设计则交由 CSS3 处理。其实我们也可以将 CSS 视为一种专门处理网页排版与设计的语言。从本章起，将一步一步引导各位读者学习使用 CSS3 处理网页的排版与设计。

11-1 CSS 基本语法

CSS 的全名是 Cascading Style Sheet，通常中文也可以简称层叠样式表，主要功能是处理 HTML 文件排版与设计。

11-1-1 CSS 基本语法格式

CSS 的基本语法格式如下：

```
selector { property1:value; proterty2:value; }
```

- selector

中文称选择器，主要是指样式表要套用的对象。

- declaration block

在大括号内的区块称为声明区块，在 HTML 中每个元素需搭配属性（attribute）与值（value），在 CSS 中每个选择器则需搭配 property（也可以翻译为属性）与值（value）。每组声明属性（property）与值（value）之间以“:”符号分隔，结束后建议加上“;”符号。在声明区块内允许有多个声明存在，彼此需用“;”符号隔开，这些声明可以放在同一行，也可以分行撰写。例如：

```
p { color:blue; text-align:center; }
```

与下列表达方式意义相同。

```
p {
   color:blue;
   text-align:center;
}
```

11-1-2 多个选择器使用相同的声明区块

如果有多个选择器使用相同的声明区块，可以用“,”符号隔开选择器。如果有下列 3 个 CSS 声明如下：

```
h1 { color:blue; text-align:center; }
h2 { color:blue; text-align:center; }
h3 { color:blue; text-align:center; }
```

可写成下列方式：

```
h1, h2, h3 { color:blue; text-align:center; }
```

11-1-3 CSS 的批注

所谓的批注是 HTML 浏览器不会处理的部分，这部分的内容主要是供程序设计师自己或其他程序设计师阅读方便。“/*” 与 “*/” 之间的区域皆是批注。

```
h1 {    /* 设定 h1 标题为蓝色与居中对齐 */
    color:blue; text-align:center;
}
```

11-2 CSS 颜色设定

其实所有颜色可以使用 3 个原色 red（红色）、green（绿色）和 blue（蓝色），每个颜色数值在 0~255 范围内，本书附录 E 有完整的网页设计色彩表可参考。设计网页时最常用的颜色设定方法有 4 种。

1. 使用颜色名称

直接以英文名称设定颜色，例如 red 是红色、green 是绿色。HTML 浏览器对英文颜色名称大小写不是敏感的，所以 Red 与 red 皆可以表示红色。

2. 使用 rgb(red, green, blue) 函数

这个函数包含了 3 个颜色参数 red（红色）、green（绿色）和 blue（蓝色），每个参数值在 0~255 间。

rgb（0,0,0）代表黑色。

rgb（127,127,127）代表灰色。当颜色的 3 种颜色值相同时会产生深浅不一的灰色。

rgb（255,255,255）代表白色。

不同的 red、green 和 blue 颜色值，可以组合成各式颜色。

3. 使用 16 进位数值表示色彩

这种表达方式前方会有“#”符号，基本格式是“#RRGGBB”，例如“#ff0000”表示红色，“#00ff00”表示绿色，“#0000ff”表示蓝色。同样，英文字母大小写也不敏感，例如，“#ff0000”与“#FF0000”的意义相同。

实例 1：下列代码为设定颜色是绿色的 3 种方式。

```
color:green;
color:rgb(0,255,0);
color:"#00ff00";
```

4.rgba(red, green, blue, alpha) 函数

它是 rgb() 函数的扩充，增加了第 4 个参数 alpha。这个函数代表透明度，值在 0.0（完全透明）至 1.0（完全不透明）间。

11-2-1 1600 万种颜色

由于每个颜色值的范围是 0~255，所以 256（Red）×256（Green）×256（Blue）等于 16777216，这相当于可得到 1600 多万种颜色。

11-2-2 网络安全颜色—— 256 种颜色

很早以前，彩色屏幕显示器只能支持 256 种颜色，现在几乎所有彩色屏幕显示器皆可支持几

百万种以上的颜色。当时设计网页时，为了能安全地在所有浏览器上显示，设计师会尽量使用这 256 种颜色，所以这些颜色又称网络安全颜色，如下图所示。

000000	000033	000066	000099	0000CC	0000FF
003300	003333	003366	003399	0033CC	0033FF
006600	006633	006666	006699	0066CC	0066FF
009900	009933	009966	009999	0099CC	0099FF
00CC00	00CC33	00CC66	00CC99	00CCCC	00CCFF
00FF00	00FF33	00FF66	00FF99	00FFCC	00FFFF
330000	330033	330066	330099	3300CC	3300FF
333300	333333	333366	333399	3333CC	3333FF
336600	336633	336666	336699	3366CC	3366FF
339900	339933	339966	339999	3399CC	3399FF
33CC00	33CC33	33CC66	33CC99	33CCCC	33CCFF
33FF00	33FF33	33FF66	33FF99	33FFCC	33FFFF
660000	660033	660066	660099	6600CC	6600FF
663300	663333	663366	663399	6633CC	6633FF
666600	666633	666666	666699	6666CC	6666FF
669900	669933	669966	669999	6699CC	6699FF
66CC00	66CC33	66CC66	66CC99	66CCCC	66CCFF
66FF00	66FF33	66FF66	66FF99	66FFCC	66FFFF
990000	990033	990066	990099	9900CC	9900FF
993300	993333	993366	993399	9933CC	9933FF
996600	996633	996666	996699	9966CC	9966FF
999900	999933	999966	999999	9999CC	9999FF
99CC00	99CC33	99CC66	99CC99	99CCCC	99CCFF
99FF00	99FF33	99FF66	99FF99	99FFCC	99FFFF
CC0000	CC0033	CC0066	CC0099	CC00CC	CC00FF
CC3300	CC3333	CC3366	CC3399	CC33CC	CC33FF
CC6600	CC6633	CC6666	CC6699	CC66CC	CC66FF
CC9900	CC9933	CC9966	CC9999	CC99CC	CC99FF
CCCC00	CCCC33	CCCC66	CCCC99	CCCCCC	CCCCFF
CCFF00	CCFF33	CCFF66	CCFF99	CCFFCC	CCFFFF
FF0000	FF0033	FF0066	FF0099	FF00CC	FF00FF
FF3300	FF3333	FF3366	FF3399	FF33CC	FF33FF
FF6600	FF6633	FF6666	FF6699	FF66CC	FF66FF
FF9900	FF9933	FF9966	FF9999	FF99CC	FF99FF
FFCC00	FFCC33	FFCC66	FFCC99	FFCCCC	FFCCFF
FFFF00	FFFF33	FFFF66	FFFF99	FFFFCC	FFFFFF

11-2-3　HSL 颜色

HSL 指的是色调（Hue）、饱和度（Saturation）和亮度（Lightness），在使用时可以使用以下函数：

```
hsu(hue, saturation, lightness)
```

hue：值从 0 至 360。0 或 360 是红色，120 是绿色，240 是蓝色。

saturation：这是百分比值，100% 是全彩，0% 是灰色。

lightness：这也是百分比值，100% 是白色，0% 是黑色。

11-3 套用 CSS 的方法

基本上有 3 种套用 CSS 样式表的方法。

1. 行内样式（Inline Styles）

这种方法是直接将 style 视为该元素的属性，然后设定属性值。不过建议这种方法最好少用，因为会违背将 HTML 文件内容与排版设计分开的目的。

程序实例 ch11_1.html：设计 h1 标题颜色是蓝色，同时居中对齐。

```
1  <!doctype html>
2  <html>
3  <head>
4     <meta charset="utf-8">
5     <title>ch11_1.html</title>
6  </head>
7  <body>
8  <h1 style="color:blue; text-align:center;">HTML 5+CSS3</h1>
9  </body>
10 </html>
```

执行结果 这个实例最大的特色是不论窗口有多宽，h1 标题字均居中对齐。

HTML 5+CSS3

HTML 5+CSS3

上述实例使用了 text-align 属性，这个属性可以设定文字对齐方式，center 是指文字居中对齐，不论窗口宽度如何，文字均会居中对齐。

2. 内部样式表（Internal Style Sheet）

如果样式表只用在一份 HTML 文件上，那么就将这个样式表以内部样式表的形式写在 HTML 文件内吧！在写的时候是将样式表单写在 <head> 元素内。

程序实例 ch11_2.html：以内部样式表单方式重新设计程序实例 ch11_1.html。

```
1  <!doctype html>
2  <html>
3  <head>
4     <meta charset="utf-8">
5     <title>ch11_2.html</title>
6     <style>
7        h1 { color:blue; text-align:center; }
8     </style>
9  </head>
10 <body>
11 <h1>HTML5+CSS3</h1>
12 </body>
13 </html>
```

执行结果 与 ch11_1.html 相同。上述程序第 6 ～ 8 行是设定样式表单，相当于将 <h1> 元素原本格式做编辑，修改成以蓝色显示、居中对齐，所以第 11 行可以显示出结果。本书大部分程序皆使用这种方式设计。

3. 外部样式表（External Style Sheet）

外部样式表通常是用一份样式表供许多 HTML 文件使用的场合，这个时候只要更改一个样式表，许多相关连的网页就会随之更动。外部样式表文件的扩展名是“.css”，需要使用 <link> 元素设定 HTML 文件与样式表的关联，这个 <link> 元素需放在 <head> 元素内。它的几个必要属性意义如下：

- rel：指定文件与此样式表文件的关系，请设为“stylesheet”。
- type：配置文件的 MIME 类型，HTML5 可以省略。
- href：指定外部样式表文件的 URL。

程序实例 ch11_3.html：以外部样式表重新设计 ch11_1.html，外部样式表名称是 mystyle.css。

```
1 <!doctype html>
2 <html>
3 <head>
4    <meta charset="utf-8">
5    <title>ch11_3.html</title>
6    <link rel="stylesheet" href="mystyle.css">
7 </head>
8 <body>
9 <h1>HTML 5+CSS3</h1>
10 </body>
11 </html>
```

mystyle.css 文件内容如下，请留意最左边的 1，是行号不是外部样式表的内容。

```
1 h1 { color:blue; text-align:center; }
```

执行结果　与 ch11_1.html 相同。

此外，也可以使用“@import url（URL）”将外部样式表单汇入，这个“@import”应该写在 <style> 元素内。

程序实例 ch11_4.html：用“@import”重新设计 ch11_3.html。

```
1 <!doctype html>
2 <html>
3 <head>
4    <meta charset="utf-8">
5    <title>ch11_4.html</title>
6    <style>
7       @import url(mystyle.css);
8    </style>
9 </head>
10 <body>
11 <h1>HTML5+CSS3</h1>
12 </body>
13 </html>
```

执行结果　与 ch11_3.html 相同。

11-4 class 选择器

在设计网页时，有时候一个相同的元素出现在两个地方，在位置 A 的地方想用 A 格式装饰，在位置 B 的地方想用 B 格式装饰，这时就可以使用 class 选择器。此时可以将 A 取一个 classname 名称，B 取另一个 classname 名称。它的 style 用法是：

```
元素名称 .classname {
    …
}
```

相对应 <body> 内的 HTML 元素写法是：

```
< 元素名称 class="classname">
```

如果 style 内的元素名称是一个 HTML 元素，则只有当该 HTML 元素 class 属性值是 classname 时才可以套用该属性设定，可参考程序实例 ch11_5.html 至 ch11_9.html。如果 style 的元素名称是“*”，则当所有 HTML 元素内 class 属性值是 classname 时才可以套用该属性，可参考 ch11_11.html。所以声明格式将如下：

```
*.classname {
    …
}
```

上述声明也可以省略”*”，改成下列所示：

```
.classname {
    …
}
```

11-5 字体

font 的作用是设定网页显示的字体，可以设定下列相关属性：font-family、font-size、font-style、font-variant、font-weight。另外本节也将介绍 font-size-adjust 和 @font-face 功能。

11-5-1 设置字体名称的 font-family 属性

字体名称 font-family 的使用格式如下：

```
font-family: 字体名称 1, … , 字体名称 n;
```

如果要指定多个名称，则中间以逗号“,”隔开。原则上写在前面的字体有优先级，当浏览器找不到前面的字体时会往后找寻，如果一直找不到则使用默认字体。如果字体名称超过两个英文字单词，例如 Times New Roman，使用时需用双引号括起来，即“Times New Roman”。如果字体名称是一个英文单词，例如 Arial，使用时可以省略双引号，即 Arial。

程序实例 ch11_5.html：这个程序设定两个段落，分别是第 17 行和 18 行，其中“class=font1”的段落使用程序第 7 ～ 9 行的样式，“class=font2”的段落使用程序第 10 ～ 12 行的样式。程序第 8 行“Arial”字体名称有双引号，第 11 行的字体名称笔者故意不加双引号，其实皆可被浏览器接受。

```
1  <!doctype html>
2  <html>
3  <head>
4     <meta charset="utf-8">
5     <title>ch11_5.html</title>
6     <style>
7        p.font1 {
8           font-family:"Times New Roman", "Arial";
9        }
10       p.font2 {
11          font-family:Arial, "Times New Roman";
12       }
13    </style>
14 </head>
15 <body>
16 <h1>font-family</h1>
17 <p class="font1">Welcome font:family - Times New Roman字体优先</p>
18 <p class="font2">Welcome font:family - Arial字体优先</p>
19 </body>
20 </html>
```

执行结果

font-family

Welcome font:family - Times New Roman字体优先

Welcome font:family - Arial字体优先

11-5-2 设置字号的 font-size 属性

font-size 可以设定字号，有 3 种长度设定方式，可以参考附录 D。W3C 建议设定的方式使用 em，1em 是 16px。

程序实例 ch11_6.html：font-size 的应用。这个程序将标题 1（Heading 1）使用默认大小并以 30px 方式输出，然后将段落字号以默认大小、24px、1.5em 和默认大小的 80% 输出。

```
1  <!doctype html>
2  <html>
3  <head>
4     <meta charset="utf-8">
5     <title>ch11_6.html</title>
6     <style>
7        h1.hsize {
8           font-size:30px;
9        }
10       p.size1 {
11          font-size:24px;
12       }
13       p.size2 {
14          font-size:1.5em;
15       }
16       p.size3 {
17          font-size:80%;
18       }
19    </style>
20 </head>
21 <body>
22 <h1>Heading 1默认字体大小</h1>
23 <h1 class="hsize">Heading 1字体大小是30px</h1>
24 <p>paragraph默认字体大小</p>
25 <p class="size1">paragraph字体大小是24px</p>
26 <p class="size2">paragraph字体大小是1.5em</p>
27 <p class="size3">paragraph字体大小是80%</p>
28 </body>
29 </html>
```

执行结果

Heading 1默认字体大小

Heading 1字体大小是30px

paragraph默认字体大小

paragraph字体大小是24px

paragraph字体大小是1.5em

paragraph字体大小是80%

CSS 也允许使用下列方式设定字号：

medium：这是默认值。

small：设为小字号。

x-small：设为较小字号。

xx-small：设为更小字号。

larger：设为大字号。

x-large：设为较大字号。

xx-large：设为更大字号。

11-5-3　设置字体样式的 font-style 属性

font-style 可以设定 3 种样式的字体，分别是 normal 正常（这是默认字体样式）、italic 斜体和 oblique 倾斜体（没有那么斜，有时看不太出来与 italic 的区别）。

程序实例 ch11_7.html：font-style 的应用。这个程序会列出默认样式、italic 和 oblique 字体样式。

```
1  <!doctype html>
2  <html>
3  <head>
4     <meta charset="utf-8">
5     <title>ch11_7.html</title>
6     <style>
7        p.normal {
8           font-style:normal;
9        }
10       p.italic {
11          font-style:italic;
12       }
13       p.oblique {
14          font-style:oblique;
15       }
16    </style>
17 </head>
18 <body>
19 <p>paragraph默认字体样式</p>
20 <p class="normal">paragraph字体是normal</p>
21 <p class="italic">paragraph字体是italic</p>
22 <p class="oblique">paragraph字体是oblique</p>
23 </body>
24 </html>
```

执行结果

paragraph默认字体样式

paragraph字体是normal

paragraph字体是italic

paragraph字体是oblique

11-5-4　设置字体样式的 font-weight 属性

在一般文本编辑器中，粗体（bold）和斜体（italic）放在一起讨论，但是在 CSS 中则使用不同的属性来设定，粗体是使用 font-weight 来设定。可以设定下列值：

```
font-weight: normal | bold | bolder | lighter | 100 - 900
```

- normal

  默认值，正常粗细。

- bold

  表示粗体字。

- bolder

  表示更粗的字体。

- lighter

  表示更细的字体。

- 100，200，300，400，500，600，700，800，900

  这些数值定义字体由细到粗，400 是 normal，700 是 bold。

程序实例 ch11_8.html：font-weight 的应用，这个程序将以默认和粗体显示字符串。

```
1 <!doctype html>
2 <html>
3 <head>
4     <meta charset="utf-8">
5     <title>ch11_8.html</title>
6     <style>
7         p.bold {
8             font-weight:bold;
9         }
10    </style>
11 </head>
12 <body>
13 <p>normal:深度学习滴水穿石</p>
14 <p class="bold">bold:深度学习滴水穿石</p>
15 </body>
16 </html>
```

执行结果

normal:深度学习滴水穿石

bold:深度学习滴水穿石

11-5-5 font-variant

font-variant 的默认值是 normal，若将 font-variant 设定为 small-caps，可以设定小写英文字母为小型大写字母。

程序实例 ch11_9.html：font-variant 的应用。这个程序将以默认字体和小写英文字母以小型大写字母显示。

```
1 <!doctype html>
2 <html>
3 <head>
4     <meta charset="utf-8">
5     <title>ch11_9.html</title>
6     <style>
7         p.small {
8             font-variant:small-caps;
9         }
10    </style>
11 </head>
12 <body>
13 <p>normal:My name is Jiin-Kwei Hung</p>
14 <p class="small">small-caps:My name is Jiin-Kwei Hung</p>
15 </body>
16 </html>
```

执行结果

normal:My name is Jiin-Kwei Hung

SMALL-CAPS:MY NAME IS JIIN-KWEI HUNG

11-5-6 font-size-adjust

font-size-adjust 属性用于设定字体宽度和高度的比率，一般用在当屏幕显示的字符非第一顺位字符时，调整其他顺序字符的长宽比，这样整体字符显示不会有太大的差异。默认情况下几个重要字体 Times New Romam、George、Comic Sans MS 和 Verdana 的宽高比分别是 0.46、0.5、0.54 和 0.58。

程序实例 ch11_10.html：测试 font-size-adjust 属性。本程序将列出两个字符串，第一个字符串使用“Times New Roman”字体，16px 大小，第二个字符串原先是使用“Times New Roman”字体最优先，此处故意写错字体，所以改用第二种字体“Verdana”，字号是 16px。由于 IE 浏览器目前不支持 font-size-adjust 属性，所以将看到两行字不协调的结果。

```
1 <!doctype html>
2 <html>
3 <head>
4     <meta charset="utf-8">
5     <title>ch11_10.html</title>
6     <style>
7         p.font1 {
8             font-family:"Times New Roman", Verdana;
9             font-size:16px;
10        }
11        p.font2 {
12            font-family:"Times New Rommm", Verdana;
13            font-size:16px;
14            font-size-adjust:0.46;
15        }
16    </style>
17 </head>
18 <body>
19 <p class="font1">Welcome font:family - HTML5+CSS3</p>
20 <p class="font2">Welcome font:family - HTML5+CSS3</p>
21 </body>
22 </html>
```

执行结果　右方左图是 IE 浏览器的输出，由于 IE 目前不支持 font-size-adjust 属性，所以第二行的输出是使用没有 font-size-adjust 调整的 Verdana 字体。右方右图是使用 Firefox 浏览器经过调整的 Verdana 字体输出，两行数据看起来比较协调。

Welcome font:family - HTML5+CSS3
Welcome font:family - HTML5+CSS3

Welcome font:family - HTML5+CSS3
Welcome font:family - HTML5+CSS3

11-5-7　font

这是前几小节属性设定的简易表示法，使用时可以依序设定下列属性值：

```
font-style  font-variant  font-weight  font-size  font-family
```

如果省略某些值，则使用它的默认值。使用时各个属性值之间以空格隔开，但是如果某个属性值有两个或更多设定值，例如 font-family，则这些值之间以逗号隔开，可参考程序实例 ch11_11.html 的第 7 行。

程序实例 ch11_11.html：以 font 属性重新设计 ch11_10.html。

```
1  <!doctype html>
2  <html>
3  <head>
4     <meta charset="utf-8">
5     <title>ch11_11.html</title>
6     <style>
7        p.font1 { font:16px "Times New Roman", Verdana; }
8        p.font2 {
9           font:16px "Times New Rommm", Verdana;
10          font-size-adjust:0.46;
11       }
12    </style>
13 </head>
14 <body>
15 <p class="font1">Welcome font:family - HTML5+CSS3</p>
16 <p class="font2">Welcome font:family - HTML5+CSS3</p>
17 </body>
18 </html>
```

执行结果　与 ch11_10.html 相同。

11-5-8　@font-face

过去浏览网页只能使用浏览器提供的字体，HTML5 的 @font-face 功能可提供服务器端的字体供浏览器下载，所以用户在浏览器上可以看到原属于服务器的字体。它的使用格式如下：

```
@font-face {
   font-family: 字体名称 ;
   src: 字体名称的 URL  format( 字体格式 )
}
…
…
*.classname {
   font-family: 字体名称 ;
}
```

经上述调用后，将来只要 HTML 元素的 class 属性是 classname 皆可以使用服务器端的字体名称。不过在使用时要注意版权问题，因为一般购买的字体，不保证可以在网络上流通使用。

11-5-9　综合应用

程序实例 ch11_12.html：class 选择器的另一个应用。这个程序的重点是，所有 HTML 元素内 class 属性的值是 mystyle，执行时字以蓝色和斜体显示。

```
1 <!doctype html>
2 <html>
3 <head>
4     <meta charset="utf-8">
5     <title>ch11_12.html</title>
6     <style>
7         *.mystyle {
8             color:blue;
9             font-style:italic;
10        }
11    </style>
12 </head>
13 <body>
14 <h1>Heading 1</h1>
15 <h1 class="mystyle">Heading 1</h1>
16 <p>深度学习滴水穿石</p>
17 <p class="mystyle">深度学习滴水穿石</p>
18 </body>
19 </html>
```

执行结果

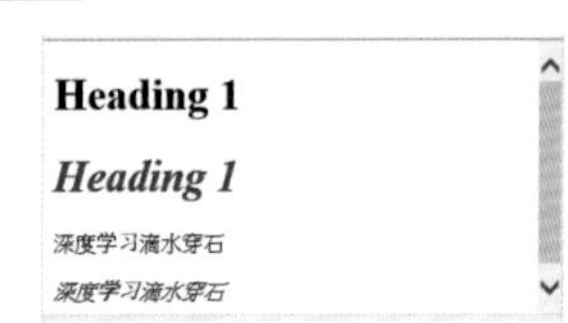

上述程序最大的特色是第 7 行的"*.mystyle","*"是通配符,相当于所有属性 class 值为 mystyle 的 HTML 元素皆套用这个样式(style)。

11-6 id 选择器

id 选择器与 class 选择器内涵基本是相同的,最大的区别是 id 属性值应该是具有唯一特性的识别码。

```
#id {
    …
}
```

假设我们需要指定这个 #id 应用在哪一个元素,可以在其前面加上元素名称。

```
元素名称 #id {
    …
}
```

程序实例 ch11_13.html:以 id 选择器重新设计 ch11_7.html。

```
1 <!doctype html>
2 <html>
3 <head>
4     <meta charset="utf-8">
5     <title>ch11_13.html</title>
6     <style>
7         #normal {
8             font-style:normal;
9         }
10        #italic {
11            font-style:italic;
12        }
13        #oblique {
14            font-style:oblique;
15        }
16    </style>
17 </head>
18 <body>
19 <p>paragraph默认字体样式</p>
20 <p id="normal">paragraph字体是normal</p>
21 <p id="italic">paragraph字体是italic</p>
22 <p id="oblique">paragraph字体是oblique</p>
23 </body>
24 </html>
```

执行结果 这个程序的执行结果与 ch11_7.html 相同。

11-7 属性选择器

属性选择器用于将具有某种属性且不论其值为何的所有元素均套用指定样式,它的使用格式如下:

```
*[classname] {
```

```
    ...
}
```

其中“*”也可以省略。

程序实例 ch11_14.html：这个程序是将凡属性有 class 的元素，不管 class 值为何，标题栏和项目列表第 1、2 行的输出均以蓝色显示。

```
1  <!doctype html>
2  <html>
3  <head>
4     <meta charset="utf-8">
5     <title>ch11_14.html</title>
6     <style>
7        [class] {
8           color:blue;
9        }
10    </style>
11 </head>
12 <body>
13 <h1 class="My Trip">我的旅游经历</h1>
14 <ul>
15    <li class="location">南极大陆</li>
16    <li class="location">北极海</li>
17    <li>中国西藏</li>
18    <li>蒙古</li>
19 </ul>
20 </body>
21 </html>
```

执行结果

我的旅游经历

- 南极大陆
- 北极海
- 中国西藏
- 蒙古

上述程序第 7 行如果增加“*”，如下所示，也可以得到相同结果，可参考 ch11_14_1.html。

```
7        *[class] {
8           color:blue;
9        }
```

此外样式也可以限定套用在某个特定属性值。

程序实例 ch11_15.html：只有 class 属性值是“location”，才可以套用样式。

```
1  <!doctype html>
2  <html>
3  <head>
4     <meta charset="utf-8">
5     <title>ch11_15.html</title>
6     <style>
7        [class="location"] {
8           color:blue;
9        }
10    </style>
11 </head>
12 <body>
13 <h1 class="My Trip">我的旅游经历</h1>
14 <h2 class="location">作者:洪锦魁</h1>
15 <ul>
16    <li class="location">南极大陆</li>
17    <li class="location">北极海</li>
18    <li>中国西藏</li>
19    <li>蒙古</li>
20 </ul>
21 </body>
22 </html>
```

执行结果

我的旅游经历

作者:洪锦魁

- 南极大陆
- 北极海
- 中国西藏
- 蒙古

上述执行结果限定了 class 属性值是“location”时才套用样式表。当然 CSS 也允许再加上符合某一元素的 class 属性值才套用样式。

程序实例 ch11_16.html：这个程序重新设计 ch11_15.html，但是需是 <li> 元素才可套用。

```
1  <!doctype html>
2  <html>
3  <head>
4     <meta charset="utf-8">
5     <title>ch11_16.html</title>
6     <style>
7        li[class="location"] {
8           color:blue;
9        }
10    </style>
11 </head>
12 <body>
13 <h1 class="My Trip">我的旅游经历</h1>
14 <h2 class="location">作者:洪锦魁</h1>
15 <ul>
16    <li class="location">南极大陆</li>
17    <li class="location">北极海</li>
18    <li>中国西藏</li>
19    <li>蒙古</li>
20 </ul>
21 </body>
22 </html>
```

执行结果

我的旅游经历

作者:洪锦魁

- 南极大陆
- 北极海
- 中国西藏
- 蒙古

11-8 全局选择器

所谓的全局选择器是将样式套用在所有元素，它的写法如下：

```
*  {
   ...
  }
```

程序实例 ch11_17.html：将样式套用在所有元素，所以所有输出内容皆是蓝色字。

```
1  <!doctype html>
2  <html>
3  <head>
4     <meta charset="utf-8">
5     <title>ch11_17.html</title>
6     <style>
7        * {
8           color:blue;
9        }
10    </style>
11 </head>
12 <body>
13 <h1 class="My Trip">我的旅游经历</h1>
14 <h2 class="location">作者:洪锦魁</h1>
15 <ul>
16    <li class="location">南极大陆</li>
17    <li class="location">北极海</li>
18    <li>中国西藏</li>
19    <li>蒙古</li>
20 </ul>
21 </body>
22 </html>
```

执行结果

11-9 虚拟选择器

之前介绍的所有样式皆是应用在 HTML 的元素或属性上，虚拟类别选择器则是将样式套用在元素内容的状态上。

11-9-1 链接的虚拟类别 :link 和 :visited

对于超链接字符串而言，最常见的两种状态是尚未被单击和已经被单击。

:link：尚未被单击时可以套用样式。

:visited：已经被单击时可以套用样式。

虚拟类别使用上的特色是“:”加上虚拟类别名称，上述两个链接的虚拟类别需搭配 <a> 元素使用。

程序实例 ch11_18.html：设计网页时默认是尚未访问过的超链接字符串以蓝色显示，已经访问过的以紫色显示，这个程序会将尚未访问过的超链接字符串以绿色显示，已经访问过的以黄色显示。

```
1  <!doctype html>
2  <html>
3  <head>
4     <meta charset="utf-8">
5     <title>ch11_18.html</title>
6     <style>
7        a:link { color:green; }
8        a:visited { color:yellow; }
9     </style>
10 </head>
11 <body>
12 <p>
13    <a href="http://www.deepstone.com.tw">深石数字</a>
14 </p>
15 <p>
16    <a href="http://www.siliconstone.com">Silicon Stone Education</a>
17 </p>
18 </body>
19 </html>
```

执行结果 下方左图是尚未访问过的超链接，右图是已经访问过的超链接。

11-9-2　动作虚拟类别

:hover：当鼠标指针位于超链接字符串或在此元素上时可以套用样式。

:active：单击时可以套用样式。

:focus：获得焦点时可以套用样式。

样式表在执行时是有顺序的，越下方的指令越有较高优先级，所以“:hover”需放在“:link”和“:visited”后面，否则会看不到。

程序实例 ch11_19.html：重新设计 ch11_18.html，使得鼠标指针移至超链接字符串时，字符串以红色显示，同时字符大小是 2em。单击超链接字符串时若不放开鼠标按键，字符串将改以黑色显示。

```
1  <!doctype html>
2  <html>
3  <head>
4     <meta charset="utf-8">
5     <title>ch11_19.html</title>
6     <style>
7        a:link { color:green; }
8        a:visited { color:yellow; }
9        a:hover { color:red; font-size:2em; }
10       a:active { color:black; }
11    </style>
12 </head>
13 <body>
14 <p>
15    <a href="http://www.deepstone.com.tw">深石数字</a>
16 </p>
17 <p>
18    <a href="http://www.siliconstone.com">Silicon Stone Education</a>
19 </p>
20 </body>
21 </html>
```

执行结果　下方左图是鼠标指针在字符串上方时的效果，右图是按着鼠标不放时的效果。

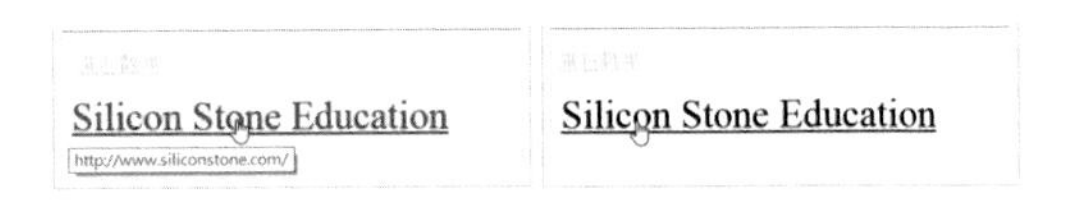

程序实例 ch11_20.html：这个程序重新设计了 ch9_3.html，使得窗体中只要有一个窗体组件获得焦点，此组件的背景色就会出现黄色。这个程序使用了尚未说明的属性 background-color，该属性可以设定背景颜色。

```
1  <!doctype html>
2  <html>
3  <head>
4     <meta charset="utf-8">
5     <title>ch11_20.html</title>
6     <style>
7        input:focus { background-color:yellow; }
8     </style>
9  </head>
10 <body>
11 <form action="cgi-bin/get.exe" method="get">
12    <h1>请输入会员数据</h1>
13    <p>姓名:<input type="text" name="user" size="5"></p>
14    <p>地址:<input type="text" name="addr"></p>
15    <p><input type="submit" value="确认">
16    <input type="reset" value="取消"></p>
17 </form>
18 </body>
19 </html>
```

执行结果　下方左图是文字框未获得焦点时的效果，右图是文字框获得焦点时显示黄色底色的效果。

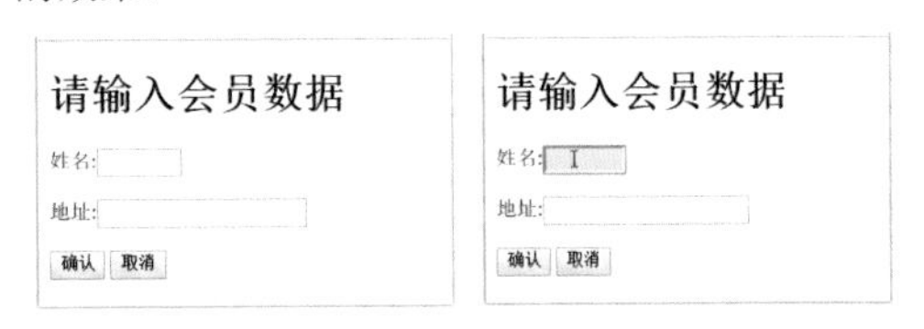

11-9-3　目标虚拟类别

:target 可以为移动的目标套用样式。

程序实例 ch11_21.html：这个程序执行时，单击上方超链接，下方移动目标将自动套用样式，也就是黄色的底色。

```
1  <!doctype html>
2  <html>
3  <head>
4     <meta charset="utf-8">
5     <title>ch11_21.html</title>
6     <style>
7        :target { background-color:yellow; }
8     </style>
9  </head>
10 <body>
11 <p><a href="#info1">进入Big Data</a></p>
12 <p><a href="#info2">进入Data Analyst</a></p>
13 <h2>请单击上述内容凸显下列标题</h2>
14 <p id="info1">Big Data内容</p>
15 <p id="info2">Data Analyst内容</p>
16 </body>
17 </html>
```

执行结果 单击超链接时，下方目标将被套用样式，如下方右图所示。

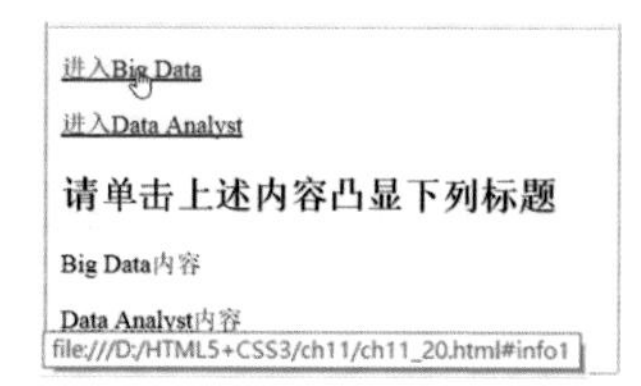

11-10 前缀词的使用

W3C 在发表推荐 CSS 新版前，会经过草案（Draft）、候选（Candidate）阶段，与此同时一些浏览器开发公司或协会也同步展开开发这些属性的语法，然后将这些开发阶段的属性应用在自身的浏览器内。如果所设计的网页想要使用开发阶段的属性时，必须在属性前方加上前缀词。下列是主要浏览器需添加的前缀词。

```
Internet Explorer：-ms-
Google Chrome：-webkit-
Safari：-webkit-
Firefox：-moz-
Opera：-o-
```

当然，浏览器开发商在测试完成后，前缀词就不需要了，所以有时候我们在开发网页程序时，可以在加上前缀词后的语法后面再加上没有前缀词的语法。

实例 1：前缀词的应用，下列是对象做 3D 动画含前缀词的语法。

```
#ex {
   background-color:yellow;
   -webkit-transform:perspective(300px) rotateX(30deg);
   -ms-transform:perspective(300px) rotateX(30deg);
   -moz-transform:perspective(300px) rotateX(30deg);
   -o-transform:perspective(300px) rotateX(30deg);
   transform:perspective(300px) rotateX(30deg);
}
```

习题

1. 请重新设计第 4 章习题 1，增加本章所述的色彩功能。

2. 请重新设计第 4 章习题 2，增加本章所述的色彩功能。

3. 请重新设计第 7 章习题 6，增加本章所述的色彩功能。

第 12 章

段落文字的编排知识

本章摘要

12-1 设置文字对齐方式的 text-align 属性
12-2 设置首行缩排的 text-indent 属性
12-3 设定行高的 line-height 属性
12-4 设置字母间距的 letter-spacing 属性
12-5 设置文字间距的 word-spacing 属性
12-6 处理空格符的 white-space 属性
12-7 大小写转换的 text-transform 属性
12-8 设置文字阴影的 text-shadow 属性
12-9 设置线条装饰的 text-decoration 属性
12-10 再谈线条装饰
12-11 设定制表符宽度的 tab-size 属性
12-12 设定换行的 word-wrap 属性
12-13 设定文字超出范围的 text-overflow 属性

12-1 设置文字对齐方式的 text-align 属性

这个属性的使用格式如下：

```
text-align: left | right | center | justify | initial | inherit;
```

- ❑ left

  靠左对齐。

- ❑ right

  靠右对齐。

- ❑ center

  居中对齐。

- ❑ justify

  左右对齐。

- ❑ initial

  使用默认设置（可适用于本章其他章节）。

- ❑ inherit

  继承父元素对齐方式（可适用于本章其他章节）。

程序实例 ch12_1.html：text-align 的应用。

```
1  <!doctype html>
2  <html>
3  <head>
4      <meta charset="utf-8">
5      <title>ch12_1.html</title>
6      <style>
7          h1 { text-align:center; }
8          #dateinfo { text-align:right; }
9          #content { text-align:justify; }
10         #signature { text-align:left; }
11     </style>
12 </head>
13 <body>
14 <h1>我的旅游经历</h1>
15 <p id="dateinfo">Aug, 2018</p>
16 <p id="content">2006年2月为了享受边泡温泉边看极光(Northern Light),
17 一人独自坐飞机至阿拉斯加(Alaska), 再开车往北至接近北极圈的
18 Chena Hot Springs温泉渡假村。旅游期间尝试开车直达北极海(Arctic Ocean)
19 , 第一次车子在冰天雪地打滑, 撞山壁失败而返。第二次碰上暴风雪, 再度失
20 败。2007年2月再度前往, 这次坐飞机直达阿拉斯加最北城市, 终于抵达北极海。
21 </p>
22 <p id="signature">洪锦魁</p>
23 </body>
24 </html>
```

执行结果 建议读者调整窗口宽度，以体会整体效果。

我的旅游经历

Aug, 2018

2006年2月为了享受边泡温泉边看极光(Northern Light)，一人独自坐飞机至阿拉斯加(Alaska)，再开车往北至接近北极圈的 Chena Hot Springs温泉渡假村。旅游期间尝试开车直达北极海(Arctic Ocean)，第一次车子在冰天雪地打滑，撞山壁失败而返。第二次碰上暴风雪，再度失败。2007年2月再度前往，这次坐飞机直达阿拉斯加最北城市，终于抵达北极海。

洪锦魁

12-2 设置首行缩排的 text-indent 属性

这个属性的使用格式如下：

```
text-indent: length | % | initial | inherit;
```

- ❑ length

  可以使用 cm、px、pt、em 等单位来设定固定长度，默认值是 0。

- ❑ %

  缩排父元素宽度的百分比。

程序实例 ch12_2.html：重新设计 ch12_1.html，设定首行缩排 32px。

```
1 <!doctype html>
2 <html>
3 <head>
4    <meta charset="utf-8">
5    <title>ch12_2.html</title>
6    <style>
7       h1 { text-align:center; }
8       #content { text-align:justify; text-indent:32px; }
9    </style>
10 </head>
11 <body>
12 <h1>我的旅游经历</h1>
13 <p id="content">2006年2月为了享受边泡温泉边看极光(Northern Light),
14 一人独自坐飞机至阿拉斯加(Alaska),再开车往北至接近北极圈的
15 Chena Hot Springs温泉渡假村。旅游期间尝试开车直达北极海(Arctic Ocean)
16 ,第一次车子在冰天雪地打滑，撞山壁失败而返。第二次碰上暴风雪，再度失
17 败。2007年2月再度前往，这次坐飞机直达阿拉斯加最北城市，终于抵达北极海。
18 </p>
19 </body>
20 </html>
```

执行结果

我的旅游经历

2006年2月为了享受边泡温泉边看极光(Northern Light)，一人独自坐飞机至阿拉斯加(Alaska)，再开车往北至接近北极圈的 Chena Hot Springs温泉渡假村。旅游期间尝试开车直达北极海(Arctic Ocean)，第一次车子在冰天雪地打滑，撞山壁失败而返。第二次碰上暴风雪，再度失败。2007年2月再度前往，这次坐飞机直达阿拉斯加最北城市，终于抵达北极海。

12-3 设定行高的 line-height 属性

行高的定义如下：

Line-Height
Line-Height 行高

这个属性的使用格式如下：

```
line-height: normal | number | length | % | inherit;
```

- normal：默认值，用于设置合理的行高。
- number：设定数值，此数值会与目前字体尺寸相乘来设置行间距。
- length：设定固定的行间距，单位可以是 cm、px、pt 等。
- %：设置依目前字体尺寸的百分比。

程序实例 ch12_3.html：line-height 的应用。这个程序主要是将一段文字用 5 种行高显示，第 1 种方式是默认方式，第 2、3 种使用 number 方式，第 4、5 种使用 length 方式，读者可以自行比较它们之间的差异。

```
1 <!doctype html>
2 <html>
3 <head>
4    <meta charset="utf-8">
5    <title>ch12_3.html</title>
6    <style>
7       #number1 { line-height:1; }
8       #number2 { line-height:3; }
9       #length1 { line-height:20px; }
10      #length2 { line-height:30px; }
11   </style>
12 </head>
13 <body>
14 <p>2006年2月为了享受边泡温泉边看极光(Northern Light),
15 一人独自坐飞机至阿拉斯加(Alaska),再开车往北至接近北极圈的
16 Chena Hot Springs温泉渡假村。旅游期间尝试开车直达北极海(Arctic Ocean)
17 ,第一次车子在冰天雪地打滑，撞山壁失败而返。
18 </p>
19 <p id="number1">2006年2月为了享受边泡温泉边看极光(Northern Light),
20 一人独自坐飞机至阿拉斯加(Alaska),再开车往北至接近北极圈的
21 Chena Hot Springs温泉渡假村。旅游期间尝试开车直达北极海(Arctic Ocean)
22 ,第一次车子在冰天雪地打滑，撞山壁失败而返。
23 </p>
24 <p id="number2">2006年2月为了享受边泡温泉边看极光(Northern Light),
25 一人独自坐飞机至阿拉斯加(Alaska),再开车往北至接近北极圈的
26 Chena Hot Springs温泉渡假村。旅游期间尝试开车直达北极海(Arctic Ocean)
27 ,第一次车子在冰天雪地打滑，撞山壁失败而返。
28 </p>
29 <p id="length1">2006年2月为了享受边泡温泉边看极光(Northern Light),
30 一人独自坐飞机至阿拉斯加(Alaska),再开车往北至接近北极圈的
31 Chena Hot Springs温泉渡假村。旅游期间尝试开车直达北极海(Arctic Ocean)
32 ,第一次车子在冰天雪地打滑，撞山壁失败而返。
33 </p>
34 <p id="length2">2006年2月为了享受边泡温泉边看极光(Northern Light),
35 一人独自坐飞机至阿拉斯加(Alaska),再开车往北至接近北极圈的
36 Chena Hot Springs温泉渡假村。旅游期间尝试开车直达北极海(Arctic Ocean)
37 ,第一次车子在冰天雪地打滑，撞山壁失败而返。
38 </p>
39 </body>
40 </html>
```

执行结果

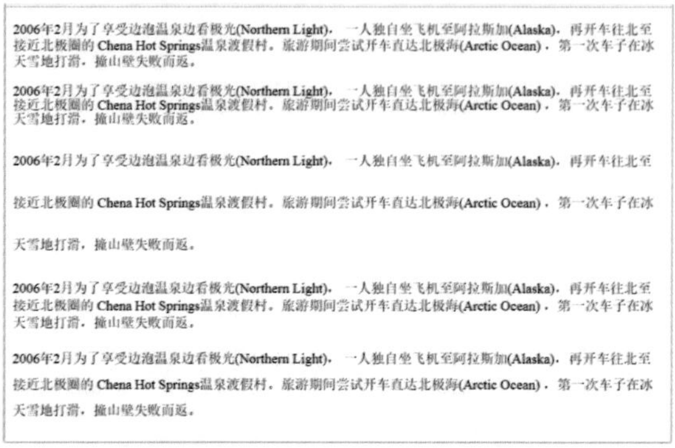

2006年2月为了享受边泡温泉边看极光(Northern Light)， 一人独自坐飞机至阿拉斯加(Alaska)，再开车往北至接近北极圈的 Chena Hot Springs温泉渡假村。旅游期间尝试开车直达北极海(Arctic Ocean)，第一次车子在冰天雪地打滑，撞山壁失败而返。

2006年2月为了享受边泡温泉边看极光(Northern Light)， 一人独自坐飞机至阿拉斯加(Alaska)，再开车往北至接近北极圈的 Chena Hot Springs温泉渡假村。旅游期间尝试开车直达北极海(Arctic Ocean)，第一次车子在冰天雪地打滑，撞山壁失败而返。

2006年2月为了享受边泡温泉边看极光(Northern Light)， 一人独自坐飞机至阿拉斯加(Alaska)，再开车往北至

接近北极圈的 Chena Hot Springs温泉渡假村。旅游期间尝试开车直达北极海(Arctic Ocean)，第一次车子在冰

天雪地打滑，撞山壁失败而返。

2006年2月为了享受边泡温泉边看极光(Northern Light)， 一人独自坐飞机至阿拉斯加(Alaska)，再开车往北至接近北极圈的 Chena Hot Springs温泉渡假村。旅游期间尝试开车直达北极海(Arctic Ocean)，第一次车子在冰天雪地打滑，撞山壁失败而返。

2006年2月为了享受边泡温泉边看极光(Northern Light)， 一人独自坐飞机至阿拉斯加(Alaska)，再开车往北至

接近北极圈的 Chena Hot Springs温泉渡假村。旅游期间尝试开车直达北极海(Arctic Ocean)，第一次车子在冰

天雪地打滑，撞山壁失败而返。

12-4 设置字母间距的 letter-spacing 属性

这个属性的使用格式如下：

```
letter-spacing: normal | length | initial | inherit;
```

- normal：默认值，没有额外空间。
- length：设定固定的字符间距，可以是负值。

程序实例 ch12_4.html：letter-spacing 属性的测试。这个程序会输出 3 行数据，第 1 行字母间距是默认宽度，第 2 行字母间距是 2px，第 3 行字母间距是 5px。

```
1  <!doctype html>
2  <html>
3  <head>
4      <meta charset="utf-8">
5      <title>ch12_4.html</title>
6      <style>
7          #letterspacing1 { letter-spacing:2px; }
8          #letterspacing2 { letter-spacing:5px; }
9      </style>
10 </head>
11 <body>
12 <p>Letter-spacing function testing</p>
13 <p id="letterspacing1">
14 Letter-spacing function testing
15 </p>
16 <p id="letterspacing2">
17 Letter-spacing function testing
18 </p>
19 </body>
20 </html>
```

执行结果

Letter-spacing function testing

L e t t e r - s p a c i n g   f u n c t i o n   t e s t i n g

L e t t e r - s p a c i n g   f u n c t i o n   t e s t i n g

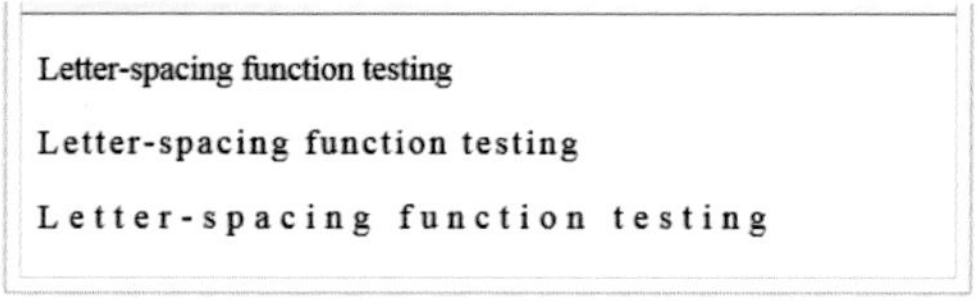

程序实例 ch12_5.html：将 letter-spacing 概念应用在中英混合的文件中。

```
1  <!doctype html>
2  <html>
3  <head>
4      <meta charset="utf-8">
5      <title>ch12_5.html</title>
6      <style>
7          #letterspacing1 { letter-spacing:2px; }
8          #letterspacing2 { letter-spacing:5px; }
9      </style>
10 </head>
11 <body>
12 <p>2006年2月为了享受边泡温泉边看极光(Northern Light),
13 一人独自坐飞机至阿拉斯加(Alaska)，再开车往北至接近北极圈的
14 Chena Hot Springs温泉渡假村。</p>
15 <p id="letterspacing1">
16 2006年2月为了享受边泡温泉边看极光(Northern Light),
17 一人独自坐飞机至阿拉斯加(Alaska)，再开车往北至接近北极圈的
18 Chena Hot Springs温泉渡假村。
19 </p>
20 <p id="letterspacing2">
21 2006年2月为了享受边泡温泉边看极光(Northern Light),
22 一人独自坐飞机至阿拉斯加(Alaska)，再开车往北至接近北极圈的
23 Chena Hot Springs温泉渡假村。
24 </p>
25 </body>
26 </html>
```

执行结果

2006年2月为了享受边泡温泉边看极光(Northern Light)，一人独自坐飞机至阿拉斯加(Alaska)，再开车往北至接近北极圈的 Chena Hot Springs温泉渡假村。

2006年2月为了享受边泡温泉边看极光(Northern Light)，一人独自坐飞机至阿拉斯加(Alaska)，再开车往北至接近北极圈的 Chena Hot Springs温泉渡假村。

2006年2月为了享受边泡温泉边看极光(Northern Light)，一人独自坐飞机至阿拉斯加(Alaska)，再开车往北至接近北极圈的 Chena Hot Springs温泉渡假村。

12-5 设置文字间距的 word-spacing 属性

这个属性的使用格式如下：

```
word-spacing: normal | length | initial | inherit;
```

- normal：默认值，文字间距是 0.25em。
- length：设定额外文字的间距，可以是负值。

程序实例 ch12_6.html：word-spacing 属性的测试。这个程序会输出 3 行数据，第 1 行文字间距是默认宽度，第 2 行文字间距是 2px，第 3 行文字间距是 5px。

```
1  <!doctype html>
2  <html>
3  <head>
4     <meta charset="utf-8">
5     <title>ch12_6.html</title>
6     <style>
7        #wordspacing1 { word-spacing:0.5em; }
8        #wordspacing2 { word-spacing:1em; }
9     </style>
10 </head>
11 <body>
12 <p>word-spacing function testing</p>
13 <p id="wordspacing1">
14 word-spacing function testing
15 </p>
16 <p id="wordspacing2">
17 word-spacing function testing
18 </p>
19 </body>
20 </html>
```

执行结果

word-spacing function testing

word-spacing　function　testing

word-spacing　　function　　testing

12-6 处理空格符的 white-space 属性

这个属性的使用格式如下：

```
white-space: normal | nowrap | pre | pre-line | pre-wrap | initial | inherit;
```

- normal：默认值，浏览器会忽略空白。
- nowrap：本文不换行，直到遇上
 元素。

- pre：保留空白，类似于 HTML 的 <pre> 元素。
- pre-line：合并空白符号，使文件正常换行。
- pre-wrap：设定保留空白符号，在浏览器中可正常换行。

程序实例 ch12_7.html：white-space 的应用。这个程序分别使用默认、nowrap（不换行）、pre（类似 HTML 的 <pre> 输出）等 3 种方式测试数据的输出，另外也改成使用 class 类别选择器。

```
1  <!doctype html>
2  <html>
3  <head>
4     <meta charset="utf-8">
5     <title>ch12_7.html</title>
6     <style>
7        p.nowrap { white-space:nowrap; }
8        p.pre { white-space:pre; }
9     </style>
10 </head>
11 <body>
12 <p>Default: This is testing text. This is testinng text.
13 This is testing text. This is testinng text.
14 </p>
15 <p class="nowrap">
16 Nowrap: This is testing text. This is testinng text.
17 This is testing text. This is testinng text.
18 </p>
19 <p class="pre">
20 Pre: This is testing text. This is testinng text.
21 This is testing text. This is testinng text.
22 </p>
23 </body>
24 </html>
```

执行结果

Default: This is testing text. This is testinng text. This is testing text. This is testinng text.

Nowrap: This is testing text. This is testinng text. This is testing text. T

Pre: This is testing text. This is testinng text.
This is testing text. This is testinng text.

12-7 大小写转换的 text-transform 属性

这个属性的使用格式如下：

```
text-transform: none | capitalize | uppercase | lowercase | initial | inherit;
```

- none：默认值，保持文字原本样式。
- capitalize：文字第 1 个字母大写。
- uppercase：将字母全部转成大写。
- lowercase：将字母全部转成小写。

程序实例 ch12_8.html：text-transform 的应用。这个程序分别使用 capitalize、uppercase、lowercase 3 种大小写文字转换方式输出数据。

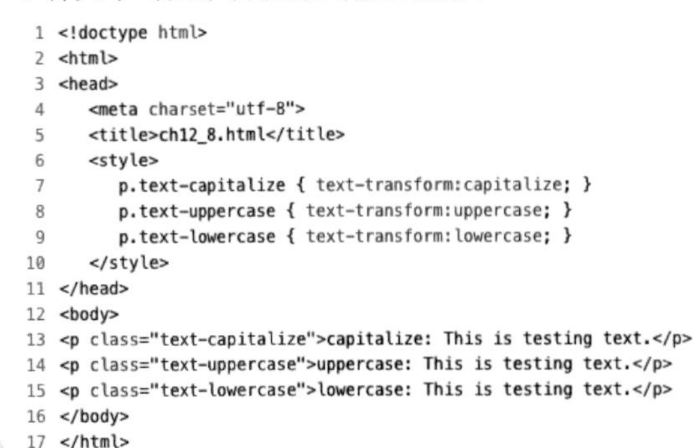

```
1  <!doctype html>
2  <html>
3  <head>
4     <meta charset="utf-8">
5     <title>ch12_8.html</title>
6     <style>
7        p.text-capitalize { text-transform:capitalize; }
8        p.text-uppercase { text-transform:uppercase; }
9        p.text-lowercase { text-transform:lowercase; }
10    </style>
11 </head>
12 <body>
13 <p class="text-capitalize">capitalize: This is testing text.</p>
14 <p class="text-uppercase">uppercase: This is testing text.</p>
15 <p class="text-lowercase">lowercase: This is testing text.</p>
16 </body>
17 </html>
```

执行结果

Capitalize: This Is Testing Text.

UPPERCASE: THIS IS TESTING TEXT.

lowercase: this is testing text.

12-8 设置文字阴影的 text-shadow 属性

这个属性的使用格式如下：

```
text-shadow: h-shadow v-shadow blur-radius color | none | initial | inherit;
```

- h-shadow：水平阴影的位置，往右是正值，允许负值，此值不可省略。
- v-shadow：垂直阴影的位置，往下是正值，允许负值，此值不可省略。
- blur-radius：可设定模糊的范围，单位与 h-shadow 或 v-shadow 相同，可省略。
- color：阴影的颜色，可省略。
- none：默认值，即没有阴影。

text-shadow 允许建立多重的阴影，只要重复 h-shadow、v-shadow、blur-radius 即可。

程序实例 ch12_9.html：这个程序分别使用 4 种文字阴影展示 text-shadow 功能。如果水平和垂直阴影的位置是 0 时设定了模糊范围值，则往外围模糊，可参考执行结果图右下角效果；如果水平和垂直阴影位置是负时，则阴影是往左上方延伸，可参考执行结果图左下角效果。

```
1  <!doctype html>
2  <html>
3  <head>
4     <meta charset="utf-8">
5     <title>ch12_9.html</title>
6     <style>
7        #test1 { text-shadow:5px 5px 5px gray; font-size:50px;}
8        #test2 { text-shadow:5px 5px 5px yellow; font-size:50px; }
9        #test3 { text-shadow:-5px -5px 5px navy; font-size:50px; }
10       #test4 { text-shadow:0px 0px 10px navy; font-size:50px; }
11    </style>
12 </head>
13 <body>
14 <p id="test1">DeepStone <span id="test2">DeepStone</span></p>
15 <p id="test3">DeepStone <span id="test4">DeepStone</span></p>
16 </body>
17 </html>
```

执行结果

DeepStone DeepStone

DeepStone DeepStone

12-9 设置线条装饰的 text-decoration 属性

这个属性的使用格式如下：

```
text-decoration: none | underline | overline | line-through | initial | inherit;
```

- none：默认值，即正常显示。
- underline：底线。
- overline：顶线。
- line-through：删除线。

程序实例 ch12_10.html：底线（underline）、顶线（overline）、删除线（line-through）的应用。

```
1  <!doctype html>
2  <html>
3  <head>
4     <meta charset="utf-8">
5     <title>ch12_10.html</title>
6     <style>
7        #test1 { text-decoration:underline;}
8        #test2 { text-decoration:overline;}
9        #test3 { text-decoration:line-through;}
10    </style>
11 </head>
12 <body>
13 <p id="test1">DeepStone</p>
14 <p id="test2">DeepStone</p>
15 <p id="test3">DeepStone</p>
16 </body>
17 </html>
```

执行结果

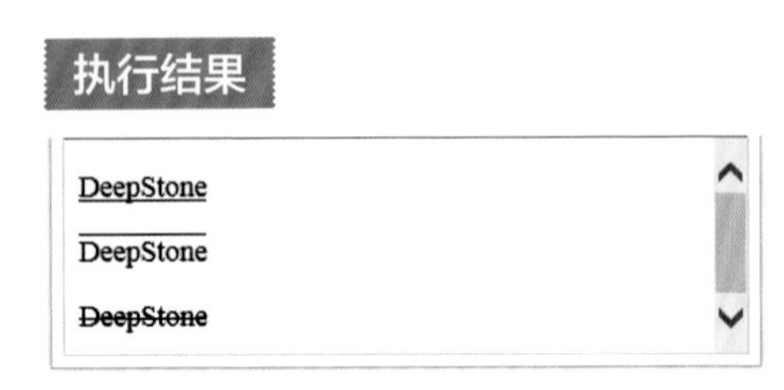

12-10 再谈线条装饰

HTML5 除了支持前一节所述的线条装饰 text-decoration，还增加了更多相关线条装饰的功能。但是这些功能目前除了 FireFox 浏览器支持外，其他浏览器尚未支持，以下各小节皆是使用 FireFox 浏览器所获得的结果。

12-10-1 text-decoration-line

这个属性的使用格式如下：

```
text-decoration-line: none | underline | overline | line-through | initial | inherit;
```

它的属性值用法与 text-decoration 相同。

程序实例 ch12_11.html：使用 text-decoration-line 重新设计 ch12_10.html。下面只列出两个文件的不同之处，执行结果完全相同。

```
6     <style> /* 需使用Firefox执行 */
7        #test1 { text-decoration-line:underline;}
8        #test2 { text-decoration-line:overline;}
9        #test3 { text-decoration-line:line-through;}
10    </style>
```

12-10-2 text-decoration-color

这个属性用于指定装饰线条色彩。

程序实例 ch12_12.html：蓝色底线的应用。

```
1  <!doctype html>
2  <html>
3  <head>
4     <meta charset="utf-8">
5     <title>ch12_12.html</title>
6     <style> /* 需使用Firefox执行 */
7        p {
8           text-decoration:underline;
9           text-decoration-color:blue;
10       }
11    </style>
12 </head>
13 <body>
14 <p>Deep Learning</p>
15 </body>
16 </html>
```

执行结果

Deep Learning

12-10-3　text-decoration-style

这个属性用于设定线条修饰样式，属性的使用格式如下：

```
text-decoration-style: dashed | dotted | double | solid | wavy | initial | inherit;
```

- dashed：虚线。
- dotted：点线。
- double：双线。
- solid：实线，这是默认值。
- wavy：波浪线。

目前除了 solid 获得 Firefox 支持外，其余浏览器皆不支持。

程序实例 ch12_13.html：text-decoration-style 的应用。

```
1  <!doctype html>
2  <html>
3  <head>
4     <meta charset="utf-8">
5     <title>ch12_13.html</title>
6     <style> /* 需使用Firefox执行 */
7        p {
8           text-decoration:underline;
9           text-decoration-color:blue;
10       }
11       span#linestyle1 { text-decoration-style:solid; }
12       span#linestyle2 { text-decoration-style:dashed; }
13       span#linestyle3 { text-decoration-style:dotted; }
14       span#linestyle4 { text-decoration-style:double; }
15       span#linestyle5 { text-decoration-style:wavy; }
16    </style>
17 </head>
18 <body>
19 <p><span id="linestyle1">DeepStone - Deep Learning</span></p>
20 <p><span id="linestyle2">DeepStone - Deep Learning</span></p>
21 <p><span id="linestyle3">DeepStone - Deep Learning</span></p>
22 <p><span id="linestyle4">DeepStone - Deep Learning</span></p>
23 <p><span id="linestyle5">DeepStone - Deep Learning</span></p>
24 </body>
25 </html>
```

执行结果　全部文字都加底线显示，所以不再列出执行结果。

12-11　设定制表符宽度的 tab-size 属性

这个属性的使用格式如下：

```
tab-size: number | length | initial | inherit;
```

- number：设定制表符为默认的 8 个英文字符宽度。
- length：设定制表符的长度，目前尚未获得主要浏览器支持。

程序实例 ch12_14.html：这个程序分别以默认、12、16 个空格符宽度测试 tab-size 属性。

```
1 <!doctype html>
2 <html>
3 <head>
4    <meta charset="utf-8">
5    <title>ch12_14.html</title>
6    <style> /* 请在Chrome浏览器执行 */
7       #test1 { tab-size:12; }
8       #test2 { tab-size:16; }
9    </style>
10 </head>
11 <body>
12 <pre>使用 tab键    默认</pre>
13 <pre id="test1">使用  tab键    tab-size    12</pre>
14 <pre id="test2">使用  tab键    tab-size    16</pre>
15 </body>
16 </html>
```

执行结果

```
使用    tab键   默认
使用        tab键       tab-size    12
使用            tab键           tab-size        16
```

12-12 设定换行的 word-wrap 属性

这个属性主要是处理显示区宽度无法显示较长的单字，如 URL 的网址时，网页的处理方式。这个属性的使用格式如下：

```
word-wrap: normal | break-word;
```

- ❑ normal：默认值，只有在可以换行的地方换行，否则持续显示直到结束。
- ❑ break-word：可用于将较长的单字或 URL 网址中途换行。

程序实例 ch12_15.html：word-wrap 的应用。这个程序使用两种属性值测试，读者可以由此了解 normal 和 break-word 属性值的差别。同时这个程序使用了两个尚未讲解的属性：

width：应用于第 8、13 行，可以设定文本块的宽度。先前这个属性常用于设定图片的宽度，但是应用在段落则可以设定段落的宽度。

border：应用于第 9、14 行绘制文本块，本例是设定线宽为 1px、solid（实线）、blue（蓝色），15-4-4 节会有更多这方面的说明。

```
1 <!doctype html>
2 <html>
3 <head>
4    <meta charset="utf-8">
5    <title>ch12_15.html</title>
6    <style>
7       #test1 {
8          width:150px;
9          border:1px solid blue;
10         word-wrap:normal;
11      }
12      #test2 {
13         width:150px;
14         border:1px solid blue;
15         word-wrap:break-word;
16      }
17   </style>
18 </head>
19 <body>
20 <p id="test1">Silicon Stone Education (http://www.siliconstone.com)
21 is unbiased organization, concentrated on bringing the gap between
22 academic and the working world in order to benefit society as a whole.</p>
23 <p id="test2">Silicon Stone Education (http://www.siliconstone.com)
24 is unbiased organization, concentrated on bringing the gap between
25 academic and the working world in order to benefit society as a whole.</p>
26 </body>
27 </html>
```

执行结果

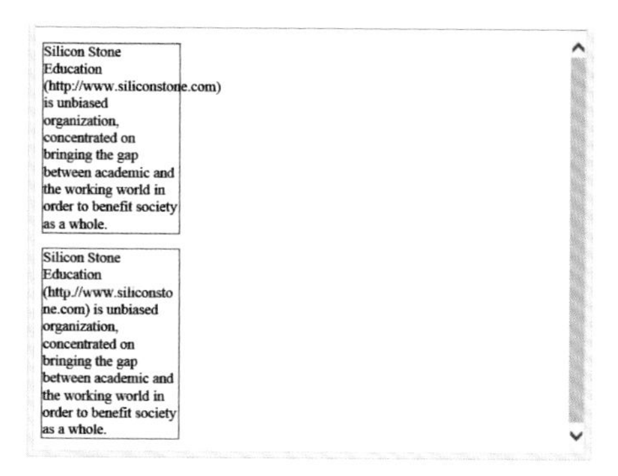

12-13　设定文字超出范围的 text-overflow 属性

这个功能原本是 Microsoft 公司 IE 浏览器特有的属性功能，但现已被收录在 CSS3 中。这个属性的使用格式如下：

```
text-overflow: clip | ellipsis | string | initial | inherit;
```

- ❑ clip：超出显示区不予显示。
- ❑ ellipsis：超出显示区以“…”显示。

程序实例 ch12_16.html：text-overflow 的应用。这个程序使用两种属性值测试，读者可以了解 clip 和 ellipsis 属性值的差别。同时这个程序使用了 1 个尚未讲解的属性：

overflow：将 overflow 属性值设为 hidden 时，溢出的数据将被隐藏。15-8 节将更完整地讲解此属性。

```
1  <!doctype html>
2  <html>
3  <head>
4     <meta charset="utf-8">
5     <title>ch12_16.html</title>
6     <style>
7        #test1 {
8           width:150px;
9           border:1px solid blue;
10          overflow:hidden;      /* 溢出数据隐藏 */
11          text-overflow:clip;  /* 溢出数据不显示 */
12          white-space:nowrap;  /* 不换行输出 */
13       }
14       #test2 {
15          width:150px;
16          border:1px solid blue;
17          overflow:hidden;
18          text-overflow:ellipsis; /* 溢出资料以 ... 显示 */
19          white-space:nowrap;
20       }
21    </style>
22 </head>
23 <body>
24 <p id="test1">Silicon Stone Education is an unbiased organization.</p>
25 <p id="test2">Silicon Stone Education is an unbiased organization.</p>
26 </body>
27 </html>
```

执行结果

Silicon Stone Educatio

Silicon Stone Educa…

习题

1. 请将 text-shadow 功能应用在自己姓名，设计出 5 种效果。
2. 请将 text-shadow 功能应用在学校名称，设计出 5 种效果。
3. 请使用所学知识，重新设计 ch11_15.html。

第 13 章

将 CSS 应用在项目列表

本章摘要

13-1 建立项目列表符号的 list-style-type 属性
13-2 建立图片项目符号的 list-style-image 属性
13-3 项目符号与编号位置的 list-style-position 属性
13-4 简易表示法 list-style

13-1 建立项目列表符号的 list-style-type 属性

5-1 节曾介绍可以使用 <ul> 元素建立点符列表，每一条列表前有实心圆点符号。5-2 节曾介绍可以使用 <ol> 元素建立有编号的项目列表，每一条列表前有编号。我们可以使用 CSS 的 list-style-type 属性设定不同的项目符号或是编号。

```
list-style-type: disc | circle | square | decimal | decimal-leading-zero | lower-roman | upper-roman | lower-alpha | upper-alpha | lower-greek | lower-latin | upper-latin | hebrew | armenian | georgian | none | inherit;
```

下列是项目符号的属性值：

- disc：默认值，表示实心圆点。
- circle：空心圆点。
- square：实心方块。
- none：不显示项目符号。

下列是编号符号的属性值：

- decimal：阿拉伯数字，从 1 开始计数。
- decimal-leading-zero：阿拉伯数字，从 01，02，… 开始计数。
- lower-roman/upper-roman：小写 / 大写罗马数字（i / I）。
- lower-alpha/upper-alpha：小写 / 大写英文字母（a/A）。
- lower-greek：小写希腊字母。
- lower-latin/upper-latin：小写 / 大写拉丁字母。
- hebrew/armenian/georgian：希伯来编号 / 亚美尼亚编号 / 乔治亚编号。
- hiragana/katakana/hiragana-iroha/katakana-iroha：日文片假名（a/A/i/I）。

程序实例 ch13_1.html：使用 list-style-type 属性更改项目符号与编号符号。

```
1  <!doctype html>
2  <html>
3  <head>
4     <meta charset="utf-8">
5     <title>ch13_1.html</title>
6     <style>
7        ul.circle { list-style-type:circle; }
8        ol.uroman { list-style-type:upper-roman; }
9     </style>
10 </head>
11 <body>
12 <ul class="circle">
13    <li>南极大陆</li>
14    <li>北极海</li>
15    <li>中国西藏</li>
16 </ul>
17 <ol class="uroman">
18     <li>明志科大</li>
19     <li>台湾科大</li>
20     <li>台北科大</li>
21 </ol>
22 </body>
23 </html>
```

执行结果

- ○ 南极大陆
- ○ 北极海
- ○ 中国西藏

I. 明志科大
II. 台湾科大
III. 台北科大

13-2 建立图片项目符号的 list-style-image 属性

CSS 也允许使用图片项目符号设定格式如下：

```
list-style-image: none | url(filename) | initial | inherit;
```

url 内的是图片文件名。

程序实例 ch13_2.html：list-style-image 的应用，同时这个程序也尝试修改项目数据的文字颜色和背景颜色，读者可以自行体会它们的变化。

```
1  <!doctype html>
2  <html>
3  <head>
4     <meta charset="utf-8">
5     <title>ch13_2.html</title>
6     <style>
7        ul.blueball { list-style-image:url(bball.jpg); }
8        ol.bsquare { list-style-image:url(bsquare.jpg); }
9        li#bluecolor { color:blue; }
10       li#bgyellow { background-color:yellow; }
11    </style>
12 </head>
13 <body>
14 <ul class="blueball">
15    <li id="bluecolor">南极大陆</li>
16    <li>北极海</li>
17    <li>中国西藏</li>
18 </ul>
19 <ol class="bsquare">
20    <li id="bgyellow">明志科大</li>
21    <li>台湾科大</li>
22    <li>台北科大</li>
23 </ol>
24 </body>
25 </html>
```

执行结果

- 南极大陆
- 北极海
- 中国西藏

- 明志科大
- 台湾科大
- 台北科大

13-3 项目符号与编号位置的 list-style-position 属性

可以使用此属性设定项目符号与编号的位置，格式如下：

```
list-style-position: inside | outside | initial | inherit;
```

下列是 inside 与 outside 的关系图。

Outside

- 南极大陆
- 北极海

Inside

- 南极大陆
- 北极海

程序实例 ch13_3.html：list-style-position 的应用。

```
1  <!doctype html>
2  <html>
3  <head>
4     <meta charset="utf-8">
5     <title>ch13_3.html</title>
6     <style>
7        ul.blueball {
8           list-style-image:url(bball.jpg);
9           list-style-position:outside;
10       }
11       ul.po-inside {
12          list-style-image:url(bsquare.jpg);
13          list-style-position:inside;
14       }
15       #bluecolor { color:blue; }
16    </style>
17 </head>
18 <body>
19 <ul class="blueball">
20    <li>台湾著名科技大学</li>
21 </ul>
22 <ul class="po-inside">
23    <li id="bluecolor">明志科大</li>
24    <li>台湾科大</li>
25    <li>台北科大</li>
26 </ul>
27 </body>
28 </html>
```

执行结果

- 台湾著名科技大学
  - 明志科大
  - 台湾科大
  - 台北科大

13-4 简易表示法 list-style

这是前 3 节属性设定的简易表示法，可以设定所有的项目列表属性，使用时可以依序设定下列属性值：

list-style-type　list-style-position　list-style-image

上述属性的默认值分别是 disc、outside、none，使用时属性值间需用空格隔开，如果某个属性值使用默认值，则可以省略。

程序实例 ch13_4.html：使用 list-style 属性重新设计 ch13_3.html。

```
1  <!doctype html>
2  <html>
3  <head>
4     <meta charset="utf-8">
5     <title>ch13_4.html</title>
6     <style>
7        ul.blueball { list-style: outside url(bball.jpg); }
8        ul.po-inside { list-style:inside url(bsquare.jpg); }
9        #bluecolor { color:blue; }
10    </style>
11 </head>
12 <body>
13 <ul class="blueball">
14    <li>台湾著名科技大学</li>
15 </ul>
16 <ul class="po-inside">
17    <li id="bluecolor">明志科大</li>
18    <li>台湾科大</li>
19    <li>台北科大</li>
20 </ul>
21 </body>
22 </html>
```

执行结果　与 ch13_3.html 执行结果相同，不过上述程序精简了整个设计，第 7 行取代原先的第 7 ～ 10 行，第 8 行取代了原先的第 11 ～ 14 行。

习题

1. 请重新设计第 5 章习题 1，执行下列修订。

   A. 将项目符号改成空心圆点

   B. 将项目符号改成空心方块

   C. 将项目符号改成任意图片

2. 请重新设计程序实例 ch5_7.html，将清单编号改成：

   A. decimal-leading-zero：阿拉伯数字，从 01，02，… 开始计数

   B. lower-greek：小写希腊字母

   C. lower-latin/upper-latin：小写 / 大写拉丁字母

   D. hebrew：希伯来编号

   E. armenian：亚美尼亚编号

   F. gerogian：乔治亚编号

3. 请重新设计第 5 章习题 3，请读者发挥创意，美化网页版面整体设计。

14

第 14 章

设计背景

本章摘要

14-1 透明色

在正式讲解设计背景前，先介绍透明色，以后在介绍背景颜色时再进行综合说明。

14-1-1 rgba() 函数

这个函数扩充了 rgb() 函数（可参考 11-2 节）的功能。

```
rgba(red, green, blue, alpha)
```

其中 alpha 是介于 0.0（完全透明）和 1.0（完全不透明）间的数值。

14-1-2 hsla() 函数

这个函数扩充了 hue() 函数（可参考 11-2-3 节）的功能。

```
hsla(hue, saturation, lightness, alpha)
```

其中 alpha 是介于 0.0（完全透明）和 1.0（完全不透明）间的数值。

14-1-3 透明度 opacity

opacity 属性的使用格式如下：

```
opacity: value | inherit
```

其中 value 是介于 0.0（完全透明）和 1.0（完全不透明）间的数值。

程序实例 ch14_1.html：使用 rgba()、hsla() 函数和 opacity 属性进行透明度为 1、0.6、0.3 的测试，并比较执行结果。

```
1 <!doctype html>
2 <html>
3 <head>
4    <meta charset="utf-8">
5    <title>ch14_1.html</title>
6    <style>
7       p.m1sec1 { background-color:lightgray; color:rgba(0,0,255,1); }
8       p.m1sec2 { background-color:lightgray; color:rgba(0,0,255,0.6); }
9       p.m1sec3 { background-color:lightgray; color:rgba(0,0,255,0.3); }
10      p.m2sec1 { background-color:lightgray; color:hsla(120,100%,50%,1); }
11      p.m2sec2 { background-color:lightgray; color:hsla(120,100%,50%,0.6);
12      p.m2sec3 { background-color:lightgray; color:hsla(120,100%,50%,0.3);
13      p.m3sec1 { background-color:lightgray; color:red; opacity:1; }
14      p.m3sec2 { background-color:lightgray; color:red; opacity:0.6; }
15      p.m3sec3 { background-color:lightgray; color:red; opacity:0.3; }
16   </style>
17 </head>
18 <body>
19 <p class="m1sec1">一个人的极境旅行 - 南极大陆北极海</p>
20 <p class="m1sec2">一个人的极境旅行 - 南极大陆北极海</p>
21 <p class="m1sec3">一个人的极境旅行 - 南极大陆北极海</p>
22 <p class="m2sec1">一个人的极境旅行 - 南极大陆北极海</p>
23 <p class="m2sec2">一个人的极境旅行 - 南极大陆北极海</p>
24 <p class="m2sec3">一个人的极境旅行 - 南极大陆北极海</p>
25 <p class="m3sec1">一个人的极境旅行 - 南极大陆北极海</p>
26 <p class="m3sec2">一个人的极境旅行 - 南极大陆北极海</p>
27 <p class="m3sec3">一个人的极境旅行 - 南极大陆北极海</p>
28 </body>
29 </html>
```

执行结果

14-2 设置背景颜色的 background-color 属性

之前已有许多关于背景颜色的实例，本节是完整说明。背景颜色属性的使用格式如下：

```
background-color: color_name | hex_number | rgb_number | transparent | inherit
```

- ❑ color_name：以颜色名称设定背景色，此应用已经有许多范例了，可参考附录 E。
- ❑ hex_number：以十六进制设定颜色背景值，如 #ff00ff。
- ❑ rgb_number：以 rgb() 函数设定背景颜色，如 rgb（ff,00,ff）。
- ❑ transparent：默认值，即背景颜色是透明的。

程序实例 ch14_2.html：background-color 的应用。这个程序比较特别的是程序第 7 行，此处将整个网页背景皆设为 lightyellow 颜色。

```
1 <!doctype html>
2 <html>
3 <head>
4     <meta charset="utf-8">
5     <title>ch14_2.html</title>
6     <style>
7         body { background-color:lightyellow; }
8         h1 { background-color:lightgray; }
9         p.book1 { background-color:lightgreen; }
10        p.book2 { background-color:lightblue; }
11        p.book3 { background-color:transparent; }
12    </style>
13 </head>
14 <body>
15 <h1>洪锦魁著作</h1>
16 <p class="book1">一个人的极境旅行 - 南极大陆北极海</p>
17 <p class="book2">迈向赌神之路 - 麻将必胜秘籍</p>
18 <p class="book3">R语言 - 迈向大Big Data之路</p>
19 </body>
20 </html>
```

执行结果

洪锦魁著作

一个人的极境旅行 - 南极大陆北极海

迈向赌神之路 - 麻将必胜秘籍

R语言 - 迈向大Big Data之路

设计网页时，也可以将某个网页区块设为背景，这时 10-4 节所介绍的 <div> 元素就非常有用了。

程序实例 ch14_3.html：重新设计 ch3_8.html，为这个程序加上区块以及区块背景。

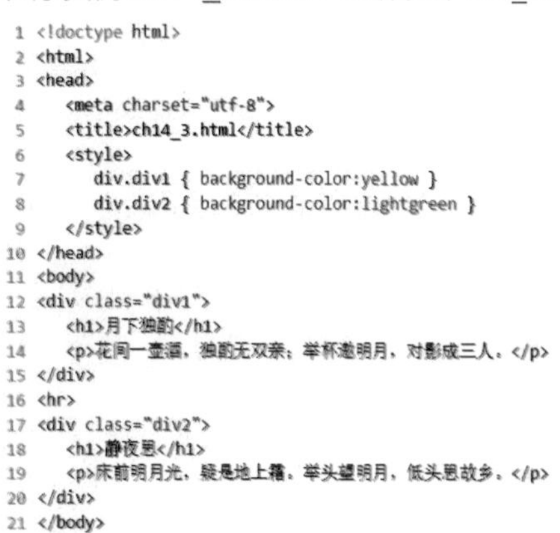

```
1 <!doctype html>
2 <html>
3 <head>
4     <meta charset="utf-8">
5     <title>ch14_3.html</title>
6     <style>
7         div.div1 { background-color:yellow }
8         div.div2 { background-color:lightgreen }
9     </style>
10 </head>
11 <body>
12 <div class="div1">
13     <h1>月下独酌</h1>
14     <p>花间一壶酒，独酌无双亲；举杯邀明月，对影成三人。</p>
15 </div>
16 <hr>
17 <div class="div2">
18     <h1>静夜思</h1>
19     <p>床前明月光，疑是地上霜。举头望明月，低头思故乡。</p>
20 </div>
21 </body>
22 </html>
```

执行结果

月下独酌

花间一壶酒，独酌无双亲；举杯邀明月，对影成三人。

静夜思

床前明月光，疑是地上霜。举头望明月，低头思故乡。

14-3　设置背景图像的 background-image 属性

这个属性默认是将图片从左上角往水平和垂直方向重复放置，它的使用格式如下：

```
background-image: url(url) | none | inherit
```

- url：图片的 URL。
- none：不显示背景图像。

程序实例 ch14_4.html：将图片设定为网页背景。

```
<!doctype html>
<html>
<head>
   <meta charset="utf-8">
   <title>ch14_4.html</title>
   <style>
      body { background-image:url(sea.jpg); }
      h1 { text-align:center; }
   </style>
</head>
<body>
<h1>洪锦魁著作</h1>
</body>
</html>
```

执行结果

CSS 是允许设定多个背景图片的，这时会有层次的问题，先放的图片会在图层的上方，在安置时 url（URL）间以“,”隔开。

程序实例 ch14_5.html：将两张图片当背景的应用。由于是先放置“star.gif”，所以此图片是在图层的上方。

```
<!doctype html>
<html>
<head>
   <meta charset="utf-8">
   <title>ch14_5.html</title>
   <style>
      body { background-image:url(star.gif), url(sea.jpg); }
   </style>
</head>
<body>
</body>
</html>
```

执行结果

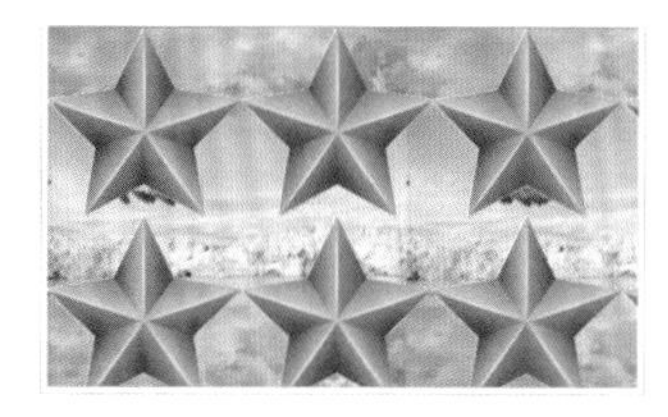

设计网页时也可以将图片应用在项目列表。

程序实例 ch14_6.html：将背景图 sea.jpg 加在项目列表内。

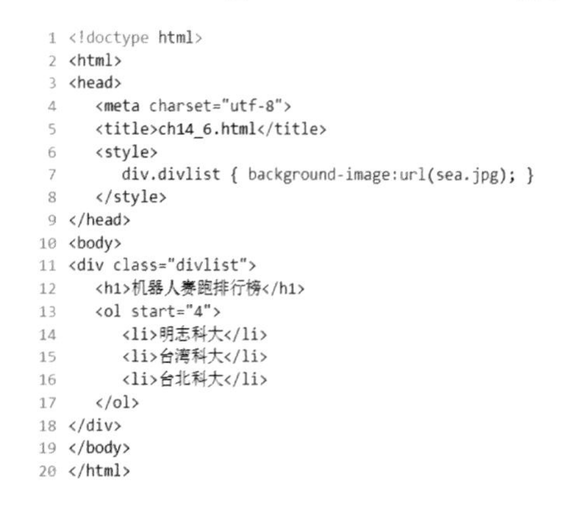

```
<!doctype html>
<html>
<head>
   <meta charset="utf-8">
   <title>ch14_6.html</title>
   <style>
      div.divlist { background-image:url(sea.jpg); }
   </style>
</head>
<body>
<div class="divlist">
   <h1>机器人赛跑排行榜</h1>
   <ol start="4">
      <li>明志科大</li>
      <li>台湾科大</li>
      <li>台北科大</li>
   </ol>
</div>
</body>
</html>
```

执行结果

设计网页时也可以将图片应用在表格数据。

程序实例 ch14_7.html：将背景图 sea.jpg 加在表格内。以这个程序而言，读者需注意第 11 行，这行指出应如何将背景图应用在表格内。

```
1  <!doctype html>
2  <html>
3  <head>
4     <meta charset="utf-8">
5     <title>ch14_7.html</title>
6     <style>
7        table.backimage { background-image:url(sea.jpg); }
8     </style>
9  </head>
10 <body>
11 <table border="1" class="backimage">
12    <thead><!--建立表头 -->
13       <tr><th colspan="3">深石数位卖场</th></tr>
14       <tr><th>店名</th><th>地址</th><th>营业时间</th></tr>
15    </thead>
16    <tbody><!-- 建立表格本体 -->
17       <tr><td>天母店</td><td>台北市忠诚路200号</td>
18       <td rowspan="2">09:00-23:00</td></tr>
19       <tr><td>大安店</td><td>台北市大安路10号</td></tr>
20       <tr><td>新竹店</td><td>新竹市清华路112号</td><td>11:00-20:00</td></tr>
21    </tbody>
22    <tfoot><!-- 建立表尾 -->
23       <tr><td colspan="3">制表2017年5月30日</td></tr>
24    </tfoot>
25 </table>
26
27 </body>
28 </html>
```

执行结果

深石数位卖场		
店名	地址	营业时间
天母店	台北市忠诚路200号	09:00-23:00
大安店	台北市大安路10号	
新竹店	新竹市清华路112号	11:00-20:00
制表2017年5月30日		

14-4 设置背景是否重复出现的 background-repeat 属性

这个属性可设定图像是否重复出现，它的使用格式如下：

```
background-repeat: repeat | repeat-x | repeat-y | no-repeat | space | round | inherit;
```

- repeat：默认值，图片将在水平方向和垂直方向重复出现。
- repeat-x：设定图片沿 x 轴水平方向重复出现。
- repeat-y：设定图片沿 y 轴垂直方向重复出现。
- no-repeat：设定图片只显示一次。
- space：设定图片在水平和垂直重复出现时自行调整间距，让图片完整呈现。
- round：设定图片在水平和垂直重复出现时自行重设大小，让图片完整呈现。

程序实例 ch14_8.html：让图片只显示一次。

```
1  <!doctype html>
2  <html>
3  <head>
4     <meta charset="utf-8">
5     <title>ch14_8.html</title>
6     <style>
7        body {
8           background-image:url(sea.jpg);
9           background-repeat:no-repeat;
10       }
11    </style>
12 </head>
13 <body>
14 </body>
15 </html>
```

执行结果

程序实例 ch14_8_1.html：让图片沿水平方向重复。

```
6      <style>
7         body {
8            background-image:url(sea.jpg);
9            background-repeat:repeat-x;
10        }
11     </style>
```

执行结果

程序实例 ch14_8_2.html：让图片沿垂直方向重复。

```
6      <style>
7         body {
8            background-image:url(sea.jpg);
9            background-repeat:repeat-y;
10        }
11     </style>
```

执行结果

14-5 设置背景图片位置的 background-position 属性

这个属性可以设定图片放在指定位置，而不是一律放在左上角，它的使用格式如下：

```
background-position: value;
```

value 值可以是下列几类

- left top、left center、left bottom、right top、right center、right bottom、center top、center center、center bottom

此类值的默认值是 0%, 0%。如果只设定一个关键词，则另一个字一定是 center。另外，图片的垂直位置会与目前显示数据有关，而不是与窗口高度有关；图片的水平位置会与窗口宽度有关。

- x% y%

用百分比方式设定值，x% 表示水平位置，y% 表示垂直位置，左上角是 0%0%，右下角是 100%100%。如果只设定一个值，则另一个值一定是 50%。

- xpos ypos

第一个值表示水平位置，第二个值表示垂直位置，可以使用附录 D 中介绍的网页长度单位，例如像素（px）。如果只设定一个值，则另一个值是 50%。可以混用 % 和 position 值。

程序实例 ch14_9.html：将图片居中放置的应用。

```
1 <!doctype html>
2 <html>
3 <head>
4    <meta charset="utf-8">
5    <title>ch14_9.html</title>
6    <style>
7       body {
8          background-image:url(ball.gif);
9          background-repeat:no-repeat;
10         background-position:center center;
11      }
12   </style>
13 </head>
14 <body>
15    <h1>月下独酌</h1>
16    <p>花间一壶酒，独酌无双亲；举杯邀明月，对影成三人。</p>
17 <hr>
18    <h1>静夜思</h1>
19    <p>床前明月光，疑是地上霜。举头望明月，低头思故乡。</p>
20 </body>
21 </html>
```

执行结果 请适度更改窗口宽度和高度，以便进一步体会本例的意义。

月下独酌

花间一壶酒，独酌无双亲。举杯邀明月，对影成三人。

静夜思

床前明月光，疑是地上霜。举头望明月，低头思故乡。

本书 ch14 文件夹中的文件 ch14_9_1.html 至 ch14_9_8.html 是其他 8 种图片位置的实例，读者可以进行测试。

程序实例 ch14_10.html：以百分比方式。设定图片位置是 30% 30%。本程序只列出与前一程序不同之处。

```
10          background-position:30% 30%;
```

执行结果 请适度更改窗口宽度和高度，以便进一步体会本例的意义。

月下独酌

花间一壶酒，独酌无双亲。举杯邀明月，对影成三人。

静夜思

床前明月光，疑是地上霜。举头望明月，低头思故乡。

程序实例 ch14_11.html：以 xpos 和 ypos 方式，设定图片位置是 47px 120px。本程序只列出与前一程序不同之处。

```
10          background-position:47px 120px;
```

执行结果 请适度更改窗口宽度和高度，以便进一步体会本例的意义。

月下独酌

花间一壶酒，独酌无双亲。举杯邀明月，对影成三人。

静夜思

床前明月光，疑是地上霜。举头望明月，低头思故乡。

程序实例 ch14_12.html：图片居中对齐的应用。

```
1  <!doctype html>
2  <html>
3  <head>
4     <meta charset="utf-8">
5     <title>ch14_12.html</title>
6     <style>
7        h1, h2 { color:blue; text-align:center; }
8        body {
9           background-image:url(seapict.gif);
10          background-repeat:no-repeat;
11          background-position:center center;
12       }
13    </style>
14 </head>
15 <body>
16    <h1>Silicon Stone Education</h1>
17    <h2>Big Data Series</h2>
18    <h2>Data Analyst Series</h2>
19    <h2>Photography</h2>
20    <h2>Designing 3D Games</h2>
21    <h2>Visual Identity</h2>
22    <h2>Computer Knowledge Today</h2>
23 </body>
24 </html>
```

执行结果

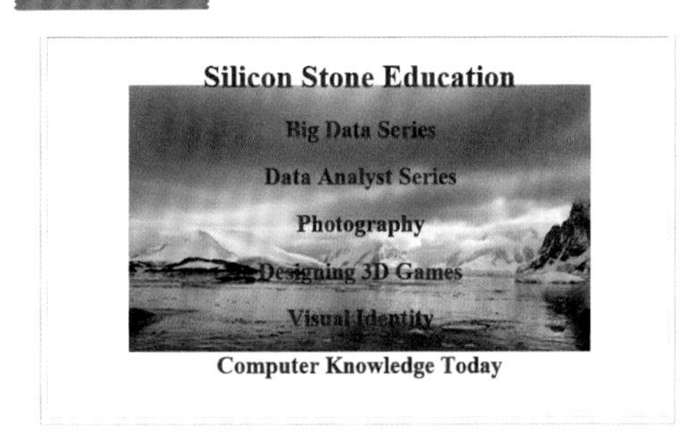

14-6 设置背景图片大小的 background-size 属性

这个属性的使用格式如下：

```
background-size: auto | length | percentage | cover | contain | initial | inherit;
```

❑ auto

默认选项，即背景图依本身的宽高显示，若是背景空间不够，则只显示部分图像。

❑ length

设置图片的宽度和高度，第一个值是宽度，第二个值是高度。如果只设一个值，则另一个值被默认为 auto。

❑ percentage

以父元素的百分比来设置图片的宽度和高度，第一个值是宽度，第二个值是高度。如果只设一个值，另一个值被默认为 auto。

❑ cover

使用 cover 设置图像时，可能造成部分图像不在背景区。

❑ contain

使用 contain 设置图像时，图像会依背景大小自行调整以覆盖整个背景区。

程序实例 ch14_13.html：background-size 属性 cover 和 contain 值的应用。

```
1  <!doctype html>
2  <html>
3  <head>
4     <meta charset="utf-8">
5     <title>ch14_13.html</title>
6     <style>
7        div.div1 {
8           background-image:url(star.gif);
9           background-repeat:no-repeat;
10          background-size:cover;
11       }
12       div.div2 {
13          background-image:url(star.gif);
14          background-repeat:no-repeat;
15          background-size:contain;
16       }
17    </style>
18 </head>
19 <body>
20 <div class="div1">
21    <h1>月下独酌</h1>
22    <p>花间一壶酒，独酌无双亲；举杯邀明月，对影成三人。</p>
23 </div>
24 <hr>
25 <div class="div2">
26    <h1>静夜思</h1>
27    <p>床前明月光，疑是地上霜。举头望明月，低头思故乡。</p>
28 </div>
29 </body>
30 </html>
```

执行结果

程序实例 ch14_14.html：设定背景图片大小的另一个应用，其中 div1 的背景图片使用固定宽度，div2 依旧使用 contain 属性值。下面只列出 <style> 元素的与 ch14_13.html 不同之处。

```
6     <style>
7        div.div1 {
8           background-image:url(sea.jpg);
9           background-repeat:no-repeat;
10          background-position:center center;
11          background-size:400px;
12       }
13       div.div2 {
14          background-image:url(sea.jpg);
15          background-repeat:no-repeat;
16          background-size:contain;
17       }
18    </style>
```

执行结果 读者可以改变浏览器窗口宽度以体会执行效果。

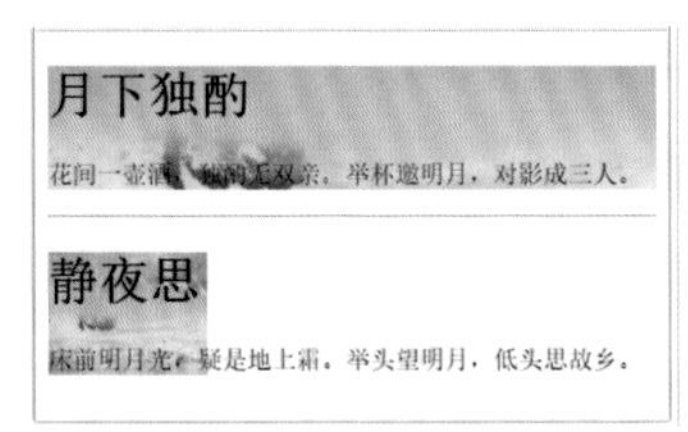

14-7 设置背景图片随内容卷动的 background-attachment 属性

这个属性的使用格式如下：

```
background-attachment: scroll | fixed | local | initial | inherit
```

- scroll：默认值，即背景图会随页面卷动。
- fixed：设置为这个值时，背景图不会随页面卷动。
- local：这个值的使用效果与 scroll 相同，但在 inframe 显示时，背景图不卷动。

程序实例 ch14_15.html：background-attachment 的应用。这个实例基本是重新设计 ch14_12.html，但是多加了两行资料，以便执行结果更清楚，卷动滚动条时背景图片将不随之卷动。

```
1  <!doctype html>
2  <html>
3  <head>
4     <meta charset="utf-8">
5     <title>ch14_15.html</title>
6     <style>
7        h1, h2 { color:blue; text-align:center; }
8        body {
9           background-image:url(seapict.gif);
10          background-repeat:no-repeat;
11          background-position:center center;
12          background-attachment:fixed;
13       }
14    </style>
15 </head>
16 <body>
17    <h1>Silicon Stone Education</h1>
18    <h2>Big Data Series</h2>
19    <h2>Data Analyst Series</h2>
20    <h2>Photography</h2>
21    <h2>Designing 3D Games</h2>
22    <h2>Visual Identity</h2>
23    <h2>Computer Knowledge Today</h2>
24    <h2>Web Design</h2>
25    <h2>Programming Language</h2>
26 </body>
27 </html>
```

执行结果　下方上图是执行初画面，下图是卷动滚动条时的效果，背景图不随之卷动。

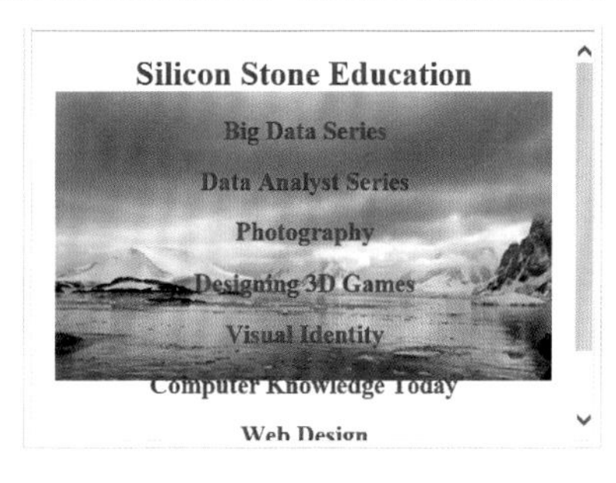

14-8 背景简易表示法 background

这是由 14-2 节至 14-7 节内容归纳出的简易表示法，可以设定下列属性值：

background-color background-image background-position background-size
background-repeat background-attachment background-origin background-clip

其中只有下列两个属性值需要了解 CSS 盒模型（Box Model）概念，见 15-5 节。

background-clip：设定背景图片的显示区域，见 15-5-1 节。

Background-origin：设定背景图片显示的基准点，见 15-5-2 节。

在使用 background 属性时，各属性值需用空格分开。如果背景位置与图片大小同时存在，则彼此以“/”符号隔开。例如 30px 40px/80px 80px，表示图片距离左边界 30px，距离上边界 40px，图片宽度是 80px，高度是 80px；若 center/400px，表示背景位置是置中，图片宽度是 400px。

程序实例 ch14_16.html：以 background 属性重新设计 ch14_15.html。下面只列出 <style> 样式声明的部分，其余程序内容及执行结果与 ch14_15.html 相同。

```
5   <title>ch14_16.html</title>
6   <style>
7      h1, h2 { color:blue; text-align:center; }
8      body { background: url(seapict.gif) no-repeat center fixed; }
9   </style>
```

程序实例 ch14_17.html：以 background 属性重新设计 ch14_14.html，下面将只列出 <style> 样式的声明部分，其余程序内容与执行结果与 ch14_14.html 相同。

```
<style>
   div.div1 { background:url(sea.jpg) no-repeat center/400px; }
   div.div2 { background:url(sea.jpg) no-repeat left/contain; }
</style>
```

习题

1. 请重新设计程序实例 ch14_1.html，透明色为 0.0, 0.1, …, 0.9, 1，对于颜色与句子内容可自行发挥创意。
2. 请重新设计第 6 章习题 2，对于内容请自行发挥创意。
3. 请以至今所学的 HTML 知识，设计一个竞选班长网页，请多多列出自己的优点，自行发挥创意。

15

第 15 章

完整学习 Box Model

本章摘要

15-1 认识 Box Model

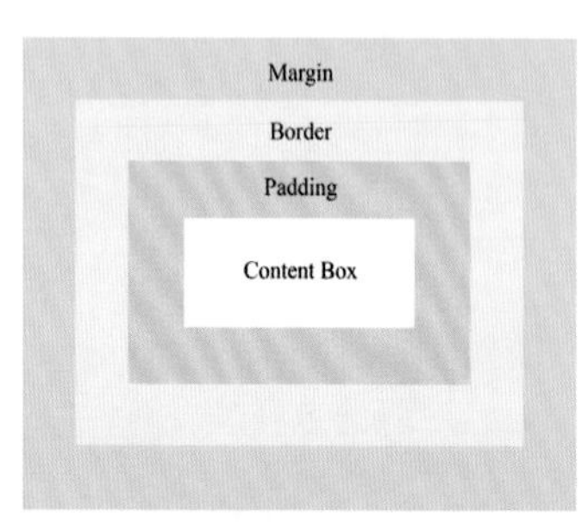

CSS 是使用盒模型（Box Model）来处理文件编排的，这个盒子由内向外由内容盒（content box）、内边距（padding）、边框（border）、外边距（margin）所组成，可参考右图。

其中内边距、边框、外边距默认值皆是 0，这也是为何即使我们先前没有上述概念，也不影响所有数据输出的原因。

❑ 内容盒 (content box)

内容盒即上图中央用白色的表示区域，这是显示网页文字和图片的区域，可以是一张图片、标题（h1~h6）、段落（p）、区块（div）等。在这个区域是用 width（宽度）和 height（高度）属性设定大小。

❑ 内边距 (padding)

内边距即上图用浅灰色表示的区域，可以想成是内容的留白，在此指内容和边框之间的空间。它的默认值是 0，网页设计时可以设定此空间区域，让背景颜色或图案在此区显示。

❑ 边框 (border)

边框即上图用浅黄色表示的区域，网页设计时可以将此区域设计为实线、虚线、特殊效果线，或是用图案设计这个框线。

❑ 外边距 (margin)

外边距即上图用浅绿色表示的区域，这是边框四周的留白区域，背景颜色和图案不会在此区域。这个区域默认是透明（trasparent）的，但若是父元素有背景颜色或图案，在此区可以看到。

15-2 外边距的设计

设定外边距可以使用的长度单位可参考附录 D，可以使用 margin 属性设定外边距，参见下图。

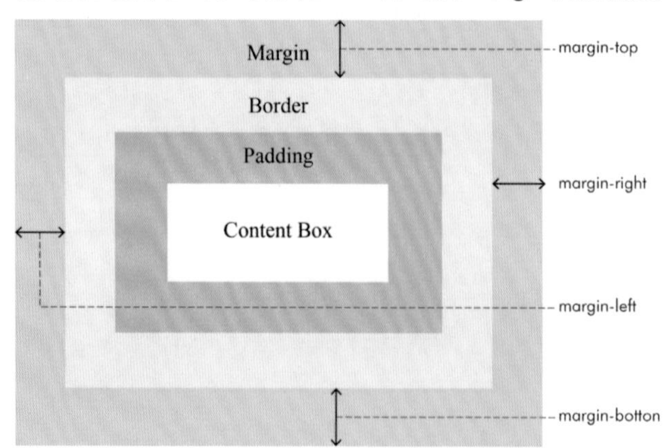

margin-top：上外边距。

margin-right：右外边距。

margin-bottom：下外边距。

margin-left：左外边距。

margin：上述 4 种属性的简易表示法，使用时顺序是顺时针方向 top、right、bottom、left。

实例 1：有一个设计需要上外边距是 20px、右外边距是 30px、下外边距是 40px、左外边距是 50px，可用下述方法设计。

```
h1 {
   margin-top:20px;
   margin-right:30px;
   margin-bottom:40px;
   margin-left:50px;
}
```

也可以使用简易表示法 margin 属性，可参考下列说明。

```
h1 { margin:20px 30px 40px 50px; }
```

请留意，顺序需是 top、right、bottom、left，顺序不可错误。设计时常看到下列情况：

```
h1 { margin:20px; }                /* 代表 4 个外边距皆是 20px*/
h1 { margin 20px 40px; }           /* 代表上下边距是 20px，左右边距是 40px*/
h1 { margin 20px 40px 60px; }      /* 代表上边距是 20px，左右边距是 40px，下边距是 60px*/
```

程序实例 ch15_1.html：使用标题 1 测试外边距的应用。

```
1  <!doctype html>
2  <html>
3  <head>
4     <meta charset="utf-8">
5     <title>ch15_1.html</title>
6     <style>
7        body { background-color:lightgrey; }
8        #ex1 { background-color:yellow; color:blue; }
9        #ex2 { margin:20px; background-color:yellow; color:blue; }
10       #ex3 { margin:40px; background-color:yellow; color:blue; }
11    </style>
12 </head>
13 <body>
14 <h1>深石数字科技DeepStone</h1>
15 <h1 id="ex1">深石数字科技DeepStone</h1>
16 <h1 id="ex2">深石数字科技DeepStone</h1>
17 <h1 id="ex3">深石数字科技DeepStone</h1>
18 </body>
19 </html>
```

执行结果

深石数字科技DeepStone

深石数字科技DeepStone

深石数字科技DeepStone

深石数字科技DeepStone

上述程序重点说明如下：

（1）第 7 行是定义 <body> 背景为浅灰色，第 14 行是使用此样式然后输出字符串。

（2）第 8 行是定义 <h1> 的 #ex1 背景为黄色，输出字是蓝色，外边距是 0，第 15 行是使用此样式然后输出字符串。

（3）第 9 行是定义 <h1> 的 #ex2 背景为黄色，输出字是蓝色，外边距是 20px，第 16 行是使用此样式然后输出字符串。

（4）第 10 行是定义 <h1> 的 #ex3 背景是黄色，输出字是蓝色，外边距是 40px，第 17 行是使用此样式然后输出字符串。

15-2-1 <body> 的外边距

对于 ch15_1.html 第 1、2 条输出内容而言，读者可能觉得为何左边距已经设置为 0 了，而实际上与窗口框架间仍有距离？这段距离是 8px，这是系统默认网页内容区 <body> 与窗口左右框架的距离，我们可以使用重新设定方式将此区域设置为 0，这个行为将促使第 1、2 条内容与窗口左框架没有距离。

程序实例 ch15_2.html：这个程序会将 <body> 的外边距设置为 0，下面将只列出与前一实例不同之处。

```
7        body { margin:0px; background-color:lightgrey; }
```

执行结果

比较这个结果和前一个程序执行结果的前两行输出，就可以发现将 <body> 的 margin 设置为 0 时，对左右边框而言是贴着窗口左右框架的。

15-2-2 外边距的合并

当两个垂直的外边距相遇时，浏览器会自动将它合并成一个外边距，合并后将以较大的外边距作为外边距。若以 ch15_2.html 为例，第 3 条内容的外边距（margin-bottom）是 20px，第 4 条内容的外边距（margin-top）是 40px，它们彼此相遇了，数据输出后它们的外间距将是 40px，如下图所示。

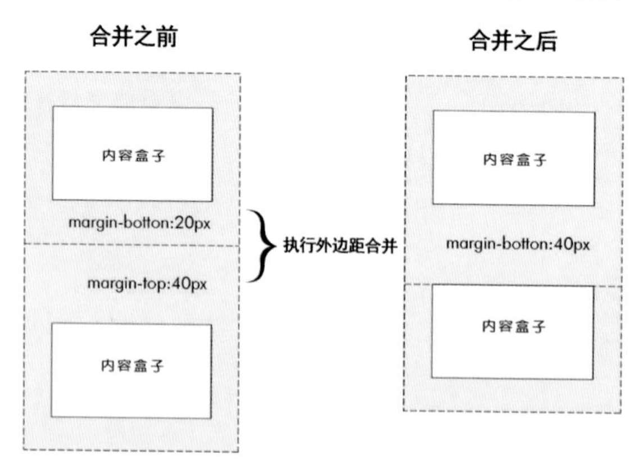

当一个元素包含在另一个元素内时，假设没有内边距与边框，也可能造成合并，如下图所示。

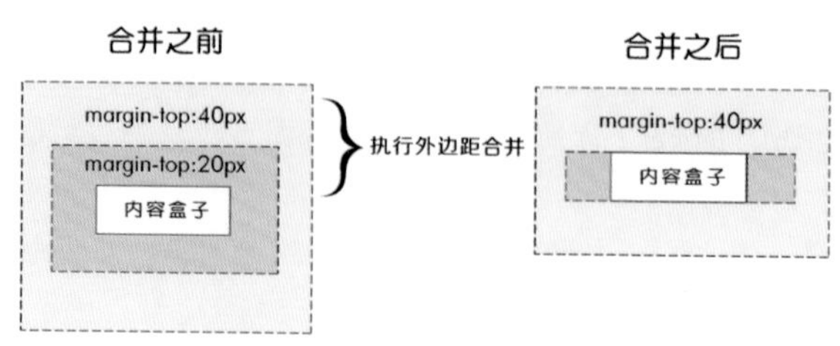

假设有一个空元素，没有元素内容、没有内边距、没有边框但是有外边距，它们之间的合并将得到如下图所示的结果。

如果上述外边距遇上另一个外边距，也将合并，结果如下图所示。

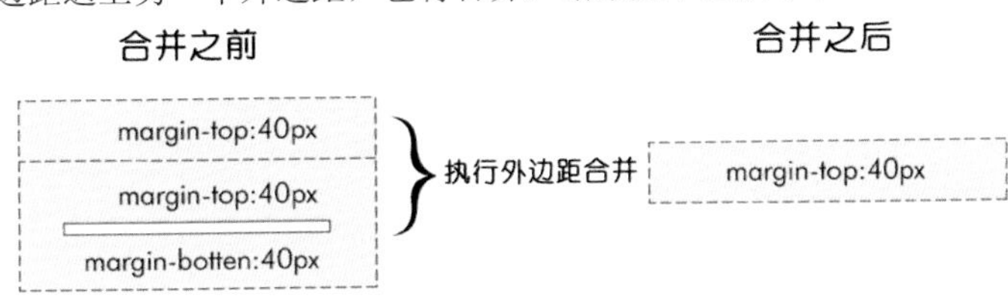

以上的合并是有道理的，因为网页设计时，最上方段落有一个上外边距 margin-top，如果它下方的段落与段落间设置了外边距，则会造成后续段落间的外边距是最上方元素上外边距 margin-top 的两倍。如果采用本节所述方法，段落间的边距就会一致，如下图所示。

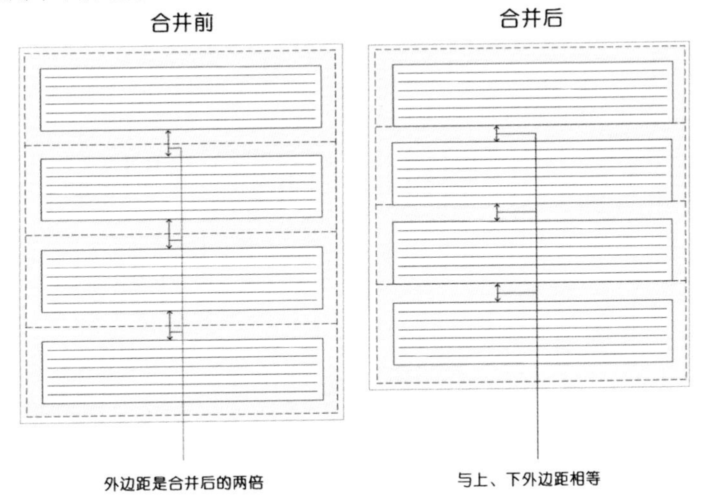

最后要注意的是，行内（inline）元素框、浮动框与绝对地址框不会合并。

15-2-3　外边距应用在段落输出的实例

程序实例 ch15_3.html：这个程序设定了标题、段落与不同的外边距，读者应去体会整个程序的执行效果。

第一个段落样式表 #exam1 设定如下：

（1）第 9 行，外边距 30px。

（2）第 10 行，文字颜色蓝色。

（3）第 11 行，段落左右对齐。

（4）第 12 行，段落背景色黄色。

第二个段落样式表 #exam2 设定如下：

（1）第 15 行，外边距 10px。

（2）第 16 行，段落左右对齐。

（3）第 17 行，段落背景色浅绿色。

```
1  <!doctype html>
2  <html>
3  <head>
4     <meta charset="utf-8">
5     <title>ch15_3.html</title>
6     <style>
7        h1 { text-align:center; }
8        #exam1 {
9           margin:30px;
10          color:blue;
11          text-align:justify;
12          background-color:yellow;
13       }
14       #exam2 {
15          margin:10px;
16          text-align:justify;
17          background-color:lightgreen;
18       }
19    </style>
20 </head>
21 <body>
22 <h1>Silicon Stone Education</h1>
23 <p id="exam1">
24    Silicon Stone Education is the world's leader in providing
25    the educational-based certification exams plus the practice
26    test solutions for the academic institutions, workforces and
27    corporate technology markets. We have over 250+ Silicon Stone
28    authorized testing sites in America, Asia and Europe.</p>
29    <p id="exam2">
30    Silicon Stone Education is the world's leader in providing
31    the educational-based certification exams plus the practice
32    test solutions for the academic institutions, workforces and
33    corporate technology markets. We have over 250+ Silicon Stone
34    authorized testing sites in America, Asia and Europe.</p>
35 </body>
36 </html>
```

执行结果

Silicon Stone Education

Silicon Stone Education is the world's leader in providing the educational-based certification exams plus the practice test solutions for the academic institutions, workforces and corporate technology markets. We have over 250+ Silicon Stone authorized testing sites in America, Asia and Europe.

Silicon Stone Education is the world's leader in providing the educational-based certification exams plus the practice test solutions for the academic institutions, workforces and corporate technology markets. We have over 250+ Silicon Stone authorized testing sites in America, Asia and Europe.

15-3 内边距的设计

设定内边距可以使用的长度单位可参考附录 D，可以使用 padding 属性设定外边距，其定义如右图所示。

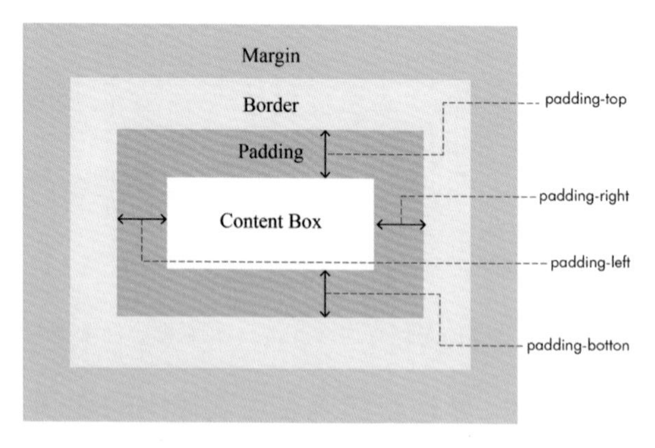

padding-top：上内边距。

padding-right：右内边距。

padding-left：左内边距。

padding-bottom：下内边距。

padding 是上述 4 种属性的简易表示法，使用时顺序是顺时针方向 top、right、bottom、left。

实例 1：有一个设计需要上内边距是 5px、右内边距是 10px、下内边距是 15px、左内边距是 20px，可用下述方法设计。

```
h1 {
   padding-top:5px;
   padding-right:10px;
   padding-bottom:15px;
   padding-left:20px;
}
```

也可以使用简易表示法 padding 属性，可参考下列说明。

```
h1 { padding:5px 10px 15px 20px; }
```

注意，边距顺序需是 top、right、bottom、left，不可有误。设计时常看到下列情况：

```
h1 { padding:5px; }                /* 代表 4 个外边距皆是 5px*/
h1 { padding 5px 10px; }           /* 代表上下外边距是 5px，左右外边距是 10px*/
h1 { margin 5px 10px 15px; }       /* 代表上外边距是 5px，左右外边距是 10px，下外边距是
                                    15px*/
```

程序实例 ch15_4.html：重新设计 ch15_3.html，这个程序主要是 13 行将第一段落的内间距设为 30px，19 行将第二段落的内间距设为 10px，下面仅列出样式设定程序代码，其余皆与 ch15_3.html 相同。

```
6    <style>
7       h1 { text-align:center; }
8       #exam1 {
9          margin:30px;
10         color:blue;
11         text-align:justify;
12         background-color:yellow;
13         padding:30px;
14      }
15      #exam2 {
16         margin:10px;
17         text-align:justify;
18         background-color:lightgreen;
19         padding:10px;
20      }
21   </style>
```

执行结果

Silicon Stone Education

Silicon Stone Education is the world's leader in providing the educational-based certification exams plus the practice test solutions for the academic institutions, workforces and corporate technology markets. We have over 250+ Silicon Stone authorized testing sites in America, Asia and Europe.

Silicon Stone Education is the world's leader in providing the educational-based certification exams plus the practice test solutions for the academic institutions, workforces and corporate technology markets. We have over 250+ Silicon Stone authorized testing sites in America, Asia and Europe.

15-4 边框的设计

边框样式可以使用 border-style 属性设计，它的定义如下图所示。

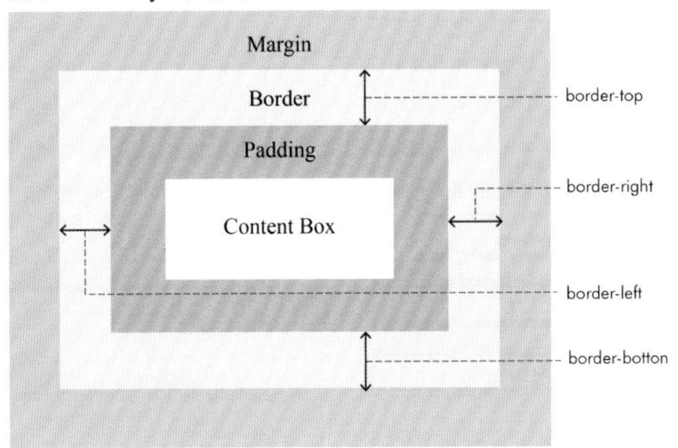

边框样式设计重点如下：

（1）设计边框样式使用 border-style 属性。

（2）设计边框颜色使用 border-color 属性。

（3）设计边框宽度使用 border-width 属性。

（4）设计边框圆角使用 border-radius 属性。

（5）设计图样边框 border-image 属性。

15-4-1 边框样式

可以将框线样式分成下列 4 种：

border-top-style：上框线样式。

border-right-style：右框线样式。

border-bottom-style：下框线样式。

border-left-style：左框线样式。

border-style 是框线样式的简易表示法，说明如下：

（1）当有 1 个值时，则这个值套用上、下、左、右边框。

（2）当有 2 个值时，则第 1 个值套用上、下边框，第 2 个值套用左、右边框。

（3）当有 3 个值时，则第 1 个值套用上边框，第 2 个值套用左、右边框，第 3 个值套用下边框。

（4）当有 4 个值时，则分别套用上、右、下、左边框。

下列是可能的边框值（border-style）以及相对应的结果画面。

none：无框线。

dotted：点框线。

dashed：虚框线。

solid：实线框线，宽度由 border-width 决定。

groove：3D 内凹框线，效果需由 border-color 决定。

ridge：3D 外凸框线，效果需由 border-color 决定。

inset：内凹框线，效果需由 border-color 决定。

outset：外凸框线，效果需由 border-color 决定。

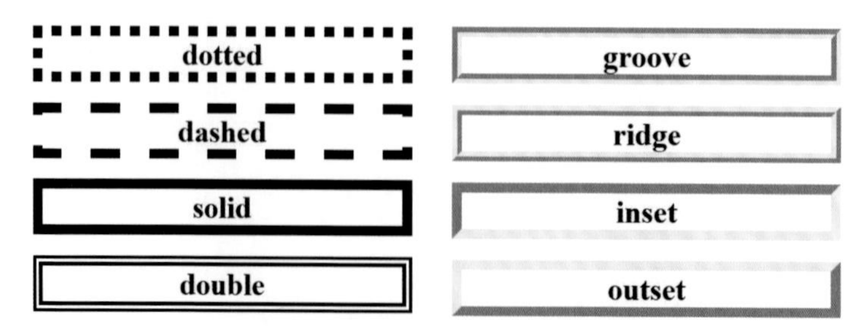

程序实例 ch15_5.html：列出以上 8 种边框效果。

```
1  <!doctype html>
2  <html>
3  <head>
4     <meta charset="utf-8">
5     <title>ch15_5.html</title>
6     <style>
7        h1#ex1 { text-align:center; border-style:dotted; }
8        h1#ex2 { text-align:center; border-style:dashed; }
9        h1#ex3 { text-align:center; border-style:solid; }
10       h1#ex4 { text-align:center; border-style:double; }
11       h1#ex5 { text-align:center; border-style:groove; }
12       h1#ex6 { text-align:center; border-style:ridge;  }
13       h1#ex7 { text-align:center; border-style:inset;  }
14       h1#ex8 { text-align:center; border-style:outset; }
15    </style>
16 </head>
17 <body>
18 <h1 id="ex1">dotted</h1>
19 <h1 id="ex2">dashed</h1>
20 <h1 id="ex3">solid</h1>
21 <h1 id="ex4">double</h1>
22 <h1 id="ex5">groove</h1>
23 <h1 id="ex6">ridge</h1>
24 <h1 id="ex7">inset</h1>
25 <h1 id="ex8">outset</h1>
26 </body>
27 </html>
```

执行结果　IE 不支持 groove/ridge/inset/outset 功能，下列用 Chrome 执行。

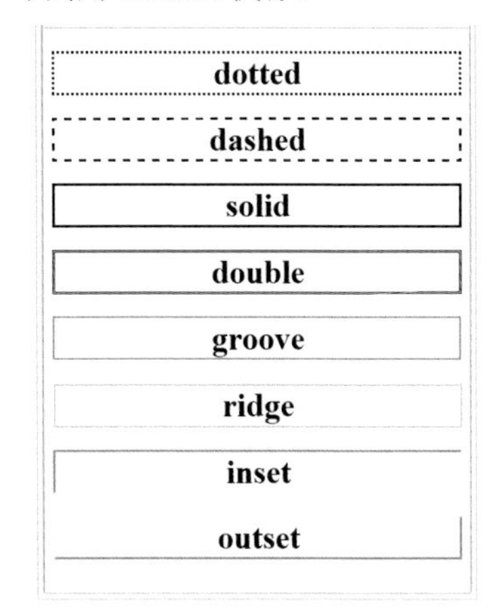

上述边框宽度为默认值，15-4-3 节讲解使用 border-width 属性设定边框宽度的方法，届时读者可以增加边框宽度设定，让效果更明显。若读者想提前看效果，可以打开本书附带的 ch15_5_1.html 文件，这个程序已经将边框宽度设定为 10px。

程序实例 ch15_6.html：以加上外边框的方式重新设计 ch12_2.html。标题的外边框样式是 ridge（第 12 行设定），文章段落的外边框样式是 solid（第 20 行设定）。

```
1  <!doctype html>
2  <html>
3  <head>
4     <meta charset="utf-8">
5     <title>ch15_6.html</title>
6     <style>
7        h1 {
8           text-align:center;
9           margin:20px;
10          background-color:lightgray;
11          color:blue;
12          border-style:ridge;
13       }
14       #content {
15          margin:10px;
16          text-align:justify;
17          text-indent:32px;
18          background-color:yellow;
19          padding:10px;
20          border-style:solid;
21       }
22    </style>
23 </head>
24 <body>
25 <h1>我的旅游经历</h1>
26 <p id="content">2006年2月为了享受边泡温泉边看极光(Northern Light),
27 一人独自坐飞机至阿拉斯加(Alaska), 再开车往北至接近北极圈的
28 Chena Hot Springs温泉渡假村。旅游期间尝试开车直达北极海(Arctic Ocean)
29 , 第一次车子在冰天雪地打滑, 撞山壁失败而返。第二次碰上暴风雪, 再度失
30 败。2007年2月再度前往, 这次坐飞机直达阿拉斯加最北城市, 终于抵达北极海。
31 </p>
32 </body>
33 </html>
```

执行结果　本程序使用 Chrome 执行。

我的旅游经历

2006年2月为了享受边泡温泉边看极光(Northern Light)，一人独自坐飞机至阿拉斯加(Alaska)，再开车往北至接近北极圈的 Chena Hot Springs温泉渡假村。旅游期间尝试开车直达北极海(Arctic Ocean)，第一次车子在冰天雪地打滑，撞山壁失败而返。第二次碰上暴风雪，再度失败。2007年2月再度前往，这次坐飞机直达阿拉斯加最北城市，终于抵达北极海。

程序实例 ch15_7.html：重新设计程序实例 ch7_1.html，为图片加上边框。

```
1  <!doctype html>
2  <html>
3  <head>
4     <meta charset="utf-8">
5     <title>ch15_7.html</title>
6     <style>
7        #fig1 { border-style:double; }
8        #fig2 { border-style:outset; }
9     </style>
10 </head>
11 <body>
12 <h1>Silicon Stone Education</h1>
13 <p>图片高是100px  图片宽是150px</p>
14 <img id="fig1" src="sselogo.jpg" height="100" width="150">
15 <p>使用默认图片大小</p>
16 <img id="fig2" src="sselogo.jpg">
17 </body>
18 </html>
```

执行结果 本程序使用 Chrome 执行。

15-4-2 边框色彩

可以将框线色彩分成下列 4 种：

border-top-color：上框线色彩。

border-right-color：右框线色彩。

border-bottom-color：下框线色彩。

border-left-color：左框线色彩。

border-color 是框线色彩的简易表示法，说明如下：

（1）当有 1 个值时，则这个值套用上、下、左、右边框色彩。

（2）当有 2 个值时，则第 1 个值套用上、下边框色彩，第 2 个值套用左、右边框色彩。

（3）当有 3 个值时，则第 1 个值套用上边框色彩，第 2 个值套用左、右边框色彩，第 3 个值套用下边框色彩。

（4）当有 4 个值时，则分别套用上、右、下、左边框色彩。

程序实例 ch15_8.html：重新设计 ch15_7.html，设定第一个边框色彩是绿色，第二个边框色彩是蓝色。这个程序笔者将只列出与 ch15_7.html 程序代码不同之处。

```
6    <style>
7       #fig1 { border-style:double; border-color:green; }
8       #fig2 { border-style:outset; border-color:yellow; }
9    </style>
```

执行结果 本程序使用 Chrome 执行。

15-4-3　边框宽度

可以将框线宽度分成下列 4 种：

border-top-width：上框线宽度。

border-right-width：右框线宽度。

border-bottom-width：下框线宽度。

border-left-width：左框线宽度。

border-width 是框线宽度的简易表示法，说明如下：

（1）当有 1 个值时，则这个值套用上、下、左、右边框宽度。

（2）当有 2 个值时，则第 1 个值套用上、下边框宽度。第 2 个值套用左、右边框宽度。

（3）当有 3 个值时，则第 1 个值套用上边框宽度，第 2 个值套用左、右边框宽度，第 3 个值套用下边框宽度。

（4）当有 4 个值时，则分别套用上、右、下、左边框宽度。

下列是可能的边框值：

thin：细框线。

medium：这是默认值，中等框线。

thick：粗框线。

length：设定边框宽度，可以使用的长度单位参考附录 D。

程序实例 ch15_9.html：重新设计 ch7_11.html，第一张图改成实线 solid，宽度是 thin，可参考第 7 行；第二张图改成实线 solid，宽度是 medium，可参考第 8 行；第三张图改成 inset，宽度是 thick，色彩是黄色，可参考第 9 行；第四张图改成 outset，宽度是 10px，色彩是黄色，可参考第 10 行。

```
1  <!doctype html>
2  <html>
3  <head>
4     <meta charset="utf-8">
5     <title>ch15_9.html</title>
6     <style>
7        #fig1 { border-style:solid; border-width:thin; }
8        #fig2 { border-style:solid; border-width:medium; }
9        #fig3 { border-style:inset; border-width:thick; border-color:yellow; }
10       #fig4 { border-style:outset; border-width:10px; border-color:yellow; }
11    </style>
12 </head>
13 <body>
14 <h1>我的旅游经验</h1>
15 <p>
16 黄石国家公园<img id="fig1" src="yellowstone.jpg" width="200">  
17 拉什莫尔山<img id="fig2" src="rushmore.jpg" width="100">
18 </p>
19 <p>
20 <img id="fig3" src="mountain.jpg" width="100">高山市  
21 <img id="fig4" src="village.png" width="200">合掌村
22 </p>
23 </body>
24 </html>
```

执行结果　本程序使用 Chrome 执行。

15-4-4　边框属性的简易表示法

15-4-1 节至 15-4-3 节有关边框线属性的表示法，可以用下列方式表达：

```
border-top: border-top-style border-top-color border-top-width
border-right: border-right-style border-right-color border-right-width
```

```
border-bottom: border-bottom-style border-bottom-color border-bottom-width
border-left: border-left-style border-left-color border-left-width
border：border-style border-color border-width
```

上述表达方式分别使用了 border 属性简化的 border-style 边框线样式、border-color 边框线色彩、border-width 边框线宽度。这种方式也可以应用在 border-top、border-right、border-bottom 和 border-left 上。

程序实例 ch15_10.html：以 border 属性重新设计 ch15_9.html，下面将只列出本例与 ch15_9.html 样式表单不同之处。

```
6    <style>
7       #fig1 { border:solid thin; }
8       #fig2 { border:solid medium; }
9       #fig3 { border:inset thick yellow; }
10      #fig4 { border:outset 10px yellow; }
11   </style>
```

执行结果 与 ch15_9.html 相同。

15-4-5 圆角边框

这个属性用于设定圆角边框。

- border-top-left-radius：长度 1(或百分比) 长度 2(或百分比)

可以设定左上方的圆角边框，如果只有 1 个长度，则表示是圆角；如果有 2 个长度，则第 1 个长度是水平轴半径，第 2 个长度是垂直轴半径，长度单位可以参考附录 D。如果是百分比，则第 1 个代表以区块宽度的百分比为半径，第 2 个是以区块高度的百分比为半径。

- border-top-right-radius：长度 1(或百分比) 长度 2(或百分比)

可以设定右上方的圆角边框，用法与 border-top-left-radius 相同。

- border-bottom-right-radius：长度 1(或百分比) 长度 2(或百分比)

可以设定右下方的圆角边框，用法与 border-top-left-radius 相同。

- border-bottom-left-radius：长度 1(或百分比) 长度 2(或百分比)

可以设定左下方的圆角边框，用法与 border-top-left-radius 相同。

- border-radius：长度 1 长度 2 长度 3 长度 4

这是上述 4 种属性的简易表示法，但是只能将 4 个角设为圆角。如果只有 1 个数值，则代表 4 个角皆以此数值当作圆角半径；如果有 2 个数值，则第 1 个数值套用在左上角和右下角，第 2 个数值套用在右上角和左下角；如果有 3 个数值，则第 1 个数值套用在左上角，第 2 个数值套用在右上角和左下角，第 3 个数值套用在右下角；如果有 4 个数值，则依次套用在左上、右上、右下、左下角。

程序实例 ch15_11.html：设计圆角边框，第一个图片圆角边框半径是 20px，在第 7 行设定；第二个图片左上、右下圆角边框半径是 20px，右上、左下圆角边框半径是 50px，在第 8 行设定。

```
1 <!doctype html>
2 <html>
3 <head>
4    <meta charset="utf-8">
5    <title>ch15_11.html</title>
6    <style>
7       #fig1 { border:double 5px green; border-radius:20px;}
8       #fig2 { border:solid 5px gray; border-radius: 20px 50px;}
9    </style>
10 </head>
11 <body>
12 <p>左边图片高是100px 图片宽是150px
13    右边使用默认图片大小</p>
14 <img id="fig1" src="sselogo.jpg" height="100" width="150">
15 <img id="fig2" src="sselogo.jpg">
16 </body>
17 </html>
```

执行结果

程序实例 ch15_12.html：设计椭圆的边框。这个程序输出的图形左上角和右下角是圆角，半径是 30px，分别在第 9 和 11 行设定；图形右上角和左下角是椭圆弧形，水平轴的半径是 60px，垂直轴的半径是 100px，分别在第 10、12 行设定。

```
1 <!doctype html>
2 <html>
3 <head>
4    <meta charset="utf-8">
5    <title>ch15_12.html</title>
6    <style>
7       #fig {
8          border:double 5px green;
9          border-top-left-radius:30px;
10         border-top-right-radius:60px 100px;
11         border-bottom-right-radius:30px;
12         border-bottom-left-radius:60px 100px;
13      }
14   </style>
15 </head>
16 <body>
17 <img id="fig" src="antarctica.jpg" width="400px">
```

```
18 </body>
19 </html>
```

执行结果

程序实例 ch15_13.html：将圆角应用在文字框。这个程序基本上是重新设计 ch15_6.html，下面将只列出两者不同之 CSS 代码。

```
6    <style>
7       h1 {
8          text-align:center;
9          margin:20px;
10         background-color:lightgray;
11         color:blue;
12         border-style:ridge;
13         border-radius:20px;  /* 圆角半径是:20px */
14      }
15      #content {
16         margin:10px;
17         text-align:justify;
18         text-indent:32px;
19         background-color:yellow;
20         padding:10px;
21         border-style:solid;
22         border-radius:50px;  /* 圆角半径是:50px */
```

```
23      }
24   </style>
```

执行结果

我的旅游经历

2006年2月为了享受边泡温泉边看极光(Northern Light)，一人独自坐飞机至阿拉斯加(Alaska)，再开车往北至接近北极圈的Chena Hot Springs温泉渡假村，旅游期间尝试开车直达北极海(Arctic Ocean)，第一次车子在冰天雪地打滑，撞山壁失败而返。第二次碰上暴风雪，再度失败。2007年2月再度前往，这次坐飞机直达阿拉斯加最北城市，终于抵达北极海。

15-4-6　设计图案边框

图案边框也是一个新概念，它是用一张图片作为边框的图案，以取代 border-style 属性。IE 浏览器对 border-image 并没有很好地支持，建议使用 Firefox 或 Chrome 浏览器执行接下来的实例。设计图案边框时，常发生的错误是漏了在样式表内声明 border 属性值，这是必要的，若没有设定边框，则默认边框宽度是 0，所设计的图案边框将无法显示。以下是示范设定：

```
border:50px solid;
```

指定图案边框的源文件 border-image-source

这个属性用于将一个图案套用到边框，它的使用格式如下：

```
border-image-source: 图案的 URL
```

设定边框图案分割 border-image-slice

图案边框可被分割成 9 块，参考下图，其中中间区块是内容显示区。

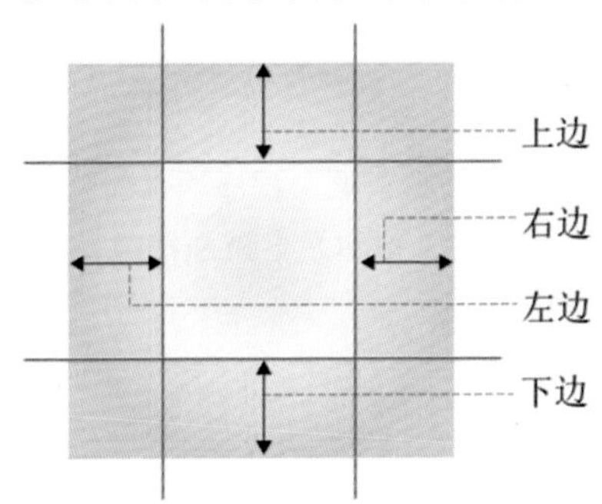

可以由这个属性设定分割区上边、右边、下边、左边到内容的距离，它的使用格式如下：

```
border-image-slice: 长度 | fill | initial | inherit;
```

- 长度

（1）当有 1 个值时，则这个值套用上、下、左、右边的距离。

（2）当有 2 个值时，则第 1 个值套用上、下边距离，第 2 个值套用左、右边距离。

（3）当有 3 个值时，则第 1 个值套用上边距离，第 2 个值套用左、右边距离，第 3 个值套用下边距离。

（4）当有 4 个值时，则分别套用上、右、下、左边距离。

- %

使用百分比设定长度。

- fill

如果指定为 fill，则原先套用在边框图案中央的内容就会显示出来。

程序实例 ch15_14.html：设计一个图案边框，边框外围至内容区的距离是 50px。本程序所用的图案 borderfig.jpg 如下所示。

程序代码如下：

```
1  <!doctype html>
2  <html>
3  <head>
4     <meta charset="utf-8">
5     <title>ch15_14.html</title>
6     <style>
7        #boximage {
8           margin:50px;
9           padding:10px;
10          text-indent:32px;
11          text-align:justify;
12          border:50px solid;
13          border-image-source:url(borderfig.jpg);
14          border-image-slice:50;
15       }
16    </style>
17 </head>
18 <body>
19 <p id="boximage">2006年2月为了享受边泡温泉边看极光(Northern Light),
20 一人独自坐飞机至阿拉斯加(Alaska)，再开车往北至接近北极圈的
21 Chena Hot Springs温泉渡假村。旅游期间尝试开车直达北极海(Arctic Ocean)
22 ，第一次车子在冰天雪地打滑，撞山壁失败而返。第二次碰上暴风雪，再度失
23 败。2007年2月再度前往，这次坐飞机直达阿拉斯加最北城市，终于抵达北极海。
24 </p>
25 </body>
26 </html>
```

执行结果

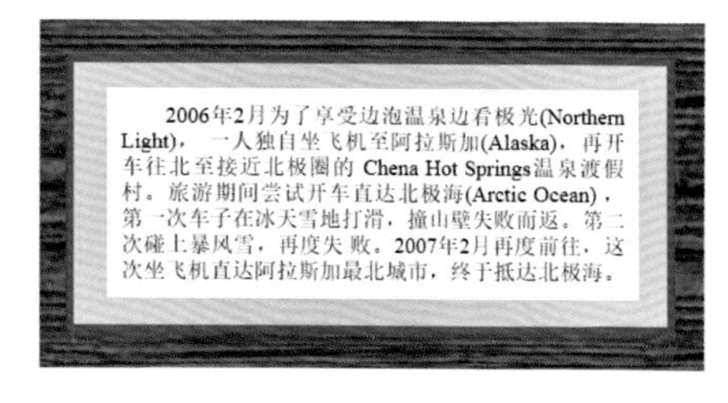

程序实例 ch15_15.html：测试 border-image-slice 的属性值 fill。这个程序是在程序第 14 行增加属性值 fill，读者可以了解其与 ch15_14.html 的差异。下面将只列出第 14 行的内容。

```
14          border-image-slice:50 fill;
```

执行结果

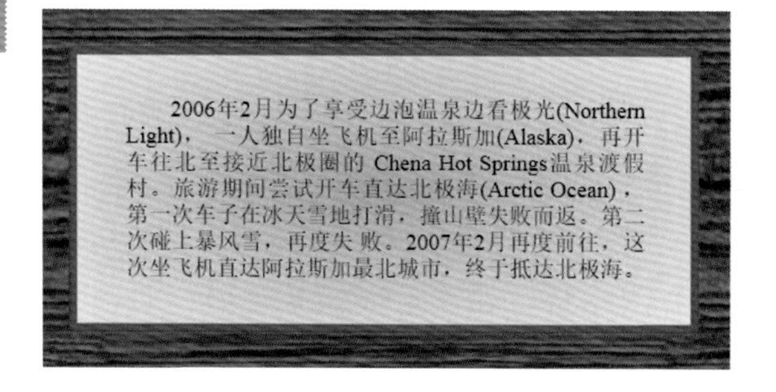

设定图案边框的宽度 border-image-width

它的使用格式如下：

```
border-image-width: 长度单位（百分比） | 数值 | auto
```

- 长度单位（百分比）

可使用 1~4 个长度单位。如果只有 1 个长度单位，则可套用在 4 边；如果有 2 个长度单位，则第 1 个可套用在上下边，第 2 个可套用在左、右边；如果有 3 个长度单位，则第 1 个可套用在上边，第 2 个可套用在左、右边，第 3 个可套用在下边；如果有 4 个长度单位，则可依次套用在上、右、下、左边。

- 数值

用倍数的方式设定边框的宽度，默认值是 1。也可以指定 1~4 个数值，应用方式与长度单位的相同。

- auto

这个值和 border-image-slice 所指定的数值相同。如果没有 border-image-slice 则使用 border-width 属性值。

程序实例 ch15_16.html：设定上下边框宽度是 50px，左右边框宽度是 30px。下面将只列出本例与 ch15_15.html 程序代码不同之处。

```
14          border-image-slice:50 fill;
15          border-image-width:50px 30px;
```

执行结果

程序实例 ch15_17.html：重新设计 ch15_16.html，设定 border-image-width 属性值是“12”。下面是重新设计的第 15 行内容。

```
15          border-image-width:1 2;
```

执行结果

加长图案边框的区域 border-image-outset

它的使用格式如下：

border-image-outset: 长度单位（百分比） | 数值

- 长度单位（百分比）

设定加长的距离，可使用 1~4 个长度单位，如果只有 1 个长度单位，则可套用在 4 边；如果有 2 个长度单位，则第 1 个可套用在上、下边，第 2 个可套用在左、右边；如果有 3 个长度单位，则第 1 个可套用在上边，第 2 个可套用在左、右边，第 3 个可套用在下边；如果有 4 个长度单位，则可分别套用在上、右、下、左边。

- 数值

用倍数方式设定宽度，默认值是 1。它也可以指定 1~4 个数值，应用方式与长度单位的相同。

程序实例 ch15_18.html：重新设计程序 ch15_15.html，将宽度和高度加长 30px。

```
1 <!doctype html>
2 <html>
3 <head>
4    <meta charset="utf-8">
5    <title>ch15_18.html</title>
6    <style>
7       #boximage1 {
8          margin:50px;
9          padding:10px;
10         text-indent:32px;
11         text-align:justify;
12         border:50px solid;
13         border-image-source:url(borderfig.jpg);
14         border-image-slice:50 fill;
15      }
16      #boximage2 {
17         margin:50px;
18         padding:10px;
19         text-indent:32px;
20         text-align:justify;
21         border:50px solid;
22         border-image-source:url(borderfig.jpg);
23         border-image-slice:50 fill;
24         border-image-outset:30px;
25      }
26   </style>
27 </head>
28 <body>
29 <p id="boximage1">2006年2月为了享受边泡温泉边看极光(Northern Light),
30 一人独自坐飞机至阿拉斯加(Alaska)，再开车往北至接近北极圈的
31 Chena Hot Springs温泉渡假村。
32 </p>
33 <p id="boximage2">2006年2月为了享受边泡温泉边看极光(Northern Light),
34 一人独自坐飞机至阿拉斯加(Alaska)，再开车往北至接近北极圈的
35 Chena Hot Springs温泉渡假村。
36 </p>
37 </body>
38 </html>
```

执行结果

设定边框中填充的图案的重复显示方式 border-image-repeat

它的使用格式如下：

```
border-image-repeat: stretch | repeat | round | space
```

❑ stretch

默认值，图案将被扩展。

❑ repeat

设定为这个值时，配合边框，图案重复显示，超出部分裁剪掉。

❑ round

设定为这个值时，配合边框，图案重复显示，超出部分的图案自动缩小。

❑ space

设定为这个值时，配合边框，图案重复显示，如果超出边框无法显示，则将多余空间分配到个别图案区间。

程序实例 ch15_19.html：stretch、repeat、round 属性值的应用，程序将分别在第 10、15、20 行设定这 3 个属性值。本程序所使用的边框图片 borderfig2.jpg 如右图所示。

下面是程序代码：

```
1  <!doctype html>
2  <html>
3  <head>
4      <meta charset="utf-8">
5      <title>ch15_19.html</title>
6      <style>
7          #boximage1 {
8              margin:50px; padding:15px; border:50px solid;
9              border-image-source:url(borderfig2.jpg); border-image-slice:65;
10             border-image-repeat:stretch;
11         }
12         #boximage2 {
13             margin:50px; padding:15px; border:50px solid;
14             border-image-source:url(borderfig2.jpg); border-image-slice:65;
15             border-image-repeat:repeat;
16         }
17         #boximage3 {
18             margin:50px; padding:15px; border:50px solid;
19             border-image-source:url(borderfig2.jpg); border-image-slice:65;
20             border-image-repeat:round;
21         }
22     </style>
23 </head>
24 <body>
25 <p id="boximage1">stretch属性值:一人独自坐飞机至阿拉斯加(Alaska)。</p>
26 <p id="boximage2">repeat属性值:一人独自坐飞机至阿拉斯加(Alaska)。</p>
27 <p id="boximage3">round属性值:一人独自坐飞机至阿拉斯加(Alaska)。</p>
28 </body>
29 </html>
```

执行结果

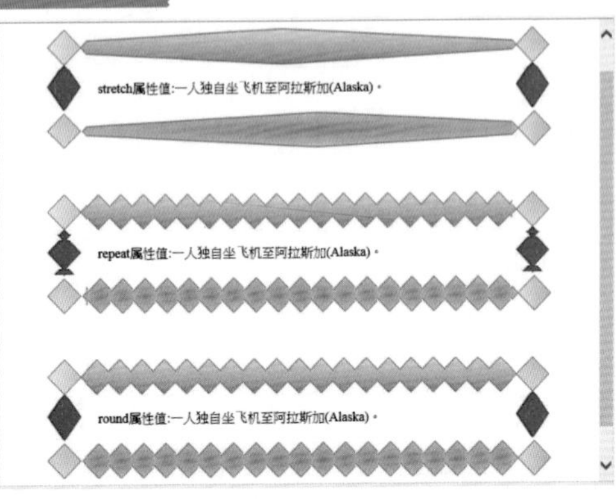

简易表示法 border-image

使用这种方法可以一次代表下列前面介绍过的表示法：

`border-image-source`	图片的 URL
`border-image-slice`	图片分割的位置
`border-image-width`	边框的宽度
`border-image-outset`	图片加长的距离
`border-image-repeat`	边框的重复方式

使用时各属性值间需空一格，border-image-width 和 border-image-out 如果同时存在，则它们之间需用“/”隔开。如果上述任何属性值被省略，则套用初始值或默认值。对于 border-image-slice、border-image-width、border-image-outset，如果只有 1 个值，则套用在 4 边；如果有 2 个值，则第 1 个可套用在上、下边，第 2 个可套用在左、右边；如果有 3 个值，则第 1 个可套用在上边，第 2 个可套用在左、右边，第 3 个可套用在下边；如果有 4 个值，则可分别套用在上、右、下、左边。

程序实例 ch15_20.html：以 border-image 观念，令 border-image-repeat 属性值为 stretch，重新设计 ch15_19.html。

```
1  <!doctype html>
2  <html>
3  <head>
4      <meta charset="utf-8">
5      <title>ch15_20.html</title>
6      <style>
7          #boximage1 {
8              margin:50px; padding:15px; border:50px solid;
9              border-image:url(borderfig2.jpg)65 stretch;
10         }
11     </style>
12 </head>
13 <body>
14 <p id="boximage1">一人独自坐飞机至阿拉斯加(Alaska)。</p>
15 </body>
16 </html>
```

执行结果

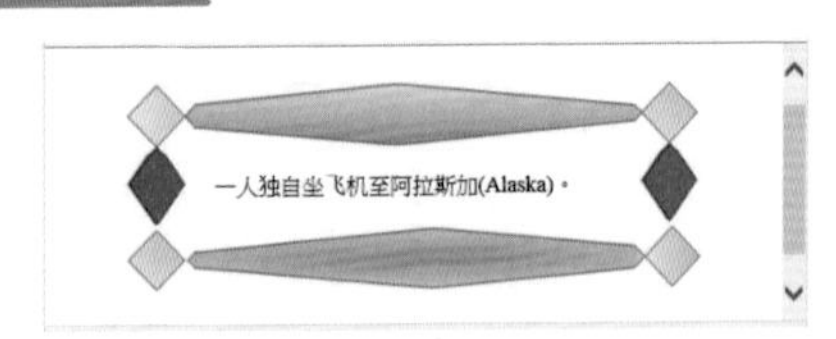

15-5 补充背景功能 background-clip 和 back ground-origin 属性

这两个功能原本属于上一章的主题，但是因牵涉到盒模型的概念，所以移至本节说明。

15-5-1 设定背景显示范围的 background-clip 属性

此处所谓的背景指的是背影颜色和图片。background-clip 的使用格式如下：

```
background-clip: border-box | padding-box | content-box;
```

- ❑ border-box：设定背景显示在边框盒子之内的区域。
- ❑ padding-box：设定背景显示在内边距盒子之内的区域。
- ❑ content-box：设定背景显示在内容盒子之内的区域。

程序实例 ch15_21.html：显示背景范围的应用。这个程序笔者使用了 3 个属性值，第 9 行设定第一个画面输出的属性值是 border-box，第 13 行设定第二个画面输出的属性值是 padding-box，第 17 行设定第三个画面输出的属性值是 content-box。

```
1  <!doctype html>
2  <html>
3  <head>
4      <meta charset="utf-8">
5      <title>ch15_21.html</title>
6      <style>
7          #borderbox {
8              margin:30px; border:10px solid rgba(255,255,0,0.5); padding:15px;
9              background: url(antarctica.jpg) border-box;
10         }
11         #paddingbox {
12             margin:30px; border:10px solid rgba(255,255,0,0.5); padding:15px;
13             background:url(antarctica.jpg) padding-box;
14         }
15         #contentbox {
16             margin:30px; border:10px solid rgba(255,255,0,0.5); padding:15px;
17             background:url(antarctica.jpg) content-box;
18         }
19     </style>
20 </head>
21 <body>
22 <div id="borderbox">一个人的极境旅行 南极大陆/北极海</div>
23 <div id="paddingbox">一个人的极境旅行 南极大陆/北极海</div>
24 <div id="contentbox">一个人的极境旅行 南极大陆/北极海</div>
25 </body>
26 </html>
```

执行结果

上例中边框（border）皆是黄色带有 0.5 透明的效果，第一张图由于背景图从此处开始显示，使得颜色重迭，因此显示出了不同效果的边框色彩。

15-5-2 设定背景图案的基准位置的 background-origin 属性

这个属性的使用格式如下：

```
background-origin: border-box | padding-box | content-box;
```

- ❑ border-box

设定边框盒子左上角是基准点，图片左上角在此点。此点也可称（0.0%,0.0%），右下角为（100%,100%）。

- padding-box

设定内边距盒子左上角是基准点，图片左上角在此点。此点也可称（0.0%,0.0%），右下角为（100%,100%）。

- content-box

设定内容盒子左上角是基准点，图片左上角在此点。此点也可称（0.0%,0.0%），右下角为（100%,100%）。

程序实例 ch15_22.html：将图片 star1.gif 分别从 border-box、padding-box、content-box 位置开始放置。

```
1 <!doctype html>
2 <html>
3 <head>
4     <meta charset="utf-8">
5     <title>ch15_22.html</title>
6     <style>
7         #borderbox {
8             margin:30px; border:10px solid rgba(255,255,0,0.5); padding:15px;
9             background:url(star1.gif) border-box no-repeat;
10        }
11        #paddingbox {
12            margin:30px; border:10px solid rgba(255,255,0,0.5); padding:15px;
13            background:url(star1.gif) padding-box no-repeat;
14        }
15        #contentbox {
16            margin:30px; border:10px solid rgba(255,255,0,0.5); padding:15px;
17            background:url(star1.gif) content-box no-repeat;
18        }
19    </style>
20 </head>
21 <body>
22 <div id="borderbox">border-box</div>
23 <div id="paddingbox">padding-box</div>
24 <div id="contentbox">content-box</div>
25 </body>
26 </html>
```

执行结果

border-box

padding-box

content-box

15-6 设定盒子阴影的 box-shadow 属性

这个属性可以设定盒子的阴影属性，它的使用格式如下：

```
box-shadow: h-shadow | v-shadow | blur | spread | color | inset;
```

每个阴影由 2~4 个长度值、颜色以及 inset 选项组成，若长度数值省略则是 0。

- h-shadow

这是必需有的数值，代表水平阴影向右延伸的数量，负值则是向左延伸。

- v-shadow

这是必需有的数值，代表垂直阴影向下延伸的数量，负值则是向上延伸。

- blur

模糊长度。如果只有 1 个数值，则代表模糊的范围，如果有 2 个数值，则模糊将向四周扩散。

- 颜色

阴影颜色，若省略则使用浏览器默认值。

❑ inset

若设定这个值，表示有内侧阴影。

程序实例 ch15_23.html：盒子阴影的应用。这个程序将建立 4 个含阴影的盒子，前 3 个阴影颜色是蓝色，长度皆是 10px，向右向下，第 1 个阴影没有模糊；第 2 个阴影模糊值是 10px；第 3 个阴影再向四周扩散 10px；第 4 个盒子，因为有 inset 属性值，所以是内侧阴影。第 4 个盒子的内容是图片，是为告诉读者盒子可以放文字也可以放图片。

```
1  <!doctype html>
2  <html>
3  <head>
4     <meta charset="utf-8">
5     <title>ch15_23.html</title>
6     <style>
7        div {
8           margin:30px;
9           border:3px solid;
10          padding:15px;
11          width:200px;
12          height:100px;
13          background-color:yellow;
14       }
15       #box1 { box-shadow:blue 10px 10px; }
16       #box2 { box-shadow:blue 10px 10px 10px; }
17       #box3 { box-shadow:blue 10px 10px 10px 10px; }
18       #box4 { box-shadow:gray 10px 10px 5px inset; }
19    </style>
20 </head>
21 <body>
22 <div id="box1">DeepStone</div>
23 <div id="box2">DeepStone</div>
24 <div id="box3">DeepStone</div>
25 <div id="box4"><img src="star1.gif"></div>
26 </body>
27 </html>
```

执行结果

使用 box-shadow 属性时，也可以指定多组阴影数据，彼此可以用“,”隔开。在浏览器显示时先设定的阴影将在最上层。

程序实例 ch15_23_1.html：使用两组数据设计阴影，第一组数据阴影是绿色，读者可以仔细看执行结果，绿色阴影在上的方式是可以清楚看到的。

```
1  <!doctype html>
2  <html>
3  <head>
4     <meta charset="utf-8">
5     <title>ch15_23_1.html</title>
6     <style>
7        div {
8           margin:30px;
9           border:3px solid;
10          padding:15px;
11          width:200px;
12          height:100px;
13          background-color:yellow;
14       }
15       #box1 { box-shadow:green 5px 5px, blue 10px 10px 10px;}
16    </style>
17 </head>
18 <body>
19 <div id="box1">DeepStone</div>
20 </body>
21 </html>
```

执行结果

15-7 设定盒子宽度与高度的 box-sizing 属性

这个属性可以直接设定盒子的宽度和高度，它的使用格式如下：

```
box-sizing: content-box | padding-box | border-box;
```

- content-box

默认值，设定内容盒子区的宽度和高度。

- padding-box

内边距盒子区（包含内边距和内容盒子）的宽度和高度。

- border-box

边框盒子区（包含边框、内边距和内容盒子）的宽度和高度。

程序实例 ch15_24.html：box-sizing 的应用。由这个程序可知，当设定 box-sizing 后，盒子宽度和高度将不会受到内边距和边框厚度的影响。

```
1  <!doctype html>
2  <html>
3  <head>
4      <meta charset="utf-8">
5      <title>ch15_24.html</title>
6      <style>
7          #div1 {
8              width:300px; height:80px;
9              border:3px solid green;
10         }
11         #div2 {
12             width:300px; height:80px; padding:20px;
13             border:3px solid green;
14         }
15         #div3 {
16             width:300px; height:80px;
17             border:3px solid green;
18             box-sizing:border-box;
19         }
20         #div4 {
21             width:300px; height:80px; padding:20px;
22             border:3px solid green;
23             box-sizing:border-box;
24         }
25     </style>
26 </head>
27 <body>
28 <p>以下未使用box-sizing</p>
29 <div id="div1">DeepStone</div><br>
30 <div id="div2">DeepStone</div><br>
31 <p>下列使用box-sizing<p>
32 <div id="div3">DeepStone</div><br>
33 <div id="div4">DeepStone</div>
34 </body>
35 </html>
```

执行结果

以下未使用box-sizing

DeepStone

DeepStone

下列使用box-sizing

DeepStone

DeepStone

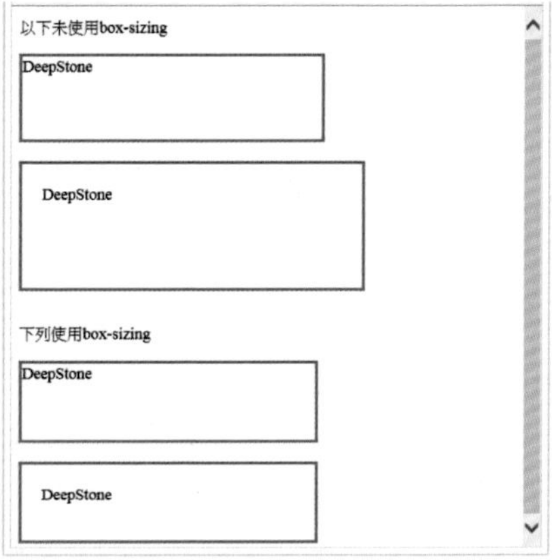

15-8 内容超出范围时的显示方式

设置的内容超出内容盒子时，可由 overflow-x（水平轴）和 overflow-y（垂直轴）属性设定处理方式，也可以直接使用 overflow 同时进行水平轴和垂直轴的处理格式如下。

```
overflow-x(或 overflow-y): visible | hidden | scroll | auto;
```

- visible

　　设定在内容盒子外显示超出的内容。

- hidden

　　设定不显示超出内容，也不提供水平（垂直）滚动条。

- scroll

　　设定不显示超出内容，但提供水平（垂直）滚动条，可卷动显示内容。

- auto

　　设定由浏览器指定，一般浏览器会提供滚动条。

程序实例 ch15_25.html：这个程序用来使读者了解未设定 overflow-x 和 overflow-y 属性值时，浏览器的处理方式。

```
1 <!doctype html>
2 <html>
3 <head>
4    <meta charset="utf-8">
5    <title>ch15_25.html</title>
6    <style>
7       #div1 { width:200px; height:100px; border:thin solid green; }
8    </style>
9 </head>
10 <body>
11 <div id="div1">
12 2006年2月为了享受边泡温泉边看极光(Northern Light)，一人独自坐飞机至
13 阿拉斯加(Alaska)，再开车往北至接近北极圈的Chena Hot Springs温泉渡假
14 村。旅游期间尝试开车直达北极海(Arctic Ocean)，第一次车子在冰天雪地
15 打滑，撞山壁失败而返。第二次碰上暴风雪，再度失败。2007年2月再度前
16 往，这次坐飞机直达阿拉斯加最北城市，终于抵达北极海。
17 </div>
18 </body>
19 </html>
```

执行结果

　　结果显示资料溢出情况非常明显。

程序实例 ch15_26.html：重新设计程序 ch15_25.html。此处将 overflow-x 和 overflow-y 皆设为 visible，所得到的结果与上述结果相同。这个程序的样式表单如下：

```
6     <style>
7        #div1 {
8           width:200px; height:100px; border:thin solid green;
9           overflow-x:visible; overflow-y:visible;
10       }
11    </style>
```

程序实例 ch15_27.html：重新设计 ch15_26.html，将 overflow-x 和 overflow-y 皆设为 hidden，结果是不再有数据溢出，这个程序的样式表单如下：

```
6     <style>
7        #div1 {
8           width:200px; height:100px; border:thin solid green;
9           overflow-x:hidden; overflow-y:hidden;
10       }
11    </style>
```

执行结果

程序实例 ch15_28.html：重新设计 ch15_27.html，将 overflow-x 和 overflow-y 皆设为 scroll，结果是出现滚动条，可以卷动显示资料。这个程序的样式表单如下：

```
6      <style>
7         #div1 {
8            width:200px; height:100px; border:thin solid green;
9            overflow-x:scroll; overflow-y:scroll;
10        }
11     </style>
```

执行结果 下方左图是执行后的初始画面，右图是拖动滚动条的效果。

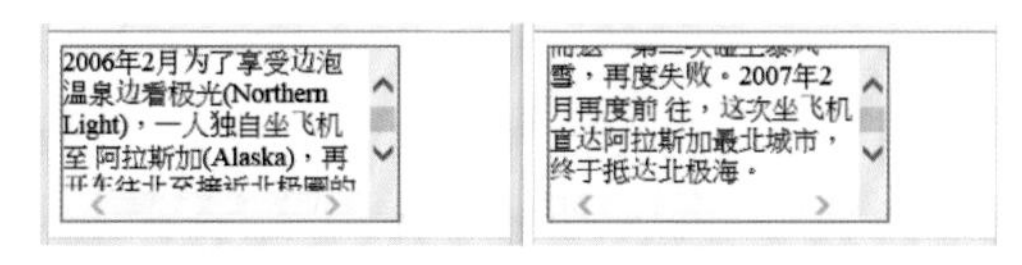

其实多数情况出现垂直滚动条即可，可参考下面的实例。

程序实例 ch15_29.html：重新设计 ch15_28.html，只出现垂直滚动条。

```
5      <title>ch15_29.html</title>
6      <style>
7         #div1 {
8            width:200px; height:100px; border:thin solid green;
9            overflow-y:scroll;
10        }
11     </style>
```

执行结果

15-9 outline 属性

在盒模型中，outline 指的是紧邻 border 外的边线，可参考下图。

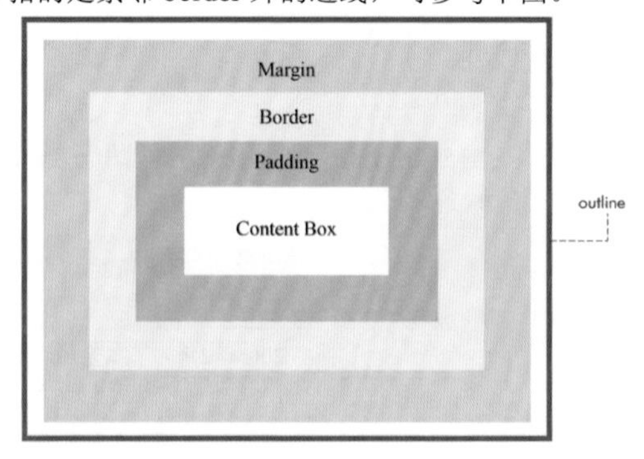

outline 相关属性的定义与 border 定义相同。

outline-color：类似于 border-color。

outline-width：类似于 border-width。

outline-style：类似于 border-style。

outline-offset：用于设定 outline 边线与 border 边框的距离。

程序实例 ch15_30：设计 outline 边线，宽度 3px、双线、蓝色，同时设定其与 border 边框距离是 5px。

```
1 <!doctype html>
2 <html>
3 <head>
4    <meta charset="utf-8">
5    <title>ch15_30.html</title>
6    <style>
7       #div {
8          width:200px; height:100px; border:thin solid red;
9          outline-offset:5px;
10         outline-width:3px;
11         outline-color:blue;
12         outline-style:dotted;
13      }
14   </style>
15 </head>
16 <body>
17 <div id="div">测试Outline</div>
18 </body>
19 </html>
```

执行结果　由于 IE 浏览器未完全支持，所以本程序使用 Chrome 测试，结果如下图所示。

另外，可以使用简易表示法 outline，同时设定 outline-color、outline-style、outline-width，使用格式如下：

```
outline: outline-color | outline-style | outline-width;
```

程序实例 ch15_31.html：以 outline 重新设计 ch15_30.html，下面是样式表单的内容。

```
6    <style>
7       #div {
8          width:200px; height:100px; border:thin solid red;
9          outline-offset:5px;
10         outline:blue dotted 3px;
11      }
12   </style>
```

15-10　设定内容盒子尺寸的 resize 属性

这个属性的使用格式如下：

```
resize: none | both | horizontal | vertical
```

- none

  设定无法调整，这是默认值。

- both

  设定可以调整宽度和高度。

- horizontal

  设定可以调整宽度。

- vertical

  设定可以调整高度。

这个属性值在使用时需同时设定 overflow 属性值，可参考下面程序实例的第 9、14、19 行。

程序实例 ch15_32.html：设定可调整内容盒子的宽度、高度，以及同时调整宽度高度的应用。

```
1 <!doctype html>
2 <html>
3 <head>
4     <meta charset="utf-8">
5     <title>ch15_32.html</title>
6     <style>
7         #div1 {
8             width:200px; height:50px; border:thin solid blue;
9             overflow:auto;
10            resize:horizontal;
11        }
12        #div2 {
13            width:200px; height:50px; border:thin solid blue;
14            overflow:auto;
15            resize:vertical;
16        }
17        #div3 {
18            width:200px; height:50px; border:thin solid blue;
19            overflow:auto;
20            resize:both;
21        }
22    </style>
23 </head>
24 <body>
25 <div id="div1">可调整宽度</div><br>
26 <div id="div2">可调整高度</div><br>
27 <div id="div3">可调整宽度和高度</div>
28 </body>
29 </html>
```

执行结果 由于该属性 IE 浏览器不支持，所以用 Chrome 执行。下图是执行的初始画面。

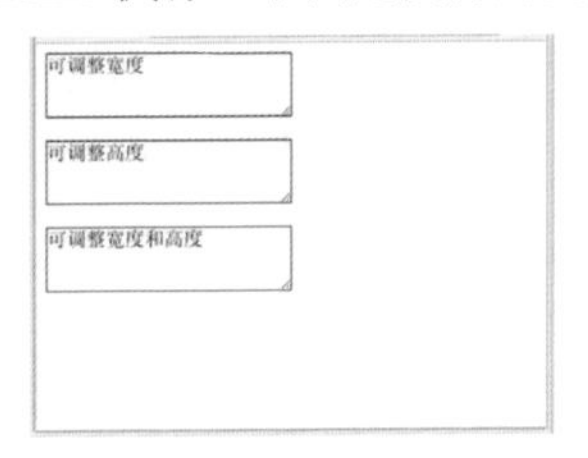

下图是笔者调整内容盒子后的画面，拖曳内容盒子的右下角可以调整其尺寸。

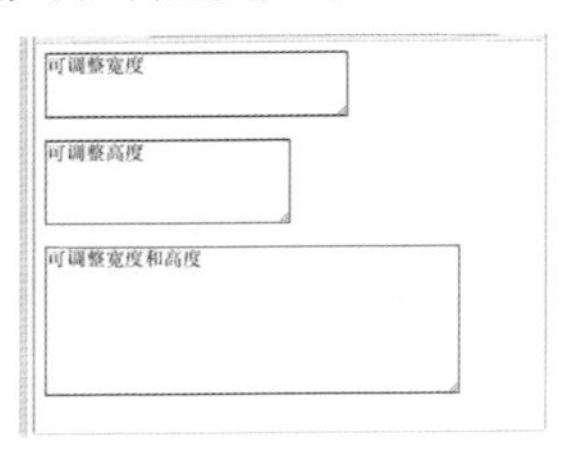

习题

1. 请设计一个内容盒子，这个内容盒子需放个人相片。请利用所学知识，为这个内容盒子建立 10 种不同边框效果。
2. 请写 3 首诗（当然可以抄写唐诗 300 首中的诗），建立 3 种不同版面效果，效果可自行发挥创意。
3. 请利用所学的知识，重新设计第 14 章习题的第 3 题。

第 16 章

将 CSS 应用在表格数据

本章摘要

16-1 表格标题

6-8 节曾介绍过 <caption> 元素可用于建立表格标题，caption-side 可以当作 <caption> 的属性，由这个属性可以设定表格标题的位置。它的使用格式如下：

```
caption-side: top | bottom | inherit;
```

- top：默认值，设定表格标题在表格上方。
- bottom：设定表格标题位于表格下方。

程序实例 ch16_1.html：重新设计 ch6_9.html，以 CSS 样式表设计表格标题，并将表格标题设定在表格下方，表格标题改成蓝色。

```
1  <!doctype html>
2  <html>
3  <head>
4     <meta charset="utf-8">
5     <title>ch16_1.html</title>
6     <style>
7        caption { color:blue; caption-side:bottom; }
8     </style>
9  </head>
10 <body>
11 <table border="1">
12    <caption>深石数字卖场</caption>
13    <thead><!-- 建立表头 -->
14       <tr><th>店名</th><th>地址</th><th>营业时间</th></tr>
15    </thead>
16    <tbody><!-- 建立表格本体 -->
17       <tr><td>天母店</td><td>台北市忠诚路200号</td>
18       <td rowspan="2">09:00-23:00</td></tr>
19       <tr><td>大安店</td><td>台北市大安路10号</td></tr>
20       <tr><td>新竹店</td><td>新竹市清华路112号</td><td>11:00-20:00</td></tr>
21    </tbody>
22 </table>
23 </body>
24 </html>
```

执行结果 如执行结果所示，表格最大的缺点是，标题与表格框几乎紧紧相邻。为了修改此缺点，可以参考第 15 章的内容，加上 padding-top 属性值。

店名	地址	营业时间
天母店	台北市忠诚路200号	09:00-23:00
大安店	台北市大安路10号	
新竹店	新竹市清华路112号	11:00-20:00

深石数字卖场

程序实例 ch16_2.html：修订 ch16_1.html 的缺点，让表格标题“深石数字卖场”与表格距离为 5px，此时样式表单的设计如下。

```
6     <style>
7        caption { color:blue; caption-side:bottom; padding-top:5px; }
8     </style>
```

执行结果 经过上述设计后，可以获得右图所示的较佳的结果。

店名	地址	营业时间
天母店	台北市忠诚路200号	09:00-23:00
大安店	台北市大安路10号	
新竹店	新竹市清华路112号	11:00-20:00

深石数字卖场

16-2 表格底色的设计

这节将直接以实例解说，设计表格的底色。

程序实例 ch16_3.html：重新设计 ch16_2.html，将表格表头底色设为 aqua 色，表格本体底色设为 aliceblue。下面只列出样式表部分，因为其他内容完全相同。

```
6     <style>
7        caption { color:blue; caption-side:bottom; padding-top:5px; }
8        th { background-color:aqua; }
9        td { background-color:aliceblue; }
10    </style>
```

执行结果

店名	地址	营业时间
天母店	台北市忠诚路200号	09:00-23:00
大安店	台北市大安路10号	
新竹店	新竹市清华路112号	11:00-20:00

深石数字卖场

其实将表格加上底色后，若不加表格框线，看起来也相当有特色。

程序实例 ch16_4.html：重新设计 ch16_3.html，但是取消表格框线，执行结果可参考下图。相较于 ch16_3.html，只要删除程序第 13 列属性 border="1" 即可，至于其他内容则完全相同。

```
13 <table>
```

店名	地址	营业时间
天母店	台北市忠诚路200号	09:00-23:00
大安店	台北市大安路10号	
新竹店	新竹市清华路112号	11:00-20:00

深石数字卖场

执行结果　在设计表格时，也可以直接在样式表中定义 border 属性值。

16-3　表格框线设计

其实如果各位读者仔细看表格，每一个单元格皆有一个外框，表格整体也有一个外框，两者是可以分开设计的，可参考下面的实例理解。

程序实例 ch16_5.html：设计表格外框，表格外框是 3px 宽、实线、蓝色，表格表头外框是 2px 宽、实线、绿色，表格本体外框是 1px 宽、实线、红色。

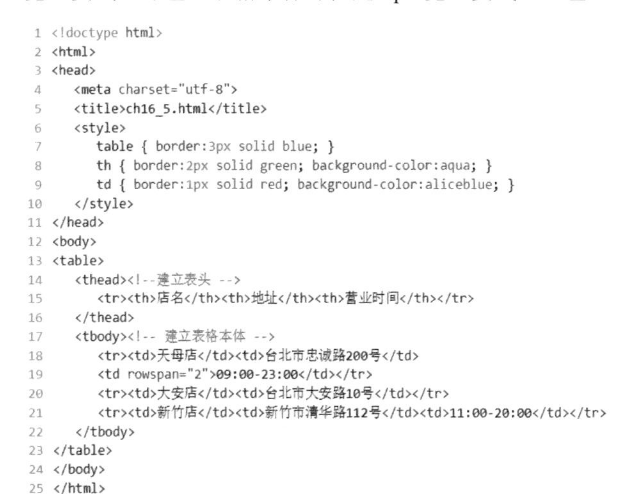

```
1 <!doctype html>
2 <html>
3 <head>
4    <meta charset="utf-8">
5    <title>ch16_5.html</title>
6    <style>
7       table { border:3px solid blue; }
8       th { border:2px solid green; background-color:aqua; }
9       td { border:1px solid red; background-color:aliceblue; }
10   </style>
11 </head>
12 <body>
13 <table>
14    <thead><!--建立表头 -->
15       <tr><th>店名</th><th>地址</th><th>营业时间</th></tr>
16    </thead>
17    <tbody><!-- 建立表格本体 -->
18       <tr><td>天母店</td><td>台北市忠诚路200号</td>
19       <td rowspan="2">09:00-23:00</td></tr>
20       <tr><td>大安店</td><td>台北市大安路10号</td></tr>
21       <tr><td>新竹店</td><td>新竹市清华路112号</td><td>11:00-20:00</td></tr>
22    </tbody>
23 </table>
24 </body>
25 </html>
```

执行结果

店名	地址	营业时间
天母店	台北市忠诚路200号	09:00-23:00
大安店	台北市大安路10号	
新竹店	新竹市清华路112号	11:00-20:00

16-4　单元格框线的距离

表格的框线模式有两种，目前所看到的框线模式是默认的 separate，16-7 节会更完整地介绍另一种框线模式 collapse。在 separate 这种框线模式下，单元格与单元格间，或是单元格与表格外框线间皆有一定距离，这段距离称 border-spacing。border-spacing 的定义参考下图。

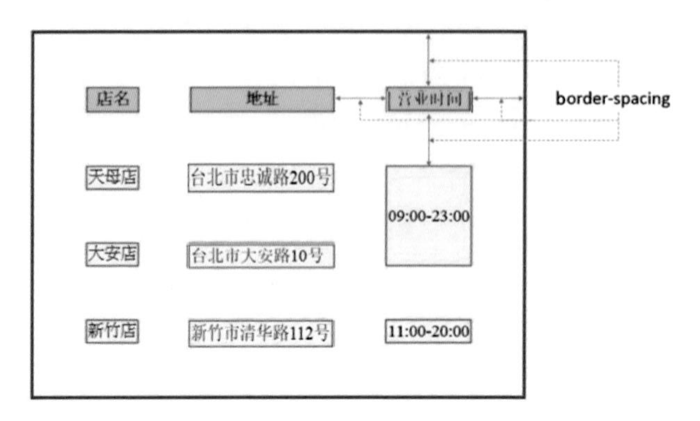

这个属性值的使用格式如下：

```
border-spacing: length [length];
```

length 用于定义长度，格式可参考附录 D。如果只设定 1 个长度，则是水平和垂直距离相同；如果设定 2 个长度，则第 1 个长度是水平距离，第 2 个长度是垂直距离。

程序实例 ch16_6.html：重新设计 ch16_5.html，设计单元格框线间水平和垂直的距离 border-spacing 是 10px，同时也将表格内所有单元格的框线设为 1px 宽，表格外框线则是 3px 宽。下面只列出与 ch16_5.html 样式表单的不同之处。

```
6     <style>
7        table { border:3px solid blue; border-spacing:10px; }
8        th { border:1px solid green; background-color:aqua; }
9        td { border:1px solid red; background-color:aliceblue; }
10    </style>
```

执行结果

程序实例 ch16_7.html：重新设计 ch16_6.html，垂直间距不变，水平间距改为 30px 宽。下面只列出与 ch16_.html 程序代码不同之处。

```
7        table { border:3px solid blue; border-spacing:30px 10px; }
```

执行结果

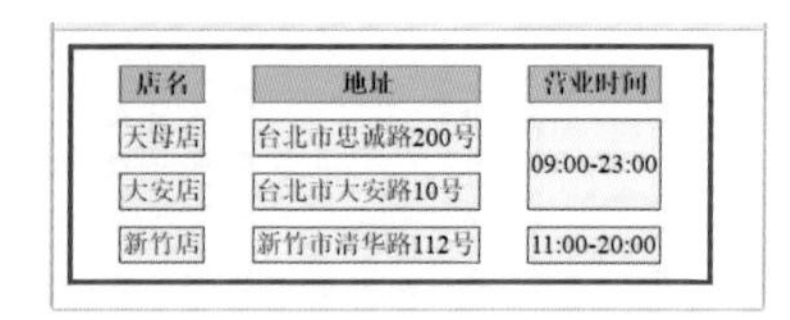

16-5 为单元格内容加上内边距

我们可以将单元格的内容视为内容盒子，因此可以将内边距的概念应用在单元格内，参见下图。由 ch16_7.html 的执行结果可以看到“天母店”“大安店” 等，文字与单元格框线间几乎没有空隙，这是因为没有设内边距 padding 的原因，此时相当于内边距是 0。

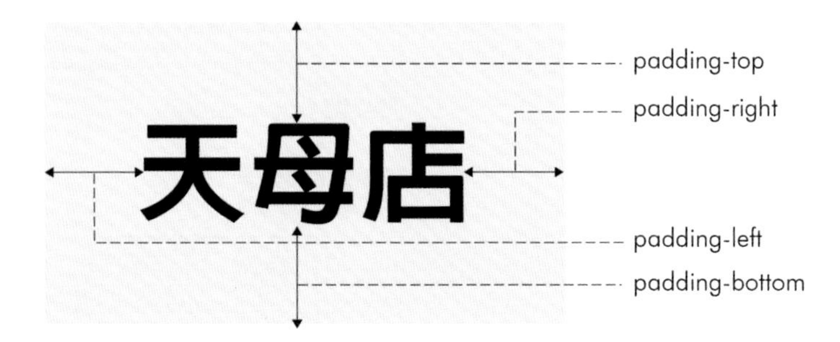

本节实例将改良此状况。在为单元格内容设定内边距时，可使用如下属性：

- padding-top：设定内容上方的内边距。
- padding-right：设定内容右侧的内边距。
- padding-left：设定内容左侧的内边距。
- padding-bottom：设定内容下方的内边距。
- padding：上述属性的简易表示法。如果只有 1 个数值，则代表四周等距离；如果有 2 个数值，则第 1 个数值设定上、下内边距，第 2 个数值设定左、右内边距；如果有 3 个数值，则第 1 个数值设定上内边距，第 2 个数值设定左、右内边距，第 3 个数值设定下内边距；如果有 4 个数值，则第 1 个数值设定上内边距，第 2 个数值设定右内边距，第 3 个数值设定下内边距，第 4 个数值设定左内边距。

其实在实际应用中一般是设定四个内边距相等的。

程序实例 ch16_8.html：重新设计 ch16_7.html，将表格的单元格内边距设为 5px。

```
6    <style>
7       table { border:3px solid blue; border-spacing:30px 10px; }
8       th { border:1px solid green; background-color:aqua; padding:5px; }
9       td { border:1px solid red; background-color:aliceblue; padding:5px; }
10   </style>
```

执行结果　由下列执行结果可知，字符串紧贴单元格的现象已经消失了。

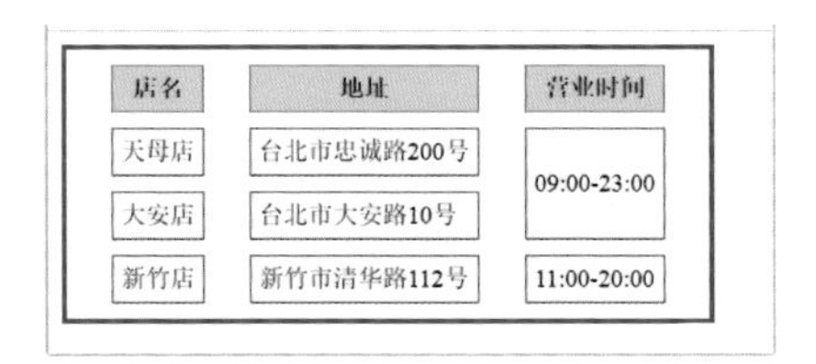

店名	地址	营业时间
天母店	台北市忠诚路200号	09:00-23:00
大安店	台北市大安路10号	
新竹店	新竹市清华路112号	11:00-20:00

16-6 显示或隐藏空白的单元格

empty-cells 属性的使用格式如下：

```
empty-cells: hide | show | inherit;
```

- hide：设定不显示内容、框线、底色。
- show：默认值，表示显示框线、底色。

程序实例 ch16_9.html：本程序第 10 行设定 empty-cells 的属性值是 show，程序第 25 行设定第 2 栏第 4 行单元格内容是空白，测试没有内容的单元格显示方式。

```
1 <!doctype html>
2 <html>
3 <head>
4    <meta charset="utf-8">
5    <title>ch16_9.html</title>
6    <style>
7       table {
8          border:3px solid blue;
9          border-spacing:30px 10px;
10         empty-cells:show;
11      }
12      th { border:1px solid green; background-color:aqua; padding:5px; }
13      td { border:1px solid red; background-color:aliceblue; padding:5px; }
14   </style>
15 </head>
16 <body>
17 <table>
18   <thead><!--建立表头 -->
19      <tr><th>店名</th><th>地址</th><th>营业时间</th></tr>
20   </thead>
21   <tbody><!-- 建立表格本体 -->
22      <tr><td>天母店</td><td>台北市忠诚路200号</td>
23      <td rowspan="2">09:00-23:00</td></tr>
24      <tr><td>大安店</td><td>台北市大安路10号</td></tr>
25      <tr><td>新竹店</td><td></td><td>11:00-20:00</td></tr>
26   </tbody>
27 </table>
28 </body>
29 </html>
```

执行结果

店名	地址	营业时间
天母店	台北市忠诚路200号	09:00-23:00
大安店	台北市大安路10号	
新竹店		11:00-20:00

程序实例 ch16_10.html：重新设计 ch16_9.html，设定 empty-cells 的属性值是 hide，下面只列出程序内容不一样的部分。

```
10          empty-cells:hide;
```

执行结果

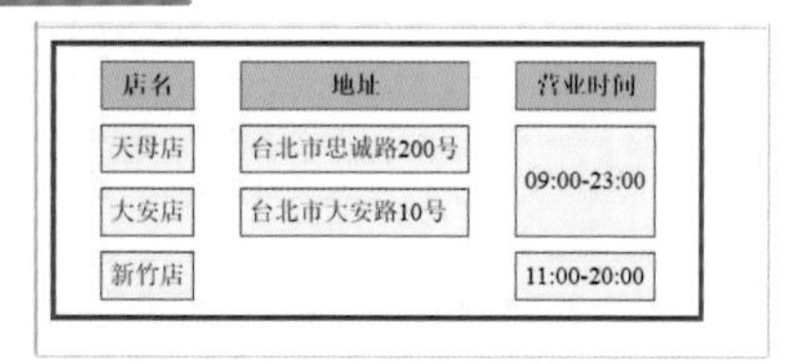

店名	地址	营业时间
天母店	台北市忠诚路200号	09:00-23:00
大安店	台北市大安路10号	
新竹店		11:00-20:00

程序实例 ch16_11.html：重新设计 ch16_10.html，将表格整行单元格数据设置为空白，了解执行结果。下面是程序第 25 行内容。

```
25       <tr><td></td><td></td><td></td></tr>
```

执行结果

店名	地址	营业时间
天母店	台北市忠诚路200号	09:00-23:00
大安店	台北市大安路10号	

下面的实例是测试表格内某行单元格为空白的执行结果。

程序实例 ch16_12.html：在 empty-cells 的属性值是 hide 时，设定某行单元格为空白的执行结果。

```
1 <!doctype html>
2 <html>
3 <head>
4    <meta charset="utf-8">
5    <title>ch16_12</title>
6    <style>
7       table { border:solid 4px blue; }
8       th {
9          background-color:lightblue;
10         padding:5px; border:2px solid blue;
11      }
12      td {
13         background-color:lightgray; padding:5px;
14         border:2px solid blue;
15         empty-cells:hide;
16      }
17   </style>
18 </head>
19 <body>
20 <table>
21   <tr><th>Country</th><th>University</th></tr>
22   <tr><td>USA</td><td>University of Mississippi</td></tr>
23   <tr><td>France</td><td>University of Paris</td></tr>
24   <tr><td></td><td></td></tr>
25   <tr><td>Japan</td><td>University of Tokyo</td></tr>
26 </table>
27 </body>
28 </html>
```

执行结果

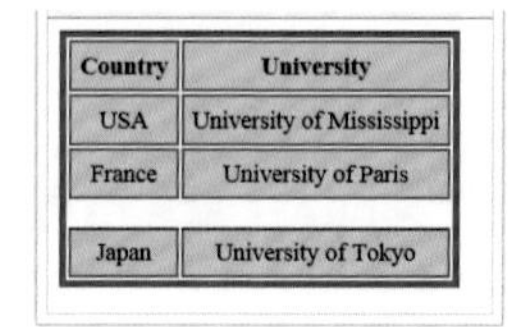

Country	University
USA	University of Mississippi
France	University of Paris
Japan	University of Tokyo

16-7 表格框线的模式

border-collapse 属性可用于设计表格框线是否与单元格框线合并，它的使用格式如下：

```
border-collapse: separate | collapse | inherit;
```

❑ separate

默认值，即表格框线与单元格框线彼此分开，其实本章目前所有框线设置均为这个选项。

❑ collapse

使用这个值时，表格框线与单元格框线会合并。

程序实例 ch16_13.html：重新设计 ch16_10.html，将表格框线与单元格框线合并。下面只列出样式表单的设计，重点注意第 11 行内容。

```
6    <style>
7       table {
8          border:3px solid blue;
9          border-spacing:30px 10px;
10         empty-cells:hide;
11         border-collapse:collapse;
12      }
13      th { border:1px solid green; background-color:aqua; padding:5px; }
14      td { border:1px solid red; background-color:aliceblue; padding:5px; }
15   </style>
```

执行结果

店名	地址	营业时间
天母店	台北市忠诚路200号	09:00-23:00
大安店	台北市大安路10号	
新竹店		11:00-20:00

上述执行结果的最大特点是，设定了 collapse 属性值后，原先 border-spacing 的设定就不具意义了，因为表格框线与单元格框线已经合并了。

16-8 单元格内容排版

设计表格时，默认环境是单元格的内容居中对齐，其实我们可以将 12-1 节 text-align 的属性值套用在表格内，建立不同的对齐方式表格。

程序实例 ch16_14.html：重新设计 ch16_12.html，设定表格表体的内容靠左对齐。这个程序是在原程序上增加第 16 行，得到所要的结果。

```
16          text-align:left;
```

执行结果

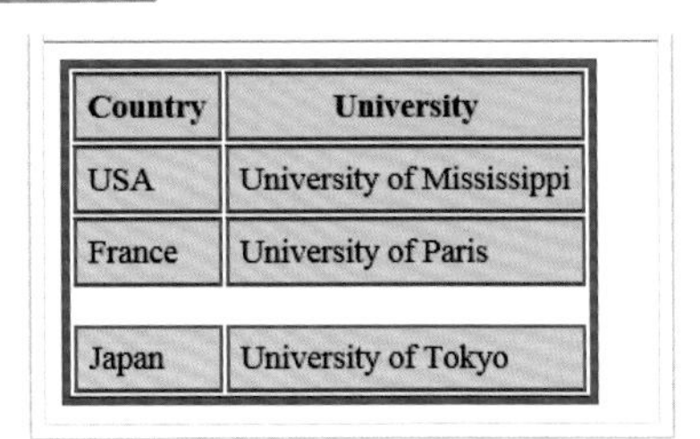

Country	University
USA	University of Mississippi
France	University of Paris
Japan	University of Tokyo

16-9 表格版面的排版

table-layout 属性用于处理表格的布局，它的使用格式如下：

```
table-layout：auto | fixed | inherit;
```

❑ auto

默认值，即表格的宽度会依单元格内容宽度而定，系统自动配置足够空间，只要浏览器窗口够宽内容就不会分行显示。

❑ fixed

设定表格为固定宽度。

程序实例 ch16_15.html：table-layout 属性的应用。这格程序设计了 2 个表格，第 1 个表格使用系统默认值 auto（第 9 行），所以即使第 1 个单元格分配的空间是整体宽度的 10%，不够配置，但是浏览器仍分配足够的空间供它完整显示数据；第 2 个表格使用 fixed（第 10 行），单元格分配的空间是整体 10% 宽度的，不够配置，所以溢位显示。程序第 7 行“width:100%”的意思是表格宽度继承父元素的宽度，相当于 <body> 的宽度。

```
1  <!doctype html>
2  <html>
3  <head>
4     <meta charset="utf-8">
5     <title>ch16_15.html</title>
6     <style>
7        table { width:100%; border:1px solid; }
8        td { border:1px solid; }
9        table#sample1 { table-layout:auto; }
10       table#sample2 { table-layout:fixed; }
11    </style>
12 </head>
13 <body>
14 <p>table-layout: auto</p>
15 <table id="sample1">
16    <tr>
17       <td width="10%">9999999999</td>
18       <td width="90%">8888888888</td>
19    </tr>
20 </table>
21 <p>table-layout: fixed</p>
22 <table id="sample2">
23    <tr>
24       <td width="10%">9999999999</td>
25       <td width="90%">8888888888</td>
26    </tr>
27 </table>
28 </body>
29 </html>
```

执行结果

table-layout: auto

9999999999 8888888888

table-layout: fixed

9999999999888888888

16-10 综合应用

在表格的设计中，常看到奇数行与偶数行有不同的底色，若适当地利用样式表，也可以实现。下列是可使用的选择器：

```
n:nth-child(n)
```

上述选择器的原意是将设置套用在第 n 个子元素的 p 元素，若将上述 CSS 改写如下：

```
tr:nth-child(2n+1)
```

则代表所有奇数的表格行。若将上述 CSS 改写如下：

```
tr:nth-child(2n)
```

则代表所有偶数的表格行。

程序实例 ch16_16.html：改写 ch16_1.html，同时让表格奇数行显示底色为 aqua，偶数行显示底色为粉红色。注意，表头（第 19~21 行）与表格本体（第 22~26 行）的 tr 将重新计算，所以前两行的底色皆是 aqua。

```
1  <!doctype html>
2  <html>
3  <head>
4     <meta charset="utf-8">
5     <title>ch16_16.html</title>
6     <style>
7        caption { margin-top:5px; color:blue; caption-side:bottom; }
8        tr:nth-child(2n+1) { /* 表格奇數行 */
9           background-color:aqua;
10       }
11       tr:nth-child(2n) {   /* 表格偶數行 */
12          background-color:pink;
13       }
14    </style>
15 </head>
16 <body>
17 <table border="1">
18    <caption>深石数字卖场</caption>
19    <thead><!--建立表头 -->
20       <tr><th>店名</th><th>地址</th><th>营业时间</th></tr>
21    </thead>
22    <tbody><!-- 建立表格本体 -->
23       <tr><td>天母店</td><td>台北市忠诚路200号</td><td>09:00-23:00</td></tr>
24       <tr><td>大安店</td><td>台北市大安路10号</td><td>09:00-22:00</td></tr>
25       <tr><td>新竹店</td><td>新竹市清华路112号</td><td>11:00-20:00</td></tr>
26    </tbody>
27 </table>
28 </body>
29 </html>
```

执行结果

店名	地址	营业时间
天母店	台北市忠诚路200号	09:00-23:00
大安店	台北市大安路10号	09:00-22:00
新竹店	新竹市清华路112号	11:00-20:00

深石数字卖场

上述程序表头和表格本体第一行背景色皆是 aqua，下面是将表头取消后的效果。

程序实例 ch16_17.html：重新设计 ch16_17.html，取消表头。

```
1  <!doctype html>
2  <html>
3  <head>
4     <meta charset="utf-8">
5     <title>ch16_17.html</title>
6     <style>
7        caption { margin-top:5px; color:blue; caption-side:bottom; }
8        tr:nth-child(2n+1) { /* 表格奇数行 */
9           background-color:aqua;
10       }
11       tr:nth-child(2n) {   /* 表格偶数行 */
12          background-color:pink;
13       }
14    </style>
15 </head>
16 <body>
17 <table border="1">
18    <caption>深石数字卖场</caption>
19    <tbody><!-- 建立表格本体 -->
20       <tr><td>店名</td><td>地址</td><td>营业时间</td></tr>
21       <tr><td>天母店</td><td>台北市忠诚路200号</td><td>09:00-23:00</td></tr>
22       <tr><td>大安店</td><td>台北市大安路10号</td><td>09:00-22:00</td></tr>
23       <tr><td>新竹店</td><td>新竹市清华路112号</td><td>11:00-20:00</td></tr>
24    </tbody>
25 </table>
26 </body>
27 </html>
```

执行结果

店名	地址	营业时间
天母店	台北市忠诚路200号	09:00-23:00
大安店	台北市大安路10号	09:00-22:00
新竹店	新竹市清华路112号	11:00-20:00

深石数字卖场

程序实例 ch16_18.html：重新设计 ch16_11.html，将样式表抽离 <body>，改写在 <head> 内。

```
1  <!doctype html>
2  <html>
3  <head>
4     <meta charset="utf-8">
5     <title>ch16_18.html</title>
6     <style>
7        col#ex1 { background-color:lightgray; }
8        col#ex2 { background-color:yellow; }
9     </style>
10 </head>
11 <body>
12 <table border="1">
13    <caption>深石数字卖场</caption>
14    <colgroup>
15       <col id="ex1">
16       <col span="2" id="ex2">
17    </colgroup>
18    <thead><!--建立表头 -->
19       <tr><th>店名</th><th>地址</th><th>营业时间</th></tr>
20    </thead>
21    <tbody><!-- 建立表格本体 -->
22       <tr><td>天母店</td><td>台北市忠诚路200号</td>
23       <td rowspan="2">09:00-23:00</td></tr>
24       <tr><td>大安店</td><td>台北市大安路10号</td></tr>
25       <tr><td>新竹店</td><td>新竹市清华路112号</td><td>11:00-20:00</td></tr>
26    </tbody>
27 </table>
28 </body>
29 </html>
```

执行结果 与 ch16_11.html 相同。

习题

1. 请设计 2018 年水果月历网站，每个月以一种水果为主题，请自行发挥创意。

2. 请设计 2019 年以自己为主角的月历，每个月一个主题，请自行发挥创意。

3. 请美化第 6 章习题。

4. 请重新设计 ch16_16.html，将表格表头改为浅蓝色（lightblue）。

17

第 17 章

设计渐变效果

本章摘要

17-1 线性渐变函数 linear-gardient()

17-2 放射状渐变函数 radial-gradient()

17-3 重复线性渐变函数 repeating-linear-gradient()

17-4 重复放射性渐变函数 repeating-radial-gradient()

17-1 线性渐变函数 linear-gardient()

这是一个线性渐变函数，可以设定色彩从某一个方向往另一个方向的不同色彩作线性渐变。它的使用格式如下：

```
linear-gradient(direction, color stop, … , color stop)
```

- direction

设定色彩方向，有许多表达方式，可用角度值或英文表示，参见下图。

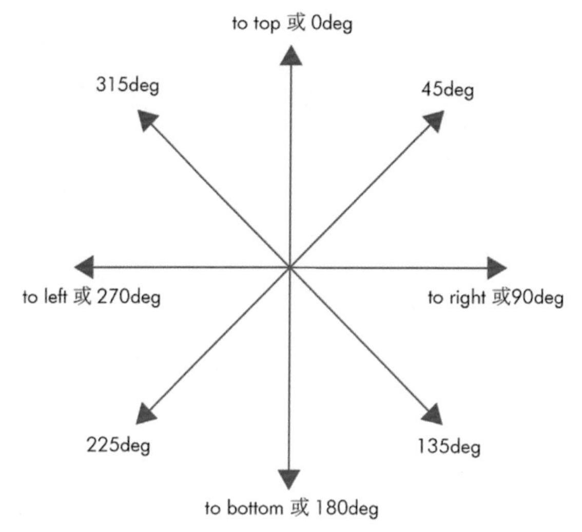

例如：

由上往下可用：to bottom、180deg。

由下往上可用：to top、0deg。

由左往右可用：to right、90deg。

由右往左可用：to left、270deg。

也可用上述英文字母的组合来设定区块对角方式的线性渐变，例如，右下往左上是 to top left、左下往右上是 to top right、右上往左下是 to bottom left、左上往右下是 to bottom right。值得注意的是，以对角方式设定渐变时，不一定是 45 度，因为这种指定方式是由区块对角进行颜色渐变的，只有区块是正方形时，才是 45 度角。

- color stop

设定色彩停驻点，如果只是两个点之间的颜色变化，可以直接指定起点的颜色和终点的颜色。如果线性变化过程有多于两个的颜色参与，则中间点的颜色需指定色彩和位置，位置指定方式为起点是 0% 终点是 100%。颜色和位置中间需空一格，例如，yellow 30%，代表 30% 处的颜色是黄色。如果线性变化过程有多于两个的颜色参与，并且不指明颜色位置，则以位置均等分方式处理。

色彩的使用可以参考附录 E。

程序实例 ch17_1.html：两种颜色渐变的应用。

```
1 <!doctype html>
2 <html>
3 <head>
4    <meta charset="utf-8">
5    <title>ch17_1.html</title>
6    <style>
7       #ex1 { background:linear-gradient(to right,yellow,blue); }
8       #ex2 { background:linear-gradient(to left,yellow,green); }
9       #ex3 { background:linear-gradient(to top,red,green); }
10      #ex4 { background:linear-gradient(to bottom,green,blue); }
11      #ex5 {
12         width:400px;
13         height:200px;
14         background:linear-gradient(to top right,green,yellow);
15      }
16   </style>
17 </head>
18 <body>
19 <h1 id="ex1">HTML5 + CSS3 王者归来</h1>
20 <h1 id="ex2">HTML5 + CSS3 王者归来</h1>
21 <h1 id="ex3">HTML5 + CSS3 王者归来</h1>
22 <h1 id="ex4">HTML5 + CSS3 王者归来</h1>
23 <h1 id="ex5">HTML5 + CSS3 王者归来</h1>
24 </body>
25 </html>
```

执行结果

HTML5 + CSS3 王者归来

HTML5 + CSS3 王者归来

HTML5 + CSS3 王者归来

HTML5 + CSS3 王者归来

HTML5 + CSS3 王者归来

程序实例 ch17_2.html：3 种颜色渐变的应用。下面只列出与 ch17_1.html 的不同之处。

```
6    <style>
7       #ex1 { background:linear-gradient(to right,yellow,red,blue); }
8       #ex2 { background:linear-gradient(to left,yellow,red 30%,green); }
9       #ex3 { background:linear-gradient(to top,red,gray,green); }
10      #ex4 { background:linear-gradient(to bottom,green,pink,blue); }
11      #ex5 {
12         width:400px;
13         height:200px;
14         background:linear-gradient(to top right,red,yellow 30%,green);
15      }
16   </style>
```

执行结果

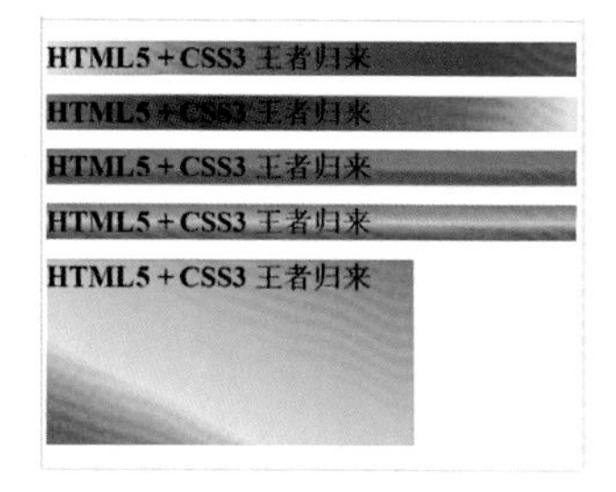

程序实例 ch17_3.html：使用渐变色重新设计 ch3_8.html。

```
1 <!doctype html>
2 <html>
3 <head>
4    <meta charset="utf-8">
5    <title>ch17_3.html</title>
6    <style>
7       h1#ex1 {
8             width:400px;
9                height:50px;
10               text-align:center;
11            background:linear-gradient(to right,yellow,green);
12      }
13         h1#ex2 {
14            width:400px;
15               height:50px;
16               background:linear-gradient(to right,yellow,red);
17      }
18         p#pex1 { background:linear-gradient(to right,pink,blue)
19       section { background:linear-gradient(to right bottom,yell
20   </style>
21 </head>
22 <body>
23 <h1 id="ex1">Silicon Stone Education</h1>
24 <p id="pex1">国际认证的权威机构，位于加州尔湾。</p>
25 <section>
26    <h1 id="ex2">Big Data Knowledge</h1>
27    <p>大数据(Big Data)已成为目前全球学术单位、政府机关以及
28       顶级企业必须认真面对的挑战，随着有关大数据的程序语言、
29       运算平台、基础理论，以及虚拟化、容器化技术的成熟，了解
30       大数据的原理、实作、工具、应用以及未来趋势，将会是求学、
31       进修、求职，深造的必备技能。</p>
32 </section>
33 <section>
34    <h1 id="ex2">R Language Today</h1>
```

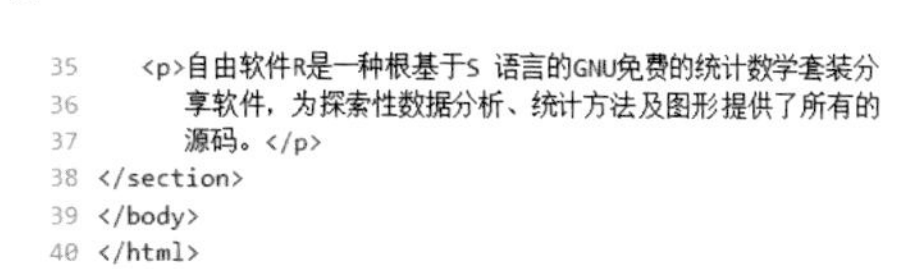

```
35    <p>自由软件R是一种根基于S 语言的GNU免费的统计数学套装分
36       享软件，为探索性数据分析、统计方法及图形提供了所有的
37       源码。</p>
38 </section>
39 </body>
40 </html>
```

执行结果

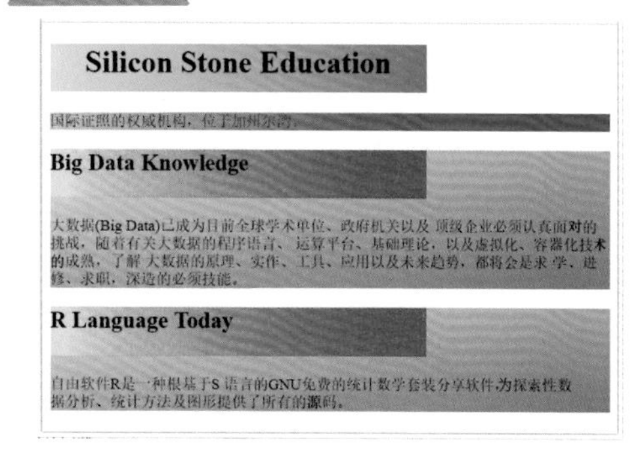

17-2 放射状渐变函数 radial-gradient()

这是一个放射性渐变函数，可以设定色彩从某一个点以圆形或椭圆形往四周的不同色彩作放射性渐变。它的使用格式如下：

```
radial-gradient(shape length position, color stop, … , color stop)
```

- shape

设定色彩放射的形状，如果省略系统会依照尺寸自行判断。可以使用圆形 circle 或椭圆 ellipse。

- length

通过关键词或是尺寸指定渐变，可以使用的关键词有：

closest-side：如果外形是圆形（circle），则色彩由圆形中心往最近的方块边渐变。如果外形是椭圆（ellipse），则色彩由椭圆中心往最近的方块边渐变。

farthest-side：如果外形是圆形，则色彩由圆形中心往最远的方块边渐变。如果外形是椭圆，则色彩由椭圆中心往最远的方块边渐变。

closest-corner：如果外形是圆形，则色彩由圆形中心往最近的方块角渐变。如果外形是椭圆，则色彩由椭圆中心往最近的方块角渐变。

farthest-corner：如果外形是圆形，则色彩由圆形中心往最远的方块角渐变。如果外形是椭圆，则色彩由椭圆中心往最远的方块角渐变。

长度的设定方法可以参考附录 D。如果是圆形，则可以指定一个长度数值。注意设定时 shape、length 之间空一格。

实例 1：设定圆形渐变，渐变半径是 50px。

```
radial-gradient(circle 50px,yellow,red)
```

如果是椭圆形可以指定 2 个长度数值，第一个是水平轴，第二个是垂直轴。

实例 2：设定椭圆形渐层，渐层半径水平轴是 250px，垂直轴是 100px。

```
radial-gradient(ellipse 250px, 100px,yellow,red)
```

若省略长度，则使用默认值 farthest-corner。

- position

这个参数默认是由中心点开始往外作色彩渐变，但是也可以使用 top、right、bottom、left 或数值、% 值方式设定中心点。

- color stop

这个参数的使用方法与前一节相同。

程序实例 ch17_4.html：2 种和 3 种颜色放射性渐变的应用。

```
1  <!doctype html>
2  <html>
3  <head>
4     <meta charset="utf-8">
5     <title>ch17_4.html</title>
6     <style>
7        #ex1 { background:radial-gradient(circle,yellow,blue); }
8        #ex2 { background:radial-gradient(ellipse,yellow,green); }
9        #ex3 {
10          width:400px;
11          height:200px;
12          background:radial-gradient(circle closest-side,white,red 60%,gray);
13       }
14       #ex4 {
15          width:400px;
16          height:200px;
17          background:radial-gradient(ellipse farthest-side,white,red 60%,gray);
18       }
19    </style>
20 </head>
21 <body>
22 <h1 id="ex1">HTML5 + CSS3 王者归来</h1>
23 <h1 id="ex2">HTML5 + CSS3 王者归来</h1>
24 <h1 id="ex3">HTML5 + CSS3 王者归来</h1>
25 <h1 id="ex4">HTML5 + CSS3 王者归来</h1>
26 </body>
27 </html>
```

执行结果

程序实例 ch17_5.html：放射渐变中心点不在区块中心的应用。

```
1  <!doctype html>
2  <html>
3  <head>
4     <meta charset="utf-8">
5     <title>ch17_5.html</title>
6     <style>
7        #ex1 {
8           width:400px;
9           height:200px;
10          background:radial-gradient(circle 200px at 30% 65%,red,yellow,green);
11       }
12       #ex2 {
13          width:400px;
14          height:200px;
15          background:radial-gradient(ellipse 120px 70px at 60% 60%,white,red 60%,lightgray);
16       }
17    </style>
18 </head>
19 <body>
20 <h1 id="ex1">HTML5 + CSS3 王者归来</h1>
21 <h1 id="ex2">HTML5 + CSS3 王者归来</h1>
22 </body>
23 </html>
```

执行结果

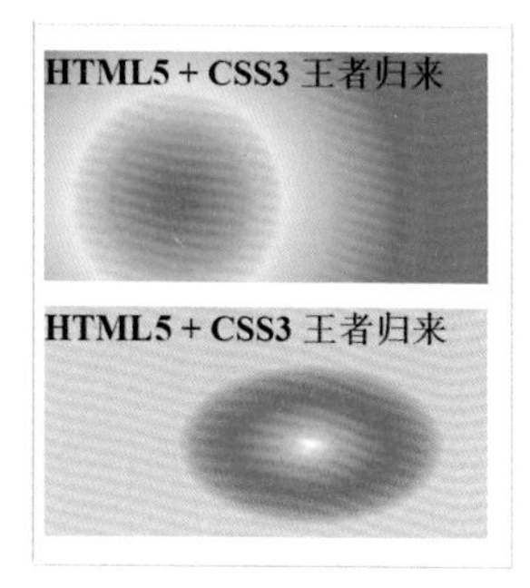

17-3 重复线性渐变函数 repeating-linear-gradient()

repeating-linear-gradient() 函数的使用方法与 linear-gradient() 基本相同，至于可以重复多少次视起始色彩停驻点至结束色彩停驻点的长度而定。如果想渐变重复 5 次，则设定结束色彩停驻点的位置是 20%。如果想重复 4 次，则设定结束色彩停驻点的位置是 25%。其他参数用法，请依此类推。

程序实例 ch17_6.html：repeating-linear-gradient() 的基本应用。

```
1 <!doctype html>
2 <html>
3 <head>
4     <meta charset="utf-8">
5     <title>ch17_6.html</title>
6     <style>
7         #ex1 { background:repeating-linear-gradient(to right,yellow 0%,red 20%,blue 30%); }
8         #ex2 { background:repeating-linear-gradient(to left,yellow 0%,pink 15%,green 30%); }
9         #ex3 { background:repeating-linear-gradient(to top,red 0%,gray 25%,green 50%); }
10        #ex4 { background:repeating-linear-gradient(to bottom,green 0%,pink 25%,blue 50%); }
11        #ex5 {
12            width:400px;
13            height:200px;
14            background:repeating-linear-gradient(to top right,red 0%,yellow 20%,blue 40%);
15        }
16    </style>
17 </head>
18 <body>
19 <h1 id="ex1">HTML5 + CSS3 王者归来</h1>
20 <h1 id="ex2">HTML5 + CSS3 王者归来</h1>
21 <h1 id="ex3">HTML5 + CSS3 王者归来</h1>
22 <h1 id="ex4">HTML5 + CSS3 王者归来</h1>
23 <h1 id="ex5">HTML5 + CSS3 王者归来</h1>
24 </body>
25 </html>
```

执行结果

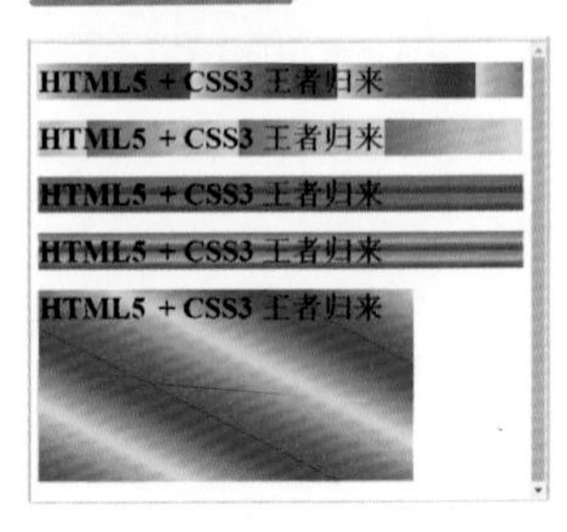

程序实例 ch17_7.html：使用 repeating-linear-gradient() 重新设计 17_3.html。下面将列出与 ch17_3.html 不同的样式表单部分。

```
6     <style>
7         h1#ex1 {
8             width:400px;
9             height:50px;
10            text-align:center;
11            background:linear-gradient(to bottom,yellow,green);
12        }
13        h1#ex2 {
14            width:400px;
15            height:50px;
16            background:repeating-linear-gradient(to top,green,yellow 50%);
17        }
18        p#pex1 { background:repeating-linear-gradient(to right,pink,pink 20%,yellow 50%); }
19        section { background:repeating-linear-gradient(to right,white,yellow 50%); }
20    </style>
```

执行结果

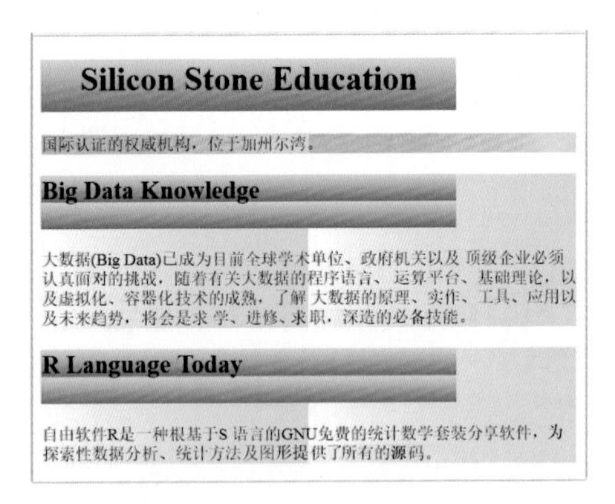

17-4 重复放射性渐变函数 repeating-radial-gradient()

repeating-radial-gradient() 函数的使用方法与 radial-gradient() 相同，至于可以重复多少次视起始色彩停驻点至结束色彩停驻点的长度而定。如果想要重复 5 次，则请设定结束色彩停驻点的位置是 20%。如果想要重复 4 次，则请设定结束色彩停驻点的位置是 25%。其他参数用法，请依此类推。

程序实例 ch17_8.html：repeating-radial-gradient() 的基本应用。

```
1  <!doctype html>
2  <html>
3  <head>
4     <meta charset="utf-8">
5     <title>ch17_8.html</title>
6     <style>
7        #ex1 { background:repeating-radial-gradient(circle,yellow,blue 30%); }
8        #ex2 { background:repeating-radial-gradient(ellipse,yellow,green 30%); }
9        #ex3 {
10          width:400px;
11          height:200px;
12          background:repeating-radial-gradient(circle closest-side,white,red 20%,gray 40%);
13       }
14       #ex4 {
15          width:400px;
16          height:200px;
17          background:repeating-radial-gradient(ellipse farthest-side,white,red 20%,gray 40%);
18       }
19    </style>
20 </head>
21 <body>
22 <h1 id="ex1">HTML5 + CSS3 王者归来</h1>
23 <h1 id="ex2">HTML5 + CSS3 王者归来</h1>
24 <h1 id="ex3">HTML5 + CSS3 王者归来</h1>
25 <h1 id="ex4">HTML5 + CSS3 王者归来</h1>
26 </body>
27 </html>
```

执行结果

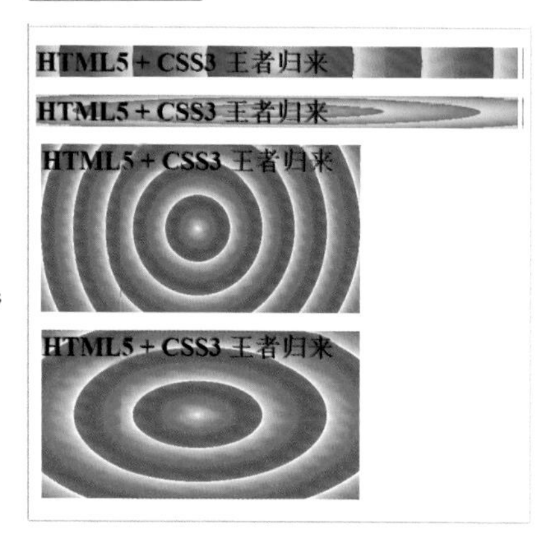

程序实例 ch17_9.html：这是一个综合应用的程序，重新设计了 ch10_16.html。

```
1  <!doctype html>
2  <html>
3  <head>
4     <meta charset="utf-8">
5     <title>ch17_9.html</title>
6     <style>
7        hgroup { background:linear-gradient(to right,white, yellow); }
8          h1 { width:300px; background:repeating-linear-gradient(to right,yellow, aqua 50%); }
9          nav { width:500px; height:300px;
10            background:repeating-radial-gradient(ellipse,white, yellow 40%,green 50%);
11       }
12         p#ex { background:repeating-radial-gradient(ellipse farthest-side,white,#f5f5f5) }
13    </style>
14 </head>
15 <body>
16 <header>
17    <hgroup>
18       <h1>深石数字科技</h1>
19       <h3>深度学习滴水穿石</h3>
20    </hgroup>
21 </header>
22 <nav>
23    <p>
24       <a href="http://www.siliconstone.com">国际认证</a>  
25       <a href="http://www.grandtech.info">书籍出版</a>  
26       <a href="http://www.jobexam.tw">JobExam</a>
27         <br><br><br>
28         洪锦魁著<img src="book.jpg" alt="my book" width="350px">
29    </p>
30 </nav>
31 <section>
32    <h1>最新出版公告</h1>
33    <article>
34       <h1>R语言迈向Big Data之路</h1>
35       <p id="ex">现在是Big Data时代，若想进入这个领域，R语言可说是最重要的
36          程序语言，学习本书不需要有统计基础，但是在无形中本书已经
37          灌溉了统计知识给你。</p>
38    </article>
39    <article>
40       <h1>HTML5+CSS3 王者归来</h1>
41       <p id="ex">HTML可以设计网页内容与结构，CSS则是设计网页排版与外观。</p>
42    </article>
43 </section>
44 </body>
45 </html>
```

执行结果

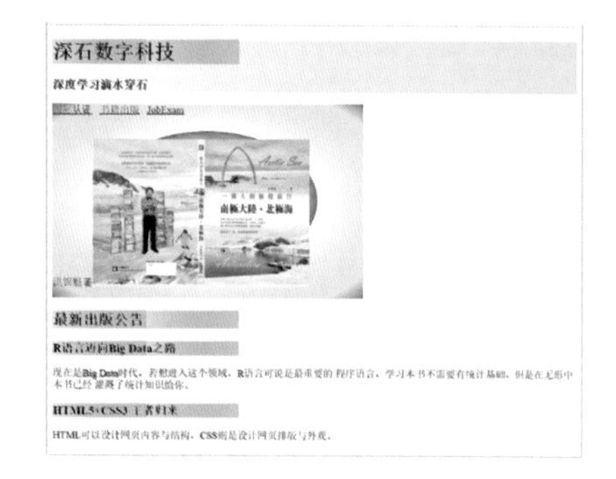

习题

1. 请重新设计 ch17_3.html，内容可自行发挥创意。

2. 请重新设计 ch17_9.html，内容可自行发挥创意。

3. 请以目前所学的知识扩充先前的作业，设计一个以自己为主题的网页，内容可自行发挥创意。

第 18 章

设计多栏版面

本章摘要

至今所看到的网页版面很多是多个栏构成的，本章将讲解设计多栏版面。

18-1 设定栏数量与宽度的 columns 属性

columns 属性可以设定栏数量与宽度。不过在正式介绍 columns 前，先介绍另外两个与设定栏数量与宽度有关的属性。

18-1-1 设定栏数量的 column-count 属性

column-count 属性可以直接设定网页版面的栏数，它的使用格式如下：

```
column-count: auto | count | initial | inherit;
```

- auto

默认值，为一个栏，但是会因其他属性值 (如 column-width) 而调整。

- count

栏的数量。

程序实例 ch18_1.html：设定输出两个栏的应用。这个程序的第 8 行直接设定输出是两个栏。

```
1  <!doctype html>
2  <html>
3  <head>
4     <meta charset="utf-8">
5     <title>ch18_1.html</title>
6     <style>
7        div {
8           column-count:2;
9        }
10       h1 { background-color:aqua; color:blue; }
11       p { background-color:yellow; }
12    </style>
13 </head>
14 <body>
15 <div>
16 <h1>Silicon Stone Education</h1>
17 <p>国际认证的权威机构，位于加州尔湾。</p>
18 <section>
19    <h1>Big Data Knowledge</h1>
20    <p>大数据(Big Data)已成为目前全球学术单位、政府机关以及顶级企业必须认真
21    面对的挑战，随着有关大数据的程序语言、运算平台、基础理论，以及虚拟化、容
22    器化技术的成熟，了解大数据的原理、实作、工具、应用以及未来趋势，将会是求
23    学、进修、求职，深造的必备技能。</p>
24    <h1>R Language Today</h1>
25    <p>自由软件R是一种根基于S 语言的GNU免费的统计数学套装分享软件，对于探索性
26    数据分析、统计方法、及图形，提供了所有的源码。</p>
27 </section>
28 </div>
29 </body>
30 </html>
```

执行结果

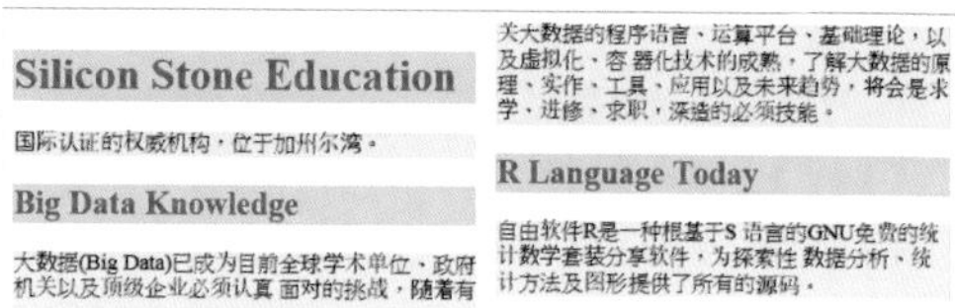

Silicon Stone Education

国际认证的权威机构，位于加州尔湾。

Big Data Knowledge

大数据(Big Data)已成为目前全球学术单位、政府机关以及顶级企业必须认真 面对的挑战，随着有关大数据的程序语言、运算平台、基础理论，以及虚拟化、容 器化技术的成熟，了解大数据的原理、实作、工具、应用以及未来趋势，将会是求学、进修、求职，深造的必须技能。

R Language Today

自由软件R是一种根基于S 语言的GNU免费的统计数学套装分享软件，为探索性 数据分析、统计方法及图形提供了所有的源码。

程序实例 ch18_2.html：将属性 column-count 设定为 auto，观察执行结果。与 ch18_1.html 比较，这个程序只更改了第 8 行代码。

```
7        div {
8           column-count:auto;
9        }
```

执行结果

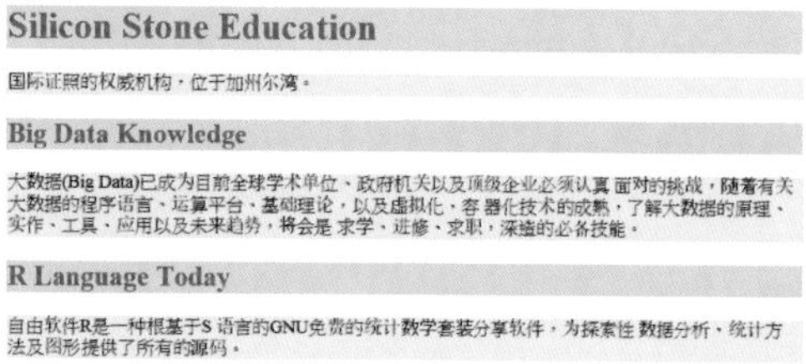

Silicon Stone Education

国际证照的权威机构，位于加州尔湾。

Big Data Knowledge

大数据(Big Data)已成为目前全球学术单位、政府机关以及顶级企业必须认真 面对的挑战，随着有关大数据的程序语言、运算平台、基础理论，以及虚拟化、容 器化技术的成熟，了解大数据的原理、实作、工具、应用以及未来趋势，将会是 求学、进修、求职，深造的必备技能。

R Language Today

自由软件R是一种根基于S 语言的GNU免费的统计数学套装分享软件，为探索性 数据分析、统计方法及图形提供了所有的源码。

18-1-2 设定栏宽度的 column-width 属性

它的使用格式如下：

```
column-width: auto | count | initial | inherit;
```

❑ auto

默认值，为一个栏，但是会因其他属性值 (如 column-count) 而调整。

❑ count

栏的宽度，这个宽度是最适合的宽度，而不是绝对宽度。浏览器会依照目前窗口宽度做适度调整。

程序实例 ch18_3.html：设定栏宽度是 150px。与 ch18_1.html 比较，这个程序只是更改了第 8 行代码。

```
7        div {
8            column-width:150px;
9        }
```

执行结果 下图所示是在 Firefox 浏览器下的执行结果。

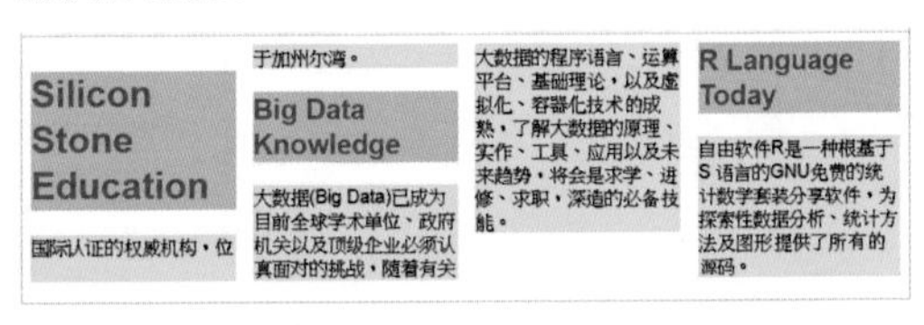

程序实例 ch18_4.html：设定栏宽度是 auto。与 ch18_1.html 比较，这个程序只是更改了第 8 行代码。

```
7        div {
8            column-width:auto;
9        }
```

执行结果 这个程序的执行结果与 ch18_2.html 相同。

18-1-3 栏数量与宽度简易表示法 columns

这个属性值是对 column-count 和 column-width 的简易表示。

```
columns: auto | column-count column-width | initial | inherit;
```

程序实例 ch18_5.html：使用 columns 属性值直接设定栏的宽度，以及栏的数量。这个程序在设计时，笔者增加了一个 line-height 属性，也许读者将来在设计网页时，可以参考用此属性设定行与行的间距。

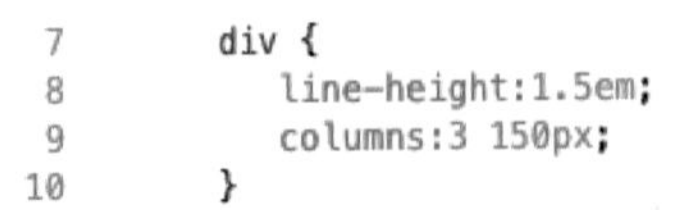

```
7        div {
8            line-height:1.5em;
9            columns:3 150px;
10       }
```

执行结果 下图所示是在 Firefox 下的执行结果。

18-2 设定栏与栏间距的 column-gap 属性

它的使用格式如下：

```
column-gap: normal | 间距值 | initial | inherit;
```

- normal

默认值，不同浏览器有不同的设定值，W3C 建议是 1em。

- 间距值

直接为栏间距指定一个数值。

程序实例 ch18_6.html：将栏与栏间距设为 1.5em。

```
7       div {
8           line-height:1.5em;
9           columns:3 150px;
10          column-gap:1.5em;
11      }
```

执行结果 下图所示是在 Firefox 下的执行结果，与 ch18_5.html 相比间距比较大。

18-3 设定栏与栏线属性 column-rule

column-rule 可以设定栏与栏线的属性。不过在正式介绍 column-rule 前，先介绍另外 3 个与设定栏与栏线有关的属性。

18-3-1 设定栏线类型的 column-rule-style 属性

这个属性可以设定栏与栏之间线的类型，它的使用格式如下：

```
column-rule-style: none | hidden | dotted | dashed | solid | double | groove |
                   ridge | inset | outset | initial | inherit;
```

上述值中，none 是默认值，表示没有栏线，其他属性值与 border-style 的属性值相同，可参考 15-4-1 节。

程序实例 ch18_7.html：重新设计 ch18_6.html，在栏间增加实线界线。

```
7       div {
8           line-height:1.5em;
9           columns:3 150px;
10          column-gap:1.5em;
11          column-rule-style:solid;
12      }
```

执行结果 右图是程序在 Firefox 下的执行结果。

18-3-2 设定栏线颜色的 column-rule-color 属性

这个属性可以设定栏与栏之间界线的颜色，它的使用格式如下：

```
column-rule-color: 颜色 | initial | inherit;
```

颜色的定义可参考附录 E。

程序实例 ch18_8.html：重新设计 ch18_7.html，将栏线设为粉红色 (pink)。

```
7        div {
8           line-height:1.5em;
9           columns:3 150px;
10          column-gap:1.5em;
11          column-rule-style:solid;
12          column-rule-color:pink;
13       }
```

执行结果 下图是程序在 Firefox 下的执行结果。

18-3-3 设定栏线宽度的 column-rule-width 属性

这个属性可以设定栏与栏之间界线的宽度，它的使用格式如下：

```
column-rule-color: medium | think| thick | length | initial | inherit;
```

- medium：默认值，表示中等宽度。
- think：窄的栏线。
- thick：宽的栏线。
- length：设定栏线宽度，长度单位可参考附录 D。

程序实例 ch18_9.html：重新设计 ch18_8.html，栏线宽度使用 thin，颜色改为蓝色。

```
7        div {
8           line-height:1.5em;
9           columns:3 150px;
10          column-gap:1.5em;
11          column-rule-style:solid;
12          column-rule-color:blue;
13          column-rule-width:thin;
14       }
```

执行结果 下图是程序在 Firefox 下的执行结果。

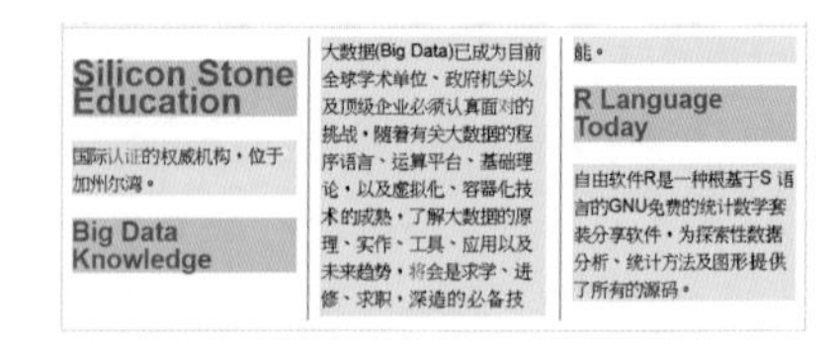

程序实例 ch18_10.html：重新设计 ch18_9.html，栏线宽度使用 5px。

```
7        div {
8           line-height:1.5em;
9           columns:3 150px;
10          column-gap:1.5em;
11          column-rule-style:solid;
12          column-rule-color:blue;
13          column-rule-width:5px;
14       }
```

执行结果 下图是程序在 Firefox 下的执行结果。

18-3-4　栏线属性的简易表示法 column-rule

这个属性是对 column-rule-style、column-rule-color、column-rule-width 的简易表示，使用格式如下：

```
    column-rule: column-rule-style | column-rule-color | column-rule-width |
initial | inherit;
```

程序实例 ch18_11.html：使用 column-rule 属性重新设计 ch18_10.html。

```
7       div {
8          line-height:1.5em;
9          columns:3 150px;
10         column-gap:1.5em;
11         column-rule:solid blue 5px;
12      }
```

执行结果　这个程序的执行结果与 ch18_10.html 相同。

18-4　设置跨栏显示的 column-span 属性

它的使用格式如下：

```
column-span: none | all| initial | inherit;
```

- none：默认值，表示不跨栏显示。
- all：做跨栏显示。

程序实例 ch18_12.html：重新设计 ch18_11.html，但是标题“Silicon Stone Education”跨栏显示，读者需留意第 14、20 行。

```
1  <!doctype html>
2  <html>
3  <head>
4     <meta charset="utf-8">
5     <title>ch18_12.html</title>
6     <style>
7        div {
8           line-height:1.5em;
9           columns:3 150px;
10          column-gap:1.5em;
11          column-rule:solid blue 5px;
12       }
13       h1 { background-color:aqua; color:blue; }
14       h1#ex { column-span:all }
15       p { background-color:yellow; }
16    </style>
17 </head>
18 <body>
19 <div>
20 <h1 id="ex">Silicon Stone Education</h1>
21 <p>国际认证的权威机构，位于加州尔湾。</p>
22 <section>
23    <h1>Big Data Knowledge</h1>
24    <p>大数据(Big Data)已成为目前全球学术单位、政府机关以及顶级企业必须认真
25    面临对挑战，随着有关大数据的程序语言、运算平台、基础理论，以及虚拟化、容
26    器化技术的成熟，了解大数据的原理、实作、工具、应用以及未来趋势，将会是求
27    学、进修、求职，深造的必备技能。</p>
28    <h1>R Language Today</h1>
29    <p>自由软件R是一种根基于S 语言的GNU免费的统计数学套装分享软件，为探索性数
30    据分析、统计方法及图形提供了所有的源码。</p>
31 </section>
32 </div>
33 </body>
34 </html>
```

执行结果　下列程序以 IE 执行，因为 Firefox 浏览器不支持 column-span。

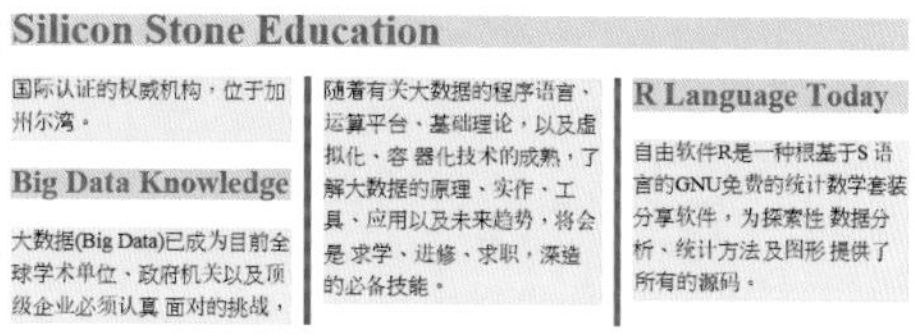

18-5 设定栏高度的 column-fill 属性

这个属性值目前只有 Firefox 浏览器支持，它的使用格式如下：

```
column-fill: balance | auto| initial | inherit;
```

- balance

默认值，表示将内容平均分割。

- auto

这个值用于设置前一个栏填完再填下一栏，有时会发生前面一个栏填满，后面的栏可能为空白的情形。

程序实例 ch18_13.html：column-fill 属性值是 balance 时的应用。这个程序为了要凸显执行结果，所以程序第 8 行将 div 高度设为 250px。

```
1 <!doctype html>
2 <html>
3 <head>
4     <meta charset="utf-8">
5     <title>ch18_13.html</title>
6     <style>
7         div {
8             height:250px;
9             line-height:1.5em;
10            columns:2;
11            column-rule:solid blue 5px;
12            column-fill:balance;
13        }
14    </style>
15 </head>
16 <body>
17 <div>
18     <p>大数据(Big Data)已成为目前全球学术单位、政府机关以及顶级企业必须认真
19     面对的挑战，随着有关大数据的程序语言、运算平台、基础理论，以及虚拟化、容
20     器化技术的成熟，了解大数据的原理、实作、工具、应用以及未来趋势，将会是求
21     学、进修、求职，深造的必备技能。</p>
22     <p>自由软件R是一种根基于S 语言的GNU免费的统计数学套装分享软件，为探索性数
23     据分析、统计方法及图形提供了所有的源码。</p>
24 </div>
25 </body>
26 </html>
```

执行结果 下列是 Firefox 的执行结果。

大数据(Big Data)已成为目前全球学术单位、政府机关以及顶级企业必须认真面对的挑战，随着有关大数据的程序语言、运算平台、基础理论，以及虚拟化、容器化技术的成熟，了解大数据的原理、实作、工具、应用以及未来趋势，将会是求学、进修、求职，深造的必备技能。

自由软件R是一种根基于S 语言的GNU免费的统计数学套装分享软件，为探索性数据分析、统计方法及图形提供了所有的源码。

程序实例 ch18_14.html：重新设计 ch18_13.html，设定 column-fill 属性值是 auto 时的应用，其与 ch18_14.html 的不同之处如下。

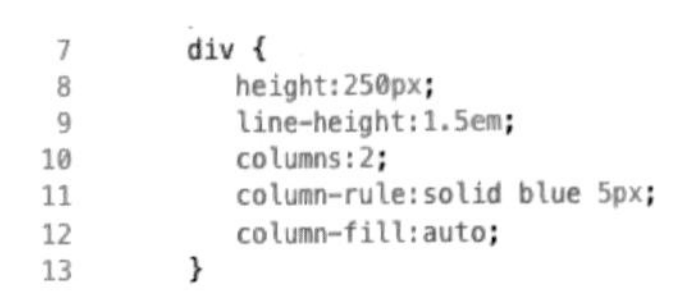

```
7         div {
8             height:250px;
9             line-height:1.5em;
10            columns:2;
11            column-rule:solid blue 5px;
12            column-fill:auto;
13        }
```

执行结果 下图是在 Firefox 中的执行结果。

大数据(Big Data)已成为目前全球学术单位、政府机关以及顶级企业必须认真面对的挑战，随着有关大数据的程序语言、运算平台、基础理论，以及虚拟化、容器化技术的成熟，了解大数据的原理、实作、工具、应用以及未来趋势，将会是求学、进修、求职，深造的必备技能。

自由软件R是一种根基于S 语言的GNU免费的统计数学套装分享软件，为探索性数据分析、统计方法及图形提供了所有的源码。

18-6 换栏或换页

浏览器显示网页内容时，会依据栏宽度、栏数量、网页内容或一些其他设定自动换栏或换页。本节内容主要是叙述可利用本节各小节的属性值，设定换栏显示或是换页显示。

18-6-1 break-before

这个属性用于设定在特定元素 (也可想成内容盒子) 之前换栏 (页)，它的使用格式如下：

```
break-before: auto | always | avoid | left | right | page | column | avoid-page | avoid-column;
```

- ❑ auto：默认值，表示由浏览器自行调整。
- ❑ always：在特定位置换栏 (页)。
- ❑ avoid：在特定位置不换栏 (页)。
- ❑ left：换页，下一页在左页。
- ❑ right：换页，下一页在右页。
- ❑ page：在特定位置换页。
- ❑ column：在特定位置换栏。
- ❑ avoid-page：在特定位置不换页。
- ❑ avoid-column：在特定位置不换栏。

程序实例 ch18_15.html：这个程序设定 2 个标题能够自动换栏输出。读者须留意的是第 13 行的换栏输出设定，另外也须留意第 22 与 27 行，这些设定使得两个标题会自动换栏输出。

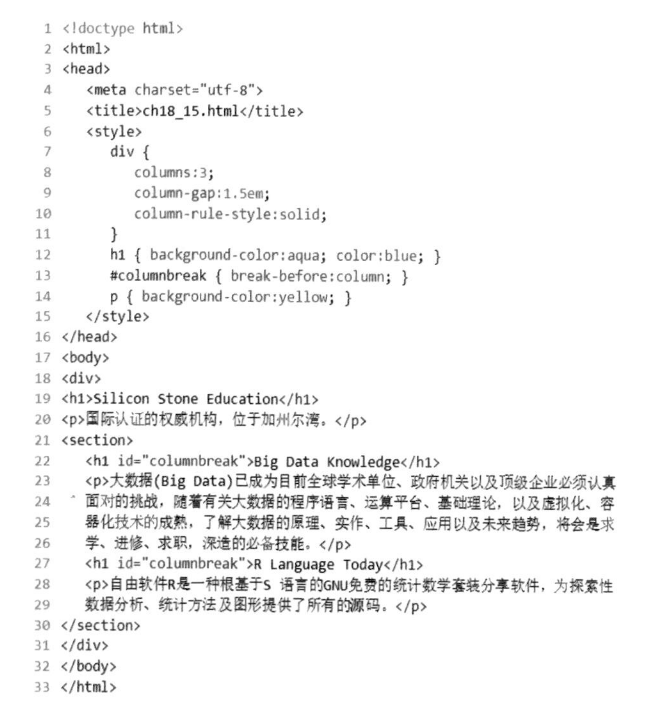

```
1 <!doctype html>
2 <html>
3 <head>
4     <meta charset="utf-8">
5     <title>ch18_15.html</title>
6     <style>
7         div {
8             columns:3;
9             column-gap:1.5em;
10            column-rule-style:solid;
11        }
12        h1 { background-color:aqua; color:blue; }
13        #columnbreak { break-before:column; }
14        p { background-color:yellow; }
15    </style>
16 </head>
17 <body>
18 <div>
19 <h1>Silicon Stone Education</h1>
20 <p>国际认证的权威机构，位于加州尔湾。</p>
21 <section>
22     <h1 id="columnbreak">Big Data Knowledge</h1>
23     <p>大数据(Big Data)已成为目前全球学术单位、政府机关以及顶级企业必须认真
24     面对的挑战，随着有关大数据的程序语言、运算平台、基础理论，以及虚拟化、容
25     器化技术的成熟，了解大数据的原理、实作、工具、应用以及未来趋势，将会是求
26     学、进修、求职，深造的必备技能。</p>
27     <h1 id="columnbreak">R Language Today</h1>
28     <p>自由软件R是一种根基于S 语言的GNU免费的统计数学套装分享软件，为探索性
29     数据分析、统计方法及图形提供了所有的源码。</p>
30 </section>
31 </div>
32 </body>
33 </html>
```

执行结果　下图是程序在 Chrome 下的执行结果。

18-6-2 break-after

这个属性用于设定在特定栏(页)之后换栏(页)，它的使用格式如下：

```
break-after: auto | always | avoid | left | right | page | column | avoid-page
| avoid-column;
```

上述属性值与 18-6-1 节 break-before 的用法相同。

程序实例 ch18_16.html：重新设计 ch18_15.html，但是改成在标题后换栏输出。这个程序相较于 ch18_15.html，只修改了第 13 行。

```
13        #columnbreak { break-after:column; }
```

执行结果 下图是程序在 Chrome 下的执行结果。

18-6-3 break-inside

这个属性可用于设定某个元素的动作，它的使用格式如下：

```
break-inside: auto | avoid | initial | inherit;
```

- auto：默认值，表示由浏览器自行判断是否换栏或换页。
- avoid：在特定元素内(也可想成内容盒子)不换栏或页。

程序实例 ch18_17.html：重新设计 ch18_1.html，设定段落内不换栏输出。由于段落不换栏输出，整个第二段内容将不跨栏，直接在新的栏中输出，读者可以比较这个程序与 ch18_1.html 的执行结果。

```
1  <!doctype html>
2  <html>
3  <head>
4     <meta charset="utf-8">
5     <title>ch18_17.html</title>
6     <style>
7        div {
8           columns:2;
9        }
10       h1 { background-color:aqua; color:blue; }
11       #columnbreak { break-inside:avoid; }
12       p { background-color:yellow; }
13    </style>
14 </head>
15 <body>
16 <div>
17 <h1>Silicon Stone Education</h1>
18 <p>国际认证的权威机构，位于加州尔湾。</p>
19 <section>
20    <h1>Big Data Knowledge</h1>
```

```
21      <p id="columnbreak">大数据(Big Data)已成为目前全球学术单位、政府机关以及顶
22      级企业必须认真面对的挑战，随着有关大数据的程序语言、运算平台、基础理论，以
23      及虚拟化、容器化技术的成熟，了解大数据的原理、实作、工具、应用以及未来趋势，
24      将会是求学、进修、求职，深造的必备技能。</p>
25      <h1>R Language Today</h1>
26      <p id="columnbreak">自由软件R是一种根基于S 语言的GNU免费的统计数学套装分享
27      软件，为探索性数据分析、统计方法及图形提供了所有的源码。</p>
28  </section>
29  </div>
30  </body>
31  </html>
```

执行结果

Silicon Stone Education

国际认证的权威机构，位于加州东湾。

Big Data Knowledge

大数据(Big Data)已成为目前全球学术单位、政府机关以及顶 级企业必须认真面对的挑战，随着有关大数据的程序语言、运算平台、基础理论，以及虚拟化、容器化技术的成熟，了解大数据的原理、实作、工具、应用以及未来趋势，将会是求学、进修、求职，深造的必备技能。

R Language Today

自由软件R是一种根基于S 语言的GNU免费的统计数学套装分享 软件，为探索性数据分析、统计方法及图形提供了所有的源码。

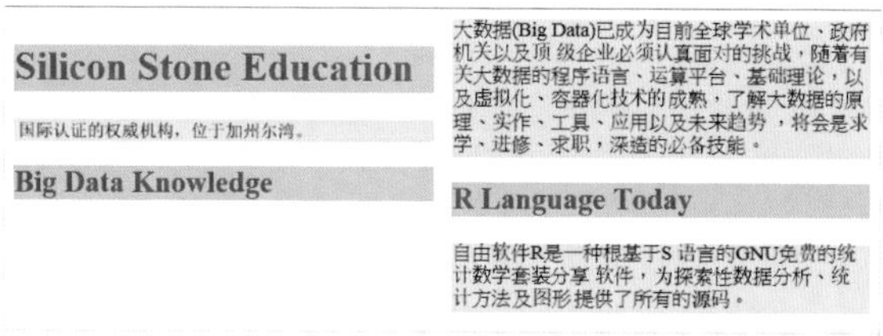

习题

1. 请重新设计 ch12_1.html，内容要求有 2 栏，可以自行美化。
2. 请重新设计 ch18_2.html，第一个 h1 标题以及内文用一栏，以后的文本则用两栏，内文可以自行美化。
3. 请用 3 种不同栏线重新设计 ch18_7.html。
4. 请重新设计之前的一个作业，用 3 种不同颜色设计栏线。
5. 请重新设计之前的一个作业，选用不同的栏宽度。

第 19 章

定位与网页排版

本章摘要

19-1 设定盒子的大小
19-2 设定盒子大小的极限
19-3 display 属性
19-4 用于定位的 position 属性
19-5 设定与解除图旁串字
19-6 堆叠顺序
19-7 显示或隐藏元素的 visibility 属性
19-8 用 box 调整元素呈现方式的 object-fit 属性
19-9 设定垂直对齐的 vertical-align 属性

其实本章内容是 HTML4.01 版或更早版本就有的网页排版知识，但 HTML5 仍然支持。笔者将在本章介绍早期版本的网页排版方法，下一章则介绍 HTML5 的新网页排版功能。

19-1 设定盒子的大小

10-6 节曾介绍过区块层级盒子（block box）（也可称区块层级或区块）与行内层级盒子（inline box）（也可称行内层级）。如果忘了以上内容，建议先返回复习该节内容。其实之前章节已有许多程序实例介绍使用 width 和 height 属性设定区块盒子（block box）宽度和高度的方法了，下面将再以程序实例做进一步解说。

程序实例 ch19_1.html：设定第一个字符串用默认方式输出，底色是灰色，可参考第 7、12 行；第二个字符串用设定区块大小方式输出，同时设定底色是黄色，字符是蓝色，可参考第 8、13 行。

```
1  <!doctype html>
2  <html>
3  <head>
4     <meta charset="utf-8">
5     <title>ch19_1.html</title>
6     <style>
7        #ex1 { background-color:gray; }
8        #ex2 { width:300px; height:200px; background-color:yellow; color:blue;}
9     </style>
10 </head>
11 <body>
12 <h1 id="ex1">HTML 5 + CSS3 王者归来</h1>
13 <h1 id="ex2">HTML 5 + CSS3 王者归来</h1>
14 </body>
15 </html>
```

执行结果　下列左图是浏览器宽度足够时程序的执行结果，右图是浏览器窗口缩小宽度时程序的执行结果，第一个区块使用默认值，大小会自行调整，第二个区块大小则不更改。当浏览器宽度变宽时，第一个区块会放大，第二个区块大小不更改。

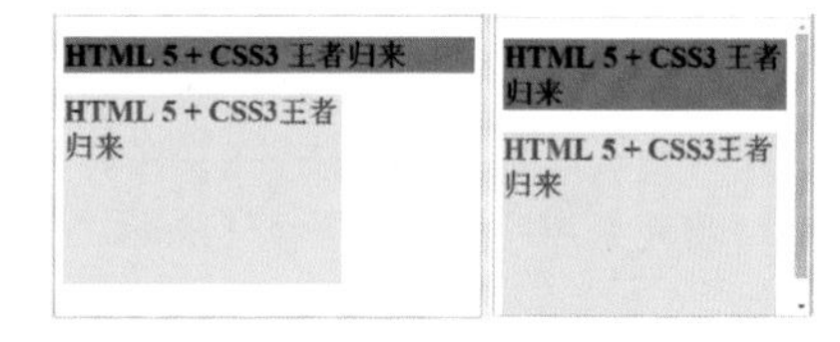

19-2 设定盒子大小的极限

CSS 提供一些属性来设定盒子大小的极限，下面是设定盒子宽度极大值的使用格式：

```
max-width: none | 长度 | % | initial | inherit;
```

- none：默认值，表示不设定极宽值。
- 长度：这个值使用长度设定极宽值，单位的设定可参考附录 D。
- %：用百分比设定极宽值。同样的使用格式可以应用在下列属性：

max-height：区块高度极大值。

min-width：区块宽度极小值。

min-height：区块高度极小值。

程序实例 ch19_2.html：设定第一个字符串用默认方式输出，底色是灰色，可参考第 7、13 行；第二个字符串用区块元素输出，但是限制宽度的极大值是 500px，同时设定底色是黄色，字符是蓝色，可参考第 8、14 行。

```
6   <style>
7      #ex1 { background-color:gray; }
8      #ex2 { max-width:500px; background-color:yellow; color:blue;}
9   </style>
```

执行结果 这个程序在执行时，当浏览器宽度小于 500px 但大于可以完整显示字符串的宽度时，会出现下方左图的结果；当浏览器宽度大于 500px 时，第一个区块将持续放大显示，第二个区块则固定宽度为 500px。

HTML 5 + CSS3 王者归来 HTML 5 + CSS3 王者归来
HTML 5 + CSS3 王者归来 HTML 5 + CSS3 王者归来

19-3 display 属性

笔者在 10-6 节介绍过区块层级（block level）与行内层级（inline-level），每一个元素皆有默认的显示层级，但是可以用 display 属性更改这个显示层级。它的使用格式如下：

```
display: inline | block | inline-block | inline-table | list-item | run-in | table |
         none | initial | inherit;
```

❑ inline

将元素声明为行内层级（inline level）。

❑ block

将元素声明为区块层级（block level）。

❑ inline-block

将元素本身声明为行内层级（inline level），区块内部则声明为区块层级（block level）。

❑ inline-table

将元素要对为行内层级（inline level）的表格。

❑ list-item

将元素声明为类似 <li> 元素。

❑ run-in

将元素声明为区块层级或行内层级，需视元素内容而定。

❑ table/table-caption/table-column-group/table-header-group/table-footer-group/table-row-group/table-cell/table-column/table-row

将元素声明为类似 <table>/<caption>/<colgroup>/<thead>/<tfoot>/<tbody>/<td>/<col>/<tr> 元素。

❑ none

不显示。

其实在 CSS3 内，display 属性仍有其他用途，将在下一节解说。

程序实例 ch19_3.html：display 属性的基本应用，将 <h1> 声明为行内层级。这个程序第 7 行是将 <h1> 元素由区块层级改为行内层级，所以第 2 个 <h1> 输出应该在第 1 个 <h1> 输出的右边。

```
 6     <style>
 7        h1 { display:inline; }
 8        #ex1 { background-color:gray; }
 9        #ex2 { background-color:yellow; color:blue;}
10     </style>
```

执行结果 下方左图是浏览器宽度刚好是一条数据的宽度时的输出结果，下方右图是增加浏览器宽度的执行结果。

HTML5+CSS3 王者归来
HTML5+CSS3 王者归来

HTML5+CSS3 王者归来HTML5+
CSS3 王者归来

下图是浏览器宽度够放两条数据时的输出效果，这两条 <h1> 在同一行输出。

HTML5+CSS3 王者归来HTML5+CSS3 王者归来

程序实例 ch19_4.html：display 属性的基本应用，将 <span> 声明为区块层级。第一条输出字符串“作者洪锦魁”是标准的行内层级输出，程序第 7 行已经将 span 声明为区块层级，id 是 ex，所以执行结果得到字符串“作者洪锦魁”在下一行输出。

```
 1 <!doctype html>
 2 <html>
 3 <head>
 4    <meta charset="utf-8">
 5    <title>ch19_4.html</title>
 6    <style>
 7       span#ex { display:block; color:red;}
 8    </style>
 9 </head>
10 <body>
11 <p>HTML5 + CSS3<span>作者洪锦魁</span>深石数字发行</p>
12 <p>HTML5 + CSS3<span id="ex">作者洪锦魁</span>深石数字发行</p>
13 </body>
14 </html>
```

执行结果

HTML5 + CSS3作者洪锦魁深石数字发行

HTML5 + CSS3
作者洪锦魁
深石数字发行

19-4 用于定位的 position 属性

这个属性可以设定区块盒子（block box）的编排方式或称定位，它的使用格式如下：

```
position: static | absolute | fixed | relative | initial |inherit;
```

❑ static

以正常顺序排序（normal flow）。所谓正常顺序是，区块盒子依在 HTML 文件代码的顺序由上往下显示，如下图所示。

如果是行内层级则是沿水平方向由左到右显示，如下图所示。

- absolute

定位方式是相对于浏览器窗口的左上角，当窗口卷动时，此区块盒子将随之卷动，可参考19-4-2 节实例。

- fixed

定位方式是相对于浏览器窗口的左上角，但是窗口卷动时，此区块盒子不会卷动，可参考19-4-3 节实例。

- relative

相较于正常位置的定位。

使用 position 属性定位后，就可以使用 top、right、bottom、left 等属性设定相较于正常显示位置位移的量。这 4 个属性的使用方式如下：

```
top: auto | length | % | initial | inherit;
```

- auto

由浏览器计算上边界距离。

- length

以长度设定距离，可参考附录 D。这里允许是负值。

- %

以百分比形式计算上边界距离。

以上值可以应用在 right（右边界）、bottom（下边界）、left（左边界）属性中。在属性 position 是 relative 值时，位移的定义可参考下图。

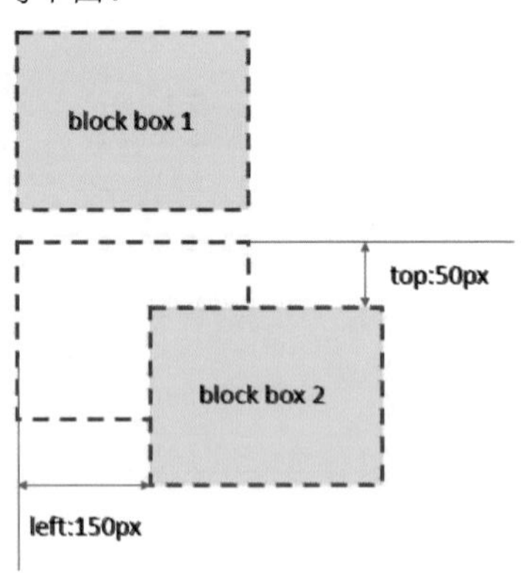

即假设在正常顺序（normal flow）下，虚线白底框是 block box 2 的预计位置，如果位移量是“top:50px”“left:150px”，则黄底 block box 2 真正位置应如图中所示。

19-4-1 position 属性值是 relative 的程序实例

程序实例 ch19_5.html：按正常顺序输出区块盒子，但是设定 top 偏移 10px，left 偏移 50px，这个程序的重点是第 9、11 行。

```
1 <!doctype html>
2 <html>
3 <head>
4     <meta charset="utf-8">
5     <title>ch19_5.html</title>
6     <style>
7        #ex1 { width:250px; height:150px; background-color:aqua; }
8        #ex2 {
9           position:relative; width:250px; height:150px;
10          background-color:yellow; color:blue;
11          top:10px; left:50px;
12       }
13    </style>
14 </head>
15 <body>
16 <h1 id="ex1">HTML5 + CSS3</h1>
17 <h1 id="ex2">HTML5 + CSS3</h1>
18 </body>
19 </html>
```

执行结果

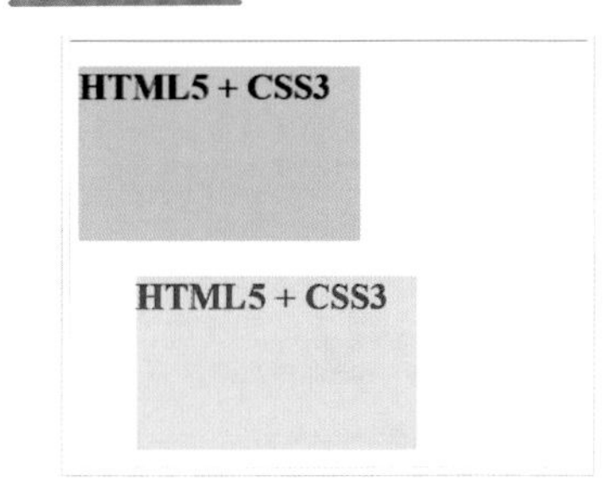

令偏移量为负值时，可以将第二个区块盒子移到第一个区块盒子的右边。

程序实例 ch19_6.html：偏移量负值的应用。这个程序会将第二个区块盒子移到第一个区块盒子的右边，这个程序的重点是第 9、11 行，下面仅列出与上例的不同之处。

```
6     <style>
7        #ex1 { width:250px; height:150px; background-color:aqua; }
8        #ex2 {
9           position:relative; width:250px; height:150px;
10          background-color:yellow; color:blue;
11          top:-172px; left:280px;
12       }
13    </style>
```

执行结果

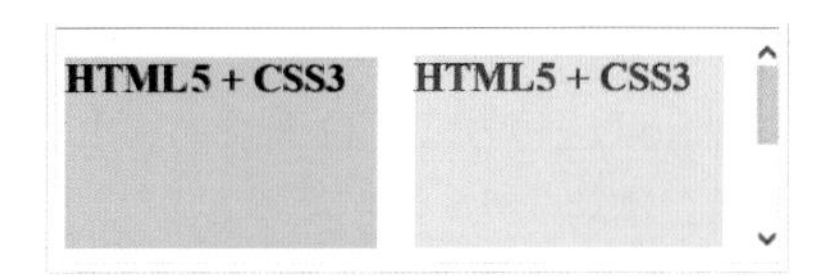

程序实例 ch19_7.html：区块盒子是可以重迭的。这个程序使用 top 为负值的偏移量，来造成区块盒子重迭，这个程序的重点是第 9、11 行，下面仅列出与上例的不同之处。

```
6     <style>
7        #ex1 { width:250px; height:150px; background-color:aqua; }
8        #ex2 {
9           position:relative; width:250px; height:150px;
10          background-color:yellow; color:blue;
11          top:-50px; left:80px;
12       }
13    </style>
```

执行结果

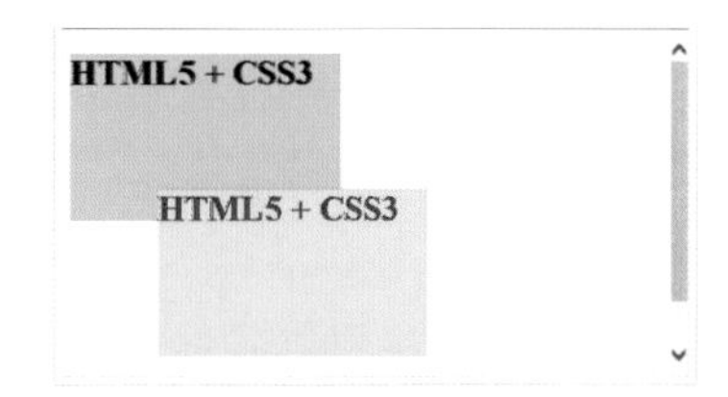

程序实例 ch19_8.html：行内层级输出数据偏移的应用。这个程序的重点是第 7 行声明 <h1> 是行内层级，第 11 是定义 position 为 relative，第 12 行定义偏移量。

```
6     <style>
7        h1 { display:inline; }
8        #ex1 { background-color:aqua; }
9        #ex2 {
10          background-color:yellow; color:blue;
11          position:relative;
12          top:10px; left:20px;
13       }
14    </style>
```

执行结果

HTML5+CSS3　HTML5+CSS3

程序实例 ch19_9.html：行内层级输出数据偏移的应用。这个程序会输出两条数据，第一条数据的第二句“深度学习滴水穿石”没有偏移，第二条数据的第二句“深度学习滴水穿石”往下偏移了 5px。

```
1 <!doctype html>
2 <html>
3 <head>
4    <meta charset="utf-8">
5    <title>ch19_9.html</title>
6    <style>
7       h1 { display:inline; }
8       #ex1 { font-size:30px; }
9       #ex2 { font-size:18px; position:relative; left:3px; }
10      #ex3 { font-size:18px; position:relative; top:5px; left:3px; }
11   </style>
12 </head>
13 <body>
14 <h1 id="ex1">深石数字科技</h1>
15 <h1 id="ex2">深度学习滴水穿石</h1>
16 <br>
17 <h1 id="ex1">深石数字科技</h1>
18 <h1 id="ex3">深度学习滴水穿石</h1>
19 </body>
20 </html>
```

执行结果

深石数字科技 深度学习滴水穿石
深石数字科技 深度学习滴水穿石

19-4-2 position 属性值是 absolute 的程序实例

当 position 的属性值是 absolute 时，也可以使用 top（上边界）、right（右边界）、bottom（下边界）、left（左边界）来设定位移。位移基于浏览器窗口的左上角，可参考右图。以这种方式定位区块时，若是窗口有滚动，则区块将随之滚动。

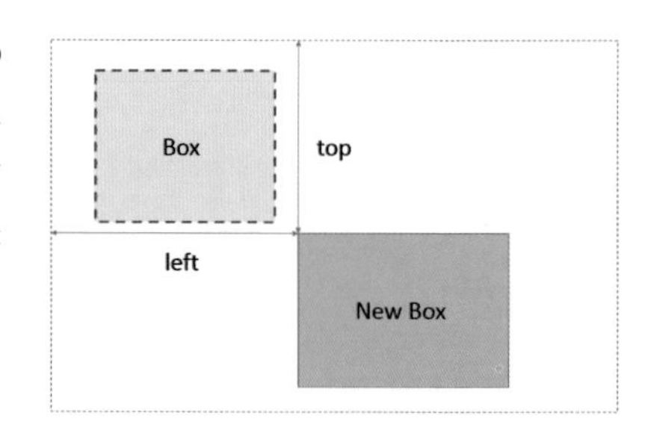

程序实例 ch19_10.html：重新设计 ch3_10.html，增加图片，同时将图片放在网页固定位置。这个程序在执行时，如果滚动浏览器窗口，图片将随之滚动。

```
1 <!doctype html>
2 <html>
3 <head>
4    <meta charset="utf-8">
5    <title>ch19_10.html</title>
6    <style>
7       article { width:300px; height:180px; background-color:yellow; }
8       aside { position:absolute; top:160px; left:320px; }
9    </style>
10 </head>
11 <body>
12 <header>
13    <h1>Silicon Stone Education</h1>
14    <p>国际认证的权威机构，位于加州尔湾。</p>
15 </header>
16 <article>
17    <h1>Big Data Knowledge</h1>
18    <p>大数据(Big Data)已成为目前全球学术单位、政府机关以及
19       顶级企业必须认真面对的挑战，随着有关大数据的程序语言、
20       运算平台、基础理论，以及虚拟化、容器化技术的成熟，了解
21       大数据的原理、实作、工具、应用以及未来趋势，将会是求
22       学、进修、求职，深造的必备技能。</p>
23 </article>
24 <footer>
25 <br>
26 <p>CopyRight 2017, Silicon Stone Education, INC.</p>
27 </footer>
28 <aside>
29 <img src="sselogo.jpg" height="100" width="150">
30 </aside>
31 </body>
32 </html>
```

执行结果

下列是窗口高度不足时，滚动窗口，固定位置的图片随着滚动的执行结果。

19-4-3　position 属性值是 fixed 的程序实例

当 position 的属性值是 fixed 时，也可以使用 top（上边界）、right（右边界）、bottom（下边界）、left（左边界）来设定位移。位移基于浏览器窗口的左上角。以这种方式定位区块时，若滚动窗口，这个区块将不随之滚动。

程序实例 ch19_11.html：重新设计 ch19_10.html，将 aside 区块的 position 属性设为 fixed，这个程序重点留意第 8 行。

```
6    <style>
7       article { width:300px; height:180px; background-color:yellow; }
8       aside { position:fixed; top:160px; left:320px; }
9    </style>
```

执行结果　下图所示为窗口高度不足时，滚动窗口，固定位置的图片不随之滚动的执行结果。

19-4-4　综合应用

在 10-7 节笔者曾经探讨网页布局的基本结构，下面将以一个实例介绍典型的网页布局范例。

程序实例 ch19_12.html：设计一个典型的网页布局页面。

```
1  <!doctype html>
2  <html>
3  <head>
4     <meta charset="utf-8">
5     <title>ch19_12.html</title>
6     <style>
7        h1 { text-align:center; }
8        header {
9           position:fixed; width:100%; height:15%;
10          top:0px; left:0px;
11          background-color:lightyellow;
12       }
13       nav {
14          position:fixed; width:100%; height:15%;
15          top:15%; left:0px;
16          background-color:aqua;
17       }
18       article {
19          position:fixed; width:70%; height:55%;
20          top:30%; left:0%;
21          background-color:greenyellow;
22       }
23       aside {
24          position:fixed; width:30%; height:55%;
25          top:30%; left:70%;
26          background-color:pink;
27       }
28       footer {
29          position:fixed; width:100%; height:15%;
30          top:85%; left:0%;
31          background-color:yellow; }
32       }
33    </style>
34 </head>
35 <body>
36 <header><h1>header</h1></header>
37 <nav><h1>nav</h1></nav>
38 <article><h1>article</h1></article>
39 <aside><h1>aside</h1></aside>
40 <footer><h1>footer</h1></footer>
41 </body>
42 </html>
```

执行结果

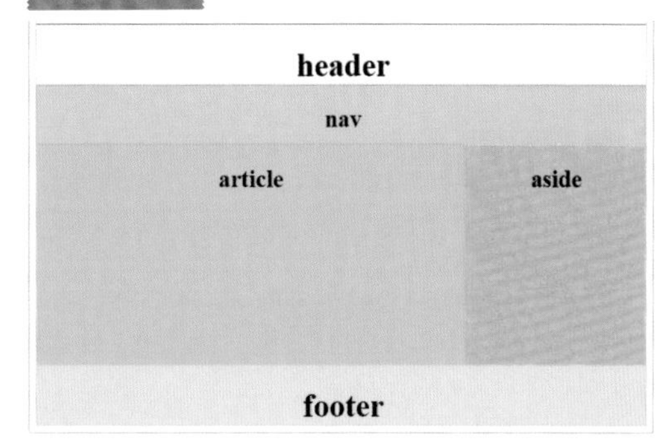

19-5 设定与解除图旁串字

这个功能可以设定元素内容包围之前设定的图片。本节所说的图旁串字功能，不局限于串图片，也可以是区块层级或行内层级的盒子。

19-5-1 设定图旁串字的 float 属性

它的使用格式如下：

```
float: none | left | right | initial | inherit;
```

- none：默认值，表示不使用图旁串字功能。
- left：令图旁串字，图片在左。
- right：令图旁串字，图片在右。

程序实例 ch19_13.html：重新设计 ch12_1.html。这个程序设定了图旁串字功能，图片在右，读者需留意第 7 和 15 行的图旁串字设计方法。

```
1  <!doctype html>
2  <html>
3  <head>
4     <meta charset="utf-8">
5     <title>ch19_13.html</title>
6     <style>
7        img { float:right; padding:10px; }
8        h1 { text-align:center; }
9        #dateinfo { text-align:right; }
10       #content { text-align:justify; }
11       #signature { text-align:left; }
12    </style>
13 </head>
14 <body>
15 <img src="antarctica2.jpg" width="200">
16 <h1>我的旅游经历</h1>
17 <p id="dateinfo">Aug. 1, 2018</p>
18 <p id="content">2006年2月为了享受边泡温泉边看极光(Northern Light),
19 一人独自坐飞机至阿拉斯加(Alaska)，再开车往北至接近北极圈的
20 Chena Hot Springs温泉渡假村。旅游期间尝试开车直达北极海(Arctic Ocean)
21 ，第一次车子在冰天雪地打滑，撞山壁失败而返。第二次碰上暴风雪
22 ，再度失败。2007年2月再度前往，这次坐飞机直达阿拉斯加最北城市
23 ，终于抵达北极海。
24 </p>
25 <p id="signature">洪锦魁</p>
26 </body>
27 </html>
```

执行结果

程序实例 ch19_14.html：重新设计 ch19_13.html，使图位于串字的左边，下面是第 7 行的内容。

```
7        img { float:left; padding:10px; }
```

执行结果

前面说过图旁串字功能不限于图片，下面是将此功能应用在表格时的实例。

程序实例 ch19_15.html：将图旁串字功能应用在表格，表格在右边。

```
1 <!doctype html>
2 <html>
3 <head>
4     <meta charset="utf-8">
5     <title>ch19_15.html</title>
6     <style>
7         table { float:right; }
8     </style>
9 </head>
10 <body>
11 <table border="1">
12     <thead><!--建立表头 -->
13         <tr><th>河流名称</th><th>国家</th><th>洲名</th></tr>
14     </thead>
15     <tr><td>黄河</td><td>中国</td><td>亚洲</td></tr>
16     <tr><td>尼罗河</td><td>埃及</td><td>非洲</td></tr>
17     <tr><td>亚马逊河</td><td>巴西</td><td>南美洲</td></tr>
18 </table>
19 <h1>世界地理</h1>
20 <p>水是人类生活不可或缺的一部分，所以人类的文明
21 的起源皆与河流有关。因此埃及文明起源于尼罗河，中国
22 文明起源于黄河流域，南美洲文明起源于亚马逊河。</p>
23 </body>
24 </html>
```

执行结果

世界地理

河流名称	国家	洲名
黄河	中国	亚洲
尼罗河	埃及	非洲
亚马逊河	巴西	南美洲

水是人类生活不可或缺的一部分，所以人类的文明的起源皆与河流有关。因此埃及文明起源于尼罗河，中国文明起源于黄河流域，南美洲文明起源于亚马逊河。

19-5-2　清除图旁串字的 clear 属性

某段文字应用图旁串字功能时，如果想在中途禁用图旁串字，可以使用清除图旁串字功能。它的使用格式如下：

```
clear: none | left | right | both | initial | inherit;
```

- none：默认值，表示允许图旁串字。
- left：图片在左时，不允许左边进行图旁串字。
- right：图片在右时，不允许右边进行图旁串字。
- both：不允许在图左边或右边进行图旁串字。

程序实例 ch19_16.html：重新设计 ch19_13.html。这个程序在“旅游期间……”段落处清除图旁串字功能。请留意第 12 和 22 行代码，这个程序在第 22 行中断了图旁串字功能。

```
1 <!doctype html>
2 <html>
3 <head>
4     <meta charset="utf-8">
5     <title>ch19_16.html</title>
6     <style>
7         img { float:right; padding:10px; }
8         h1 { text-align:center; }
9         #dateinfo { text-align:right; }
10        #content { text-align:justify; }
11        #signature { text-align:left; }
12        #textaroundbreak { clear:right; }
13    </style>
14 </head>
15 <body>
16 <img src="antarctica2.jpg" width="200">
17 <h1>我的旅游经历</h1>
18 <p id="dateinfo">Aug. 1, 2018</p>
19 <p id="content">2006年2月为了享受边泡温泉边看极光(Northern Light),
20 一人独自坐飞机至阿拉斯加(Alaska), 再开车往北至接近北极圈的
21 Chena Hot Springs温泉渡假村。</p>
22 <p id="textaroundbreak">旅游期间尝试开车直达北极海(Arctic Ocean)
23 ，第一次车子在冰天雪地打滑，撞山壁失败而返。第二次碰上暴风雪
24 ，再度失败。2007年2月再度前往，这次坐飞机直达阿拉斯加最北城市
25 ，终于抵达北极海。</p>
26 <p id="signature">洪锦魁</p>
27 </body>
28 </html>
```

执行结果

我的旅游经历

Aug. 1, 2018

2006年2月为了享受边泡温泉边看极光(Northern Light)，一人独自坐飞机至阿拉斯加(Alaska)，再开车往北至接近北极圈的Chena Hot Springs温泉渡假村。

旅游期间尝试开车直达北极海(Arctic Ocean)，第一次车子在冰天雪地打滑，撞山壁失败而返。第二次碰上暴风雪，再度失败。2007年2月再度前往，这次坐飞机直达阿拉斯加最北城市，终于抵达北极海。

洪锦魁

程序实例 ch19_17.html：如果设计网页花费的时间过长，也许一时头昏，不知要使用 left 还是 right 来中断图旁串字功能，此时可以参考本实例，使用 both 属性值，如下所示：

```
12        textaroundbreak { clear:both; }
```

执行结果 这个程序执行结果与前一程序相同。

19-6 堆叠顺序

元素重叠时，可以使用 z-index 属性值设定堆叠顺序，数值越大，则越在上方。它的使用格式如下：

```
z-index: auto | number | initial | inherit;
```

- auto：默认值，表示数值与父元素相同。
- number：直接设定堆叠数字，可为负值。

程序实例 ch19_18.html：重迭数据的输出。这个程序先输出标题 1“南极大陆”，再输出图片，先输出的标题被后输出的图片遮住了。

```
1  <!doctype html>
2  <html>
3  <head>
4     <meta charset="utf-8">
5     <title>ch19_18.html</title>
6     <style>
7        img { position:absolute; width:400px;
8           top:10px; left:10px;
9        }
10       h1 { position:absolute; width:400px;
11          top:35px; left:10px;
12          background-color:rgba(255,255,0,0.2);
13          text-align:center;
14       }
15    </style>
16 </head>
17 <body>
18 <h1>南极大陆</h1>
19 <img src="antarctica2.jpg">
20 </body>
21 </html>
```

执行结果

程序实例 ch19_19.html：重新设计 ch19_18.html，但是在第 9 行将图片的堆叠顺序设为 1，第 15 行将输出标题 1“南极大陆”的堆叠顺序设为 2，由于标题的堆叠顺序较高，所以可以显示出此标题。

```
6     <style>
7        img { position:absolute; width:400px;
8           top:10px; left:10px;
9           z-index:1;
10       }
11       h1 { position:absolute; width:400px;
12          top:35px; left:10px;
13          background-color:rgba(255,255,0,0.2);
14          text-align:center;
15          z-index:2;
16       }
17    </style>
```

执行结果

19-7 显示或隐藏元素的 visibility 属性

这个属性的使用格式如下：

```
visibility: visibility | hidden | collapse | initial | inherit;
```

- visibility：显示元素。
- hidden：不显示元素，但是仍占据空间。如果不想占据空间，需再加上“display:none”属性。
- collapse：这个值用在表格中，可以隐藏某行或某栏。

程序实例 ch19_20.html：隐藏元素的应用但令其仍占据空间。

```
1  <!doctype html>
2  <html>
3  <head>
4     <meta charset="utf-8">
5     <title>ch19_20.html</title>
6     <style>
7        #ex1 { background-color:aqua; visibility:hidden; }
8        #ex2 { background-color:yellow; color:blue;}
9     </style>
10 </head>
11 <body>
12 <h1 id="ex1">HTML 5 + CSS3</h1>
13 <h1 id="ex2">HTML 5 + CSS3</h1>
14 </body>
15 </html>
```

程序实例 ch19_21.html：隐藏元素的应用同时令其不占据空间。下面是与 ch19_20.html 不同的程序代码。

```
7        #ex1 { background-color:aqua; visibility:hidden; display:none;}
```

执行结果　下方左、右图分别是 ch19_20.html 和 ch19_21.html 的执行结果。

HTML 5 + CSS3　　HTML 5 + CSS3

19-8 用 box 调整元素呈现方式的 object-fit 属性

这个属性常用在设定图片在盒子里的呈现方式。

```
object-fit: none | contain | cover | fill | initial | inherit;
```

- none：默认值，表示图片保持原尺寸。
- contain：图片需保持原比例全部显示，但可能无法填满盒子。
- cover：图片需保持原比例，同时填满盒子，所以可能部分元素无法显示。
- fill：图片填满盒子，但是图片不保持原比例。

注意，目前只有 Opera 浏览器支持此属性。

程序实例 ch19_22.html：object-fit 属性的测试，这个程序将列出所有属性值的执行结果。

```
 1 <!doctype html>
 2 <html>
 3 <head>
 4 
 5 <meta charset="utf-8">
 6 <title>ch19_22.html</title>
 7 <style>
 8    img#box-none { border:solid 3px blue; width:200px; height:100px; object-fit:none; }
 9    img#box-contain { border:solid 3px blue; width:200px; height:100px; object-fit:contain; }
10    img#box-cover { border:solid 3px blue; width:200px; height:100px; object-fit:cover; }
11    img#box-fill { border:solid 3px blue; width:200px; height:100px; object-fit:fill; }
12 </style>
13 </head>
14 <body>
15 <p>object-fit:none</p>
16 <img src="star1.gif" id="box-none">
17 <p>object-fit:contain</p>
18 <img src="star1.gif" id="box-contain">
19 <p>object-fit:cover</p>
20 <img src="star1.gif" id="box-cover">
21 <p>object-fit:fill</p>
22 <img src="star1.gif" id="box-fill">
23 </body>
24 </html>
```

执行结果

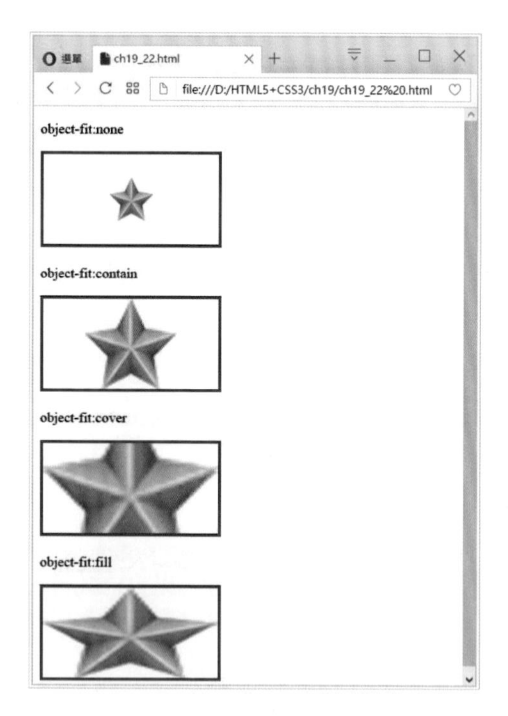

19-9 设定垂直对齐的 vertical-align 属性

这个属性可以设定行内层级的对齐方式，格式如下。

```
vertical-align: baseline | sub | super | top | text-top | middle | bottom | text-bottom |length | % | inherit;
```

- ❑ baseline：默认值，表示元素放在父元素基线。
- ❑ sub：垂直对齐本文下标。
- ❑ super：垂直对齐本文上标。
- ❑ top：元素顶端与行中最高元素的顶端切齐。
- ❑ text-top：元素顶端与父元素的顶端切齐。
- ❑ middle：元素放在父元素垂直居中位置。
- ❑ bottom：元素底端与最低元素底端切齐。
- ❑ text-bottom：元素底端与父元素底端切齐。
- ❑ length：使用长度值设定，可参考附录 D。
- ❑ %：使用 line-height 的百分比值设定高于或低于的距离，允许负值。

程序实例 ch19_23.html：vertical-align 的应用。第一条输出的图片是和父元素顶端切齐，第二条输出的图片是和父元素底端切齐。

```
1  <!doctype html>
2  <html>
3  <head>
4     <meta charset="utf-8">
5     <title>ch19_23.html</title>
6     <style>
7        img.in-top { vertical-align:text-top; border:blue solid;}
8        img.in-bottom { vertical-align:text-bottom; border:blue solid; }
9     </style>
10 </head>
11 <body>
12 <p>DeepStone<img class="in-top" src="star1.gif">深石数字</p>
13 <p>DeepStone<img class="in-bottom" src="star1.gif">深石数字</p>
14 </body>
15 </html>
```

习题

1. 请美化 ch19_10.html。
2. 请参考 10-7 节的典型网页布局，扩充 ch19_12.html，在 <article> 位置设计 <section>，然后将 <article> 放入 <section> 区块内，同时美化这个网页。
3. 请重新编写 ch10_17.html 程序，将这个程序的数据套用在习题 2 的网页布局内，设计时可以自行调配个网页区块的比例，同时请美化这个网页。
4. 请参考以上习题，设计一个家庭网页，具体内容请发挥所学与创意。

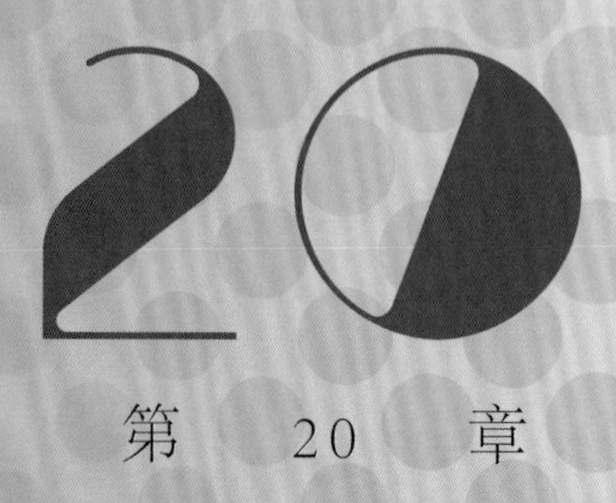

第 20 章

使用弹性容器（flexible container）排版

本章摘要

20-1 flex Container 的基本概念
20-2 弹性容器的声明
20-3 设定版面方向（flex-direction）
20-4 设定弹性区块内为多行排列（flex-wrap）
20-5 直接设定排版方向和行数（flex-flow）
20-6 版面区块的排列顺序（order）
20-7 增加版面区块对象宽度（flex-grow）
20-8 缩减版面区块对象宽度（flex-shrink）
20-9 调整前的区块对象宽度（flex-basis）
20-10 增减区块宽度的简易表示法（flex）
20-11 设定留白的方式（justify-content）
20-12 垂直方向留白的处理（align-items）
20-13 个别版面区块留白的处理（align-self）
20-14 弹性容器有多行版面区块时留白的处理（align-content）
20-15 综合应用

本章介绍的是 CSS3 新的网页排版概念，相较于前一章使用 position 或 float 属性进行排版，是更简洁易懂的网页排版概念。

20-1 flex container 的基本概念

弹性区块排版的概念是，建立一个弹性容器（flex container），在此容器内建立弹性对象（读者可将此对象想成是网页区块（box），然后使用 flex-direction 属性设定网页区块排版方式。如果 flow-direction 属性值是 row 时，弹性对象（或称网页区块）排版方式如下：

如果 flow-direction 属性值是 column，弹性对象排版方式如下：

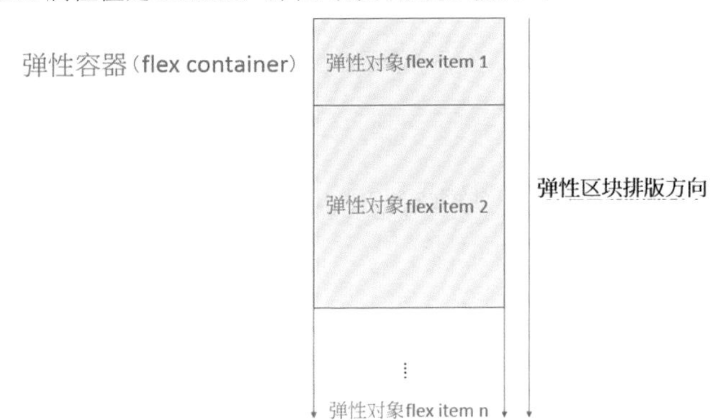

20-2 弹性容器的声明

前一章笔者已经介绍过 display 属性，其实这个属性在 CSS3 新增功能可以用来声明弹性区块，它的使用格式如下：

```
display: flex | inline-flex;
```

- flex：将此元素设为区块层级（block level）的弹性容器。
- inline-flex：将此元素设为行内层级（inline level）的弹性容器。

程序实例 ch20_1.html：在弹性容器内，建立 3 个网页区块。

```
1  <!doctype html>
2  <html>
3  <head>
4     <meta charset="utf-8">
5     <title>ch20_1.html</title>
6     <style>
7        #container {
8           width:600px; height:300px; bor
9           display:flex;
10       }
11       #item1 {
12          width:300px; background-color:
13       }
14       #item2 {
```

```
15            width:100px; background-color:pink;
16         }
17         #item3 {
18            width:200px; background-color:aqua;
19         }
20      </style>
21  </head>
22  <body>
23  <div id="container">
24      <div id="item1">flex item1</div>
25      <div id="item2">flex item2</div>
26      <div id="item3">flex item3</div>
27  </div>
28  </body>
29  </html>
```

执行结果

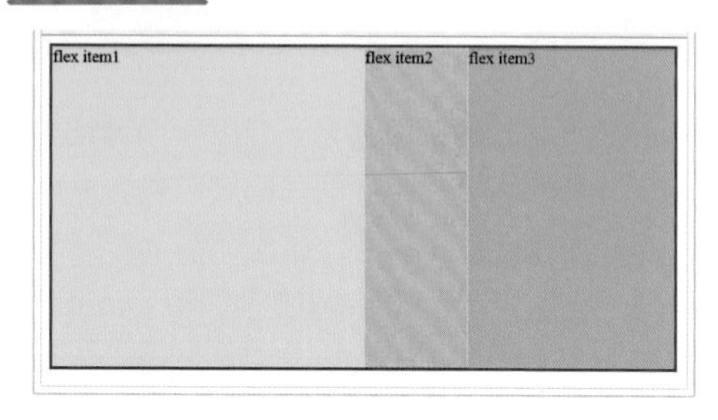

在弹性容器建立网页区块时，若是没有整个填满，将留下空白区块，可参考以下实例。

程序实例 ch20_2.html：重新设计 ch20_1.html，但是网页区块没有填满弹性容器，同时这个程序也利用第 7 行，重新设定了字号和粗体字体。

```
1  <!doctype html>
2  <html>
3  <head>
4     <meta charset="utf-8">
5     <title>ch20_2.html</title>
6     <style>
7        div { font-size:22px; font-weight:bold; }
8        #container {
9           width:600px; height:300px; border:3px solid blue;
10          display:flex;
11       }
12       #item1 {
13          width:300px; background-color:yellow;
14       }
15       #item2 {
16          width:100px; background-color:pink;
17       }
18       #item3 {
19          width:150px; background-color:aqua;
20       }
21    </style>
22 </head>
23 <body>
24 <div id="container">
25     <div id="item1">flex item1</div>
26     <div id="item2">flex item2</div>
27     <div id="item3">flex item3</div>
28 </div>
29 </body>
30 </html>
```

执行结果 下图右边没有填满的区块称为留白。

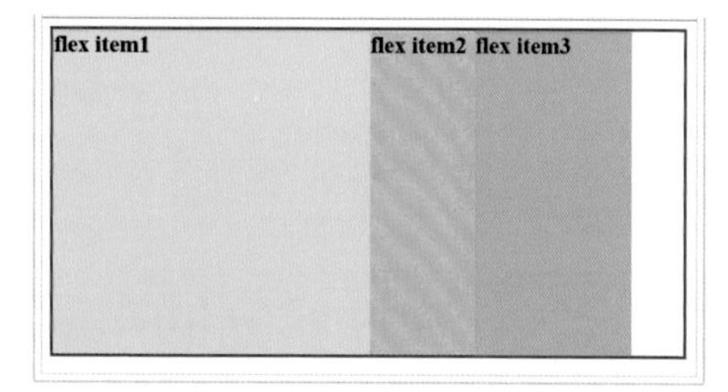

20-3 设定版面方向（flex-direction）

这个属性可以设定以水平或垂直方向编排版面。

```
flex-direction: row | row-reverse | column | column-reverse |
                initial | inherit;
```

- row：默认值，以水平方向由左到右编排。
- row-reverse：以水平方向由右到左编排。
- column：以垂直方向由上到下编排。
- column-reverse：以垂直方向由下到上编排。

程序实例 ch20_3.html：将 flex-direction 属性设为 row-reverse，重新设计 ch20_1.html。相较于 ch20_1.html，这个程序增加了第 10 行，与 ch20_1.html 的不同之处如下。

```
7        #container {
8           width:600px; height:300px; border:3px solid blue;
9           display:flex;
10          flex-direction:row-reverse;
11       }
```

执行结果

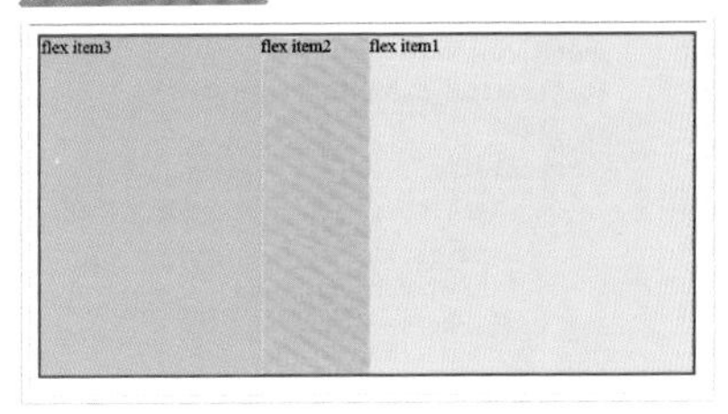

程序实例 ch20_4.html：flex-direction 属性为 column 时的应用。

```
1  <!doctype html>
2  <html>
3  <head>
4     <meta charset="utf-8">
5     <title>ch20_4.html</title>
6     <style>
7        #container {
8           width:600px; height:400px; border:3px solid blue;
9           display:flex;
10          flex-direction:column;
11       }
12       #item1 {
13          height:200px; background-color:yellow;
14       }
15       #item2 {
16          height:75px; background-color:pink;
17       }
18       #item3 {
19          height:125px; background-color:aqua;
20       }
21    </style>
22 </head>
23 <body>
24 <div id="container">
25    <div id="item1">flex item1</div>
26    <div id="item2">flex item2</div>
27    <div id="item3">flex item3</div>
28 </div>
29 </body>
30 </html>
```

执行结果

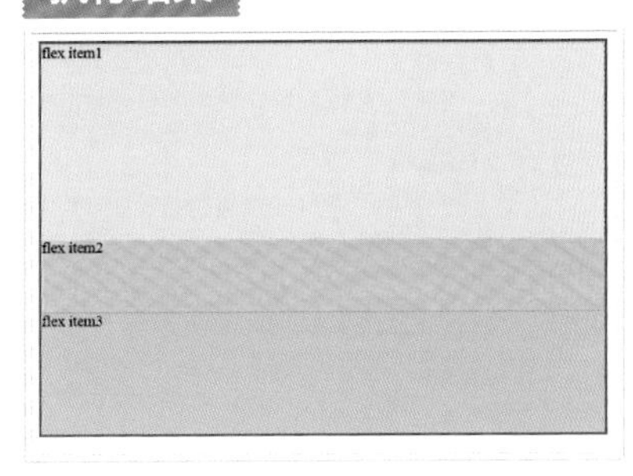

20-4 设定弹性区块内为多行排列（flex-wrap）

之前所介绍的弹性容器只有单行版面区块，flex-wrap 属性可以让弹性容器内的区块为多行，并且原则上一行放不下时，版面区块在新的一行输出。

```
flex-wrap: nowrap | wrap | wrap-reverse | initial | inherit;
```

- ❑ nowrap：默认值，表示弹性容器只有一行。
- ❑ wrap：设定弹性容器允许多行配置。
- ❑ wrap-reverse：设定弹性容器允许多行配置，在第二行配置时，为反向方式配置。

程序实例 ch20_5.html：弹性容器有两行版面区块配置。这个程序并没有设定区块高度（height），浏览器采用均分高度方式处理。

```
1  <!doctype html>
2  <html>
3  <head>
4     <meta charset="utf-8">
5     <title>ch20_5.html</title>
6     <style>
7        #container {
8           width:500px; height:300px; border:3px solid blue;
9           display:flex;
10          flex-direction:row;
11          flex-wrap:wrap;
12       }
13       #item1 {
14          width:200px; background-color:yellow;
15       }
16       #item2 {
17          width:200px; background-color:pink;
18       }
19       #item3 {
20          width:80px; background-color:aqua;
21       }
22       #item4 {
23          width:250px; background-color:lightgreen;
24       }
25       #item5 {
26          width:100px; background-color:lightblue;
27       }
28    </style>
29 </head>
30 <body>
31 <div id="container">
32    <div id="item1">flex item1</div>
33    <div id="item2">flex item2</div>
34    <div id="item3">flex item3</div>
35    <div id="item4">flex item4</div>
36    <div id="item5">flex item5</div>
37 </div>
38 </body>
39 </html>
```

执行结果

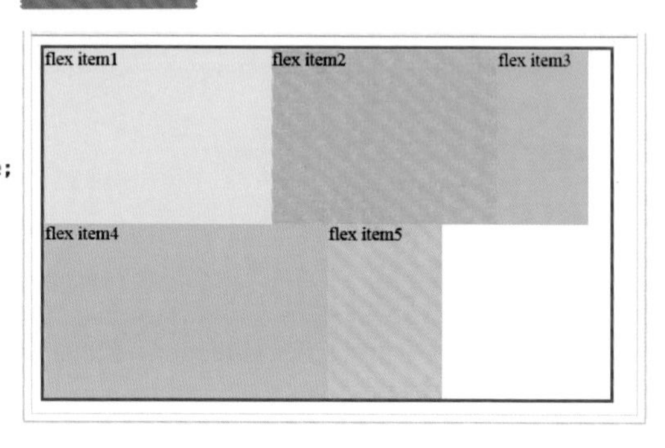

程序实例 ch20_6.html：将 flex-wrap 属性值设为 wrap-reverse，重新设计 ch20_5.html。这个程序只修改了第 11 行，如下所示。

```
11          flex-wrap:wrap-reverse;
```

执行结果

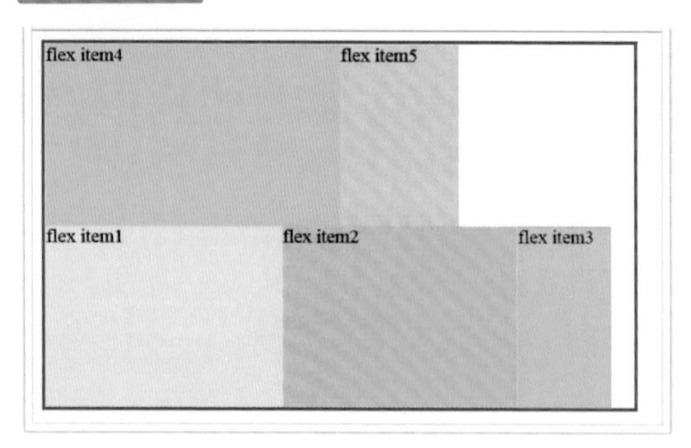

目前实例在弹性容器内安置的版面区块皆使用默认高度，浏览器会依据版面区块行数自行平均处理。如果我们有设定高度，且有未使用的高度，浏览器也会将未使用的高度平均分配。

程序实例 ch20_7.html：重新设计 ch20_5.html，这个程序设定了版面区块的高度。

```
1 <!doctype html>
2 <html>
3 <head>
4    <meta charset="utf-8">
5    <title>ch20_7.html</title>
6    <style>
7       #container {
8          width:500px; height:300px; border:3px solid blue;
9          display:flex;
10         flex-direction:row;
11         flex-wrap:wrap;
12      }
13      #item1 {
14         height:100px; width:200px; background-color:yellow;
15      }
16      #item2 {
17         height:100px; width:200px; background-color:pink;
18      }
19      #item3 {
20         height:100px; width:80px; background-color:aqua;
21      }
22      #item4 {
23         height:100px; width:250px; background-color:lightgreen;
24      }
25      #item5 {
26         height:100px; width:100px; background-color:lightblue;
27      }
28   </style>
29 </head>
30 <body>
31 <div id="container">
32    <div id="item1">flex item1</div>
33    <div id="item2">flex item2</div>
34    <div id="item3">flex item3</div>
35    <div id="item4">flex item4</div>
36    <div id="item5">flex item5</div>
37 </div>
38 </body>
39 </html>
```

执行结果　从执行结果可以发现，空白区块平均分配在各行版面区块间。

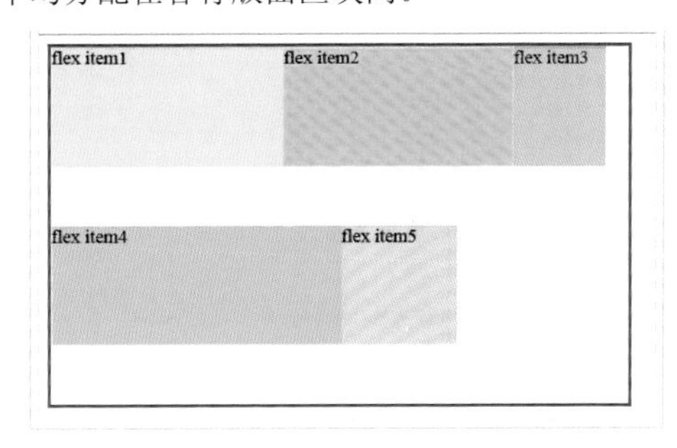

20-5 直接设定排版方向和行数（flex-flow）

这是 flex-direction 和 flex-wrap 属性的简易表示法，格式如下。

```
flex-flow: flex-direction | flex-wrap | initial | inherit;
```

- flex-direction：可能值可参考 20-3 节。
- flex-wrap：可能值可参考 20-4 节。

程序实例 ch20_8.html：以 flex-flow 属性重新设计 ch20_7.html，以如下所示的第 10 行取代原先的第 10 和第 11 行。

```
7       #container {
8          width:500px; height:300px; border:3px solid blue;
9          display:flex;
10         flex-flow:row wrap;
11      }
```

执行结果　与 ch20_7.html 相同。

20-6 版面区块的排列顺序（order）

目前所有版面区块出现的顺序都是以代码中出现的顺序排列，order 属性可以更改这个排列顺序，令较小的值优先排列，如果值相同则依代码中出现的顺序排列。

```
order: number | initial | inherit;
```

- number：默认值是 0，可以由此设定正整数。

程序实例 ch20_9.html：将 order 属性应用在单行弹性容器的应用。

```
1  <!doctype html>
2  <html>
3  <head>
4     <meta charset="utf-8">
5     <title>ch20_9.html</title>
6     <style>
7        #container {
8           width:600px; height:300px; border:3px solid blue;
9           display:flex;
10       }
11       #item1 {
12          width:300px; background-color:yellow;
13          order:1;
14       }
15       #item2 {
16          width:100px; background-color:pink;
17          order:0;
18       }
19       #item3 {
20          width:200px; background-color:aqua;
21          order:1;
22       }
23    </style>
24 </head>
25 <body>
26 <div id="container">
27    <div id="item1">flex item1</div>
28    <div id="item2">flex item2</div>
29    <div id="item3">flex item3</div>
30 </div>
31 </body>
32 </html>
```

执行结果 本例中，由于 item2 的 order 值是 0，所以最优先；item1 和 item3 的 order 值皆是 1，依照程序代码先后顺序排版，所以得到下图所示的结果。

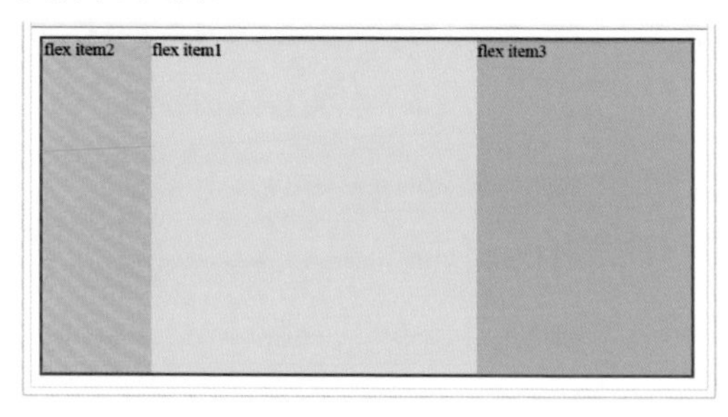

程序实例 ch20_10.html：将 order 属性应用在多行的弹性容器的应用。

```
1  <!doctype html>
2  <html>
3  <head>
4     <meta charset="utf-8">
5     <title>ch20_10.html</title>
6     <style>
7        #container {
8           width:500px; height:300px; border:3px solid blue;
9           display:flex;
10          flex-flow:row wrap;
11       }
12       #item1 {
13          height:100px; width:200px; background-color:yellow;
14          order:1;
15       }
16       #item2 {
17          height:100px; width:200px; background-color:pink;
18          order:2;
19       }
20       #item3 {
21          height:100px; width:80px; background-color:aqua;
22       }
23       #item4 {
24          height:100px; width:200px; background-color:lightgreen;
25          order:1;
26       }
27       #item5 {
28          height:100px; width:100px; background-color:lightblue;
29          order:2;
30       }
31    </style>
32 </head>
```

```
33 <body>
34 <div id="container">
35    <div id="item1">flex item1</div>
36    <div id="item2">flex item2</div>
37    <div id="item3">flex item3</div>
38    <div id="item4">flex item4</div>
39    <div id="item5">flex item5</div>
40 </div>
41 </body>
42 </html>
```

执行结果

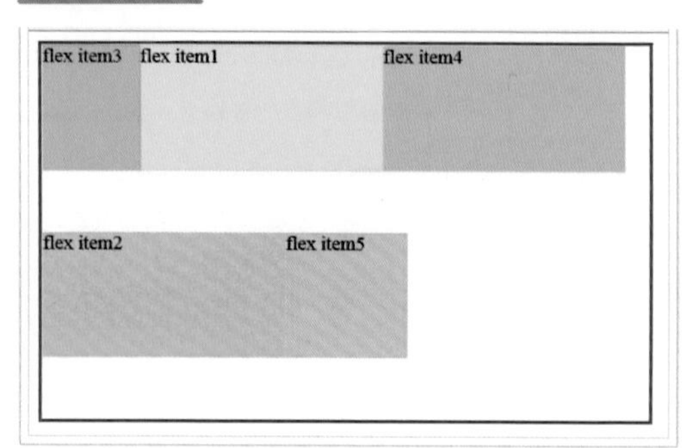

20-7 增加版面区块对象宽度（flex-grow）

在将版面区块对象放入弹性容器时，如果区块对象总宽度小于弹性容器宽度，将有留白产生，为了不产生留白，可以将个别版面区块适度放大，这也是本节的重点。flex-grow 属性可以设定留白分配比例，例如，如果留白是 30px，如果 A 对象的 flex-grow 值是 1，B 对象的 flex-grow 值是 2，则 A 对象可以分配 1/3 的留白，相当于 10px，B 对象可以分配 2/3 的留白，相当于 20px。它的使用格式如下：

```
flex-grow: number | initial | inherit;
```

- number：默认值是 0，这是相较于其他版面区块对象的放大比例。

程序实例 ch20_11.html：这个实例设置了两个弹性容器，第一个弹性容器刚好均分对象，所以没有留白的问题；第二个弹性容器多了 200px 的留白，由程序第 18、19、20 行可知，第一个区块对象分得 1/6 留白（约 33px），第二个区块对象分得 2/6 留白（约 67px），第三个区块对象分得 3/6 留白（100px）。

```
1  <!doctype html>
2  <html>
3  <head>
4     <meta charset="utf-8">
5     <title>ch20_11.html</title>
6     <style>
7        #container1 {
8           width:300px; height:100px; border:3px solid blue;
9           display:flex;
10       }
11       #item1-1 { width:100px; background-color:yellow; flex-grow:1; }
12       #item1-2 { width:100px; background-color:pink; flex-grow:2; }
13       #item1-3 { width:100px; background-color:aqua; flex-grow:3; }
14       #container2 {
15          width:500px; height:100px; border:3px solid blue;
16          display:flex;
17       }
18       #item2-1 { width:100px; background-color:yellow; flex-grow:1; }
19       #item2-2 { width:100px; background-color:pink; flex-grow:2; }
20       #item2-3 { width:100px; background-color:aqua; flex-grow:3; }
21    </style>
22 </head>
23 <body>
24 <div id="container1">
25    <div id="item1-1">flex item1</div>
26    <div id="item1-2">flex item2</div>
27    <div id="item1-3">flex item3</div>
28 </div>
29 <hr>
30 <div id="container2">
31    <div id="item2-1">flex item1</div>
32    <div id="item2-2">flex item2</div>
33    <div id="item2-3">flex item3</div>
34 </div>
35 </body>
36 </html>
```

执行结果

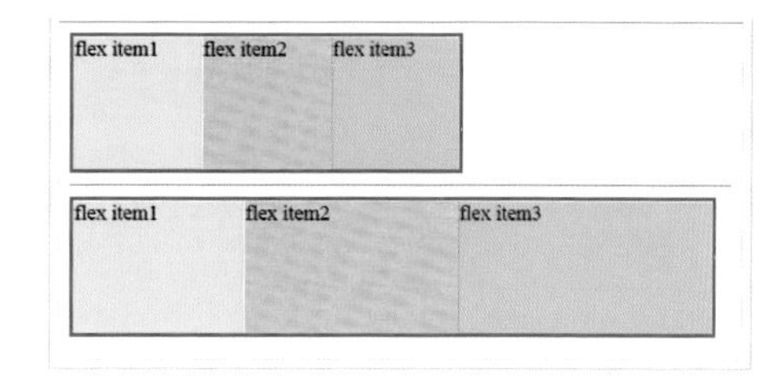

20-8 缩减版面区块对象宽度（flex-shrink）

在将版面区块对象放入弹性容器时，如果区块对象总宽度大于弹性容器宽度，从排版的角度看就会产生出血，为了不产生出血，可以将个别版面区块适度缩小，这也是本节的重点。事实上，浏览器会依各版面区块宽度成比例地调整宽度。

CSS 的这个属性可以设定分配给各区块缩小的比例，例如，如果出血是 30px，A 对象的 flex-shrink 值是 1，B 对象的 flex-shrink 值是 2，则 A 对象需分担 1/3 出血量（相当于减少 10px），B 对象需分担 2/3 出血量（相当于减少 20px）。flex-shrink 的使用格式如下：

```
flex-shrink: number | initial | inherit;
```

- ❑ number：默认值是 0，这是相较于其他版面区块对象的缩小比例。

程序实例 ch20_12.html：这个实例设置两个弹性容器，第一个弹性容器中的对象刚好均分，所以不会产生出血的问题；第二个弹性容器少了 300px，由程序第 18、19、20 行可知，第一个区块对象需分担 1/6（50px）出血量，第二个区块对象需分担 2/6（100px）出血量，第三个区块对象需分担 3/6 出血量（150px）。

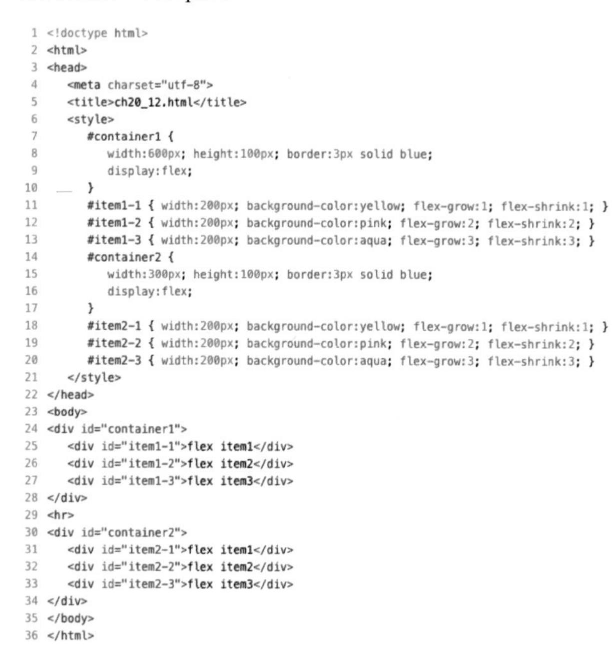

```
1  <!doctype html>
2  <html>
3  <head>
4      <meta charset="utf-8">
5      <title>ch20_12.html</title>
6      <style>
7          #container1 {
8              width:600px; height:100px; border:3px solid blue;
9              display:flex;
10         }
11         #item1-1 { width:200px; background-color:yellow; flex-grow:1; flex-shrink:1; }
12         #item1-2 { width:200px; background-color:pink; flex-grow:2; flex-shrink:2; }
13         #item1-3 { width:200px; background-color:aqua; flex-grow:3; flex-shrink:3; }
14         #container2 {
15             width:300px; height:100px; border:3px solid blue;
16             display:flex;
17         }
18         #item2-1 { width:200px; background-color:yellow; flex-grow:1; flex-shrink:1; }
19         #item2-2 { width:200px; background-color:pink; flex-grow:2; flex-shrink:2; }
20         #item2-3 { width:200px; background-color:aqua; flex-grow:3; flex-shrink:3; }
21     </style>
22 </head>
23 <body>
24 <div id="container1">
25     <div id="item1-1">flex item1</div>
26     <div id="item1-2">flex item2</div>
27     <div id="item1-3">flex item3</div>
28 </div>
29 <hr>
30 <div id="container2">
31     <div id="item2-1">flex item1</div>
32     <div id="item2-2">flex item2</div>
33     <div id="item2-3">flex item3</div>
34 </div>
35 </body>
36 </html>
```

执行结果

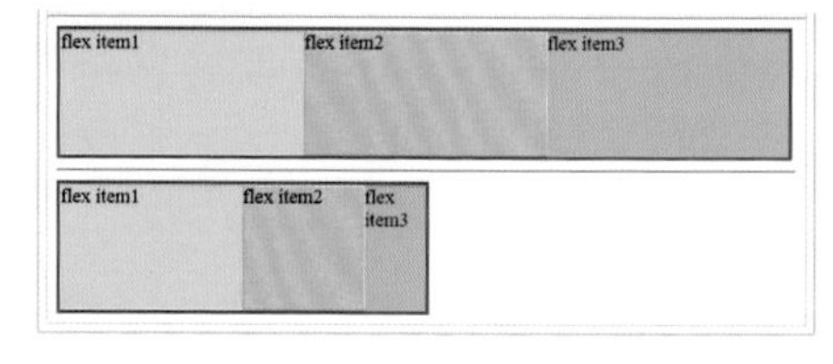

从上述程序第 11、12、13 和 18、19、20 行，可以看到同时有 flow-grow 和 flow-shrink 属性，表示如果留白时或出血时，皆已经设定好放大或缩小比例了。

20-9 调整前的区块对象宽度（flex-basis）

在程序实例 ch20_12.html 或 ch20_11.html 中，调整区块大小前笔者仍是使用 width 来设定调整前的宽度，其实 W3C 建议使用 flex-basis 来设定调整前的宽度。flex-basis 的使用格式如下：

```
flex-basis: number | auto | initial | inherit;
```

- ❑ number：按长度设定宽度，长度单位可参考附录 D。
- ❑ auto：默认值，即依据内容设定宽度。

程序实例 ch20_13.html：使用 flex-basic 取代 width，重新设计 ch12_12.html。下列是样式表单部分。

```
6    <style>
7       #container1 {
8          width:600px; height:100px; border:3px solid blue;
9          display:flex;
10      }
11      #item1-1 { flex-basis:200px; background-color:yellow; flex-grow:1; flex-shrink:1; }
12      #item1-2 { flex-basis:200px; background-color:pink; flex-grow:2; flex-shrink:2; }
13      #item1-3 { flex-basis:200px; background-color:aqua; flex-grow:3; flex-shrink:3; }
14      #container2 {
15         width:300px; height:100px; border:3px solid blue;
16         display:flex;
17      }
18      #item2-1 { flex-basis:200px; background-color:yellow; flex-grow:1; flex-shrink:1; }
19      #item2-2 { flex-basis:200px; background-color:pink; flex-grow:2; flex-shrink:2; }
20      #item2-3 { flex-basis:200px; background-color:aqua; flex-grow:3; flex-shrink:3; }
21   </style>
```

执行结果　本程序执行结果与 ch20_12.html 相同。

20-10 增减区块宽度的简易表示法（flex）

这个属性是 flex-grow、flex-shrink、flex-basis 的简易表示法。

```
flex: flex-grow flex-shrink flex-basis | auto | initial | inherit;
```

- flex-grow flex-shrink flex-basis：值可参考 20-7、20-8、20-9 节。
- auto：相当于 flex-grow flex-shrink flex-basis 的 1 1 auto。

程序实例 ch20_14.html：以 flex 属性重新设计 ch20_13.html。

```
6    <style>
7       #container1 {
8          width:600px; height:100px; border:3px solid blue;
9          display:flex;
10      }
11      #item1-1 { flex:1 1 200px; background-color:yellow; }
12      #item1-2 { flex:2 2 200px; background-color:pink; }
13      #item1-3 { flex:3 3 200px; background-color:aqua; }
14      #container2 {
15         width:300px; height:100px; border:3px solid blue;
16         display:flex;
17      }
18      #item2-1 { flex:1 1 200px; background-color:yellow; }
19      #item2-2 { flex:2 2 200px; background-color:pink; }
20      #item2-3 { flex:3 3 200px; background-color:aqua; }
21   </style>
```

执行结果　本程序执行结果与 ch20_12.html 相同。

20-11 设定留白的方式（justify-content）

如果在弹性容器内发生留白时，可以使用这个属性设定留白的方式，它的使用格式如下：

```
justify-content: flex-start | flex-end | center | space-between |
                 space-around | initial | inherit;
```

❑ flex-start

默认值，即版面区块对象在前面，留白在后面。

❑ flex-end

设定版面区块对象在后面，留白在前面。

❑ center

设定版面区块对象在中间，留白在两边。

❑ space-between

设定第一个版面区块对象放在弹性容器开始端，最后一个版面区块对象放在弹性容器末端，剩下的版面区块平均分配留白。

❑ space-around

设定留白平均分配在版面区块间，但是开头和末端的留白是其他的一半。

程序实例 ch20_15.html：justify-content 属性的应用，属性值是 flex-start，与上例的不同之处如下。

```
1  <!doctype html>
2  <html>
3  <head>
4     <meta charset="utf-8">
5     <title>ch20_15.html</title>
6     <style>
7        #container {
8           width:600px; height:100px; border:3px solid blue;
9           display:flex;
10          justify-content:flex-start;
11       }
12       #item1 { width:80px; background-color:yellow; }
13       #item2 { width:100px; background-color:pink; }
14       #item3 { width:50px; background-color:aqua; }
15       #item4 { width:100px; background-color:lightgreen; }
16       #item5 { width:60px; background-color:lightblue; }
17    </style>
18 </head>
19 <body>
20 <div id="container">
21    <div id="item1">item1</div>
22    <div id="item2">item2</div>
23    <div id="item3">item3</div>
24    <div id="item4">item4</div>
25    <div id="item5">item5</div>
26 </div>
27 </body>
28 </html>
```

执行结果

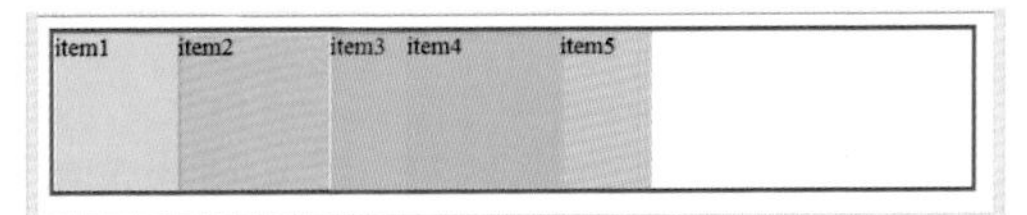

程序实例 ch20_16.html：justify-content 属性的应用，属性值是 flex-end，与上例的不同之处如下。

```
10          justify-content:flex-end;
```

执行结果

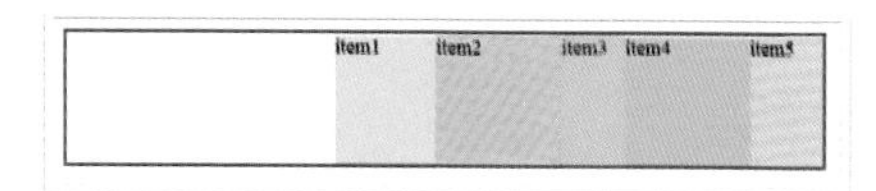

程序实例 ch20_17.html：justify-content 属性的应用，属性值是 center。与上例的不同之处如下。

```
10          justify-content:center;
```

执行结果

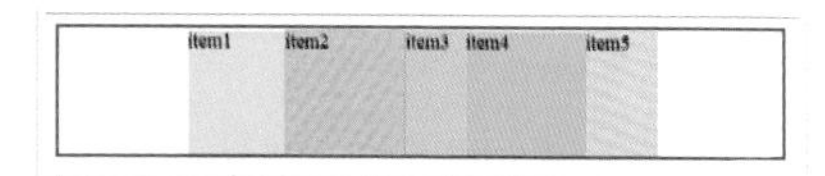

程序实例 ch20_18.html：justify-content 属性的应用，属性值是 space-between，与上例的不同之处如下。

```
10          justify-content:space-between;
```

执行结果

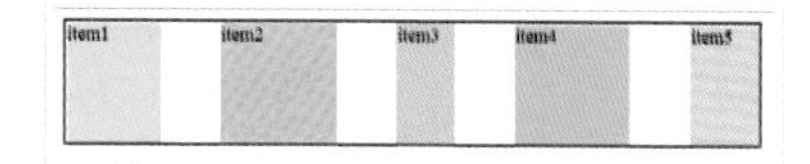

程序实例 ch20_19.html：justify-content 属性的应用，属性值是 space-around，与上例的不同之处如下。

```
10          justify-content:space-around;
```

执行结果

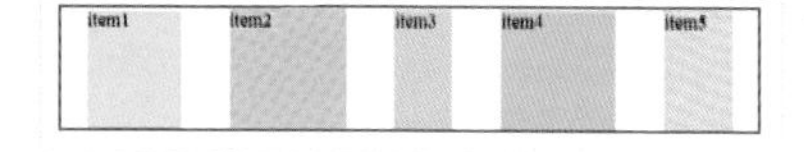

20-12　垂直方向留白的处理（align-items）

在前面各节所叙述的实例中，当版面区块对象是以水平方向排列时，所有对象的高度皆相同，实际上有时也会有对象高度不一样的情况。此外，前一节是叙述当区块对象以水平方向排列时，水平方向的留白处理，这一节将讲解当区块对象以水平方向排列时，垂直方向的留白处理，可参考下图。

上述概念也可以应用在当区块对象以垂直方向排版时，水平方向的留白处理，可参考下图。

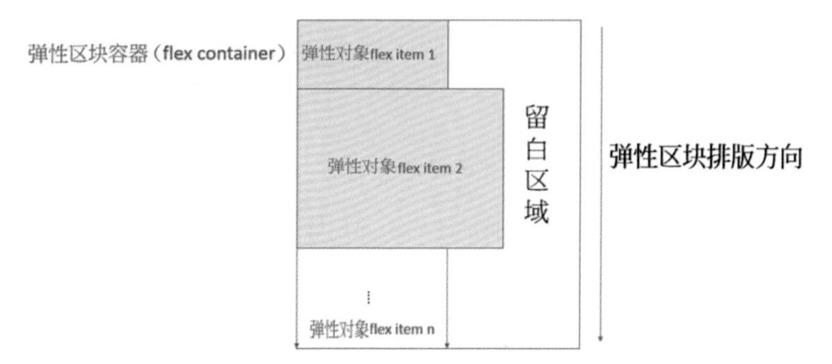

我们可以使用 align-items 属性进行这方面的设定。

```
align-items: stretch | flex-start | flex-end | center | baseline |
        initial | inherit;
```

- stretch：默认值，如果没有设定 height 或 width，版面区块对象会被伸展至填满留白的宽度或高度，如果设定了 height 或 width，则依设定，将留白放在弹性容器末端。
- flex-start：设定版面区块对象集中在弹性容器开始端，留白放在弹性容器末端。
- flex-end：设定版面区块对象集中在弹性容器末端，留白放在弹性容器开始端。
- center：设定版面区块对象集中在弹性容器中央，留白放在弹性容器两端。
- baseline：设定在弹性容器内用一个基线设定各版面区块对象的对齐方式。

程序实例 ch20_20.html：将 align-items 设为 flex-start 的应用，请读者留意第 10 行的设定。

```
1  <!doctype html>
2  <html>
3  <head>
4     <meta charset="utf-8">
5     <title>ch20_20.html</title>
6     <style>
7        #container {
8           width:600px; height:250px; border:3px solid blue;
9           display:flex;
10          align-items:flex-start;
11       }
12       #item1 { width:100px; height:150px; background-color:yellow; }
13       #item2 { width:150px; height:100px; background-color:pink; }
14       #item3 { width:50px; height:200px; background-color:aqua; }
15       #item4 { width:100px; height:100px; background-color:lightgreen; }
16       #item5 { width:200px; height:150px; background-color:lightblue; }
17    </style>
18 </head>
19 <body>
20 <div id="container">
21    <div id="item1">item1</div>
22    <div id="item2">item2</div>
23    <div id="item3">item3</div>
24    <div id="item4">item4</div>
25    <div id="item5">item5</div>
26 </div>
27 </body>
28 </html>
```

执行结果

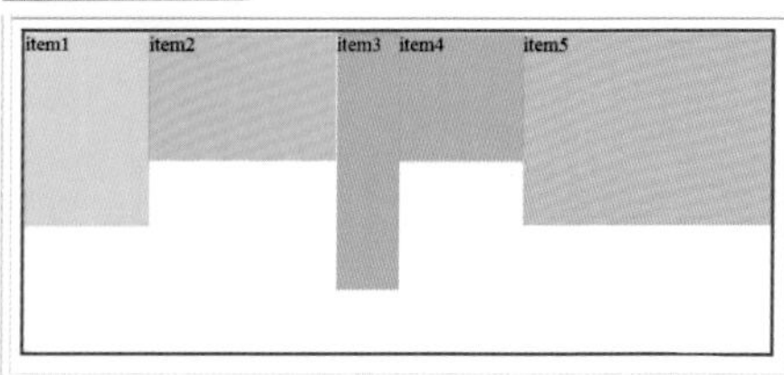

程序实例 ch20_21.html：将 align-items 设为 flex-end 的应用，请读者留意第 10 行的设定，内容如下。

```
10          align-items:flex-end;
```

执行结果

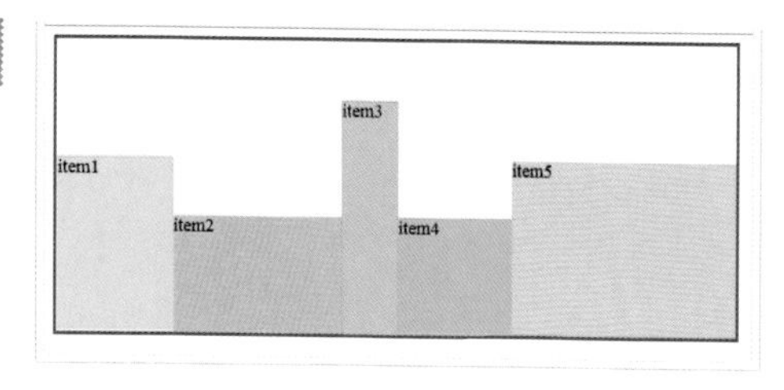

程序实例 ch20_22.html：将 align-items 设为 center 的应用，请读者留意第 10 行的设定，内容如下。

```
10          align-items:center;
```

执行结果

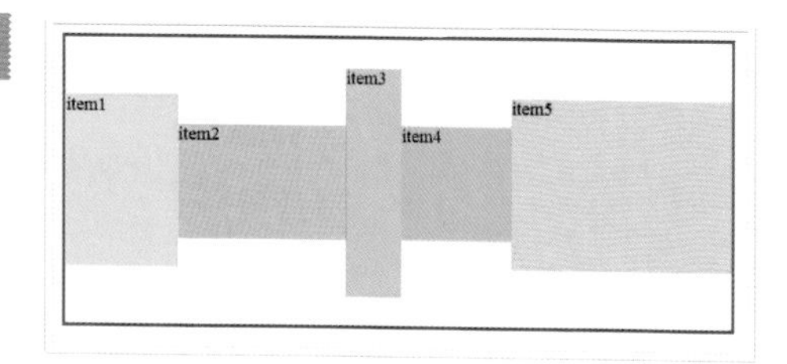

20-13　个别版面区块留白的处理 (align-self)

align-self 属性用于个别版面区块留白的处理。当个别版面区块设有 align-self 属性时，这个属性会覆盖弹性容器 align-items 属性的设定。

程序实例 ch20_23.html：重新设计 ch20_21.html，这个程序的第 1 和第 5 个版面区块的 align-self 属性值是 center。第 3 个版面区块的 align-self 属性值是 flex-start。下列是样式表单的内容。

```
6     <style>
7        #container {
8           width:600px; height:250px; border:3px solid blue;
9           display:flex;
10          align-items:flex-end;
11       }
12       #item1 { width:100px; height:150px; background-color:yellow; align-self:center; }
13       #item2 { width:150px; height:100px; background-color:pink; }
14       #item3 { width:50px; height:200px; background-color:aqua; align-self:flex-start;}
15       #item4 { width:100px; height:100px; background-color:lightgreen; }
16       #item5 { width:200px; height:150px; background-color:lightblue; align-self:center; }
17    </style>
```

执行结果

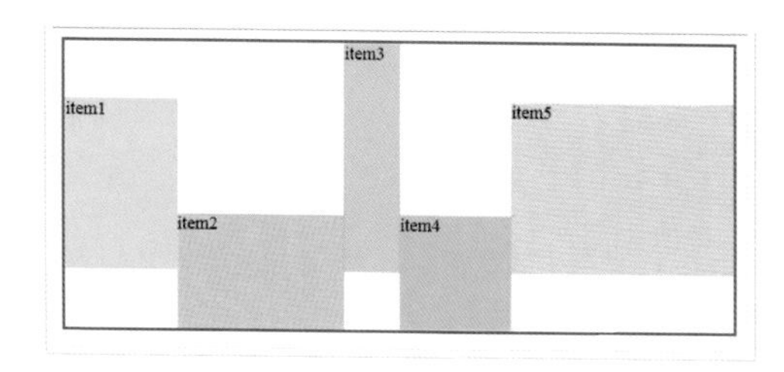

20-14 弹性容器有多行版面区块时留白的处理(align-content)

align-content 的使用格式如下：

```
align-content: stretch | flex-start | flex-end | center | space-between | space-
               around | initial | inherit;
```

- stretch：默认值，即如果没有设定 height 或 width，留白会被平均分配，如果设定了 height 或 width，则依设定，留白放在弹性容器末端。
- flex-start：设定版面区块对象在前面，留白在后面。
- flex-end：设定版面区块对象在后面，留白在前面。
- center：设定版面区块对象在中间，留白在两边。
- space-between：设定第一个版面区块对象放在弹性容器开始端，最后一个版面区块对象放在弹性容器末端，剩下的版面区块对象平均分配留白。
- space-around：设定留白在版面区块间平均分配，但是开头和末端的留白是其他的一半。

程序实例 ch20_24.html：弹性容器有多行版面区块时，align-content 是 flex-start 的应用。读者须留意第 12 行的程序代码。

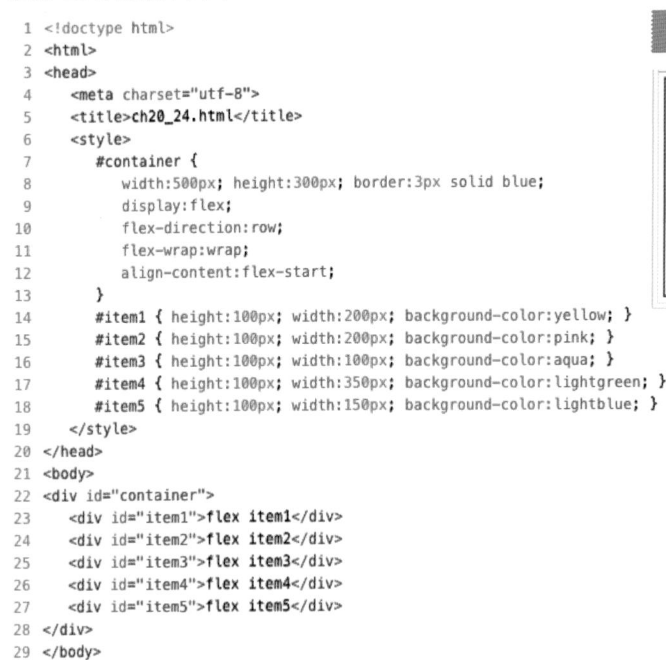

```
1  <!doctype html>
2  <html>
3  <head>
4     <meta charset="utf-8">
5     <title>ch20_24.html</title>
6     <style>
7        #container {
8           width:500px; height:300px; border:3px solid blue;
9           display:flex;
10          flex-direction:row;
11          flex-wrap:wrap;
12          align-content:flex-start;
13       }
14       #item1 { height:100px; width:200px; background-color:yellow; }
15       #item2 { height:100px; width:200px; background-color:pink; }
16       #item3 { height:100px; width:100px; background-color:aqua; }
17       #item4 { height:100px; width:350px; background-color:lightgreen; }
18       #item5 { height:100px; width:150px; background-color:lightblue; }
19    </style>
20 </head>
21 <body>
22 <div id="container">
23    <div id="item1">flex item1</div>
24    <div id="item2">flex item2</div>
25    <div id="item3">flex item3</div>
26    <div id="item4">flex item4</div>
27    <div id="item5">flex item5</div>
28 </div>
29 </body>
30 </html>
```

执行结果

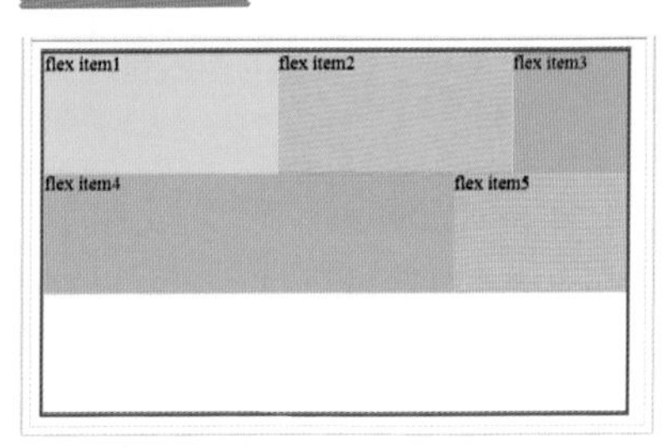

程序实例 ch20_25.html：重新设计 ch20_24.html，align-content 是 flex-end 的应用。

```
12          align-content:flex-end;
```

执行结果

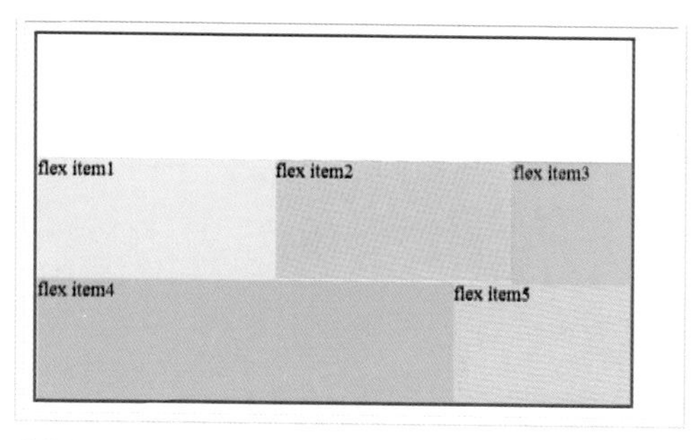

程序实例 ch20_26.html：重新设计 ch20_24.html，align-content 是 center 的应用。

```
12          align-content:center;
```

执行结果

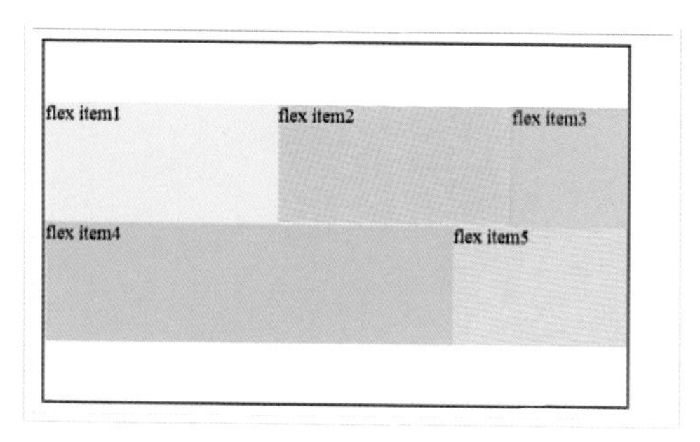

程序实例 ch20_27.html：重新设计 ch20_24.html，align-content 是 space-between 的应用。

```
12          align-content:space-between;
```

执行结果

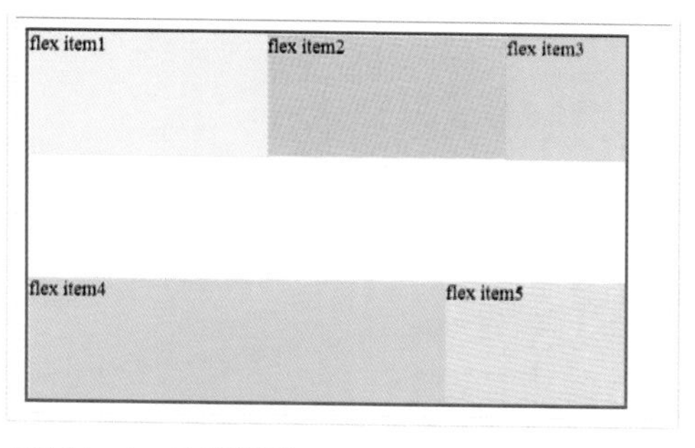

程序实例 ch20_28.html：重新设计 ch20_24.html，align-content 是 space-around 的应用。

```
12          align-content:space-around;
```

执行结果

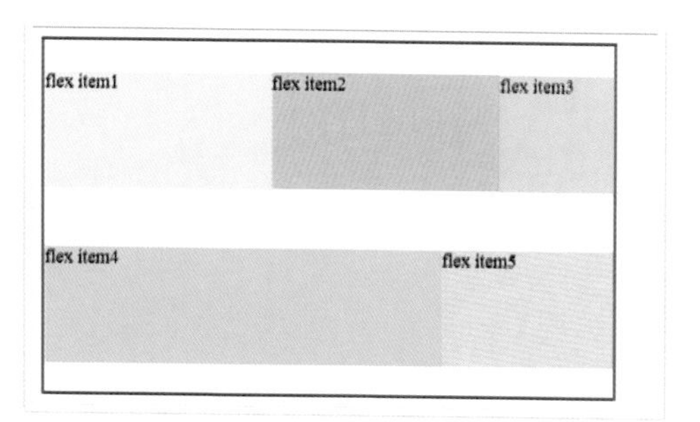

20-15 综合应用

在结束本章前，笔者将举一个网页布局的实例，应用所学的弹性容器排版方法。

程序实例 ch20_29.html：使用本章概念重新设计 ch19_12.html，这个程序的特点在于排版区块对象的高度是直接设定的。

```
1  <!doctype html>
2  <html>
3  <head>
4     <meta charset="utf-8">
5     <title>ch20_29.html</title>
6     <style>
7        h1 { text-align:center; }
8        #container { width:100%; height:600px; display:flex; flex-direction:row;
9           flex-wrap:wrap; }
10       header { width:100%; height:90px; background-color:lightyellow; }
11       nav { width:100%; height:90px; background-color:aqua; }
12       article { width:70%; height:330px; background-color:greenyellow; }
13       aside { width:30%; height:330px; background-color:pink; }
14       footer { width:100%; height:90px; background-color:yellow; }
15    </style>
16 </head>
17 <body>
18 <div id="container">
19    <header><h1>header</h1></header>
20    <nav><h1>nav</h1></nav>
21    <article><h1>article</h1></article>
22    <aside><h1>aside</h1></aside>
23    <footer><h1>footer</h1></footer>
24 </div>
25 </body>
26 </html>
```

执行结果

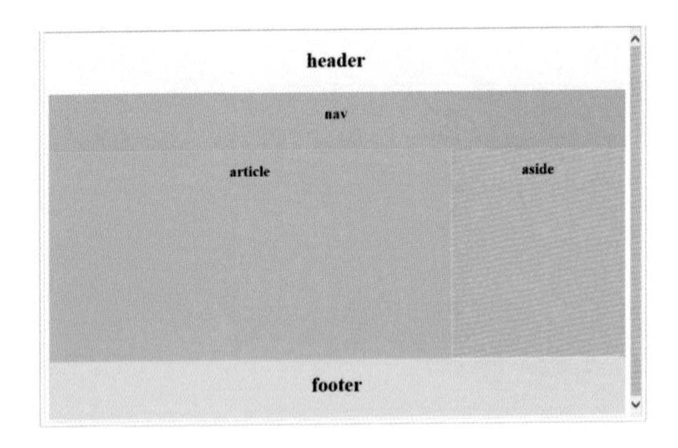

习题

1. 请使用本章的概念重新设计 ch10_17.html。

2. 请使用本章概念，为自己班级设计网页，内容可以自行发挥。

3. 请设计以某景点为主题的网页，内容可以自行发挥。

第 21 章

动画设计 —— 过渡效果

本章摘要

这一章重点介绍基本的动画过渡效果。过去制作动画需要使用 Flash 或借用 Javascript，本章介绍的动画效果可以使用下列方式完成。

（1）设定动画前的属性值。

（2）设定动画时间，也就是过渡效果时间。

（3）设定动画后的属性值。

触发动画的机制，通常是在鼠标指针移至特定元素时执行。

21-1 设定过渡效果时间的属性 transition-duration

这个属性的使用格式如下：

```
transition-duration: time | initial | inherit;
```

- time

可设定秒（s）或毫秒（ms）。如果有多个属性要分开执行过渡效果，则需用逗号隔开。

21-2 设定过渡效果的属性 transition-property

这个属性可设定过渡效果应用在那些属性，它的使用格式如下：

```
transition-property: none | all | property | initial | inherit;
```

- none

没有属性会产生过渡效果。

- all

设定有过渡效果，且所有属性都会有过渡效果。

- property

设定有过渡效果的属性名称，如果有多个属性，属性间需加上逗号。

程序实例 ch21_1.html：程序执行时标题的背景色是黄色，当将鼠标指针移至标题区，标题的背景色将有过渡效果，3 秒（程序第 11 行设定）后将变成绿色。

```
1  <!doctype html>
2  <html>
3  <head>
4      <meta charset="utf-8">
5      <title>ch21_1.html</title>
6      <style>
7          h1 {
8              text-align:center;
9              background-color:yellow;
10             transition-property:background-color;
11             transition-duration:3s;
12         }
13         h1:hover { background-color:green; }
14     </style>
15 </head>
16 <body>
17 <h1>HTML 5 + CSS3</h1>
18 </body>
19 </html>
```

执行结果

HTML 5 + CSS3 | HTML 5 + CSS3

程序实例 ch21_2.html：同时设定多个属性的过渡效果，当将鼠标指针移至标题区时，标题的背景色（黄色变绿色）、标题颜色（黑色变蓝色）以及标题元素的背景高度（100px 变 300px）将有过渡效果，3 秒（程序第 11 行设定）后将变成绿色。

```
1  <!doctype html>
2  <html>
3  <head>
4     <meta charset="utf-8">
5     <title>ch21_2.html</title>
6     <style>
7        h1 {
8           height:100px;
9           text-align:center;
10          background-color:yellow;
11          transition-property:color, background-color, height;
12          transition-duration:3s;
13       }
14       h1:hover { color:blue; background-color:green; height:300px; }
15    </style>
16 </head>
17 <body>
18 <h1>HTML 5 + CSS3</h1>
19 </body>
20 </html>
```

执行结果

21-3 设定过渡延迟时间的属性 transition-delay

这个属性的使用格式如下：

```
transition-delay: time | initial | inherit;
```

- time：设定秒（s）或毫秒（ms），执行过渡效果时，指定延迟时间。

程序实例 ch21_3.html：重新设计 ch21_2.html，与该程序不同之处在于增加延迟时间 2 秒，同时标题宽度由 150px 变成 300px。

```
1  <!doctype html>
2  <html>
3  <head>
4     <meta charset="utf-8">
5     <title>ch21_3.html</title>
6     <style>
7        h1 {
8           height:100px; width:150px;
9           text-align:center;
10          background-color:yellow;
11          transition-property:color, background-color, height, width;
12          transition-duration:3s;
13          transition-delay:2s;
14       }
15       h1:hover { color:blue; background-color:green; height:300px; width:300px;}
16    </style>
17 </head>
18 <body>
19 <h1>HTML 5 + CSS3</h1>
20 </body>
21 </html>
```

执行结果

21-4 设计过渡速度的属性 transition-timing-function

这个属性的使用格式如下：

```
transition-timing-function: ease | ease-in | ease-out | ease-in-out | linear | step-start | step-end | steps(int,start | end) | cubic-bezier(x1,y1,x2,y2) | initial | inherit;
```

- ease：默认值，即开始是慢，中途加速、中途减速、结束再慢，相当于 cubic-bezier（0.25,0.1,0.25,1）。

- ease-in：设定开始是慢，然后加速，相当于 cubic-bezier（0.42,0,1,1），这是贝塞尔曲线。
- ease-out：设定开始是快，结束是慢，相当于 cubic-bezier（0,0,0.58,1）。
- ease-in-out：设定开始是慢，过渡加速，然后减速至结束，相当于 cubic-bezier（0.42,0,0.58,1）。
- linear：设定用相同速度，相当于 cubic-bezier（0,0,1,1）。
- step-start：与设定 steps（1,start）效果相同。
- step-end：与设定 steps（1,end）效果相同。
- steps（int,start | end）：第一个参数是次数，设定过渡的量次，执行平均分割，第二个参数是触发的时机，start 代表在开始点触发，end 代表在终点触发。如果省略第二个参数，代表是 end。
- cubic-bezier（x1,y1,x2,y2）：用贝塞尔函数（代表 0~1 之间变化的数值）设定过渡效果，其中 x 轴是变化所需时间，y 轴是变化的比例。这个值主要用在设定更细数的变化的场合。

程序实例 ch21_4.html：过渡速度的应用。为了让读者可以体会，这个程序的第 13 行，笔者设定过渡效果时间是 10 秒。程序的第 14 行将过渡速度设计为 ease，另外，除了宽度和高度的变化外，还增加了标题文字透明度 opacity 从 0.1 至 1 的变化过程。

```
1  <!doctype html>
2  <html>
3  <head>
4     <meta charset="utf-8">
5     <title>ch21_4.html</title>
6     <style>
7        h1 {
8           height:100px; width:250px; background-color:lightgreen;
9           text-align:center;
10          color:green;
11          opacity:0.1;
12          transition-property:opacity, height, width;
13          transition-duration:10s;
14          transition-timing-function:ease;
15       }
16       h1:hover { opacity:1.0; height:300px; width:300px;}
17    </style>
18 </head>
19 <body>
20 <h1>HTML 5 + CSS3</h1>
21 </body>
22 </html>
```

执行结果

HTML 5 + CSS3

HTML 5 + CSS3

程序实例 ch21_5.html：重新设计 ch21_4.html，程序第 14 行将过渡速度设计为 steps（10），表示分 10 次执行渐变，相当于每秒一次。

```
14          transition-timing-function:steps(10);
```

执行结果 结果与 ch21_4.html 相同，请读者留意观察过渡过程。

21-5 过渡效果的简易表示法 transition

transition 是以上几节过渡效果设定属性的简易表示法。

```
transition: property duration timing-function delay | initial | inherit;
```

这个简易表示法中，值的顺序不拘，只要之间空一格即可。

程序实例 ch21_6.html：以 transition 重新设计 ch21_4.html，读者应仔细研究第 12 行的 transition 简易表示法。

```
1  <!doctype html>
2  <html>
3  <head>
4     <meta charset="utf-8">
5     <title>ch21_6.html</title>
6     <style>
7        h1 {
8           height:100px; width:250px; background-color:lightgreen;
9           text-align:center;
10          color:green;
11          opacity:0.1;
12          transition:opacity, height, width, 10s ease;
13       }
14       h1:hover { opacity:1.0; height:300px; width:300px;}
15    </style>
16 </head>
17 <body>
18 <h1>HTML 5 + CSS3</h1>
19 </body>
20 </html>
```

执行结果　结果与 ch21_4.html 相同。

21-6 综合应用

至今所有过渡效果的触发机制皆是鼠标指针移至元素上，本节将举一个实例，当元素获得焦点时即予触发。

程序实例 ch21_7.html：当元素获得焦点时，将输入文字框的宽度由 100px 增加到 200px，同时底色改为黄色。

```
1  <!doctype html>
2  <html>
3  <head>
4     <meta charset="utf-8">
5     <title>ch21_7.html</title>
6     <style>
7        input[type=text] {
8           width:100px;
9           transition:width, background-color, 1s ease-in-out;
10       }
11       input[type=text]:focus { width:200px; background-color:yellow; }
12    </style>
13 </head>
14 <body>
15 <p>Input data:<input type="text" name="input-data"></p>
16 </body>
17 </html>
```

执行结果

Input data:

Input data:

习题

1. 请重新设计第 19 章习题 4 的家庭网页，增加过渡效果，内容可自由发挥创意。
2. 请以所学的网页知识，为此门课程的老师设计网页，内容可自由发挥创意。

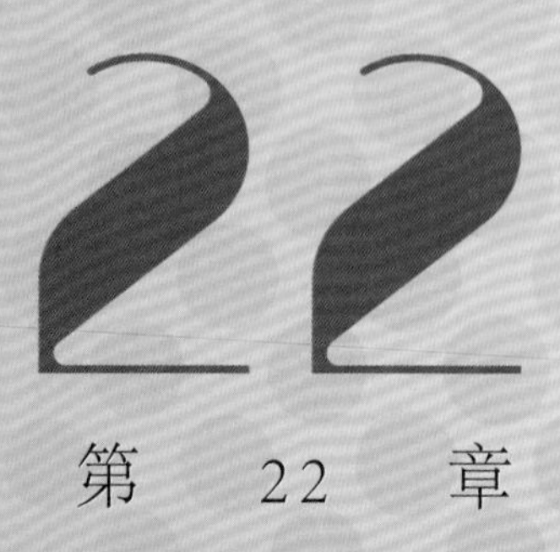

第　22　章

设计网页动画

本章摘要

前一章所介绍的渐变效果只能设定开始与结束的样式，其实距离真正的动画还差一点。这一章则是将动画分成许多关键点，也可称关键帧（key frame），然后我们可以设定每一个关键帧的内容，再播放，就可以实现动画的效果。

22-1 关键帧（@keyframes）

关键帧的使用格式如下：

```
@keyframes name {
   0% { 属性： ; ~ }
   …
   100% { 属性： ;~ }
}
```

- name：关键帧的名称，这个名称将以 animation-name 属性设定使用，下一节会说明。
- 百分比 %：动画时间的几个关键点用时间的百分比做标记，开始点关键帧是 0%，结束点关键帧是 100%，这两帧不可省略，至于动画的过程，则用不同的百分比标记。在每一个关键帧中，我们可以设计属性与相对应的属性值。程序设计时，0% 也可以用“from”取代，100% 可以用“to”取代。

22-2 运用关键帧（animation-name）

这个属性的使用格式如下：

```
animation-name: none | name;
```

- none：没有动画。
- name：使用的动画名称。

下面是将动画名称设为 myanimation 以及引用的示例。

```
@keyframes myanimation {
   0% { 属性： ; ~ }
   …
   100% { 属性： ;~ }
}
…
…
animaiton-name:myanimation;
```

22-3 设定动画时间（animation-duration）

掌握了前两节的知识后，接下来是设定动画时间。设定动画时间属性的使用方式如下：

```
animation-duration: time | initial | inherit;
```

- time：可设定 s（秒）或 ms（毫秒）。如果有多个属性要分开执行渐变效果，则需用逗号隔开。

程序实例 ch22_1.html：设计标题元素的移动，移动一次是 1s，共移动 5 次，总时间是 5s。

```
1  <!doctype html>
2  <html>
3  <head>
4     <meta charset="utf-8">
5     <title>ch22_1.html</title>
6     <style>
7        @keyframes my-animation {
8           0% { left:0px; top:0px; }
9           20% { left:50px; top:50px; }
10          40% { left:100px; top:100px; }
11          60% { left:150px; top:150px; }
12          80% { left:200px; top:200px; }
13          100% { left:250px; top:250px; }
14       }
15       h1 {
16          width:250px;
17          height:100px;
18          color:blue;
19          background-color:yellow;
20          position:absolute;
21          animation-name:my-animation;
22          animation-duration:5s;
23       }
24    </style>
25 </head>
26 <body>
27 <h1>HTML 5+CSS3</h1>
28 </body>
29 </html>
```

执行结果 下图所示为移动的过程。

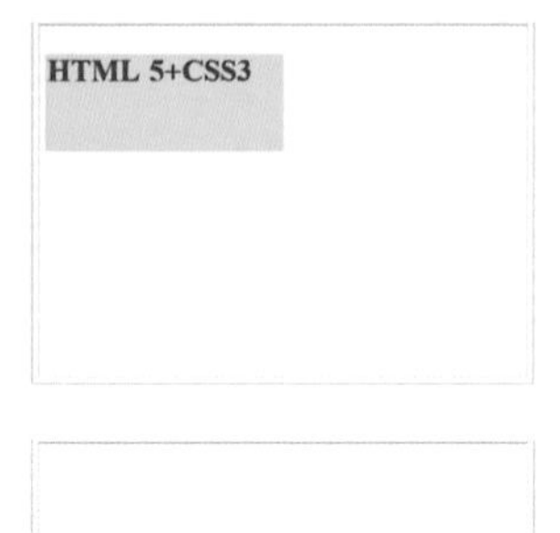

程序实例 ch22_2.html：图片移动的应用。这个程序会将图片以上、右、下、左方向移动，最后回到原点。

```
1  <!doctype html>
2  <html>
3  <head>
4     <meta charset="utf-8">
5     <title>ch22_2.html</title>
6     <style>
7        @keyframes my-animation {
8           0% { left:0px; top:0px; }
9           25% { left:200px; top:0px; }
10          50% { left:200px; top:200px; }
11          75% { left:0px; top:200px; }
12          100% { left:0px; top:0px; }
13       }
14       body { margin:0px; }   /* 设定body版面与浏览器版面左端切齐 */
15       div {
16          width:250px;
17          height:100px;
18          position:absolute;
19          animation-name:my-animation;
20          animation-duration:5s;
21       }
22    </style>
23 </head>
24 <body>
25 <div><img src="sselogo.jpg"></div>
26 </body>
27 </html>
```

执行结果 下图所示为移动过程。

22-4 设计动画变速方式(animation-timing-function)

有关动画变速的方式与 21-4 节的使用格式相同，细节可参考该节。

```
animation-timing-function: ease | ease-in | ease-out | ease-in-out | linear
| step-start | step-end | steps(int,start | end) | cubic-bezier(x1,y1,x2,y2) |
initial | inherit;
```

这个属性在使用时可以针对一个关键帧做速度的设定，也可以针对整个动画做速度设定。

程序实例 ch22_3.html：测试动画变速的参数值，另外，这个程序第 16 行，position 使用相对位置 relative 属性值。

```
1 <!doctype html>
2 <html>
3 <head>
4    <meta charset="utf-8">
5    <title>ch22_3.html</title>
6    <style>
7       @keyframes my-animation {
8          0% { left:0px; }
9          100% { left:350px; }
10      }
11      div {
12         width:200px;
13         height:60px;
14         color:blue;
15         background-color:yellow;
16         position:relative;
17         animation-name:my-animation;
18         animation-duration:5s;
19      }
20      #route1 { animation-timing-function:ease; }
21      #route2 { animation-timing-function:ease-in; }
22      #route3 { animation-timing-function:ease-out; }
23      #route4 { animation-timing-function:ease-in-out; }
24      #route5 { animation-timing-function:linear; }
25   </style>
26 </head>
27 <body>
28 <h1>animation-timing-function</h>
29 <div id="route1">ease</div>
30 <div id="route2">ease-in</div>
31 <div id="route3">ease-out</div>
32 <div id="route4">ease-in-out</div>
33 <div id="route5">linear</div>
34 </body>
35 </html>
```

执行结果 下图所示为移动过程。

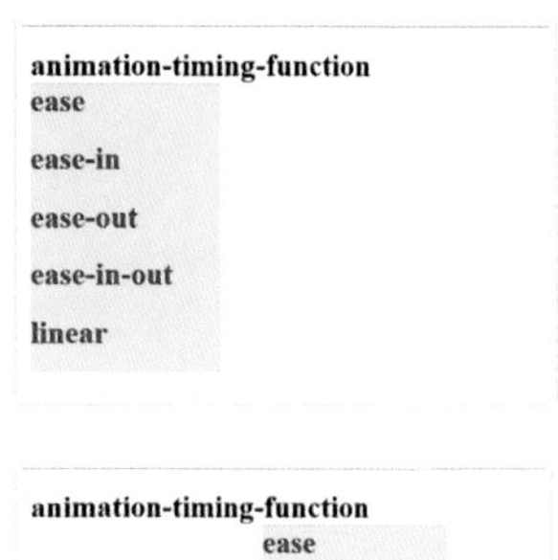

animation-timing-function
ease
ease-in
ease-out
ease-in-out
linear

程序实例 ch22_4.html：在关键帧的百分比中，将 0% 用“from”取代，100% 用“to”取代。下列是取代方式：

```
7       @keyframes my-animation {
8          from { left:0px; }
9          to { left:350px; }
10      }
```

执行结果 与 ch22_3.html 相同。

22-5 设定动画次数（animation-iteration-count）

过渡效果无法重复执行，本章所述的动画却是可以重复执行的。

```
animation-iteration-count: number | infinite | initial | inherit;
```

- number：默认值是 1，也可以在此设定动画次数。
- inifinite：设定不限次数执行。

程序实例 ch22_5.html：以不限次数方式，重新设计 ch22_4.html。相较于该程序，本程序只是多了第 19 行，设定不限次数执行。

```
11      div {
12         width:200px;
13         height:60px;
14         color:blue;
15         background-color:yellow;
16         position:relative;
17         animation-name:my-animation;
18         animation-duration:5s;
19         animation-iteration-count:infinite;
20      }
```

执行结果 与 ch22_4.html 相同。

22-6 设定动画重复执行的方向（animation-direction）

当动画重复执行时，可以利用这个属性设定动画重复执行的方向。

animation-direction: normal | reverse | alternate | alternate-reverse | initial | inherit;

- normal

默认值，即使用相同方向。

- reverse

设定使用相反方向。

- alternate

设定奇数使用正方向，偶数使用反方向。

- alternate-reverse

与 alternate 相反，设定奇数使用反方向，偶数使用正方向。

程序实例 ch22_6.html：重新设计 ch22_2.html，这个程序第 17 行使用了相对位置，第 20 行设定不限次数重复执行，第 21 行设定奇数使用正方向（顺时针），偶数使用反方向（逆时针）。

```
1  <!doctype html>
2  <html>
3  <head>
4     <meta charset="utf-8">
5     <title>ch22_6.html</title>
6     <style>
7        @keyframes my-animation {
8           0% { left:0px; top:0px; }
9           25% { left:200px; top:0px; }
10          50% { left:200px; top:200px; }
11          75% { left:0px; top:200px; }
12          100% { left:0px; top:0px; }
13       }
14       div {
15          width:250px;
16          height:100px;
17          position:relative;
18          animation-name:my-animation;
19          animation-duration:5s;
20          animation-iteration-count:infinite;
21          animation-direction:alternate;
22       }
23    </style>
24 </head>
25 <body>
26 <div><img src="sselogo.jpg"></div>
27 </body>
28 </html>
```

执行结果 请读者注意观察图片的移动方向。

程序实例 ch22_7.html：这是一个方块盒子的动画，奇数时以顺时针方向绕方形移动，偶数时以逆时针方向绕方形移动，而且每一个动画帧的方块盒子文字颜色与背景色皆不同。

```
1 <!doctype html>
2 <html>
3 <head>
4    <meta charset="utf-8">
5    <title>ch22_7.html</title>
6    <style>
7       @keyframes my-animation {
8          0% { color:blue; background-color:lightblue; left:0px; top:0px; }
9          25% { color:green; background-color:lightgreen; left:200px; top:0px; }
10         50% { color:red; background-color:lightred; left:200px; top:200px; }
11         75% { color:violet; background-color:lightyellow; left:0px; top:200px; }
12         100% { color:blue; background-color:lightblue; left:0px; top:0px; }
13      }
14      div {
15         width:150px;
16         height:150px;
17         position:relative;
18         animation-name:my-animation;
19         animation-duration:5s;
20         animation-iteration-count:infinite;
21         animation-direction:alternate;
22      }
23   </style>
24 </head>
25 <body>
26 <div>Silicon Stone</div>
27 </body>
28 </html>
```

执行结果

22-7 设定动画执行或是暂停（animation-play-state）

这个属性可设定动画的执行或是暂停。

```
animation-play-state: running | paused | initial | inherit;
```

- running：默认值，动画是执行状态。
- paused：设定动画暂停。

程序实例 ch22_8.html：重新设计 ch22_7.html，当鼠标指针在方块盒子处时，动画暂停，当鼠标指针离开方块盒子时，动画继续执行。

```
1 <!doctype html>
2 <html>
3 <head>
4    <meta charset="utf-8">
5    <title>ch22_8.html</title>
6    <style>
7       @keyframes my-animation {
8          0% { color:blue; background-color:lightblue; left:0px; top:0px; }
9          25% { color:green; background-color:lightgreen; left:200px; top:0px; }
10         50% { color:red; background-color:lightred; left:200px; top:200px; }
11         75% { color:violet; background-color:lightyellow; left:0px; top:200px; }
12         100% { color:blue; background-color:lightblue; left:0px; top:0px; }
13      }
14      div {
15         width:150px;
16         height:150px;
17         position:relative;
18         animation-name:my-animation;
19         animation-duration:5s;
20         animation-iteration-count:infinite;
21         animation-direction:alternate;
22         animaiton-play-state:running;
23      }
24      div:hover { animation-play-state:paused; }
25   </style>
26 </head>
27 <body>
28 <div>Silicon Stone</div>
29 </body>
30 </html>
```

执行结果　下图所示为鼠标指针位于方块盒子处，动画暂停的画面。

22-8 设定动画延迟的时间（animation-delay）

这个属性的使用格式如下：

```
animation-delay: time | initial | inherit;
```

❑ time

设定 s（秒）或 ms（毫秒），即执行动画效果时延迟的时间。

程序实例 ch22_9.html：重新设计 ch22_1.html，增加了第 23 行，动画开始时先延迟 3s。

```
15      h1 {
16         width:250px;
17         height:100px;
18         color:blue;
19         background-color:yellow;
20         position:absolute;
21         animation-name:my-animation;
22         animation-duration:5s;
23         animation-delay:3s;
24      }
```

执行结果 与 ch22_1.html 相同。

22-9 设定动画延迟与完成的样式（animation-fill-mode）

这个属性用于设定动画在延迟时的样式，也就是 animation-delay 启动期间的样式，及动画完成时的样式，也就是 animation-duration 完成后的样式。

```
animation-fill-mode: none | forwards | backwards | both | initial | inherit;
```

❑ none

默认值，即没有任何样式。

❑ forwards

设定动画完成后，保持最后动画关键帧的样式。

❑ backwards

设定动画在延迟时，保持最初动画关键帧的样式。

❑ both

同时遵照 forwards 和 backwards 规定，动画在延迟时，保持最初动画关键帧样式，动画完成后，保持最后动画关键帧样式。

程序实例 ch22_10.html：重新设计 ch22_1.html，动画完成时，动画将不移动位置与样式。这个程序的重点是第 23 行，另外，在第 13 行笔者重设了背景颜色。

```
1  <!doctype html>
2  <html>
3  <head>
4     <meta charset="utf-8">
5     <title>ch22_10.html</title>
6     <style>
7        @keyframes my-animation {
8           0% { left:0px; top:0px; }
9           20% { left:50px; top:50px; }
10          40% { left:100px; top:100px; }
11          60% { left:150px; top:150px; }
12          80% { left:200px; top:200px; }
13          100% { left:250px; top:250px; background-color:aqua; }
14       }
15       h1 {
16          width:250px;
17          height:100px;
18          color:blue;
19          background-color:yellow;
20          position:absolute;
21          animation-name:my-animation;
22          animation-duration:5s;
23          animation-fill-mode:forwards;
24       }
25    </style>
26 </head>
27 <body>
28 <h1>HTML 5+CSS3</h1>
29 </body>
30 </html>
```

执行结果　下方上图是程序执行时的初始画面，下图是执行完成后的画面。

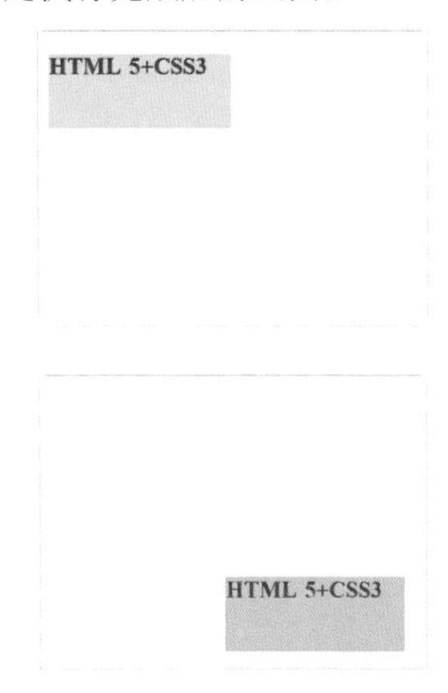

22-10　动画的简易表示法 animation

本节介绍 22-2 节至 22-9 节所述属性的简易表示法。

```
animation: animation-name animation-duration animation-timing-function
animation-iteration-count animaiton-direction animaiton-play-state animation-delay
animaiton-fill-mode;
```

以上属性设定时顺序可以不同，如果没有设定则使用默认值；同时设定 animation-duration 和 animation-delay 的秒数时，会先判给 animaiton-duration，再判给 animation-delay；如果只设定一个秒数，则给 animation-duration。使用时各属性值间用空格隔开。

程序实例 ch22_11.html：用 animation 属性重新设计 ch22_7.html。这个程序的重点是，程序第 18 行取代了原先的第 18 行至 21 行。

```
14       div {
15          width:150px;
16          height:150px;
17          position:relative;
18          animation:my-animation 5s infinite alternate;
19       }
```

执行结果　与 ch22_7.html 相同。

习题

1. 请重新设计第 19 章习题 4 的家庭网页，增加动画效果，内容可自由发挥创意。
2. 请用所学的制作网页知识，为本课程的老师设计网页，内容可自由发挥创意，当然将本章所介绍的网页动画应用在此网页，它是重点。
3. 为班级设计网页，使每位同学的信息有一个出现在网页上的路径。
4. 请参考程序实例 ch7_12.html，但是将球的上下跳动改成自己的设计。

第 23 章

变形动画

本章摘要

CSS3 提供了 2D 变形、3D 变形、透视图法，本章将一一解说。

23-1 2D 变形效果

其实 transform 属性可以执行 2D 变形，也可以执行 3D 变形，本章将从 2D 变形开始讲解，23-3 节则介绍 3D 变形。将 transform 属性应用在 2D 变形时，使用格式如下：

```
transform: none | transform-function | initial | inherit;
```

none 代表没有变形。2D 变形效果的 transform-function 值又可分成下列几种：

移动：translate()、translateX()、translateY()

缩放：scale()、scaleX()、scaleY()

旋转：rotate()

倾斜：skew()、skewX()、skewY()

矩阵：matrix()

下面是以上各函数的说明。

- translate（x,y）

移动函数，可设定 x 轴和 y 轴的移动距离。如果只有一个数值，表示 y 轴移动距离是 0。

- translateX（x）

移动函数，可设定 x 轴的移动距离。

- translateY（y）

移动函数，可设定 y 轴的移动距离。

- scale（x,y）

缩小或放大函数，原始对象的尺寸为 1，可设定 x 轴和 y 轴的缩放倍数。如果只有一个数值，表示 x 轴和 y 轴的缩放倍数相同。

- scaleX（x）

缩小或放大函数，原始对象的尺寸为 1，可设定 x 轴的缩放倍数。

- scaleY（y）

缩小或放大函数，原始对象的尺寸为 1，可设定 y 轴的缩放倍数。

- rotate（angle）

对象旋转函数，如果是正值表示顺时针旋转，如果是负值表示逆时针旋转。最常用的角度单位是 deg，例如 rotate（45deg），表示向右旋转 45°。

- skew（x,y）

倾斜函数，定义 x 轴和 y 轴倾斜角度。

- skewX（x）

x 轴倾斜函数，定义 x 轴倾斜角度。

- skewY（x）

  y 轴倾斜函数，定义 y 轴倾斜角度。

- matrix（a,b,c,d,e,f）

  使用 3×3 的矩阵来变换坐标。

注 上述变形的基准点是对象中心（50%,50%）。

程序实例 ch23_1.html：这是使一个区块对象左右移动的程序，对象以线性方式移动。须留意的是对象的位移量均是相较于原始对象的位置。

```
1  <!doctype html>
2  <html>
3  <head>
4     <meta charset="utf-8">
5     <title>ch23_1.html</title>
6     <style>
7        @keyframes my-animation {
8           0% { transformm:translate(0px); }
9           25% { transform:translate(100px); }
10          50% { transform:translate(200px); }
11          75% { transform:translate(100px); }
12          100% {transform:translate(0px); }
13       }
14       div {
15          width:100px; height:100px;
16          border:1px solid blue;
17          left:50px; top:50px;
18          color:blue; background-color:yellow;
19          position:relative;
20          animation:my-animation 5s infinite linear;
21       }
22    </style>
23 </head>
24 <body>
25 <div>Silicon Stone</div>
26 </body>
27 </html>
```

执行结果

Silicon Stone

Silicon Stone

其实上述程序在进行区块对象移动时，只使其在 x 轴移动，所以也可以将 translate() 函数改用 translateX() 函数。

程序实例 ch23_2.html：以 translateX() 函数取代 translate() 函数，重新设计 ch23_1.html。

```
7        @keyframes my-animation {
8           0% { transformm:translateX(0px); }
9           25% { transform:translateX(100px); }
10          50% { transform:translateX(200px); }
11          75% { transform:translateX(100px); }
12          100% {transform:translateX(0px); }
13       }
```

执行结果 与 ch23_1.html 相同。

程序实例 ch23_3.html：这个程序在使对象水平移动时，同时会增加对象的高度，分别是为原来对象的 200% 和 300%。

```
1  <!doctype html>
2  <html>
3  <head>
4     <meta charset="utf-8">
5     <title>ch23_3.html</title>
6     <style>
7        @keyframes my-animation {
8           0% { transformm:translateX(0px); }
9           25% { transform:translateX(100px) scale(1,2); }
10          50% { transform:translateX(200px) scale(1,3); }
11          75% { transform:translateX(100px) scale(1,2); }
12          100% {transform:translateX(0px); }
13       }
14       div {
15          width:100px; height:100px;
16          border:1px solid blue;
17          left:50px; top:150px;
18          color:blue; background-color:yellow;
19          position:relative;
20          animation:my-animation 5s infinite linear;
21       }
22    </style>
```

执行结果

程序实例 ch23_4.html：一个使矩形方块对象旋转的应用。

```
 1 <!doctype html>
 2 <html>
 3 <head>
 4     <meta charset="utf-8">
 5     <title>ch23_4.html</title>
 6     <style>
 7        @keyframes my-animation {
 8           0% { transformm:rotate(0deg); }
 9           25% { transform:rotate(90deg); }
10           50% { transform:rotate(180deg); }
11           75% { transform:rotate(270deg); }
12           100% {transform:rotate(360deg); }
13        }
14        div {
15           width:100px; height:100px;
16           border:1px solid blue;
17           left:50px; top:50px;
18           color:blue; background-color:yellow;
19           position:relative;
20           animation:my-animation 6s infinite linear;
21        }
22     </style>
23 </head>
24 <body>
25 <div>Silicon Stone</div>
26 </body>
27 </html>
```

执行结果

程序实例 ch23_5.html：图片旋转的应用。

```
 1 <!doctype html>
 2 <html>
 3 <head>
 4     <meta charset="utf-8">
 5     <title>ch23_5.html</title>
 6     <style>
 7        @keyframes my-animation {
 8           0% { transformm:rotate(0deg); }
 9           25% { transform:rotate(90deg); }
10           50% { transform:rotate(180deg); }
11           75% { transform:rotate(270deg); }
12           100% {transform:rotate(360deg); }
13        }
14        img {
15           width:100px; height:150px;
16           object-fit:fill;
17           border:1px solid blue;
18           left:50px; top:50px;
19           position:relative;
20           animation:my-animation 6s infinite linear;
21        }
22     </style>
23 </head>
24 <body>
25 <img src="hung.jpg">
26 </body>
27 </html>
```

执行结果

程序实例 ch23_6.html：重新设计 ch23_5.html，使图片左右摆动。

```
7       @keyframes my-animation {
8          0% { transformm:rotate(0deg); }
9          25% { transform:rotate(30deg); }
10         50% { transform:rotate(0deg); }
11         75% { transform:rotate(-30deg); }
12         100% {transform:rotate(0deg); }
13      }
```

执行结果

程序实例 ch23_7.html：重新设计 ch23_6.html，这是一个使图片以 x 轴倾斜的应用，倾斜的角度分别是 30° 和 -30° 。

```
6    <style>
7       @keyframes my-animation {
8          0% { transformm:skewX(0deg); }
9          25% { transform:skewX(30deg); }
10         50% { transform:skewX(0deg); }
11         75% { transform:skewX(-30deg); }
12         100% {transform:skewX(0deg); }
13      }
```

执行结果

程序实例 ch23_8.html：重新设计 ch23_6.html，这是一个使图片以 y 轴倾斜的应用，倾斜的角度分别是 30° 和 -30° 。

```
7       @keyframes my-animation {
8          0% { transformm:skewY(0deg); }
9          25% { transform:skewY(30deg); }
10         50% { transform:skewY(0deg); }
11         75% { transform:skewY(-30deg); }
12         100% {transform:skewY(0deg); }
13      }
```

执行结果

如果是文本块对象，用倾斜 y 轴方式显示会另有特色，可参考下面的实例。

程序实例 ch23_9.html：以 y 轴倾斜对象的应用。

```
1  <!doctype html>
2  <html>
3  <head>
4     <meta charset="utf-8">
5     <title>ch23_9.html</title>
6     <style>
7        h1 {
8           width:300px; height:150px;
9           background-color:yellow; color:blue;
10          border:3px solid blue;
11       }
12       h1#ex {
13          transform:skewY(10deg);
14       }
15    </style>
16 </head>
17 <body>
18 <h1>Silicon Stone</h1>
19 <h1 id="ex">Silicon Stone</h1>
20 </body>
21 </html>
```

执行结果

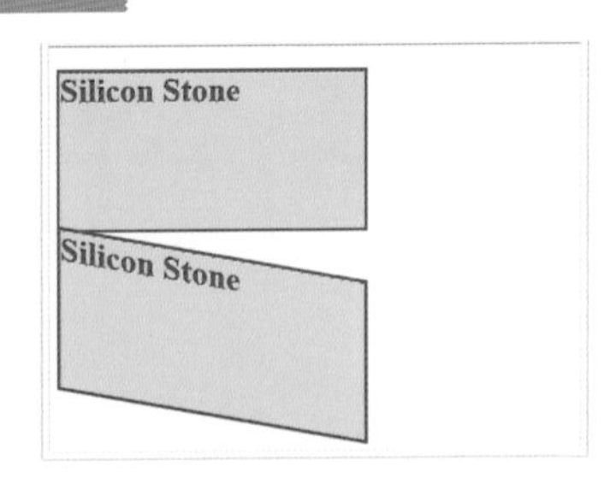

23-2 2D 变形的基准点

2D 变形是以对象元素的中心（50%,50%）为基准点的，但是可以使用本节所述属性 transform-origin 更改基准点。

```
transform-origin: x-axis y-axis | initial | inherit;
```

❑ x-axis

定义基准点的 x 坐标。可能的值有 left、center、right、length 和 %。

❑ y-axis

定义基准点的 y 坐标，可能的值有 top、center、bottom、length 和 %。

程序实例 ch23_10.html：重新设计 ch23_6.html，将旋转基准点设在对象上方中点。这个程序在第 18 行调整了图片位置，在第 21 行设定了旋转基准点。

```
14        img {
15          width:100px; height:150px;
16          object-fit:fill;
17          border:1px solid blue;
18          left:150px; top:50px;
19          position:relative;
20          animation:my-animation 6s infinite linear;
21          transform-origin:50% top; /* 旋转点在上方中央 */
22        }
```

执行结果

程序实例 ch23_11.html：重新设计 ch23_5.html，将旋转基准点设在对象左上角。这个程序在第 18 行调整了图片位置，在第 21 行设定了旋转基准点。

```
14        img {
15          width:100px; height:150px;
16          object-fit:fill;
17          border:1px solid blue;
18          left:200px; top:200px;
19          position:relative;
20          animation:my-animation 6s infinite linear;
21          transform-origin:left top; /* 旋转点在左上角 */
22        }
```

执行结果

23-3 3D 变形效果

transform 也可以应用在 3D 变形效果设定上，此时使用格式如下：

```
transform: none | transform-function | initial | inherit;
```

3D 的变形效果的 transform-function 又可分成下列几种：

移动：translate3d()、translateZ()

缩放：scale3d()、scaleZ()

旋转：rotate3d()、rotateX()、rotateY()、rotateZ()

透视：perspective()

矩阵：matrix3d()

❑ translate3d（x,y,z）

移动函数，可设定 x 轴、y 轴和 z 轴的移动距离。z 轴值越大表示距离眼睛越近，z 轴不可用百分比（%）表示。

❑ translateZ（z）

移动函数，可设定 z 轴的移动距离，z 轴不可用百分比（%）表示。

❑ scale3d（x,y,z）

缩小或放大函数，原始对象的尺寸为 1，可设定 x 轴、y 轴和 z 轴的缩放倍数。

❑ scaleZ（z）

缩小或放大函数，原始对象的尺寸为 1，可设定 z 轴的缩放倍数。

❑ rotate3d（x,y,z,angle）

对象旋转函数，将基准点和（x,y,z）点连成一条直线，如果是正值表示顺时针依此线旋转，如果是负值表示逆时针依此线旋转。最常用的角度单位是 deg，例如 rotate3d（x,y,z,45deg），表示向右旋转 45°。

❑ rotateX（angle）/rotateY（angle）/rotateZ（angle）

可设定沿 x 轴 /y 轴 /z 轴旋转。

❑ perspective

透视，可由此设定视点的距离。

❑ matrix3d（n1, ··· ,n16）

使用 4×4 的矩阵来变换坐标。

程序实例 ch23_12.html：重新设计 ch23_11.html，将对象修改为以 y 轴旋转。这个程序的第 18 行调整了图片位置，第 8 行至 12 行全部改用 rotateY() 函数。

```
6    <style>
7       @keyframes my-animation {
8          0% { transformm:rotateY(0deg); }
9          25% { transform:rotateY(90deg); }
10         50% { transform:rotateY(180deg); }
11         75% { transform:rotateY(270deg); }
12         100% {transform:rotateY(360deg); }
13      }
14      img {
15         width:100px; height:150px;
16         object-fit:fill;
17         border:1px solid blue;
18         left:100px; top:20px;
19         position:relative;
20         animation:my-animation 6s infinite linear;
21      }
22   </style>
```

执行结果

程序实例 ch23_13.html：重新设计 ch23_12.html，将对象改成沿 x 轴旋转。

```
7        @keyframes my-animation {
8           0% { transformm:rotateX(0deg); }
9           25% { transform:rotateX(90deg); }
10          50% { transform:rotateX(180deg); }
11          75% { transform:rotateX(270deg); }
12          100% {transform:rotateX(360deg); }
13       }
```

执行结果

程序实例 ch23_14.html：重新设计 ch23_13.html，将对象改成沿 z 轴旋转。

```
7        @keyframes my-animation {
8           0% { transformm:rotateZ(0deg); }
9           25% { transform:rotateZ(90deg); }
10          50% { transform:rotateZ(180deg); }
11          75% { transform:rotateZ(270deg); }
12          100% {transform:rotateZ(360deg); }
13       }
```

执行结果

在呈现 3D 视觉效果时，常使用透视效果，可参考右图。

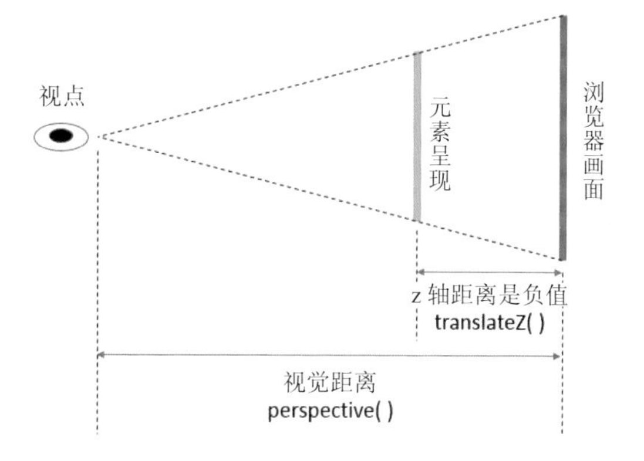

只要适度使用 translateZ() 函数控制元素呈现与浏览器画面的距离，以及使用 perspective() 函数控制视点与浏览器画面的距离，就可呈现 3D 元素的三维效果。在使用上图所示的概念时，如果元素往前移动，z 轴的距离是负值，呈现的元素是缩小的；如果元素往后移动，z 轴的距离是正值，呈现的元素是放大的，可参考右图。

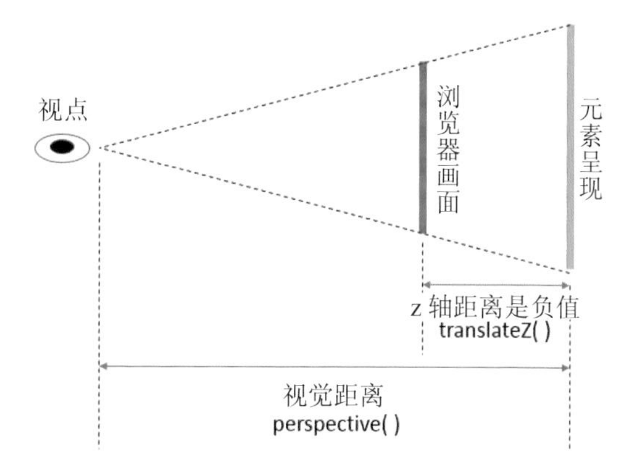

下面笔者将一步一步引导读者实现网页透视效果。

程序实例 ch23_15.html：列出背景图和元素图。在第 24 行设定列出背景图，第 25 行设定列出元素图。由于这两张图使用相同的 div，在没有透视效果下，元素图只是往前移的 30px，所以彼此是重迭显示的，在执行结果中只能看到上方的图。

```
1  <!doctype html>
2  <html>
3  <head>
4     <meta charset="utf-8">
5     <title>ch23_15.html</title>
6     <style>
7        div {
8           left:100px;
9           position:absolute;
10          width:250px;
11          height:250px;
12          background-color:aqua;
13          font-size:xx-large;
14       }
15       #ex {
16          background-color:yellow;
17          font-size:x-large;
18          transform:translateZ(-30px);  /* 图片往前移30px */
19       }
20    </style>
21 </head>
22 <body>
23 <div>HTML5+CSS3</div>
24 <div id="ex">3D三维效果网页画面</div>
25 </body>
26 </html>
```

执行结果

程序实例 ch23_16.html：重新设计 ch23_15.html，将元素图沿 x 轴旋转 30deg。

```
18          transform:translateZ(-30px) rotateX(30deg);
```

执行结果

程序实例 ch23_17.html：重新设计 ch23_16.html，增加透视效果，视点位于前方 300px 的位置。

```
18          transform:perspective(300px) translateZ(-30px) rotateX(30deg);
```

执行结果

23-4 3D 变形的基准点

3D 变形是以对象元素的中心（50%,50%,50%）为基准点的，但是可以使用本节所述属性 transform-origin 更改基准点。

```
transform-origin: x-axis y-axis z-axis | initial | inherit;
```

- x-axis

  定义基准点的 x 坐标，可能的值是 left、center、right、length 和 %。

- y-axis

  定义基准点的 y 坐标，可能的值是 top、center、bottom、length 和 %。

- z-axis

定义基准点的 z 坐标，可能的值是 length 和 %。

如果只指定 2 个值，第 3 个值将是 0。

程序实例 ch23_18.html：重新设计 23_12.html，设定对象沿着 y 轴旋转。相较于 ch23_12.html，这个程序只增加了第 21 行。

```
14        img {
15           width:100px; height:150px;
16           object-fit:fill;
17           border:1px solid blue;
18           left:100px; top:20px;
19           position:relative;
20           animation:my-animation 6s infinite linear;
21           transform-origin:left bottom;
22        }
```

执行结果

程序实例 ch23_19.html：重新设计 ch23_17.html，将基准点改成 x 轴在图片中央，y 轴在图片 0 的位置。这个程序只增加了第 19 行。

```
15        #ex {
16           background-color:yellow;
17           font-size:x-large;
18           transform:perspective(300px) translateZ(-30px) rotateX(30deg);
19           transform-origin:center bottom;
20        }
```

执行结果

23-5　设定透视图视点距离

CSS 提供了视点距离属性 perspective，可以用这个属性设定视点距离。它与 23-3 节所述的 perspective() 函数最大差别是，perspective() 函数是用在元素本身，perspective 属性是设定子元素的视点距离。它的使用格式如下：

```
perspective: length | none | initial | inherit;
```

- length

元素距离视点的距离。

- none

默认值，值是 0。

下面笔者将一步一步引导读者设定视点距离。

程序实例 ch23_20.html：视点距离 perspective 的应用。这个程序首先在第 16 行设定视点距离是 0px，第 20 行设定在 y 轴旋转的角度是 0deg，另外，在第 12 行设定了区块底色是 aqua，但会被第 19 行子元素设定的黄色底色遮盖住。

```
1 <!doctype html>
2 <html>
3 <head>
4    <meta charset="utf-8">
5    <title>ch23_20.html</title>
6    <style>
7       div {
8          position:absolute;
9          width:200px;
10         height:100px;
11         font-size:large;
12         background-color:aqua;      /* div底色 */
13      }
14      #mybox {
15         border:3px solid blue;
16         perspective:0px;            /* 视点距离是0px */
17      }
18      #ex {
19         background-color:yellow;    /* 盒子底色 */
20         transform:rotateY(0deg);    /* 旋转0deg */
21      }
22   </style>
23 </head>
24 <body>
25 <div id="mybox">
26    <div id="ex">HTML5+CSS3</div>
27 </div>
28 </body>
29 </html>
```

执行结果

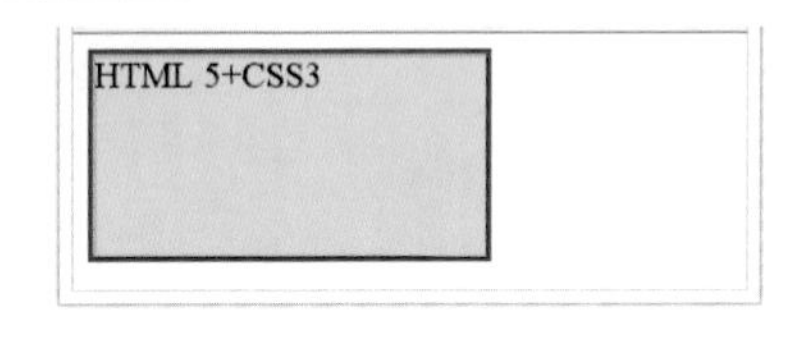

程序实例 ch23_21.html：重新设计 ch23_20.html，在第 20 行设定子元素沿 y 轴旋转 -45deg。这样就可以看到区块底色与子元素底色的差别了。

```
18      #ex {
19         background-color:yellow;   /* 盒子底色 */
20         transform:rotateY(-45deg); /* 旋转-45deg */
21      }
```

执行结果

程序实例 ch23_22.html：重新设计 ch23_11.html，在第 16 行将视觉距离设为 800px。

```
14      #mybox {
15         border:3px solid blue;
16         perspective:800px;          /* 视点距离是800px */
17      }
18      #ex {
19         background-color:yellow;    /* 盒子底色    */
20         transform:rotateY(-45deg);  /* 旋转-45deg */
21      }
```

程序实例 ch23_23.html：设定视点距离的应用。这个程序设定子元素沿 x 轴旋转 45deg。

```
1 <!doctype html>
2 <html>
3 <head>
4    <meta charset="utf-8">
5    <title>ch23_23.html</title>
6    <style>
7       body { margin-left:30px; margin-top:20px; }
8       #div1 {
9          position:relative;
10         width:200px;
11         height:200px;
12         margin:50px;
13         background-color:aqua;
14         font-size:xx-large;
15         perspective:300px;     /* 设定视点距离300px */
16      }
17      #div2 {
18         padding:50px;
19         position:absolute;
20         font-size:x-large;
21         background-color:yellow;
22         transform:rotateX(45deg);
23      }
24   </style>
25 </head>
26 <body>
27 <div id="div1">HTML5+CSS3
28    <div id="div2">王者归来</div>
29 </div>
30 </body>
31 </html>
```

执行结果

23-6 透视图的基准点

透视是以对象元素的中心（50%,50%）为视点的基准点，使用本节所述属性 perspective-origin 可更改视点基准点。

```
perspective-origin: x-axis y-axis | initial | inherit;
```

❑ x-axis

定义基准点的 x 坐标，可能的值有 left、center、right、length 和 %。

❑ y-axis

定义基准点的 y 坐标，可能的值有 top、center、bottom、length 和 %。

程序实例 ch23_24.html：重新设计 ch23_22.html，将视点的基准点设定在对象上方中央位置。程序的第 17 行是我们自行设定的视点基准点。

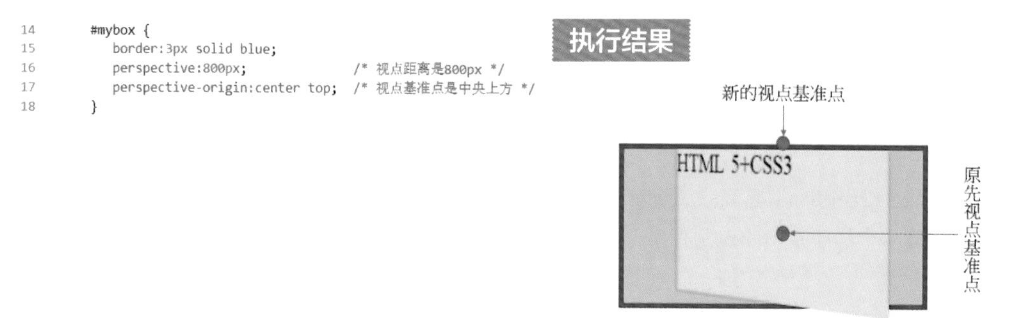

```
14        #mybox {
15           border:3px solid blue;
16           perspective:800px;              /* 视点距离是800px */
17           perspective-origin:center top;  /* 视点基准点是中央上方 */
18        }
```


23-7 巢状元素产生时子元素的处理

transform-style 属性必须和 transform 属性配合使用，设定在 3D 动画中有巢状元素时，父元素和子元素要以何种关系显示，它的使用格式如下：

```
transform-style: flat | preserve-3d | initial | inherit;
```

❑ flat

默认值，即子元素将不保持父元素的 3D 特效。子元素以平面方式投影到父元素上，因此，父元素部分画面将被子元素遮住。

❑ preserve-3d

将父元素的 3D 效果套用在子元素上，子元素部分画面可能被父元素遮住。

程序实例 ch23_25.html：transform-style 为 flat 的应用。

```
1 <!doctype html>
2 <html>
3 <head>
```

```
4      <meta charset="utf-8">
5      <title>ch23_25.html</title>
6      <style>
7         #div1 {
8            position:relative;
9            width:200px;
10           height:200px;
11           margin:3px;
12           padding:20px;
13           background-color:aqua;
14        }
15        #div2 {
16           padding:50px;
17           position:absolute;
18           background-color:pink;
19           transform:rotateY(30deg);
20           transform-style:flat;    /* 3D效果套用在子元素 */
21        }
22        #div3 {
23           padding:50px;
24           position:absolute;
25           background-color:yellow;
26           transform:rotateY(-30deg);
27        }
28     </style>
29  </head>
30  <body>
31  <div id="div1">
32     <div id="div2">HTML
33        <div id="div3">CSS</div>
34     </div>
35  </div>
36  </body>
37  </html>
```

执行结果　本程序使用 Chrome 执行。

程序实例 ch23_26.html：重新设计 ch23_25.html，但是将 transform-style 属性值改为 preserve-3d。这个程序与前一个程序唯一的差别在第 20 行。

```
20           transform-style:preserve-3d;    /* 3D效果套用在子元素 */
```

执行结果　本程序使用 Chrome 执行。

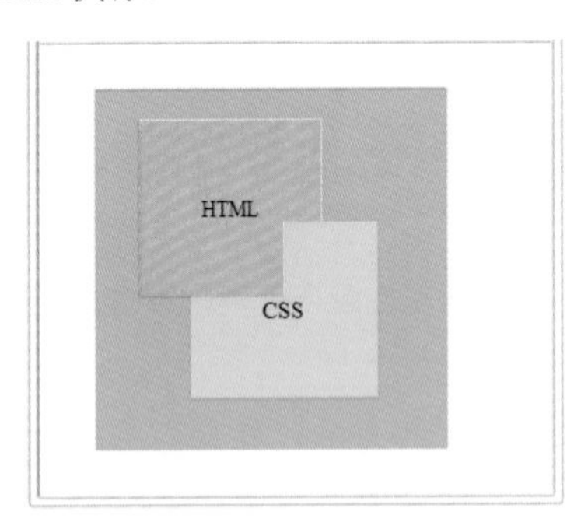

23-8 是否显示背面内容

动画对象若是以 x 轴或 y 轴旋转时，当转了 180deg，会转到背面，这时可以用 backface-visibility 属性值设定是否显示背面的数据。

```
backface-visibility: visible | hidden | initial | inherit;
```

- visible：默认值，即显示背面内容。
- hidden：不显示背面内容。

程序实例 ch23_27.html：显示背面内容的应用。

```
1  <!doctype html>
2  <html>
3  <head>
4     <meta charset="utf-8">
5     <title>ch23_27.html</title>
6     <style>
7        #mybox {
8           position:relative;
9           width:200px;
10          height:100px;
11          margin:30px;
12          padding:20px;
13          color:blue;
14          background-color:yellow;
15       }
16       #ex {
17          transform:rotateY(180deg);      /* 转到背面 */
18          backface-visibility:visibile;  /* 显示 */
19       }
20    </style>
21 </head>
22 <body>
23 <div id="mybox">
24    <div id="ex">HTML5+CSS3</div>
25 </div>
26 </body>
27 </html>
```

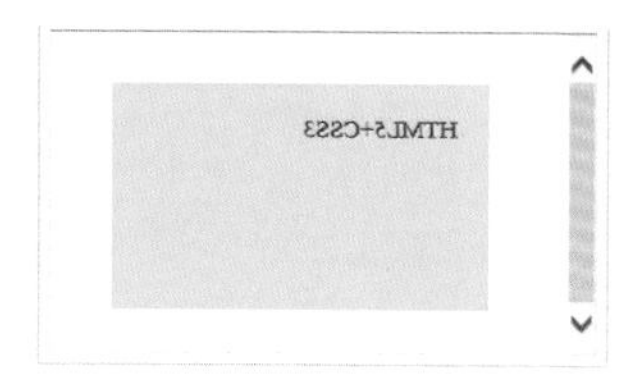

程序实例 ch23_28.html：重新设计前一个程序，这个程序将不显示背面内容。这个程序与前一程序唯一的差别在第 18 行，即将 backface-visibility 设为 hidden。

```
18          backface-visibility:hidden;   /* 隐藏 */
```

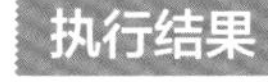

习题

1. 请重新设计 ch23_17.html，基准点不变，将 z 轴往前移 150px，沿 y 轴旋转 -30deg，视点是 300px，以得到下图所示结果。

2. 请用自己的相片设计两个钟摆效应的特效，其中一个基准点在图片中央，另一个基准点在其上方中央。细节读者可以发挥创意，自行设定。
3. 请为自己的父母亲设计网页，这个网页必须要使用本章所介绍的特效，其他细节可以自行发挥创意。

第 24 章

响应式（RWD）网页设计

本章摘要

绝大部分的 CSS 功能在前面各章已经讲解完了，这一章将针对尚未介绍的部分做一个完整解说，最后将在 24-4 节讲解目前流行的主题，响应式网页设计（Responsive Web Design）。

24-1 设置鼠标指针的形状

设计网页时，也许想要将鼠标指针设为特别形状，此时可以使用 cursor 属性。

```
cursor: value;
```

value 的内容如下：

alias	allscroll	auto	cell	context-menu
col-resize	copy	crosshair	default	e-resize
ew-resize	grab	grabbing	help	move
n-resize	nesw-resize	ns-resize	nw:resize	no-drop
none	not-allowed	pointer	progress	row-resize
s-resize	se-resize	sw-resize	text	URL
vertical-text	w-resizw	wait	zoom-in	zoom-out

程序实例 ch24_1.html：将鼠标光标移到字符串时，可以更改光标外形。

```
1 <!doctype html>
2 <html>
3 <head>
4    <meta charset="utf-8">
5    <title>ch24_1.html</title>
6    <style>
7       span#crosshair { cursor:crosshair; }
8       span#e-resize { cursor:e-resize; }
9       span#help { cursor:help; }
10      span#pointer { cursor:pointer; }
11      span#progress { cursor:progress; }
12      span#wait { cursor:wait; }
13      span#not-allowed { cursor:not-allowed; }
14   }
15   </style>
16 </head>
17 <body>
18 <p>请将鼠标指向下列字符串，鼠标光标将改变</p>
19 <span id="crosshair">crosshair</span><br>
20 <span id="e-resize">e-resize</span><br>
21 <span id="help">help</span><br>
22 <span id="pointer">pointer</span><br>
23 <span id="progress">progress</span><br>
24 <span id="wait">wait</span><br>
25 <span id="not-allowed">not-allowed</span><br>
26 </body>
27 </html>
```

执行结果

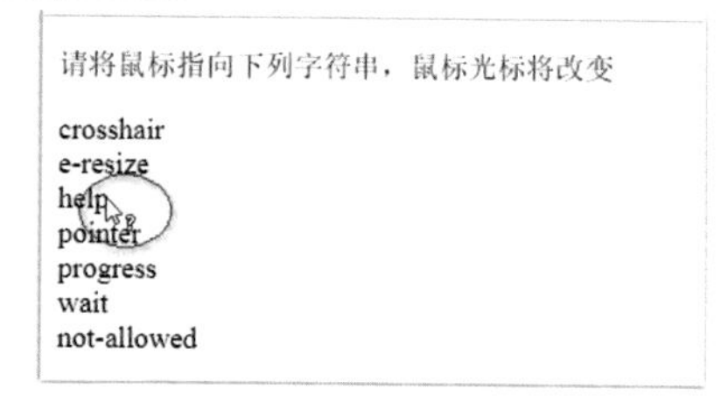

请将鼠标指向下列字符串，鼠标光标将改变

crosshair
e-resize
help
pointer
progress
wait
not-allowed

24-2 媒体查询

CSS 提供让程序设计师针对不同的输出工具套用不同的样式表的功能，这表示一份 HTML 文件可以同时供不同的设备使用——也许是普通的计算机屏幕、平板电脑，也可能是 iOS 或 Android 手机屏幕等；又如，在屏幕输出时可以使用 sans-serif 字体、打印机打印时使用 serif 字体、为有听觉障碍的终端用户设计使用 voice-family 字体等；此外，可以为计算机屏幕浏览器设定较宽的窗口，为手机屏幕浏览器的浏览宽度或高度设定较窄的窗口。

本章笔者将以实例说明在考虑上述情况下，设计适用于多种设备的网页程序。

24-2-1 媒体类型

下列是 CSS 中定义的媒体类型（media types）。

all：所有媒体。

print：打印预览或打印机的打印稿。

screen：计算机屏幕、平板电脑或 Android（iOS）系统的智能手机屏幕。

speech：音频合成装置。

aural：建议弃用（Deprecated），用于语音和音频合成器。

braille：建议弃用，盲人点字触觉设备。

embossed：建议弃用，盲人点字机。

handheld：建议弃用，手持装置。

projection：建议弃用，投影。

tty：建议弃用，文字固定宽度的媒体，例如电传打字机或终端机。

tv：建议弃用，电视类别的设备。

24-2-2 媒体特性

下列是 CSS 中定义的媒体特性（media features）。

color：输出设备（屏幕）每个色彩的位数（bits）。

color-index：输出设备（屏幕）可以输出的色彩数量。

height：浏览器窗口的高度。

device-height：建议弃用，输出设备（屏幕）的高度。

width：浏览器窗口的宽度。

device-width：建议弃用，输出设备（屏幕）的宽度。

aspect-ratio：浏览器窗口宽度和高度的比。

device-aspect-ratio：建议弃用，输出设备（屏幕）宽度和高度的比。

monochrome：黑白屏幕每个色彩的位数。

resolution：输出设备（屏幕）的屏幕分辨率，单位是 dpi 或 dpcm。

上述所有属性皆可以加上前缀词“min-”或“max-”表示“最小值”或“最大值”，例如“min-width”表示浏览器窗口的最小宽度。

orientation：输出设备（屏幕）的方向，可能值是 landscape（水平）或 portrait（垂直）。

scan：输出设备（屏幕）的扫描方式，可能值是 interlace（交错式）或 progressive（循序式）。

grid：输出设备（屏幕）的扫描方式，可能值是 1（网格 grid）或 0（点阵 bitmap）。

24-2-3 媒体查询设计使用 @media

媒体查询设计的格式如下：

```
@media media-type and (media-feature) … and (media-feature) {
```

```
    …
    …
}
```

实例 1：下列是设定输出设备为打印机（print）时，使用 serif 字体，颜色为蓝色的代码。

```
@media print {
    body { font-family:serif; color:blue; }
}
```

实例 2：下列是设定输出设备为屏幕（screen）时，使用 sans-serif 字体，颜色为红色的代码。

```
@media screen {
    body { font-family:sans-serif; color:red; }
}
```

实例 3：下列是设定窗口宽度小于或等于 480px 时，背景色为粉红色的代码。

```
@media screen and ( max-width  ) {
        body { background-color:pink; }
    }
```

程序实例 ch24_2.html：设定如果窗口宽度大于 480px，背景色是黄色，段落字号是 medium；如果窗口宽度等于或小于 480px，背景色是粉色，段落字号是 small。这个程序须留意第 10 行，“(max-width:480px)”的“px”后面没有“;”符号。

```
1  <!doctype html>
2  <html>
3  <head>
4     <meta charset="utf-8">
5     <title>ch24_2.html</title>
6     <style>
7        body {
8           background-color:yellow;
9        }
10       @media screen and (max-width:480px) {
11          body {
12             background-color:pink;
13          }
14          p { font-size:small; }
15       }
16    </style>
17 </head>
18 <body>
19 <h1>请更改窗口宽度</h1>
20 <p>窗口宽度小于480px时背景底色和字号会改变</p>
21 </body>
22 </html>
```

执行结果

请更改窗口宽度

窗口宽度小于480px时背景底色和字号会改变

请更改窗口宽度

窗口宽度小于480px时背景底色和字号会改变

程序实例 ch24_3.html：手机、平板电脑、计算机浏览器分辨率的测试。这个程序在执行时，如果浏览器宽度小于或等于 480px，使用 small 字体、背景色是浅灰色；如果浏览器宽度大于 480px、小于或等于 1279px，使用 medium 字体、背景色是浅蓝色；如果浏览器宽度大于或等于 1280px，使用 large 字体、背景色是黄色。

```
1 <!doctype html>
2 <html>
3 <head>
4    <meta charset="utf-8">
5    <title>ch24_3.html</title>
6    <style>
7       @media screen and (min-width:1280px) {                  /* 计算机屏幕 */
8          body {
9             font-size:large;
10            background-color:yellow;
11         }
12      }
13      @media screen and (max-width:1279px) and (min-width:481px) {   /* 平板计算机 */
14         body {
15            font-size:medium;
16            background-color:lightblue;
17         }
18      }
19      @media screen and (max-width:480px) {                   /* 手机 */
20         body {
21            font-size:small;
22            background-color:lightgray;
23         }
24      }
25   </style>
26 </head>
27 <body>
28 <p>请更改窗口宽度</p>
29 </body>
30 </html>
```

执行结果 下图是本例在 3 种不同窗口宽度下的执行结果。

实例 4：下列是设定输出设备（屏幕）为水平（landscape）显示时，h1 是蓝色的代码。

```
@media all and (orientation:landscape) {
   h1 { color:blue; }
}
```

实例 5：下列是设定输出设备（屏幕）为垂直（portrait）显示时，h1 是绿色的代码。

```
@media all and (orientation:portrait) {
   h1 { color:green; }
}
```

24-2-4 媒体查询设计使用 <link>

使用 <link> 元素读取外部媒体输出的样式表单时，需要在 <link> 元素内增加媒体属性如下：

```
<link rel="stylesheet" type="text/css" media=" 媒体属性值 " href="URL">
```

程序实例 ch24_4.html：以 link 元素读取外部文件方式重新设计 ch24_2.html。

```
1 <!doctype html>
2 <html>
3 <head>
4    <meta charset="utf-8">
5    <title>ch24_4.html</title>
6    <link rel="stylesheet" media="screen" href="screenstyle.css">
7 </head>
8 <body>
9 <h1>请更改窗口宽度</h1>
10 <p>窗口宽度小于480px时背景底色和字号会改变</p>
11 </body>
12 </html>
```

screenstyle.css 内容如下：

```
1    body {
2       background-color:yellow;
3    }
4    @media screen and (max-width:480px) {
5       body {
6          background-color:pink;
7       }
8       p { font-size:small; }
9    }
```

执行结果 与 ch24_2.html 相同。

24-2-5　媒体查询设计使用 @import

CSS 也允许使用“@import url（URL）”将外部样式表导入后再查询。

程序实例 ch24_5.html：以“@import”重新设计 ch24_4.html。

```
1 <!doctype html>
2 <html>
3 <head>
4    <meta charset="utf-8">
5    <title>ch24_5.html</title>
6    <style>
7       @import url(screenstyle.css);
8    </style>
9 </head>
10 <body>
11 <h1>请更改窗口宽度</h1>
12 <p>窗口宽度小于480px时背景底色和字号会改变</p>
13 </body>
14 </html>
```

执行结果　与 ch24_2.html 相同。

24-3　选择器完整说明

在第 11 章笔者讲解了常用选择器的应用，接着在第 12~24 章对这些常用的选择器做进一步说明，下面是 CSS 所有选择器的使用说明。

- .class　　范例：.ex

  所有 class="ex" 皆套用。

- #id　　范例：#name

  所有 id="name" 皆套用。

- *　　范例：*

  所有元素套用。

- element　　范例：p

  所有 <p> 元素套用。

- element,element　　范例：p, div

  所有 <p> 元素和 <div> 元素套用。

- element element　　范例：div p

  所有在 <div> 元素内的 <p> 元素套用。

- element>element　　范例：div > p

  所有 <p> 元素的父元素是 <div> 时套用。

- element+element　　范例：div + p

  所有 <p> 元素紧跟在 <div> 元素后面时套用。

- element~element　范例：p~ul

  所有 <ul> 元素紧跟在 <p> 元素后面时套用。

- [attribute]　范例：[target]

  所有元素有 target 属性时套用。

- [attribute=value]　范例：[target=xxx]

  所有元素有属性 target=xxx 时套用。

- [attribute~=value]　范例：[title~=xxx]

  所有元素有属性值内容包含有 xxx 字符串时套用。

- [attribute|=value]　范例：[lang|=zh]

  所有元素有 lang 属性值内容包含 zh 时套用。

- [attribute^=value]　范例：a[href^="http"]

  所有 <a> 元素的 href 属性值内容包含 http 时套用。

- [attribute$=value]　范例：a[href$=".xps"]

  所有 <a> 元素的 href 属性值内容以 .xps 结尾时套用。

- [attribute*=value]　范例：a[href*="deepstone"]

  所有 <a> 元素的 href 属性值包含 deepstone 子字符串时套用。

- :active　范例：a:active

  单击超链接时套用。

- :after　范例：h2:after

  在每一个 <h2> 元素后面插入内容。

- :before　范例：h2:before

  在每一个 <h2> 元素前面插入内容。

- :checked　范例：input:checked

  所有被核取的 <input> 元素套用。

- :disabled　范例：input:disabled

  所有无法使用（disable）的 <input> 元素套用。

- :empty　范例：td:empty

  单元格内容是空的 <td></td> 就套用。

- :enabled　范例：input:enabled

  所有可以使用（enable）的 <input> 元素套用。

- :first-child　范例：p:first-child

所有 <p> 元素，套用条件是必须是其父元素的第一个子元素。

- ::first-letter　　范例：p::first-letter

选取所有 <p> 元素的第一个字母。

- ::first-line　　范例：p::first-line

选取所有 <p> 元素的第一行。

- ::first-of-type　　范例：p::first-of-type

同一个父元素中第一个出现的 <p> 元素套用样式。

- :focus　　范例：input:focus

<input> 元素获得焦点（focus）时套用。

- :hover　　范例：h1:hover

鼠标指针在 <h1> 元素时套用。

- :in-range　　范例：input:in-range

值在 <input> 元素中设定范围时套用。

- :invalid　　范例：input:invalid

<input> 元素的值是无效时套用。

- :lang（language）　范例：h1:lang（fr）

h1 的语言属性值是法文时套用。

- :last-child　　范例：p:last-child

所有 <p> 元素，套用条件是必须是其父元素的最后一个子元素。

- :last-of-type　　范例：p:last-of-type

同一个父元素中最后一个出现的 <p> 元素套用样式。

- :link　　范例：a:link

尚未被单击的超链接套用。

- :not（selector）　范例：:not（h1）

所有非 <h1> 元素套用。

- :nth-child（n）　范例：tr:nth-child（2n）

表格偶数行套用。

- :nth-last-child（n）范例：p:nth-last-child（2）

由后往前数第 2 个 <p> 属性套用。

- :nth-last-of-type（n）　范例：p:nth-last-of-type（2）

由后往前数第 2 个 <p> 属性套用。

- :nth-of-type（n）　　范例：p:nth-of-type（2）

  相同父元素中所有第 2 个 <p> 元素套用。

- :only-of-type　　范例：p:only-of-type

  元素中可能有许多子元素，其子元素中 <p> 是唯一的，套用这个唯一的 <p> 元素。

- :only-child　　范例：p:only-child

  每一个 <p> 元素是它的父元素中唯一的子元素套用。

- :optional　　范例：input:optional

  在 <input> 元素中，没有必要（required）属性时套用。

- :out-of-range　　范例：input:out-of-range

  值不在 <input> 元素中设定范围时套用。

- :read-only　　范例：input:read-only

  在 <input> 元素中属性是 readonly 时套用。

- :read-write　　范例：input:read-write

  在 <input> 元素中属性不是 readonly 时套用。

- :required　　范例：input:required

  在 <input> 元素中属性是 required 时套用。

- :root　　范例：:root

  在 HTML 文件的根元素套用。

- ::selection　　范例：::selection

  所有使用者选取的范围皆套用。

- :valid　　范例：input:valid

  允有有效值的所有 <input> 元素皆套用。

- :visited　　范例：a:visited

  选取所有拜访过的元素。

上述选择器的功能是很强大的，下面将以一个应用做解说。

程序实例 ch24_6.html：修改项目列表符号。这个程序先删除了默认的项目符号（第 8~11 行），然后插入新的项目符号（第 15~19 行）。

```
1  <!doctype html>
2  <html>
3  <head>
4     <meta charset="utf-8">
5     <title>ch24_6.html</title>
6     <style>
7        h1 { color:blue; }
8        ul {
9           list-style:none;              /* 移除原先项目符号 */
```

```
10          padding:0px;
11       }
12       li {
13          padding-left:10px;
14       }
15       li:before {
16          content:"◎";                    /* 插入新的项目符号 */
17          padding-right:5px;
18          color:blue;
19       }
20    </style>
21 </head>
22 <body>
23 <h1>中国台湾著名科技大学</h1>
24 <ul>
25    <li>明志科技大学</li>
26    <li>台湾科技大学</li>
27    <li>台北科技大学</li>
28 </body>
29 </html>
```

执行结果

中国台湾著名科技大学

◎ 明志科技大学
◎ 台湾科技大学
◎ 台北科技大学

24-4　响应式网页设计

过去网页设计是供 PC 使用者浏览的，现在是手机、平板电脑的年代，消费者也会常常使用手机或平板电脑浏览网页。手机、平板电脑、PC 之间最大的差异是浏览器窗口宽度不同。在响应式网页设计兴起前，手机或平板电脑常常因为屏幕宽度不足，必须将页面滑来滑去，方可获得想要的信息，有了响应式网页设计，就可以针对使用者的设备调整网页呈现方式，彻底解决了用户设备接口的问题，本节将讲解响应式网页设计原理与实际案例。下面是同一个网页在手机、平板电脑、PC 屏幕显示的说明。

PC屏幕　　平板屏幕　　手机屏幕

24-4-1 响应式网页实例

接下来将介绍响应式网页实例 ch24_7.html，这个网页在 PC 屏幕呈现的效果如下：

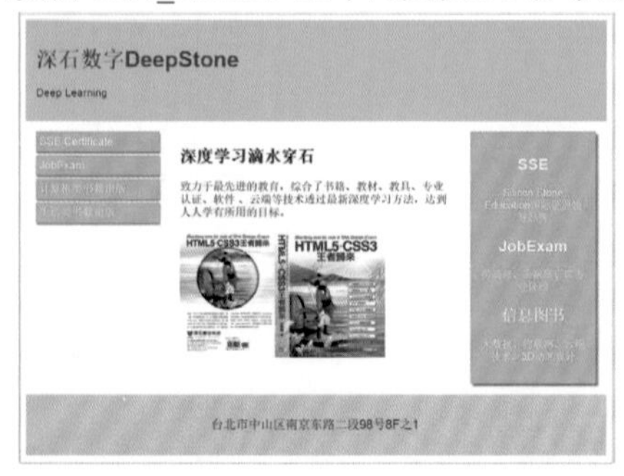

在平板电脑和手机屏幕呈现的效果如下：

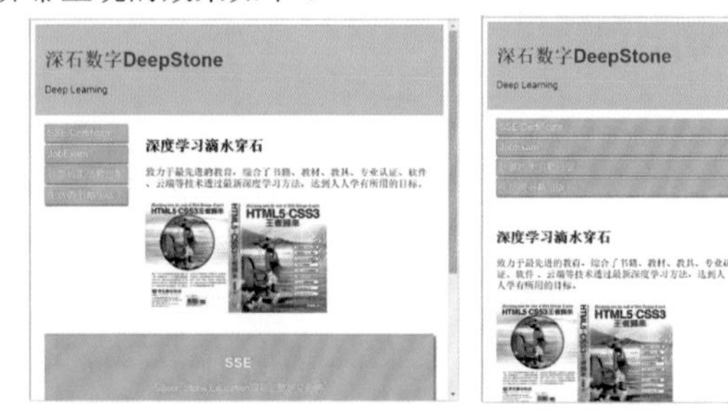

24-4-2 设计响应式网页的基本原则

对于响应式网页而言，主要要掌握的原则如下：

（1）使用 HTML 设计网页内容。

（2）为手机浏览屏幕设计 CSS 样式表，让网页可在手机屏幕完美呈现。

（3）为平板电脑浏览屏幕设计 CSS 样式表，让网页可在平板屏幕完美呈现。

（4）为 PC 屏幕设计 CSS 样式表，让网页可在 PC 屏幕完美呈现。

你可以参考 ch24_4.html，将上述 CSS 样式表读入程序，这样就可以完成响应式网页设计了，只不过你的网页将由 4 个程序组成。当然，如果你功力高强，也可以轻松地使用选择器只用一个程序完成响应式网页设计，笔者正准备教你只用一个程序完成这个工作。

24-4-3 viewport

viewport 指的是屏幕分辨率，会因为所使用的设备而有不同的值。在设计响应式网页时，必须在 <meta> 元素内进行下列设定。

```
<meta name="viewport" content="width=device-width, initial-scale=1.0">
```

- <meta> 的值 viewport 将告诉浏览器如何控制页面尺寸和比例。
- width=device-width，可以获得浏览设备的宽度分辨率（pixel）。
- initial-scale=1.0，可以设定在网页插入图案时的初始缩放比例。

设计响应式网页有下列原则：

- 由于浏览屏幕宽度是不固定的，所以不要采用固定宽度，应采用百分比来设置宽度。
- 图像宽度不要大于浏览屏幕宽度，以免需水平滚动来浏览网页。
- 由于每一种设备的分辨率不同，设计网页时不能只考虑一种屏幕宽度。
- 使用绝对值定位要特别小心，特别是大尺寸的绝对值，若不小心，就会落到浏览显示区外。

为了完成上述设计工作，笔者设计内容如下：

```
5    <meta name="viewport" content="width=device-width, initial-scale=1.0">
```

24-4-4　浏览画面设计

在这个程序设计中，<header> 或 <footer> 元素不论在哪一种浏览画面环境下，它们的宽度皆是浏览宽度的 100%。

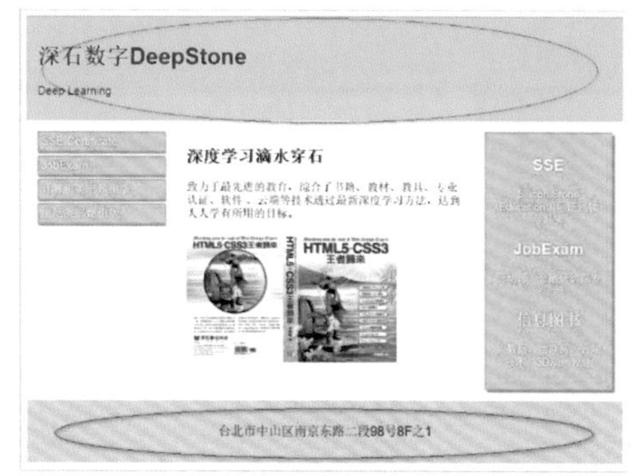

所以这个程序的设计关键就在于中间那 3 栏的数据。

在这个程序中笔者将使用手机当作默认的浏览界面，即当浏览宽度小于和等于 480px 时为手机浏览画面。在这种情况下，每一个栏的宽度与手机屏幕宽度相同，可以从上往下很流畅地显示网页，可参考下图。

为平板电脑的设计是浏览宽度大于 480px 但是小于等于 768px，这时中间 3 栏将显示 2 栏，其中第一栏导览列 <nav> 将占浏览宽度的 25%，第二栏文章区 <article> 将占浏览宽度的 75%。此时第 3 栏侧边栏 <aside> 将在下一行（row）显示，它所占的浏览宽度是 100%。

针对 PC 屏幕笔者设计第一栏导览列 <nav> 占浏览宽度的 25%，文章区 <article> 占浏览宽度的 50%，侧边栏占浏览宽度 25%。笔者使用下列方式设计 @media 叙述。

```
23 @media only screen and (min-width: 481px) {        /* 以下是平板屏幕的@Media  */
24     .col-s-25 {width: 25%;}                         /* nav使用                 */
25     .col-s-75 {width: 75%;}                         /* article使用             */
26     .col-s-100 {width: 100%;}                       /* aside使用               */
27 }
28 @media only screen and (min-width: 769px) {         /* 以下是PC屏幕的@Media   */
29     .col-25 {width: 25%;}                           /* nav和aside使用          */
30     .col-50 {width: 50%;}                           /* article使用             */
31 }
```

上述代码定义了浏览画面的宽度，我们可以针对上述宽度增设一些 CSS 样式，笔者的设计如下：

```
17 [class*="col-"] {                                    /* 所有column的样式设定    */
18     float: left;
19     padding:15px;
20     width: 100%;
21 }
```

上述代码意为以“col-”开头定义的皆套用，所以所有栏的属性已经设定了。

24-4-5 导览区套用样式表

导览区内容如下：

```
83     <nav class="col-25 col-s-25 menu">         <!-- 导览区           -->
84         <ul>                                   <!-- 建立表格数据     -->
85             <li>SSE Certificate</li>
86             <li>JobExam</li>
87             <li>计算机类书籍出版</li>
88             <li>生活类书籍出版</li>
89         </ul>
90     </nav>
```

上述导览区第 83 行代码的意义是套用“col-25”“col-s-25”“menu”样式表。笔者在样式表定义名称用了数字 25，代表占屏幕宽度 25%，这表示如果是平板屏幕 media@ 可以得到“col-s-25”这个样式（在第 83 行设定），所以就会套用第 24 行的样式；如果是 PC 屏幕 media@ 可以得到“col-25”这个样式（在第 83 行设定），所以就会套用第 29 行的样式；如果是手机屏幕，由于表示使用默认值，网页会以 100% 宽度占据屏幕。

24-4-6　文章区套用样式表

文章区内容如下：

```
91  <article class="col-50 col-s-75">          <!-- 文章区                -->
92      <h1>深度学习滴水穿石</h1>              <!-- 建立第2栏内容          -->
93      <p>致力于最先进的教育，综合了书籍、教材、教具、专业认证、软件
94        、云端等技术透过最新深度学习方法，达到人人学有所用的目标。</p>
95      <img src="mybook.jpg" width="300">     <!-- 插入图片              -->
96  </article>
```

上述文章区第 91 行代码的意义是套用“col-50”“col-s-75”样式表。笔者在样式表定义名称用了数字 50，代表占屏幕宽度 50%，数字 75 则代表占屏幕宽度的 75%，如果是平板屏幕 media@ 可以得到“col-s-75”这个样式（在第 91 行设定），所以就会套用第 25 行的样式；如果是 PC 屏幕 media@ 可以得到“col-50”这个样式（在第 91 行设定），所以就会套用第 30 行的样式；如果是手机屏幕，由于表示使用默认值，网页会以 100% 宽度占据屏幕。

24-4-7　侧边栏区套用样式表

侧边栏区内容如下：

```
97   <div class="col-25 col-s-100">
98       <aside>                               <!-- 侧边栏           -->
99           <h2>SSE</h2>                      <!-- 建立第3栏内容    -->
100          <p>Silicon Stone Education国际认证领导品牌</p>
101          <h2>JobExam</h2>
102          <p>“劳动部”金融研训院专业认证</p>
103          <h2>信息图书</h2>
104          <p>大数据、物联网、云技术、3D动画设计</p>
105      </aside>
106  </div>
```

上述文章区第 97 行代码的意义是套用“col-25”“col-s-100”样式表。笔者在样式表定义名称用了数字 25，代表占屏幕宽度 25%，数字 100 代表占屏幕宽度 100%，这表示如果是平板屏幕 media@ 可以得到“col-s-100”这个样式（在第 97 行设定），所以就会套用第 26 行的样式；如果是 PC 屏幕 media@ 可以得到“col-25”这个样式（在第 97 行设定），所以就会套用第 29 行的样式；如果是手机屏幕，由于表示使用默认值，网页会以 100% 宽度占据屏幕。

24-4-8　其他设计

下列是设定内边距（padding）和边框（border）已经包含在元素宽度和高度内的代码。

```
8  <style>
9  * {                          /* 确定padding和border已经包含在元素宽度和高度内 */
10     box-sizing: border-box;
11 }
```

下列是在 row 区块下方插入空格，同时取消左边图旁串字的代码。

```
12 .row::after {                               /* 在整个row下面增加空格内容 */
13     content:"";
14     clear:left;
15     display:table;
16 }
```

以下设定图片呈现的最大宽度是 100% 屏幕宽度。

```
70 img {
71     max-width: 100%;                /* 图片呈现最大宽度CSS */
72     height: auto;
73 }
```

24-4-9 完整程序内容

```
1 <!DOCTYPE html>
2 <html>
3 <head>
4    <meta charset="utf-8">
5    <meta name="viewport" content="width=device-width, initial-scale=1.0">
6    <title>ch24_7.html</title>
7
8 <style>
9 * {                       /* 确定padding和border已经包含在元素宽度和高度内 */
10     box-sizing: border-box;
11 }
12 .row::after {                                   /* 在整个row下面增加空格内容 */
13     content:"";
14     clear:left;
15     display:table;
16 }
17 [class*="col-"] {                               /* 所有column的样式设定     */
18     float: left;
19     padding:15px;
20     width: 100%;
21 }
22 /* 默认是手机屏幕  */
23 @media only screen and (min-width: 481px) {     /* 以下是平板屏幕的@Media  */
24     .col-s-25 {width: 25%;}                     /* nav使用                 */
25     .col-s-75 {width: 75%;}                     /* article使用             */
26     .col-s-100 {width: 100%;}                   /* aside使用               */
27 }
28 @media only screen and (min-width: 769px) {     /* 以下是PC屏幕的@Media   */
29     .col-25 {width: 25%;}                       /* nav和aside使用          */
30     .col-50 {width: 50%;}                       /* article使用             */
31 }
32 html {                            /* 设计HTML字型的CSS  */
33     font-family:Helvetica, sans-serif;
34 }
35 header {                          /* 设计header标题区CSS */
36     background-color:aqua;
37     color:blue;
38     padding:15px;
39 }
40 .menu ul {                        /* 表格的ul样式CSS */
41     margin: 0;
42     padding: 0;
43     list-style-type:none;
44 }
45 .menu li {                        /* 表格的li样式CSS */
46     background-color:deepskyblue;
47     color:white;
48     padding:5px;
49     margin-bottom:5px;
50     box-shadow:gray 1px 2px 2px;
51 }
52 .menu li:hover {
53     background-color:darkblue;    /* 鼠标移至表格区选项背景色 */
54 }
55 aside {                           /* aside区的CSS  */
56     background-color:deepskyblue;
57     color:white;
58     padding:15px;
59     text-align:center;
60     font-size:15px;
61     box-shadow: gray 3px 3px 3px;
62 }
63 footer {                                 /* 设计footer脚注区CSS  */
64     background-color:lightgray;
65     color:blue;
66     text-align:center;
67     font-size:18px;
68     padding:15px;
69 }
70 img {
71     max-width: 100%;                     /* 图片呈现最大宽度CSS */
72     height: auto;
73 }
74 </style>
75 </head>
76 <body>
77 <header>
78   <h1>深石数字DeepStone</h1>
79   <p>Deep Learning<p>
80 </header>
81
82 <div class="row">                              <!-- 中央栏区块起始端    -->
83   <nav class="col-25 col-s-25 menu">           <!-- 导览区              -->
84     <ul>                                       <!-- 建立表格数据        -->
85       <li>SSE Certificate</li>
86       <li>JobExam</li>
87       <li>计算机类书籍出版</li>
88       <li>生活类书籍出版</li>
89     </ul>
90   </nav>
91   <article class="col-50 col-s-75">            <!-- 文章区              -->
92     <h1>深度学习滴水穿石</h1>                   <!-- 建立第2栏内容       -->
93     <p>致力于最先进的教育，综合了书籍、教材、教具、专业认证、软件
94       、云端等技术通过最新深度学习方法，达到人人学有所用的目标。</p>
95     <img src="mybook.jpg" width="300">         <!-- 插入图片            -->
96   </article>
97   <div class="col-25 col-s-100">
98     <aside>                                    <!-- 侧边栏              -->
99       <h2>SSE</h2>                             <!-- 建立第3栏内容       -->
100      <p>Silicon Stone Education国际认证领导品牌</p>
101      <h2>JobExam</h2>
102      <p>劳动部、金融研训院专业认证</p>
103      <h2>信息图书</h2>
104      <p>大数据、物联网、云技术、3D动画设计</p>
105    </aside>
106  </div>
107 </div>                                         <!-- 中央字段区块末端 -->
108 <footer>
109   <p>台北市中山区南京东路二段98号8F之1</p>
110 </footer>
111 </body>
112 </html>
```

习题

1. 请为这本书第一篇 HTML 部分设计一个网页，请自行发挥创意。

2. 请为这本书第二篇 CSS 部分设计一个网页，请自行发挥创意。

3. 请参考 ch24_3.html，设计自己的网页，内容请自行发挥创意。

4. 请基于响应式（RWD）原理，设计自己的网页，内容请自行发挥创意。

5. 请基于响应式原理，设计自己科系的网页，内容请自行发挥创意。

第三篇

迈向网页设计高手之路

第 25 章

JavaScript 基础知识

本章摘要

JavaScript 最早是由浏览器先驱 Netscape 公司开发完成，当时曾经有好几个类似语言，例如微软公司的 JScript 或 CEnvi 的 ScriptEase，历经了多年的演变，JavaScript 已经成为设计网页最重要的脚本 (script) 语言了。

如果想成为网页设计工程师，下列 3 种必学语言：

HTML：定义网页内容。

CSS：定义网页编排。

JavaScript：用程序定义网页行为。

通过对先前内容的学习，相信读者已经学会 HTML 和 CSS 了，这一章将带领各位读者进入 JavaScript 的世界。受限于篇幅，本书无法完整说明所有的 JavaScript 内容，但是本章讲解的精华内容，已经足够读者学习更高级的网页设计知识了。

25-1 JavaScript 的功能

学会 JavaScript 可以实现下列功能。

- 更改 HTML 元素内容。
- 更改 CSS 属性内容。
- 更改 HTML 元素属性内容。
- 隐藏或显示 HTML 元素。

25-2 JavaScript 的输出

学习程序语言最重要的方法是实践，由实例中体会，所以本章将先介绍 JavaScript 的常用输出方法，后续各节笔者将以实例方式引导读者学习 JavaScript 的语法。有几种简单的方法执行输出操作，以便读者验证学习内容。

- 使用 window.alert() 函数

本书第 10-3 节已有说明，执行时会出现对话框。

- 存取 HTML 元素内容

这也是本章会用得很频繁的方法，首先是建立一个空的 HTML 元素识别，然后将程序执行结果写入这个空的 HTML 元素内。存取 HTML 元素须使用下列语句：

```
document.getElementByID(id).innerHTML
```

这些初看很复杂，不要慌，笔者刚学习 JavaScript 时也是一看到上述语句就想放弃。它们其实很简单，整段拆解如下：

```
document.getElementByID(id)
```

上述是存取 HTML 元素的方法，其中 id 定义 HTML 元素。

```
innerHTML
```

innerHTML 则表示元素内容，可在此设定 HTML 的内容，或是称将程序的执行结果放在此，下一节起会用大量的实例说明。

- 使用 document.write() 函数

将要输出的数据写在这个函数内，下一节会用实例说明。

25-3 撰写 JavaScript 代码的位置

10-3 节已经说过 JavaScript 代码需放在 <script> 元素内。一个 HTML 文件是可以有许多 <script>，<script> 可以放在 <head> 或是 <body> 元素内，当然也允许同时将 <script> 放在 <head> 和 <body> 元素内。

25-3-1　将 JavaScript 代码写在 <head> 元素内

在说明本实例前，笔者先介绍一个新的 HTML 元素 <button>，这个元素可以建立一个通用按钮，它的使用格式如下：

```
<button type="value"> … </button>
```

❑ type

可以是下列值。

submit：默认值，即传送按钮。

reset：重设按钮。

button：通用按钮。

设计程序时，可以将元素内容设为按钮名称。

程序实例 ch25_1.html：这个程序执行时显示"HTML5+CSS3"，单击 OK 按钮后，将改成显示"JavaScript"。程序第 14 行设定按钮名称是 OK。

```
1 <!doctype html>
2 <html>
3 <head>
4    <meta charset="utf-8">
5    <title>ch25_1.html</title>
6    <script>
7       function exFun( ) {
8          document.getElementById("ex").innerHTML = "JavaScript";
9       }
10   </script>
11 </head>
12 <body>
13 <p id="ex">HTML5+CSS3</p>
14 <button type="button" onclick="exFun( )">OK</button>
15 </body>
16 </html>
```

执行结果　下方左图是程序执行的初始画面，按 OK 按钮后将看到下方右图的结果。

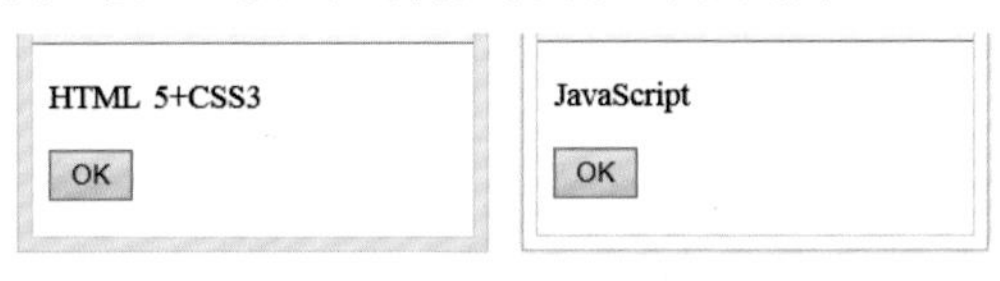

本程序执行之初，会先显示第 13 行内容"HTML5+CSS3"，这个 HTML 元素 <p> 的 id 是"ex"，程序第 14 行内容是显示 OK 钮，当单击 OK 按钮后，会调用第 8 行的 exFun() 函数，这个函数主要是将 id 是"ex"的 HTML 元素内容改为"JavaScript"，所以单击 OK 按钮后，可以得到显示 JavaScript 字符串。

25-3-2　将 JavaScript 代码写在 <body> 元素内

程序实例 ch25_2.html：重新设计 ch25_1.html，将 <script> 元素写在 <body> 元素内。

```
1 <!doctype html>
2 <html>
3 <head>
4    <meta charset="utf-8">
5    <title>ch25_2.html</title>
6 </head>
7 <body>
8 <p id="ex">HTML5+CSS3</p>
9 <button type="button" onclick="exFun( )">OK</button>
10 <script>
11    function exFun( ) {
12       document.getElementById("ex").innerHTML = "JavaScript";
13    }
14 </script>
15 </body>
16 </html>
```

执行结果　与 ch25_1.html 相同。

25-3-3　以外部文件方式撰写 JavaScript 代码

JavaScript 程序以外部文件的形式存在是有下列好处的：

- HTML 和 JavaScript 皆容易阅读，同时也容易维护。
- JavaScript 文件存入高速内存 (cache)，可以增快网页下载速度。

JavaScript 以外部文件存在时，它的扩展名是“js”，在 HTML 内的 <script> 调用独立的 JavaScript 文件方法如下：

```
<script src="URL"> … </script>
```

可参考下列实例。

程序实例 ch25_3.html：重新设计 ch25_1.html，以外部文件方式撰写 JavaScript 程序。

```
1 <!doctype html>
2 <html>
3 <head>
4     <meta charset="utf-8">
5     <title>ch25_3.html</title>
6 </head>
7 <body>
8 <p id="ex">HTML5+CSS3</p>
9 <button type="button" onclick="exFun( )">OK</button>
10 <script src="exScript.js"></script>
11 </body>
12 </html>
```

exScript.js

```
1 function exFun( ) {
2     document.getElementById("ex").innerHTML = "JavaScript";
3 }
```

执行结果　与 ch25_1.html 相同。

25-3-4　存取 HTML 内容输出的实例

在 25-2 节笔者说可以利用存取 HTML 元素内容获得输出结果，下面举一个实例。

程序实例 ch25_4.html：基本输出的应用。这个程序的要点是在第 9 行建立了一个 HTML 元素 <p>，此元素的 id 是“ex”，然后将 100 放在此元素内。

```
1 <!doctype html>
2 <html>
3 <head>
4     <meta charset="utf-8">
5     <title>ch25_4.html</title>
6 </head>
7 <body>
8 <p>简单输出的应用</p>
9 <p id="ex"></p>
10 <script>
11     document.getElementById("ex").innerHTML = 100;
12 </script>
13 </body>
14 </html>
```

执行结果

简单输出的应用

100

25-3-5　document.write() 输出的实例

这个方法一般只做为测试程序输出之用，因为当网页下载完成后，如果使用这种方法，将造成先前的网页内容被删除，ch25_6.html 会以实例做说明。

程序实例 ch25_5.html：使用 document.write() 重新设计 ch25_4.html。

```
1 <!doctype html>
2 <html>
3 <head>
4    <meta charset="utf-8">
5    <title>ch25_5.html</title>
6 </head>
7 <body>
8 <p>简单输出的应用</p>
9 <script>
10    document.write(100);
11 </script>
12 </body>
13 </html>
```

执行结果 与 ch25_4.html 相同。

程序实例 ch25_6.html：测试网页下载完成后，先前网页内容被删除的实例。

```
1 <!doctype html>
2 <html>
3 <head>
4    <meta charset="utf-8">
5    <title>ch25_6.html</title>
6 </head>
7 <body>
8 <p>简单输出的应用</p>
9 <button type="button" onclick="document.write(100)">OK</button>
10 </body>
11 </html>
```

执行结果 下图所示为单击 OK 按钮后，原先页面数据被删除的效果。

简单输出的应用

OK

100

25-4 JavaScript 基本语法

- 使用等号“=”设定值

```
x = 5;    // 将 x 设为 5
```

- 忽略空格符，下列表述意义是相同的

```
x=5;
或
x = 5;
或
x =      5;
```

- 使用 var 声明变量

```
var x;      // 声明 x 是变量
或
var x = 5;  // 声明变量时顺便为变量赋值
```

- 每行语句以分号结尾

```
x = 5;
y = 10;
z = x + y;
```

- 程序批注方式

可以使用“//”符号，凡是此符号后面的同行数据皆是批注；或是“/*”与“*/”之间的也都是批注。例如：

```
var x = 5;   // 声明变量时顺便为变量赋值
```

上述“ // 声明变量时顺便为变量赋值”是批注。

- 字符串可以用单引号或双引号标引，两者意义相同

```
x = "JK Hung"
或
x = 'JK Hung'
```

程序实例 ch25_7.html：简单执行算数的应用。

```
1 <!doctype html>
2 <html>
3 <head>
4    <meta charset="utf-8">
5    <title>ch25_7.html</title>
6 </head>
7 <body>
8 <p>简单输出的应用</p>
9 <p id="ex"></p>
10 <script>
11    var x = 10;
12    var y = x + 20;
13    document.getElementById("ex").innerHTML = y;
14 </script>
15 </body>
16 </html>
```

执行结果

简单输出的应用

30

程序实例 ch25_8.html：字符串输出，单引号与双引号皆可产生字符串输出结果。

```
1 <!doctype html>
2 <html>
3 <head>
4    <meta charset="utf-8">
5    <title>ch25_8.html</title>
6 </head>
7 <body>
8 <p>简单输出的应用</p>
9 <p id="ex1"></p>
10 <p id="ex2"></p>
11 <script>
12    var myName1 = "JK Hung";   //使用双引号
13    var myName2 = 'JK Hung';   //使用单引号
14    document.getElementById("ex1").innerHTML = myName1;
15    document.getElementById("ex2").innerHTML = myName2;
16 </script>
17 </body>
18 </html>
```

执行结果

简单输出的应用

JK Hung

JK Hung

25-5 声明变量

JavaScript 允许变量在使用前不用声明，不过笔者不鼓励如此。建议使用前用 var 声明变量。JavaScript 是动态型的程序语言，声明变量时不用声明变量的数据类型，JavaScript 可以由程序内容自动判别变量的数据类型。变量的命名规则如下：

- 必须由英文字母或 _（底线）或 $ 开头，建议使用英文字母。
- 英文字母大小写是敏感的，例如 Name 与 name 被视为不同的变量名称。
- 保留字（可参考下表）不可当作变量名称。

abstract	arguments	await	boolean	break	byte	case
catch	char	class	const	continue	debugger	default
delete	do	double	else	enum	eval	export
extends	false	final	finally	float	for	function
goto	if	implements	import	in	instanceof	int
interface	let	long	native	new	null	package

private　protected　public　return　short　static　super
switch　synchronized　this　throw　throws　transient　true
try　typeof　var　void　vilatile　while　with
yield

在声明变量时，JavaScript 可以一行声明多个变量，彼此间用逗号隔开。

程序实例 ch25_9.html：重新设计 ch25_8.html，但是程序第 12 行一次声明，两个变量。

```
1  <!doctype html>
2  <html>
3  <head>
4     <meta charset="utf-8">
5     <title>ch25_9.html</title>
6  </head>
7  <body>
8  <p>简单输出的应用</p>
9  <p id="ex1"></p>
10 <p id="ex2"></p>
11 <script>
12    var myName1 = "JK Hung", myName2 = 'JK Hung';
13    document.getElementById("ex1").innerHTML = myName1;
14    document.getElementById("ex2").innerHTML = myName2;
15 </script>
16 </body>
17 </html>
```

执行结果　与 ch25_8.html 相同。

25-6 数据类型

JavaScript 的主要功能并不是执行数学运算，因此对于数据的声明并不强烈要求，甚至在运算过程中声明的数据都是可以转换类型的。常用的数据类型一般可分成下列 3 种：

- 数值 (number)
- 字符串 (string)
- 对象 (object)

25-6-1 数值数据

当我们在声明数值数据时，虽然有的数值有小数点，有的没有小数点，但是所有的数值数据皆是双倍精度浮点数（double 格式），系统以 64 位储存数值。值的范围是 -21024～21024 或是 -10307～10307。

JavaScript 接受八进制与十六进制表示方法，如果数值以 0x 开始代表十六进制，如果数值以 0 开始代表八进制。

程序实例 ch25_10.html：数值输出的应用。

```
1  <!doctype html>
2  <html>
3  <head>
4     <meta charset="utf-8">
5     <title>ch25_10.html</title>
6  </head>
7  <body>
8  <p>简单输出的应用</p>
9  <p id="ex"></p>
10 <script>
```

```
11     var x1 = 5;              // 声明变量不含小数点
12     var x2 = 16.5;           // 声明变量含小数点
13     var x3 = 011;            // 声明八进制数值
14     var x4 = 0x11;           // 声明十六进制数值
15     document.getElementById("ex").innerHTML = x1 + "<br>" + x2 +
16     "<br>" + x3 + "<br>" + x4;
17 </script>
18 </body>
19 </html>
```

执行结果

简单输出的应用

5
16.5
9
17

对上述程序而言，读者须留意的是第 15 行和第 16 行，这是一条语句但是分成 2 行撰写，碰上这类情形最好是在操作数后，本例是“+”，再将语句内容写到下一行。同时，笔者使用
 符号将数据分行输出。

25-6-2　字符串数据

在单引号或是双引号内的字母、数字或句子皆称字符串。如果字符串内有单引号或双引号，可以在左边加上反斜体“/”注明，如果字符串内有反斜线就再加上一个反斜线。例如：

```
/'  代表单引号
/"  代表双引号
//  代表反斜线
```

在程序设计时，又将有反斜杠的字符称转义字符 (escape character)。下列是常见的转义字符：

```
/b  代表 Backspace
/f  代表换行 Form Feed
/n  代表 Line Feed
/t  代表 Tab
/r  代表 Carriage Return
```

程序实例 ch25_11.html：字符串输出的应用。

```
1 <!doctype html>
2 <html>
3 <head>
4    <meta charset="utf-8">
5    <title>ch25_11.html</title>
6 </head>
7 <body>
8 <p>简单输出的应用</p>
9 <p id="ex"></p>
10 <script>
11    var str1 = "Ming-Chi Institute of Technology"
12    var str2 = "One of the \"Top\" Schools in Taiwan"
13    document.getElementById("ex").innerHTML = str1 + "<br>" + str2;
14 </script>
15 </body>
16 </html>
```

执行结果

简单输出的应用

Ming-Chi Institute of Technology
One of the "Top" Schools in Taiwan

25-6-3　对象数据

JavaScript 的对象数据声明须使用大括号“{ … }”，对象属性需用冒号“:”隔开属性与属性值，当对象同时有许多属性时，彼此用“,”隔开。下列是对象声明的实例：

```
var student = { firstName:"Peter", lastName:"Hung", id:1234 };
```

程序实例 ch25_12.html：声明对象与打印对象的应用。这个程序在第 11~15 行声明 student 对象，然后在第 16~17 行设定输出此对象。

```
1  <!doctype html>
2  <html>
3  <head>
4     <meta charset="utf-8">
5     <title>ch25_12.html</title>
6  </head>
7  <body>
8  <p>简单输出的应用</p>
9  <p id="ex"></p>
10 <script>
11    var student = {
12       firstName:"Peter",
13       lastName:"Hung",
14       id:1234
15    };
16    document.getElementById("ex").innerHTML = student.firstName +
17    " " + student.lastName + "的id是" + student.id;
18 </script>
19 </body>
20 </html>
```

执行结果

简单输出的应用

Peter Hung的id是1234

上述程序笔者使用下列方式存取对象：

```
student.lastName
```

JavaScript 也允许使用下列方式存取对象。

```
student["lastName"];
```

程序实例 ch25_12_1.html：使用不同的存取对象属性方式重新设计 ch25_12.html。

```
16    document.getElementById("ex").innerHTML = student.firstName +
17    " " + student["lastName"] + "的id是" + student["id"];
```

执行结果 与 ch25_12.html 相同。

25-6-4 综合应用

JavaScript 允许数值型数据与字符串相加，结果变成一个字符串。之前曾介绍 JavaScript 的数据类型在运算过程是可以转换的，参考下面的实例。

程序实例 ch25_13.html：这个程序将数值型数据与字符串相加，结果将数值型变量改变数据类型，成为字符型数据。

```
1  <!doctype html>
2  <html>
3  <head>
4     <meta charset="utf-8">
5     <title>ch25_13.html</title>
6  </head>
7  <body>
8  <p>简单输出的应用</p>
9  <p id="ex"></p>
10 <script>
11    var x = 10;
12    var y = "JavaScript";
13    var x = x + y;
14    document.getElementById("ex").innerHTML = x;
15 </script>
16 </body>
17 </html>
```

执行结果 经上述执行后，原先 x 数值变量成了字符串变量。

简单输出的应用

10JavaScript

25-7 运算符

先前实例已经使用了一些简单的运算了，这一节会将所有 JavaScript 的运算做一个完整的说明。通常我们将运算的符号称运算符（operator），运算的元素称操作数（operand）。例如："x + y"，基本概念如下：

operand　　　　　operator　　　operand

x 和 y 是操作数，+ 符号是运算符。

25-7-1　算术运算符

JavaScript 的算术运算符有下列几种：

\+　　加法，例如 x = 9 + 3，即将 9 加 3 结果 12 放入 x。

\-　　减法，例如 x = 9 - 3，即将 9 减 3 结果 6 放入 x。

*　　乘法，例如 x = 9 * 3，即将 9 乘以 3 结果 27 放入 x。

/　　除法，例如 x = a / b，即将 9 除以 3 结果 3 放入 x。

%　　求余数，例如 x = a % b，即将 9 除以 3 余数 0 放入 x。

程序实例 ch25_14.html：基本算术运算。

```
1 <!doctype html>
2 <html>
3 <head>
4   <meta charset="utf-8">
5   <title>ch25_14.html</title>
6 </head>
7 <body>
8 <p>简单输出的应用</p>
9 <p id="ex"></p>
10 <script>
11   var x = 9;
12   var y = 3;
13   var z1 = x * y;
14   var z2 = x / y;
15   var z3 = x % y;
16   document.getElementById("ex").innerHTML = z1 + "<br>" + z2 + "<br>" + z3;
17 </script>
18 </body>
19 </html>
```

执行结果

简单输出的应用

27
3
0

25-7-2　递增、递减运算符

"++"是递增运算符，"--"是递减运算符。递增、递减运算符可以放在操作数的左边或右边，当放在操作数的左边时，操作数先执行递增（或递减）运算完成再执行原先的运算；当放在操作数的右边时，先执行运算，完成后再执行原先的递增（或递减）运算。

程序实例 ch25_15.html：递增时操作数在左边的实例。

```
1 <!doctype html>
2 <html>
3 <head>
4   <meta charset="utf-8">
5   <title>ch25_15.html</title>
6 </head>
7 <body>
8 <p>简单输出的应用</p>
9 <p id="ex"></p>
10 <script>
11   var i = 1;
12   var x = 3;
13   var y = x + ++i;
14   document.getElementById("ex").innerHTML = y + "<br>" + i;
15 </script>
16 </body>
17 </html>
```

执行结果

简单输出的应用

5
2

程序实例 ch25_16.html：递增时操作数在右边的实例。

```
1 <!doctype html>
2 <html>
3 <head>
4     <meta charset="utf-8">
5     <title>ch25_16.html</title>
6 </head>
7 <body>
8 <p>简单输出的应用</p>
9 <p id="ex"></p>
10 <script>
11     var i = 1;
12     var x = 3;
13     var y = x + i++;
14     document.getElementById("ex").innerHTML = y + "<br>" + i;
15 </script>
16 </body>
17 </html>
```

执行结果

简单输出的应用

4
2

25-7-3 赋值运算符

常见的赋值运算符如下表所示：

运算符	实例	说明
+=	a += b	a = a + b
-=	a -= b	a = a - b
*=	a *= b	a = a * b
/=	a /= b	a = a / b
%=	a %= b	a = a % b

程序实例 ch25_17.html：赋值运算符的应用。

```
1 <!doctype html>
2 <html>
3 <head>
4     <meta charset="utf-8">
5     <title>ch25_17.html</title>
6 </head>
7 <body>
8 <p>简单输出的应用</p>
9 <p id="ex"></p>
10 <script>
11     var a1 = 10;
12     var b1 = 2;
13     var a2 = 20;
14     var b2 = 5;
15     a1 *= b1;
16     a2 /= b2;
17     document.getElementById("ex").innerHTML = a1 + "<br>" + a2;
18 </script>
19 </body>
20 </html>
```

执行结果

简单输出的应用

20
4

25-8 布尔值、比较运算与逻辑运算

25-8-1 布尔值

在设计程序流程控制时，会用到布尔值的概念。布尔值（boolean）只有两种，一种是 true，另

一种是 false。在运算过程中，如果将布尔型数据转换成数值型数据时，true 会被转换成 1，false 会被转换成 0；但是如果将数值型数据转换成布尔值时，非 0 数据会被转换成 true，0 会被转换成 false。

程序实例 ch25_18.html：布尔值的应用。

```
1 <!doctype html>
2 <html>
3 <head>
4    <meta charset="utf-8">
5    <title>ch25_18.html</title>
6 </head>
7 <body>
8 <p>简单输出的应用</p>
9 <p id="ex"></p>
10 <script>
11    var x = true;
12    var y = false;
13    document.getElementById("ex").innerHTML = x + "<br>" + y;
14 </script>
15 </body>
16 </html>
```

执行结果

简单输出的应用

true
false

25-8-2　比较运算符

JavaScript 的比较运算符有下列几种，如果比较结果是真，则返回 true，如果是伪，则返回 false。

> 　大于，例如 18 > 9，返回 true，8 > 9，则返回 false。

< 　小于，例如 18 < 9，返回 false，8 < 9，则返回 true。

>= 　大于或等于，例如 18 >= 18，返回 true。

<= 　小于或等于，例如 18 <= 18，返回 true。

== 　等于，例如 false == 0，返回 true，1 ="1"，则返回 true。

=== 等于且是相同类型，例如 1 = "1"，返回 false。

!= 　不等于，例如 "x" !="X"，返回 true。

!== 值不等于或不同类型，例如 1 = "1"，返回 false。

程序实例 ch25_19.html：比较运算符的应用。

```
1 <!doctype html>
2 <html>
3 <head>
4    <meta charset="utf-8">
5    <title>ch25_19.html</title>
6 </head>
7 <body>
8 <p>简单输出的应用</p>
9 <p id="ex"></p>
10 <script>
11    var x = 1;
12    var y = "1";
13    document.getElementById("ex").innerHTML = (x == y);
14 </script>
15 </body>
16 </html>
```

执行结果

简单输出的应用

true

程序实例 ch25_20.html：重新设计 ch25_19.html，这个程序只更改了原程序第 13 行的比较运算符。

```
13    document.getElementById("ex").innerHTML = (x === y);
```

执行结果

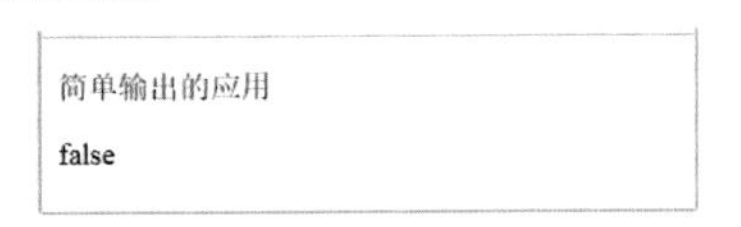

25-8-3 逻辑运算符

JavaScript 的逻辑运算符有 3 个：

- && : 相当于 and（与）运算，可参考下表。

&& 运算结果

a	b	a && b
false	false	false
false	true	false
true	false	false
true	true	true

- || : 相当于 or（或）运算，可参考下表。

|| 运算结果

a	b	a || b
false	false	false
false	true	true
true	false	true
true	true	true

- ! : 相当于 not（非）运算，如果是 true 则传回 false，如果是 false 则传回 true。

程序实例 ch25_21.html：&& 逻辑运算符的应用。

```
 1 <!doctype html>
 2 <html>
 3 <head>
 4     <meta charset="utf-8">
 5     <title>ch25_21.html</title>
 6 </head>
 7 <body>
 8 <p>简单输出的应用</p>
 9 <p id="ex1"></p>
10 <p id="ex2"></p>
11 <p id="ex3"></p>
12 <p id="ex4"></p>
13 <script>
14     var a = true;
15     var b = false;
16     document.getElementById("ex1").innerHTML = "true && true = " + (a && a);
17     document.getElementById("ex2").innerHTML = "true && false= " + (a && b);
18     document.getElementById("ex3").innerHTML = "false&& true = " + (b && a);
19     document.getElementById("ex4").innerHTML = "false&& false= " + (b && b);
20 </script>
21 </body>
22 </html>
```

执行结果

简单输出的应用

true && true = true

true && false= false

false&& true = false

false&& false= false

程序实例 ch25_22.html：|| 逻辑运算符的应用。

```
 1 <!doctype html>
 2 <html>
 3 <head>
 4     <meta charset="utf-8">
 5     <title>ch25_22.html</title>
 6 </head>
 7 <body>
 8 <p>简单输出的应用</p>
 9 <p id="ex1"></p>
10 <p id="ex2"></p>
11 <p id="ex3"></p>
12 <p id="ex4"></p>
13 <script>
14     var a = true;
15     var b = false;
16     document.getElementById("ex1").innerHTML = "true  || true = " + (a || a);
17     document.getElementById("ex2").innerHTML = "true  || false= " + (a || b);
18     document.getElementById("ex3").innerHTML = "false || true = " + (b || a);
19     document.getElementById("ex4").innerHTML = "false || false= " + (b || b);
20 </script>
21 </body>
22 </html>
```

执行结果

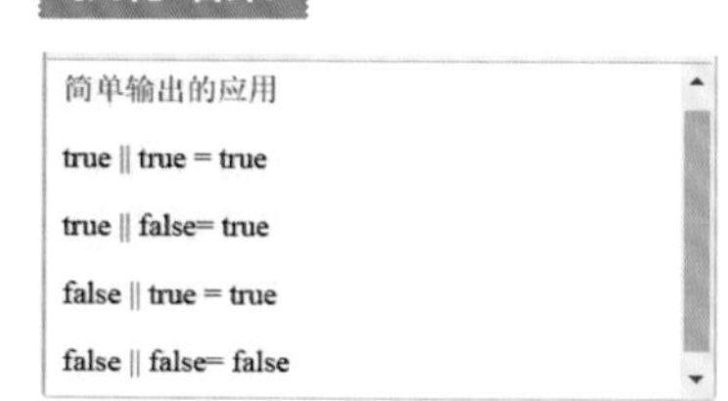
简单输出的应用
true || true = true
true || false= true
false || true = true
false || false= false

程序实例 ch25_23.html：! 逻辑运算符的应用。

```
1 <!doctype html>
2 <html>
3 <head>
4    <meta charset="utf-8">
5    <title>ch25_23.html</title>
6 </head>
7 <body>
8 <p>简单输出的应用</p>
9 <p id="ex1"></p>
10 <p id="ex2"></p>
11 <script>
12    var a = true;
13    var b = false;
14    document.getElementById("ex1").innerHTML = "!true=  " + ( !a );
15    document.getElementById("ex2").innerHTML = "!false= " + ( !b);
16 </script>
17 </body>
18 </html>
```

执行结果

简单输出的应用

!true= false

!false= true

25-9 位运算符

JavaScript 的位运算符可以针对位执行运算，参见下表。

位运算符及运算结果

符号	意义	表达式	二进制意义	结果
&	相当于 and	5 & 1	0101 & 0001	0001
|	相当于 or	5 | 1	0101 | 0001	0101
^	相当于 xor	5 ^ 1	0101 ^ 0001	0100
~	相当于 not	~5	~0101	1010
<<	位左移	5 << 1	0101 << 1	1010
>>	位右移	5 >> 1	0101 >> 1	0010
>>>	位无号位移	5 >>> 1	0101 >>> 1	0010

程序实例 ch25_24.html：位运算符的应用。

```
1 <!doctype html>
2 <html>
3 <head>
4    <meta charset="utf-8">
5    <title>ch25_24.html</title>
6 </head>
7 <body>
8 <p>简单输出的应用</p>
9 <p id="ex1"></p>
10 <p id="ex2"></p>
11 <p id="ex3"></p>
12 <p id="ex4"></p>
13 <p id="ex5"></p>
14 <p id="ex6"></p>
15 <p id="ex7"></p>
16 <script>
17    var a = 5;  // 0101
18    var b = 1;  // 0001
19    document.getElementById("ex1").innerHTML = "a & b   =  " + ( a & b );
20    document.getElementById("ex2").innerHTML = "a | b   =  " + ( a | b );
21    document.getElementById("ex3").innerHTML = "a ^ b   =  " + ( a ^ b );
22    document.getElementById("ex4").innerHTML = "  ~a    =  " + (   ~a  );
23    document.getElementById("ex5").innerHTML = "a << b  =  " + ( a << b );
24    document.getElementById("ex6").innerHTML = "a >> b  =  " + ( a >> b );
25    document.getElementById("ex7").innerHTML = "a >>> b =  " + ( a >>> b );
26 </script>
27 </body>
28 </html>
```

执行结果

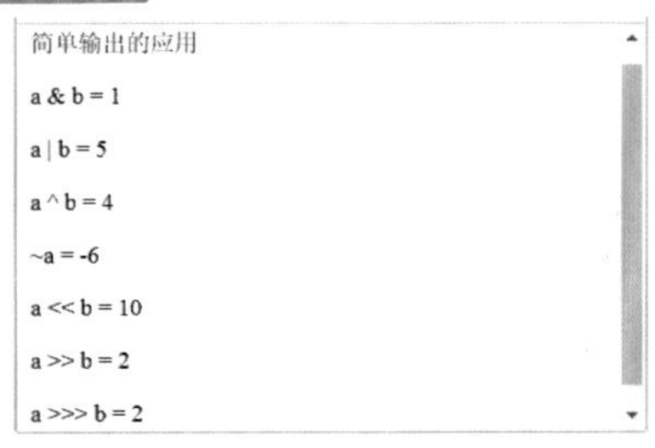

简单输出的应用
a & b = 1
a | b = 5
a ^ b = 4
~a = -6
a << b = 10
a >> b = 2
a >>> b = 2

上述程序中，~a 表面上是对“0101”的转换，其实在 JavaScript 系统里的转换如下：

```
00000000000000000000000000000101(5)
```

经过对 ~5 的计算得到结果：

```
11111111111111111111111111111010(-6)
```

在 25-7-3 节赋值运算符的概念也可以应用在位运算中。

运算符在传运算中的应用

<table>
<tr><th>运算符</th><th>实例</th><th>说明</th></tr>
<tr><td>&=</td><td>a &= b</td><td>a = a & b</td></tr>
<tr><td>|=</td><td>a |= b</td><td>a = a | b</td></tr>
<tr><td>^=</td><td>a ^= b</td><td>a = a ^ b</td></tr>
<tr><td><<=</td><td>a <<= b</td><td>a = a << b</td></tr>
<tr><td>>>=</td><td>a >>= b</td><td>a = a >> b</td></tr>
<tr><td>>>>=</td><td>a >>>= b</td><td>a = a >>> b</td></tr>
</table>

25-10 运算符的优先级

有一个表达式如下：

```
x = a + b * c;
```

从小学数学可知应先乘除后加减，所以是先计算 b*c，结果再和 a 相加。这就是所谓的乘法 (*) 比加法 (+) 有较高的执行顺序。下表所示是 JavaScript 运算符的优先执行顺序，优先级由上往下递减。

运算符的优先级

<table>
<tr><th>运算符</th><th>类型说明</th></tr>
<tr><td>( )</td><td>括号</td></tr>
<tr><td>( )、new</td><td>函数调用、建立对象</td></tr>
<tr><td>++、--、!</td><td>递增、递减、not</td></tr>
<tr><td>*、/、%、**</td><td>乘、除、余数、指数</td></tr>
<tr><td>+、-</td><td>加、减</td></tr>
<tr><td><<、>>、>>></td><td>位左移、右移、无符号右移</td></tr>
<tr><td>==、===、!=、!===</td><td>比较运算符的等于或不等于 (含类型)</td></tr>
<tr><td>&&</td><td>逻辑运算符 and</td></tr>
<tr><td>||</td><td>逻辑运算符 or</td></tr>
<tr><td>=、+=、… >>=、>>>=</td><td>所有的赋值运算符</td></tr>
</table>

习题

1. 请设计一个 JavaScript 程序，当网页下载后，输出“欢迎光临 XXX 网页”。XXX 是你的名字，建议你为第 24 章习题 3 的网页增加此功能。
2. 请设计 100 + 210 的计算执行网页，并将结果显示出来。
3. 请设计 190 % 80 的计算执行网页，并将结果显示出来。
4. a 是 5，b 是 8，c 是 10，请设计下列程序：

   (a) a += b + c++;　(b) a -= ++b + c--;　(c) a *= a - --c;　(d) a /= 16 + ++b - --c
5. 请用数值 9 测试 ch25_24.html。

第　26　章

JavaScript 的流程控制

本章摘要

JavaScript 程序的流程控制可以分成两大类：

判断 (decision)：例如 if、switch 语句。

循环 (loop)：例如 while、for、do 语句。

本章将以实例说明这些概念。

26-1 if 语句

if 语句又可分成好几种状况，下面将一一解说。

26-1-1 if 语句

它的语法格式如下：

```
if ( condition ) {
    系列 statements;
}
```

如果判断 condition 的值是 true，则执行系列 statements。如果“系列 statements;”只有一条语句，可以省略大括号，整个语法格式如下：

```
if ( confition )
    statement;
```

这个概念可以用在本章后面的表述中。

程序实例 ch26_1.html：这个程序执行时，如果随机数大于 0.5 则输出 Big，否则输出 small。

```
1  <!doctype html>
2  <html>
3  <head>
4     <meta charset="utf-8">
5     <title>ch26_1.html</title>
6  </head>
7  <body>
8  <p>Math.random( )将传回0和1之间的随机数</p>
9  <p id="ex1"></p>
10 <p id="ex2">small</p>
11 <script>
12    var ranData;
13    ranData = Math.random( );
14    document.getElementById("ex1").innerHTML = "Random Number is = " + ranData;
15    if ( ranData > 0.5 ) {
16       document.getElementById("ex2").innerHTML = "Big";
17    }
18 </script>
19 </body>
20 </html>
```

执行结果

Math.random( )将传回0和1之间的随机数

Random Number is = 0.06902737681667537

small

Math.random( )将传回0和1之间的随机数

Random Number is = 0.5527864217631131

Big

这个程序执行时会先将大小字段的元素 ex2 内容设为 small，参见第 10 行。这个程序使用了 JavaScript 的随机函数 Math.random()，会返回 0 至 1 间的值。程序第 14 行是输出随机数。程序第 15~17 行是判断，如果随机数大于 0.5 则输出 Big。

26-1-2 if … else 语句

它的语法格式如下：

```
if ( condition ) {
    A 系列 statements;   // condition 是 true 则执行
} else {
    B 系列 statements;   // condition 是 false 则执行
}
```

如果 condition 的判断值是 true，则执行 A 系列 statements，否则执行 B 系列 statements。

程序实例 ch26_2.html：用本节方法重新设计 ch26_1.html。由于其中的判断是 condition 值为伪时，可以执行系列 statements，所以可以省略第 10 行预先设定大小字段的元素 ex2 内容为 small。

```
1 <!doctype html>
2 <html>
3 <head>
4    <meta charset="utf-8">
5    <title>ch26_2.html</title>
6 </head>
7 <body>
8 <p>Math.random( )将传回0和1之间的随机数</p>
9 <p id="ex1"></p>
10 <p id="ex2"></p>
11 <script>
12    var ranData;
13    ranData = Math.random( );
14    document.getElementById("ex1").innerHTML = "Random Number is = " + ranData;
15    if ( ranData > 0.5 ) {
16       document.getElementById("ex2").innerHTML = "Big";
17    } else {
18       document.getElementById("ex2").innerHTML = "small";
19    }
20 </script>
21 </body>
22 </html>
```

执行结果　与 ch26_1.html 类似，随机数大于 0.5 时输出 Big，否则输出 small。

26-1-3　if … else if … else 语句

它的语法格式如下：

```
if ( condition1 ) {
   A 系列 statements;   // condition1 是 true 则执行
} else if ( condition2 ) {
   B 系列 statements;   // condition2 是 true 则执行
} else {
   C 系列 statements;   // condition1 和 condition2 皆是 false 则执行
}
```

如果判断 condition1 的值是 true，则执行 A 系列 statements；否则检查 condition2，如果判断 condition2 的值是 true，执行 B 系列 statements，否则执行 C 系列 statements。

程序实例 ch26_3.html：这个程序在执行时会先获取目前时间是几点（Hour）的信息，如果时间是小于 8 点则输出“早上”，如果是 9 点至 16 点则输出“中午”，否则输出“晚上”。

```
1 <!doctype html>
2 <html>
3 <head>
4    <meta charset="utf-8">
5    <title>ch26_3.html</title>
6 </head>
7 <body>
8 <p>Date( ).getHours将获得目前时间是几点的信息</p>
9 <button onclick="exFun( )">OK</button>
10 <p id="numHour"></p>
11 <p id="msg"></p>
12 <script>
13    function exFun( ) {
14       var timeHour = new Date( ).getHours( );   // 获取目前几点的信息
15       document.getElementById("numHour").innerHTML = "Hours = " + timeHour;
16       if ( timeHour <= 8 ) {
17          document.getElementById("msg").innerHTML = "早上";
18       } else if ( timeHour <= 16 ) {
19          document.getElementById("msg").innerHTML = "中午";
20       } else {
21       document.getElementById("msg").innerHTML = "晚上";
22      }
23    }
24 </script>
25 </body>
26 </html>
```

执行结果

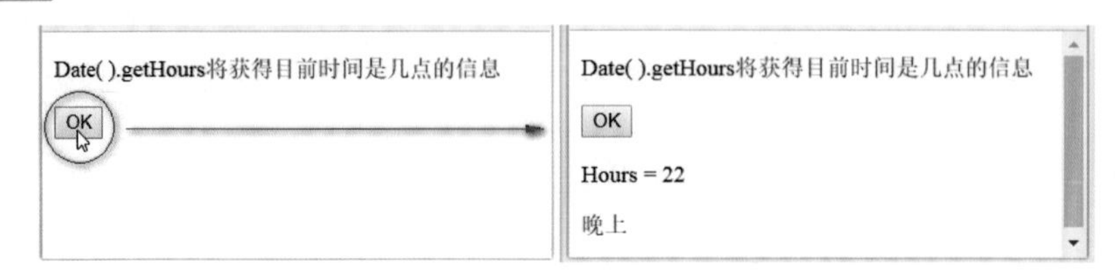

上述程序第 14 行是获得时间 hour 信息，注意“new”不可省略，这是在声明一个对象变量。

26-1-4 判断条件可以扩展

前一节 if … else 语句的使用可以扩展，例如：

```
if ( condition1 ) {
   A 系列 statements;   // condition1 是 true 则执行
} else if ( condition2 ) {
   B 系列 statements;   // condition2 是 true 则执行
…
…  // 可在此增加判断条件
…
} else {
   C 系列 statements;   // 所有的条件皆是 false 则执行
}
```

也就是可以在 else 前增加许多重判断。

26-2 switch 语句

switch 语句的语法格式如下：

```
switch ( expression ) {
   case valueA:
      A 系列 statements;
      break;
   case valueB:
      B 系列 statements;
      break;
   …
   …
   default:
      其他系列 statements;
}
```

上述程序在执行时，会由上往下寻找符合条件的 case，当找到时 JavaScript 会去执行与该 case 有关的语句，直到碰到 break 或是遇上 switch 语句的结束符号，才结束 switch 语句。如果所有条件的 case 皆不符合，则执行 default 下的语句。

程序实例 ch26_4.html：程序执行时单击 OK 按钮可以判断今天星期几，如果是周六或周日则输出

“放假日今天星期日 (或六)” 信息的字符串，其他则输出 “上班日”。

```
1  <!doctype html>
2  <html>
3  <head>
4     <meta charset="utf-8">
5     <title>ch26_4.html</title>
6  </head>
7  <body>
8  <p>Date( ).getDay( )将获得目前星期几的信息</p>
9  <button onclick="exFun( )">OK</button>
10 <p id="msg"></p>
11 <script>
12    function exFun( ) {
13       var dayWeek = new Date( ).getDay( );    // 获得目前星期几的信息
14       switch ( dayWeek ) {
15          case 0:
16             document.getElementById("msg").innerHTML = "放假日今天是星期日";
17             break;
18          case 6:
19             document.getElementById("msg").innerHTML = "放假日今天是星期六";
20             break;
21          default:
22             document.getElementById("msg").innerHTML = "上班日";
23       }
24    }
25 </script>
26 </body>
27 </html>
```

执行结果

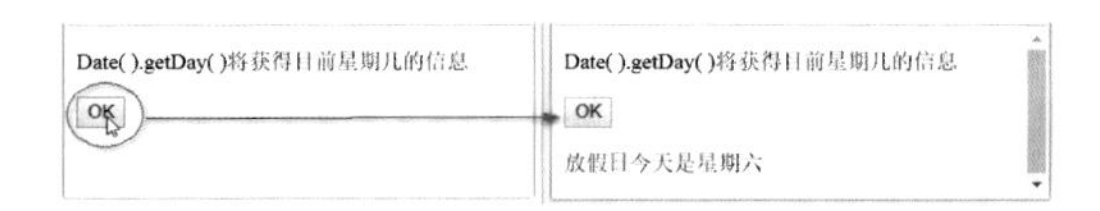

上述程序第 13 行可以输出 0~6 的星期信息，0 代表周日，其他数字则是星期几的数字信息。

程序实例 ch26_5.html：请用户输入 0~6，如果输入 0 则输出星期日，其他数字则输出相对应星期几的信息。

```
1  <!doctype html>
2  <html>
3  <head>
4     <meta charset="utf-8">
5     <title>ch26_5.html</title>
6  </head>
7  <body>
8  <script>
9     var numInput = window.prompt("请输入数字0-6", "");
10    switch ( Number(numInput) ) {
11       case 0:
12          window.alert("星期日");
13          break;
14       case 1:
15          window.alert("星期一");
16          break;
17       case 2:
18          window.alert("星期二");
19          break;
20       case 3:
21          window.alert("星期三");
22          break;
23       case 4:
24          window.alert("星期四");
25          break;
26       case 5:
27          window.alert("星期五");
28          break;
29       case 6:
30          window.alert("星期六");
31          break;
32       default:
33          window.alert("输入错误");
34    }
35 </script>
36 </body>
37 </html>
```

执行结果　下面是程序在 Chrome 下的执行结果。

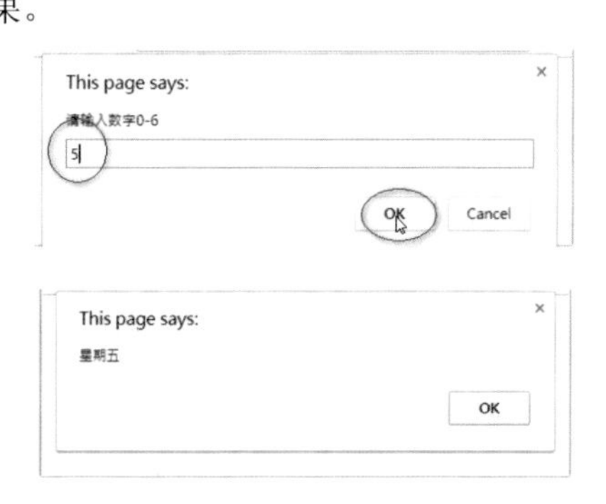

上述程序第 9 行笔者使用了 window.prompt() 函数，这个函数可以输入两个参数，第一个参数是显示在对话框内的信息，笔者输入是“请输入数字 0~6”，第二个参数是输入框默认的输入值，需留意我们在此字段所输入的数据是字符串数据，所以程序第 10 行笔者又增加了 Number( ) 函数，这个函数会将字符串数据转换成数值数据。

26-3 for 语句

这是一个循环语句，它的语法格式如下：

```
for ( statement1; statement2; statement3; ) {
   系列 statement;
}
```

上述 statement1 和 statement3 是普通的设定语句，statement2 是关系表达式。各表达式功能是：

- statement1：设定循环语句指标。
- statement2：测试是否要退出循环。
- statement3：更新循环语句指标。

右图是 for 语句的语法流程图：

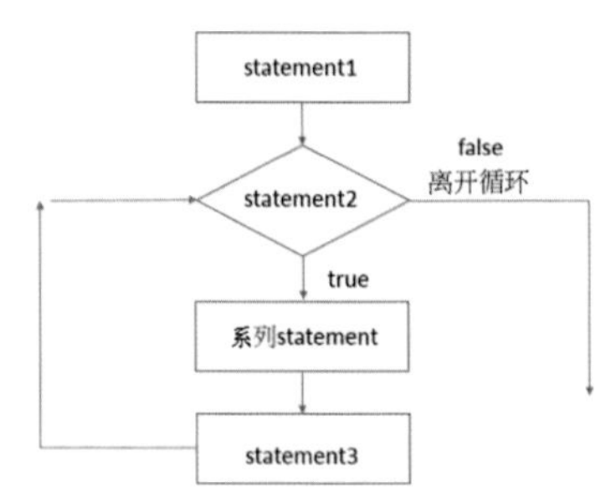

如流程图所示，系统先执行 statement1，主要目的是设定循环语句指标。然后执行 statement2，statement2 是条件表达式，如果所得是 true，则执行循环内容 statement，如果是 false 则退出循环。循环内容执行完成后会执行 statement3，statement3 的目的是更新循环指标。然后再进入 statement2 条件表达式，判断值是 true 还是 false。

程序实例 ch26_6.html：for 循环的应用，同时列出总和。这个程序在执行循环时，会列出循环指针（变量 i）和总和（变量 sum）。

```
1  <!doctype html>
2  <html>
3  <head>
4     <meta charset="utf-8">
5     <title>ch26_6.html</title>
6  </head>
7  <body>
8  <p>JavaScript for loop</p>
9  <p id="msg"></p>
10 <script>
11    var strText = "";       // 定义字符串变量
12    var i;                  // 循环指标
13    var sum = 0;            // 加总
14    for ( i = 1; i <= 5; i++ ) {
15       sum += i;
16       strText += "Loop = " + i + ", sum = " + sum + "<br>";
17    }
18    document.getElementById("msg").innerHTML = strText;
19 </script>
20 </body>
21 </html>
```

执行结果

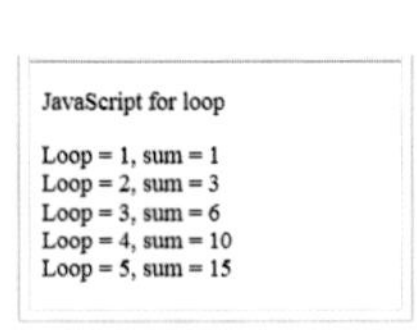

JavaScript for loop
Loop = 1, sum = 1
Loop = 2, sum = 3
Loop = 3, sum = 6
Loop = 4, sum = 10
Loop = 5, sum = 15

26-4 while 语句

这是一个循环语句，它的语法格式如下：

```
while ( condition ) {
   系列 statement;
}
```

上述语句的语法是如果判断 condition 的值是 true 则循环继续，如果判断的值是 false，则循环结束。这个 while 循环可以执行与 for 语句相同的功能，我们可以用下列表示法，说明上述语法格式。

```
    statement1;
while ( condition ) {
   系列 statements;
}
```

右图是该语句的语法流程图：

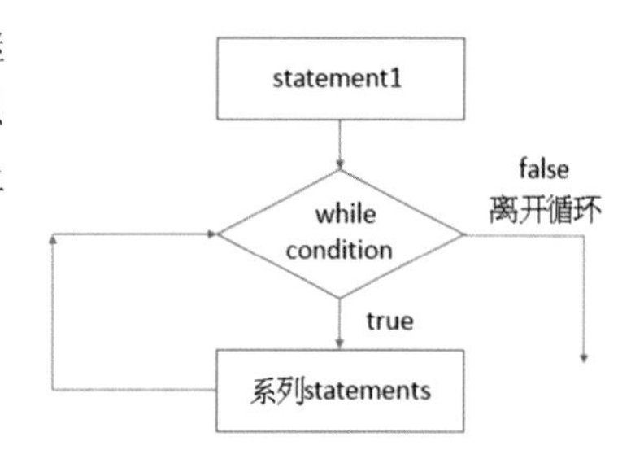

程序实例 ch26_7.html：重新设计 ch26_6.html 使用 while 语句。

```
1  <!doctype html>
2  <html>
3  <head>
4     <meta charset="utf-8">
5     <title>ch26_7.html</title>
6  </head>
7  <body>
8  <p>JavaScript for loop using while</p>
9  <p id="msg"></p>
10 <script>
11    var strText = "";       // 定义字符串变量
12    var i;                  // 循环指标
13    var sum = 0;            // 加总
14    while ( i <= 5 ) {
15       sum += i;
16       strText += "Loop = " + i + ", sum = " + sum + "<br>";
17       i++;
18    }
19    document.getElementById("msg").innerHTML = strText;
20 </script>
21 </body>
22 </html>
```

执行结果　与 ch26_6.html 相同。

26-5 do … while 语句

这也是一个循环语句，它的语法格式如下：

```
do {
   系列 statements;
} while ( condition );
```

do… while 语句与 while 语句最大的差别在，它是先执行循环内容，然后再判断 condition，如果判断值是 true 循环继续，如果判断值是 false 则结束循环。右图是该语句的语法流程图：

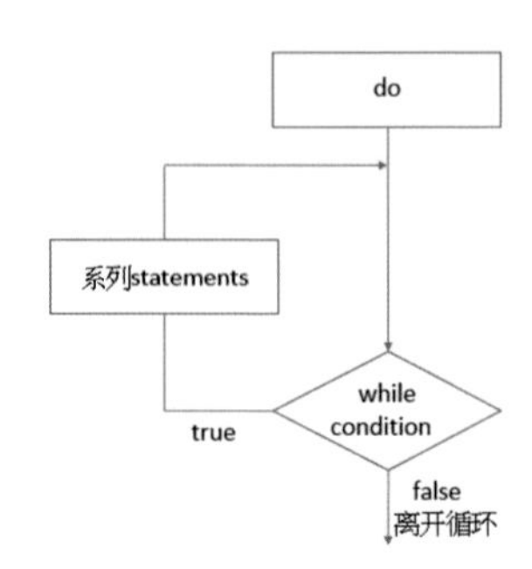

程序实例 ch26_8.html：重新设计 ch26_6.html 使用 do … while 语句。

```
1  <!doctype html>
2  <html>
3  <head>
4      <meta charset="utf-8">
5      <title>ch26_8.html</title>
6  </head>
7  <body>
8  <p>JavaScript for loop using  do ...while</p>
9  <p id="msg"></p>
10 <script>
11     var strText = "";       // 定义字符串变量
12     var i;                  // 循环指标
13     var sum = 0;            // 加总
14     do {
15        sum += i;
16        strText += "Loop = " + i + ", sum = " + sum + "<br>";
17        i++;
18     } while ( i <= 5 );
19     document.getElementById("msg").innerHTML = strText;
20 </script>
21 </body>
22 </html>
```

执行结果 与 ch26_6.html 相同。

26-6 特殊表达式

在 if … else 语句中，我们经常可以看到下列语句形式：

```
if ( a > b ) {
   c = a;
}
else {
   c = b;
}
```

其实上述语句是求较大值的运算，首先比较 a 是否大于 b，如果是，则令 c 等于 a，否则令 c 等于 b。JavaScript 提供下面这种特殊表达式，可以让我们简化上述语句。

```
e1  ?  e2 : e3;
```

它的执行情形是，如果 e1 为 true，则执行 e2，否则执行 e3。如果我们想求两数的最大值，若使用这种特殊表达式，则其写法如下：

```
c = ( a > b ) ? a : b;
```

程序实例 ch26_9.html：这个程序会依目前几点列出目前是早上（12 点前）或是下午（12 点后，含 12 点）。

```
1  <!doctype html>
2  <html>
3  <head>
4     <meta charset="utf-8">
5     <title>ch26_9.html</title>
6  </head>
7  <body>
8  <p>Date( ).getHours将获得目前时间是几点的信息</p>
9  <button onclick="exFun( )">OK</button>
10 <p id="numHour"></p>
11 <p id="msg"></p>
12 <script>
13    function exFun( ) {
14       var timeHour = new Date( ).getHours( );   // 获取目前几点的信息
15       var txtText;
16       txtText = ( timeHour > 11 ) ? "下午" : "早上";
17       document.getElementById("numHour").innerHTML = "Hours = " + timeHour;
18       document.getElementById("msg").innerHTML = "現在是 " + txtText;
19    }
20 </script>
21 </body>
22 </html>
```

执行结果

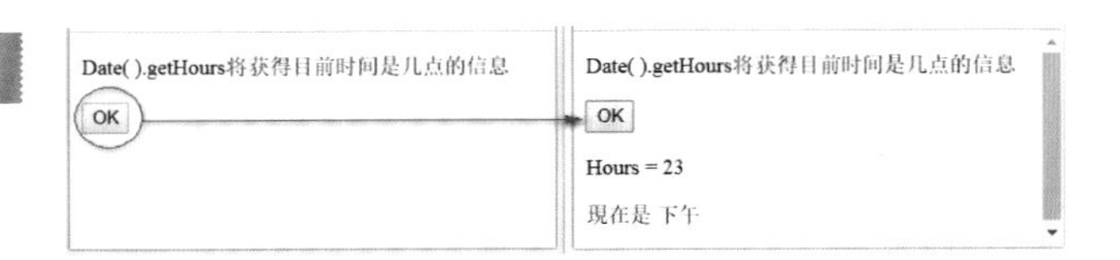

26-7 数组 array

数组是一种结构化的数据结构，主要是将相同类型的数据集合起来，用一个变量名称代表，将来可以用索引方式存取数组内的数据。建立数组的语法如下：

```
var arrayName = [data1, data2, … datan];
```

下面是数组声明的方式：

```
var numList = [8, 7, 9];
```

经过上述声明后，可以知道这个数组名是 numList，共有 3 条数据，在系统内数据储存方式如下：

```
numList[0] = 8;   // 数组的索引值是从 0 开始
numList[1] = 7;
numList[2] = 9;
```

程序实例 ch26_10.html：建立数组数据然后输出。

```
1  <!doctype html>
2  <html>
3  <head>
4     <meta charset="utf-8">
5     <title>ch26_10.html</title>
6  </head>
7  <body>
8  <p id="ex"></p>
9  <script>
10    var numList = [8, 7, 9, 2, 5];
11    var numArray = "";
12    var i;
13    for ( i = 0; i < 5; i++ ) {
14       numArray += "numList[" + i + "] = " + numList[i] + "<br>";
15    }
16    document.getElementById("ex").innerHTML = numArray;
17 </script>
18 </body>
19 </html>
```

执行结果

numList[0] = 8
numList[1] = 7
numList[2] = 9
numList[3] = 2
numList[4] = 5

懂了上述概念，我们可以很容易地使用该方法建立字符串数组。

程序实例 ch26_11.html：建立字符串数组并直接输出，然后循环处理再输出一次。

```
1 <!doctype html>
2 <html>
3 <head>
4     <meta charset="utf-8">
5     <title>ch26_11.html</title>
6 </head>
7 <body>
8 <p id="ex1"></p>
9 <p id="ex2"></p>
10 <script>
11     var strList = ["Apple", "Orange", "Banana"];
12     var strArray = "";
13     var i;
14     for ( i = 0; i < 3; i++ ) {
15         strArray += "strList[" + i + "] = " + strList[i] + "<br>";
16     }
17     document.getElementById("ex1").innerHTML = strList;   // 原数组
18     document.getElementById("ex2").innerHTML = strArray;  // 循环处理过的数组
19 </script>
20 </body>
21 </html>
```

执行结果

Apple,Orange,Banana

strList[0] = Apple
strList[1] = Orange
strList[2] = Banana

26-7-1 Array 的方法

JavaScript 有许多内建的方法（method），有了它可以增强处理数据的能力，其中一个方法是排序，可以直接使用内建的 sort() 方法，获得从小到大的排序结果。

程序实例 ch26_12.html：修改 ch26_10.html，使用 sort() 方法将排序好的数据列出。

```
1 <!doctype html>
2 <html>
3 <head>
4     <meta charset="utf-8">
5     <title>ch26_12.html</title>
6 </head>
7 <body>
8 <p id="ex"></p>
9 <script>
10     var numList = [8, 7, 9, 2, 5];
11     var numSort = numList.sort( );     // 使用sort( )方法排序
12     var numArray = "";
13     var i;
14     for ( i = 0; i < 5; i++ ) {
15         numArray += "numSort[" + i + "] = " + numSort[i] + "<br>";
16     }
17     document.getElementById("ex").innerHTML = numArray;
18 </script>
19 </body>
20 </html>
```

执行结果

numSort[0] = 2
numSort[1] = 5
numSort[2] = 7
numSort[3] = 8
numSort[4] = 9

26-7-2 Array 的属性

length 是 Array 的长度属性，下列的实例可以得到 Array 数组的长度。

```
var numList = [8, 7, 8, 2, 5];
var x = numList.length;        // length 是计算数组长度属性
```

程序实例 ch26_13.html：使用数组数据建立项目列表数据。

```
1 <!doctype html>
2 <html>
3 <head>
4     <meta charset="utf-8">
5     <title>ch26_13.html</title>
6 </head>
7 <body>
8 <p>使用JavaScript Array列出项目符号</p>
9 <p id="ex"></p>
```

```
10 <script>
11    var strList = ["Apple", "Orange", "Banana"];
12    var strLen = strList.length;                          // 获得数组长度
13    var ulText;
14    var i;
15    ulText = "<ul>";                                      // 项目符号起始标记
16    for ( i = 0; i < strLen; i++ ) {
17       ulText += "<li>" + strList[i] + "</li>";
18    }
19    ulText += "</ul>"                                     // 项目符号结束标记
20    document.getElementById("ex").innerHTML = ulText;     // 列出项目符号
21 </script>
22 </body>
23 </html>
```

执行结果

使用JavaScript Array列出项目符号

- Apple
- Orange
- Banana

26-8 for/in 语句

这是用在数组的循环语句，可使程序设计简化许多，笔者以实例说明。

程序实例 ch26_14.html：使用 for/in 语句重新设计 ch26_10.html，这是一个直接列出数组的应用。

```
1  <!doctype html>
2  <html>
3  <head>
4     <meta charset="utf-8">
5     <title>ch26_14.html</title>
6  </head>
7  <body>
8  <p id="ex"></p>
9  <script>
10    var numList = [8, 7, 9, 2, 5];
11    var numArray = "";
12    var i;
13    for ( i in numList ) {
14       numArray += "numList[" + i + "] = " + numList[i] + "<br>";
15    }
16    document.getElementById("ex").innerHTML = numArray;
17 </script>
18 </body>
19 </html>
```

执行结果　与 ch26_10.html 相同。

这个程序最重要的新观念是下列语句：

```
for ( i in numList )
```

执行第一次循环时，i 会是索引 0，第二次时 i 会是索引 1 …… 第五次时 i 会是索引 4，由于这是最后一个循环，所以执行完后，循环自动结束。

26-9 综合应用

程序实例 ch26_15.html：猜数字游戏，所猜的数字是 30 在第 9 行，使用 puzzle 当变量名称。

```
1 <!doctype html>
2 <html>
3 <head>
4    <meta charset="utf-8">
5    <title>ch26_15.html</title>
6 </head>
7 <body>
8 <script>
9    var puzzle = 30;              // 设定数字解答
10   var numInput = window.prompt("请输入0-50数字", "");
11   do {
12      if ( Number(numInput) > puzzle ) {
13         window.alert("请猜小一点");
14         numInput = window.prompt("请输入0-50数字", "");
15      } else {
16         window.alert("请猜大一点");
17         numInput = window.prompt("请输入0-50数字", "");
18      }
19   } while ( Number(numInput) !== puzzle )
20   window.alert("恭喜!答对了");
21 </script>
22 </body>
23 </html>
```

执行结果 下列是一系列本例在 Chrome 中的执行结果图。

习题

1. 请参考 ch26_2.html，将程序改为如果随机数大于 0.67 输出 Big，如果小于或等于 0.67 但是大于 0.33 输出 medium，如果小于或等于 0.33 输出 small。
2. 请设计一个程序可以将数据从大排到小，下列是排序前的数据。

   16, 31, 98, 55, 38, 77, 16
3. 请参考 ch26_4.html 设计程序，如果当前系统时间是 0 列出星期日，1~6 分别列出星期一至星期六。

第　27　章

JavaScript 的函数设计

本章摘要

函数（function）由一系列指令组成，它的目的有两个。

（1）当我们在设计一个大型程序时，若是能将这个程序依功能分割成较小的功能，然后依这些较小功能要求撰写程序，则不仅使程序简单化，也使最后程序排错更容易。

（2）在一个程序中，也许一些指令被重复书写在不同的地方，若是我们能将这些重复的指令撰写成一个函数，需要用时再加以调用，如此，不仅减少编辑程序的时间，而且更可使程序精简、清晰、明了。

下面是调用函数的基本流程图。

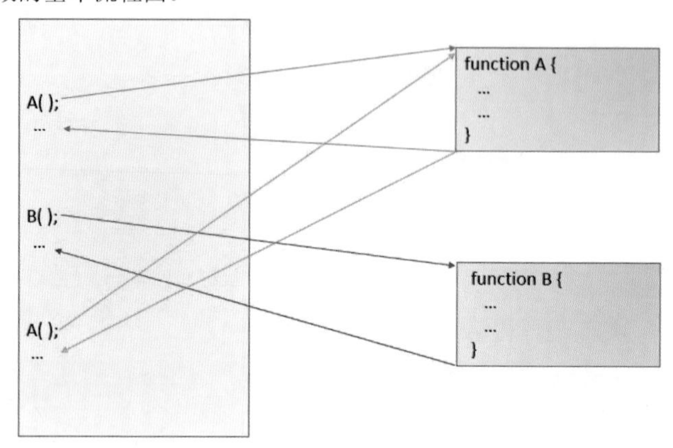

当一个程序在调用函数时，JavaScript 会自动跳到被调用的函数上执行工作，执行完成后，再回到原先程序执行位置，然后继续执行下一道指令。

JavaScript 程序语言的功能与其他高级语言使用目的不同，因此对于函数的使用功能也有它特殊的名词。JavaScript 将函数分为两种。

❑ 一般函数 (general function)

这种函数与其他高级语言的函数观念是一样的，有的程序语言将函数称作子程序。

❑ 事件处理函数 (event function)

用户在操作网页时，可能会触发一些动作，针对这些动作所设计的事件处理程序称事件处理函数。例如，用户浏览网页，网页内容下载后会触发 onload 事件，我们可以针对此设计事件处理程序。又例如，用户者浏览网页时，单击了一下某元素，会触发 onclick 事件，我们也可以针对此设计事件处理程序。

JavaScript 除了允许我们自行设计事件处理函数外，也提供一系列的内建函数（build in function），有些内建函数是全局内建函数，表示所有对象（object）皆可以使用，有些内建函数是适用某些特定对象（object），在 JavaScript 中称这些属于某对象的内建函数为方法（method），例如前一章所使用的 sort()。

27-1 基本函数设计

函数的基本语法格式如下：

```
function funName(parameter1, … , patameterN) {
   系列 statements;
}
```

上述函数内的 parameter 是指传递给函数的值，如果有传递参数时，所传递参数的顺序一定不能错误。

程序实例 ch27_1.html：一个简单没有传递参数，也不需返回数据的函数设计。

```
1 <!doctype html>
2 <html>
3 <head>
4    <meta charset="utf-8">
5    <title>ch27_1.html</title>
6    <script>
7       function welMsg( ) {
8          var loginName = window.prompt("请输入账号", "");
9          window.alert(loginName + "欢迎使用本系统");
10      }
11   </script>
12 </head>
13 <body onload="welMsg( )">
14 </body>
15 </html>
```

执行结果 下列是在Chrome中的执行结果。

27-2 设计一个可以传递参数的函数

这一节主要是用一个实例，让读者可以体会如何将参数传递至函数。

程序实例 ch27_2.html：设计程序，当单击超链接时，会调用 sumFun( ) 函数，同时分别将参数 20,30 传给 x,y。sumFun() 函数在执行运算后，可以得到执行结果。

```
1 <!doctype html>
2 <html>
3 <head>
4    <meta charset="utf-8">
5    <title>ch27_2.html</title>
6    <script>
7       function sumFun(x, y) {
8          sum = x + y;
9          window.alert(x + "+" + y + "=" + sum);
10      }
11   </script>
12 </head>
13 <body>
14 <p>请点选下列公式</p>
15 <a href="#" onclick="sumFun(20, 30)">x + y</a>
16 </body>
17 </html>
```

执行结果 下列是在Chrome中的执行结果。

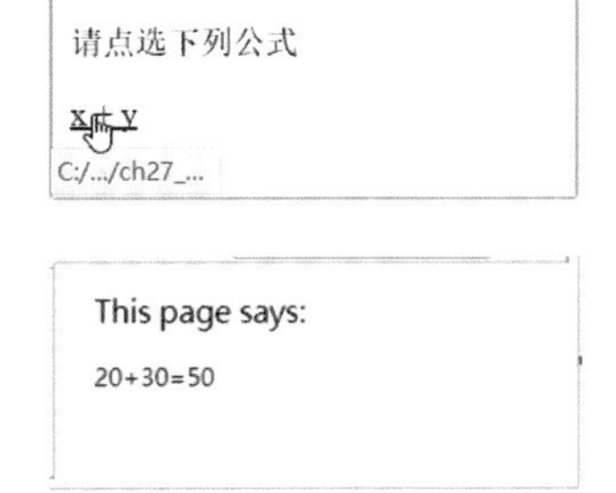

程序实例 ch27_3.html：重新设计 ch27_2.html，这个程序主要是更改第 15 行，不使用 onclick 事件，直接用超链接的特性。

```
16 <a href="javascript:sumFun( 20, 30 );">x + y</a>
```

执行结果 与 ch27_2.html 相同。

27-3 函数调用同时有返回值

设计一个有返回值的函数时，可在函数末端使用 return 语句返回相应的值，基本语法如下：

```
function funName(parameter1, … , patameterN) {
   系列 statements;
   return 返回值；
}
```

这一节内容，笔者同时使用了两个 <script> 元素，一个 <script> 放在 <head> 元素内，另一个 <script> 放在 <body> 元素内。当然读者在设计程序时，也可不必如此，不过将来看到有的网页源代码有多个 <script> 元素时，不用感到意外。

程序实例 ch27_4.html：设计一个加法函数，使其能返回运算结果。

```
1 <!doctype html>
2 <html>
3 <head>
4    <meta charset="utf-8">
5    <title>ch27_4.html</title>
6    <script>
7       function sumFun(x, y) {
8          sum = x + y;
9          return sum;
10      }
11   </script>
12 </head>
13 <body>
14 <p>JavaScript function with return data</p>
15 <p id="ex"><p>
16 <script>
17    document.getElementById("ex").innerHTML = sumFun(20, 30);
18 </script>
19 </body>
20 </html>
```

执行结果

```
JavaScript function with return data

50
```

上述函数的第 8 和第 9 行，也可以使用下面的 1 行代码取代。

```
return  x + y;
```

程序实例 ch27_5.html：将华氏温度转换成摄氏温度。

```
1 <!doctype html>
2 <html>
3 <head>
4    <meta charset="utf-8">
5    <title>ch27_5.html</title>
6    <script>
7       function toC(fahrenheit) {            // 华氏温度转成摄氏
8          return (5/9) * (fahrenheit - 32);
9       }
10   </script>
11 </head>
12 <body>
13 <p>Calculate the celsius using fahrenheit</p>
14 <p id="ex"><p>
15 <script>
16    document.getElementById("ex").innerHTML = "It is " + toC( 104 ) + " Celsius";
17 </script>
18 </body>
19 </html>
```

执行结果

```
Calculate the celsius using fahrenheit

It is 40 Celsius
```

27-4 全局变量与局部变量

在设计函数时，另一个重点是适当地使用变量名称。如果计划让某个变量为整个 HTML 文件皆可使用，可以将此变量设为全局变量（global variable）。这样不仅这个函数可以使用，所有程序内的函数都可以使用。全局变量一般在 <script> 内声明，是在函数外的变量。局部变量是指在 <script> 内，同时也在函数（function）内声明的变量，局部变量的影响范围仅限在所声明的函数内。

程序实例 ch27_6.html：全局变量的应用。这个程序第 13 行声明一个全局变量 msg，第 14 和第 16 行直接输出此全局变量。程序第 15 行是调用 txtStr 函数，由于这个函数内部并没有 msg 变量声明，相当于直接传回全局变量 msg，所以最后输出的 3 行全使用了全局变量 msg。

```
1 <!doctype html>
2 <html>
3 <head>
4    <meta charset="utf-8">
5    <title>ch27_6.html</title>
6 </head>
7 <body>
8 <p> Exercise Global Variable</p>
9 <p id="ex1"><p>
10 <p id="ex2"><p>
11 <p id="ex3"><p>
12 <script>
13    var msg = "Global Variable"          // 全局变量
14    document.getElementById("ex1").innerHTML = "ex1 = " + msg;
15    document.getElementById("ex2").innerHTML = "ex2 = " + txtStr( );
16    document.getElementById("ex3").innerHTML = "ex3 = " + msg;
17    function txtStr( ) {
18       return msg;                       // 传回全局变量
19    }
20 </script>
21 </body>
22 </html>
```

执行结果

Exercise Global Variable

ex1 = Global Variable

ex2 = Global Variable

ex3 = Global Variable

程序实例 ch27_7.html：局部变量的应用。这个程序第 13 行声明一个全局变量 msg，第 14 和第 16 行直接输出此全局变量。程序第 15 行是调用 txtStr 函数，由于这个 txtStr 函数内部声明了局部变量 msg，所以传回的是局部变量 msg 的值，从最后输出中可以看到局部变量的值“Local Variable”。

```
1 <!doctype html>
2 <html>
3 <head>
4    <meta charset="utf-8">
5    <title>ch27_7.html</title>
6 </head>
7 <body>
8 <p> Exercise Global Variable</p>
9 <p id="ex1"><p>
10 <p id="ex2"><p>
11 <p id="ex3"><p>
12 <script>
13    var msg = "Global Variable";         // 全局变量
14    document.getElementById("ex1").innerHTML = "ex1 = " + msg;
15    document.getElementById("ex2").innerHTML = "ex2 = " + txtStr( );
16    document.getElementById("ex3").innerHTML = "ex3 = " + msg;
17    function txtStr( ) {
18       var msg = "Local Variable";       // 局部变量
19       return msg;                       // 传回局部变量
20    }
21 </script>
22 </body>
23 </html>
```

执行结果

Exercise Global Variable

ex1 = Global Variable

ex2 = Local Variable

ex3 = Global Variable

27-5 函数被定义在对象内

在 25-6-3 节笔者介绍了对象（object）的基本定义，也介绍了存取对象的方法，其实这些皆算是面向对象的程序设计观念，在定义对象时可能会含有函数的情形，如下所示：

```
11    var student = {
12       firstName:"Peter",
13          lastName:"Hung",
14          id:1234,
15          stuName:function( ) {                // 函数存在对象内
16                return this.firstName + " " + this.lastName;
17                 }
18    };
```

当在声明对象时，对象内的属性有函数，对于 JavaScript 来说可将函数理解成方法，或是属性。其实它既是对象，也是方法，也是属性，此时可以用下列方式存取对象。

如果我们想存取 stuName 属性，可以使用下列叙述：

```
getname = stuName( );
```

程序实例 ch27_8.html：输出姓名的应用。

```
1  <!doctype html>
2  <html>
3  <head>
4     <meta charset="utf-8">
5     <title>ch27_8.html</title>
6  </head>
7  <body>
8  <p>简单输出的应用</p>
9  <p id="ex"></p>
10 <script>
11    var student = {
12       firstName:"Peter",
13           lastName:"Hung",
14           id:1234,
15           stuName:function( ) {                 // 函数存在对象内
16                   return this.firstName + " " + this.lastName;
17                    }
18    };
19    document.getElementById("ex").innerHTML = student.stuName( );
20 </script>
21 </body>
22 </html>
```

执行结果

简单输出的应用

Peter Hung

如果在上述程序中我们漏了“()”，而使用 student.stuName，则将得到函数的定义。

程序实例 ch27_9.html：重新设计 ch27_8.html，但是漏了“()”。

```
1  <!doctype html>
2  <html>
3  <head>
4     <meta charset="utf 8">
5     <title>ch27_9.html</title>
6  </head>
7  <body>
8  <p>简单输出的应用</p>
9  <p id="ex"></p>
10 <script>
11    var student = {
12           firstName:"Peter",
13           lastName:"Hung",
14           id:1234,
15           stuName:function( ) {
16                   return this.firstName + " " + this.lastName;
17                  }
18    };
19    document.getElementById("ex").innerHTML = student.stuName;
20 </script>
21 </body>
22 </html>
```

执行结果

简单输出的应用

function ( ) { return this.firstName + " " + this.lastName; }

本例重点要关注的是第 19 行的 student.stuName。

习题

1. 请重新设计 ch27_4.html，将程序改成输入摄氏温度转成华氏温度。
2. 请重新设计 ch27_4.html，将程序改成以 window.prompt() 函数得到所输入的华氏温度，然后输出摄氏温度。
3. 设计一个比大小的函数，这个函数将返回较大值。
4. 设计一个比大小的函数，这个函数将返回较小值。

第 28 章

浏览器对象模型 BOM

本章摘要

BOM 是 Browser Object Model 的缩写，简单地说，BOM 是 JavaScript 与浏览器沟通的桥梁。其实目前 BOM 仍未有标准，现在大多数的浏览器厂商彼此遵循一定规则规划在浏览程序内，所以大部分功能是适用于所有浏览器的。

28-1 认识 BOM

BOM 是一个树状的对象结构，它的组成可参考下图。

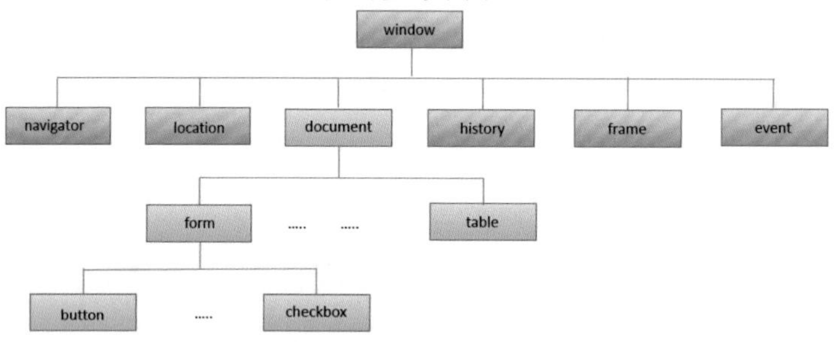

最顶层的 window 对象所指的就是浏览器窗口本身，window 对象下可以有 document、event、frame、history、location、navigator 对象，程序设计师可以使用 JavaScript 配合各对象的属性（property）和方法（method），来存取和操作上述对象。

在上图可以看到 document 对象，它指的就是 HTML 网页文件的元素。W3C 另外建立了文件对象模型 DOM（Document Object Model），我们可以用利用 DOM 的接口更进一步存取与操作它们，下一章会对此做解说。

28-2 window 对象

在 JavaScript 中所有全局对象、全局变量、函数其实都是 window 对象成员。

- ❑ 全局变量是 window 对象的属性（property）。
- ❑ 全局函数是 window 对象的方法（method）。
- ❑ 甚至 document 对象也是 window 对象的属性。

28-2-1 有趣的程序测试

程序实例 ch28_1.html：测试 JavaScript 全局变量为 window 对象的属性。这个程序的重点是全局变量 x 在第 9 行声明，但是在第 10 行使用“window.x”输出。

```
1  <!doctype html>
2  <html>
3  <head>
4     <meta charset="utf-8">
5     <title>ch28_1.html</title>
6  </head>
7  <body>
8     <script>
9        var x = 10;                  // 声明全局变量x
10       window.alert(window.x);      // 以window.x输出
11    </script>
12 </body>
13 </html>
```

执行结果 下列是在Chrome中的执行结果。

从第 11 章起笔者已经多次使用 alert() 函数了，其实这个函数是 window 对象的方法，使用时我们可以省略“window”。

程序实例 ch28_2.html：重新设计 ch28_1.html。这个程序的关注重点是第 10 行，省略了“window”。

```
10        alert(x);                // 以alert(x)输出
```

执行结果　与 ch28_1.html 相同。

之前笔者曾说 document 对象也是 window 对象，因此在前面 JavaScript 相关章节笔者也使用了许多。下列方法可用于存取元素内容。

```
document.getElementByID（id）.innerHTML
```

其实我们也可以使用下列方法存取元素内容。

```
window.document.getElementByID（id）.innerHTML
```

程序实例 ch28_3.html：重新设计 ch25_4.html，这个程序的关注重点是第 11 行。

```
11    window.document.getElementById("ex").innerHTML = 100;
```

执行结果　与 ch25_4.html 相同。

28-2-2　window 对象的属性

28-2-2-1　获得浏览器的宽度与高度

window 对象有下列属性可以获得浏览器窗口的宽度和高度。

```
window.innerHeight － 高度，单位是 pixels（px）
window.innerWidth － 宽度，单位是 pixels（px）
```

上述属性可以省略“window.”，直接使用 innerHeight 或 innerWidth。其实省略“window.”字符串可以节省输入时间，但是，如果你不是很熟练的网页设计师，可能无法立刻判断变量究竟是 window 对象的属性，还是一般变量。读者可自行决定是否在程序中加上“window.”。

程序实例 ch28_4.html：列出浏览器窗口的宽度和高度。

```
1  <!doctype html>
2  <html>
3  <head>
4     <meta charset="utf-8">
5     <title>ch28_4.html</title>
6  </head>
7  <body>
8  <p>输出窗口高度与宽度的应用</p>
9  <p id="ex1"></p>
10 <p id="ex2"></p>
11 <script>
12    var winHeight = window.innerHeight;           // 浏览区高度
13    var winWidth = window.innerWidth;             // 浏览区宽度
14    var outHeight = window.outerHeight;           // 总窗口高度
15    var outWidth = window.outerWidth;             // 总窗口宽度
16    document.getElementById("ex1").innerHTML =
17    "浏览区height = " + winHeight + " , 浏览区width = " + winWidth;
18     document.getElementById("ex2").innerHTML =
19    "总窗口height = " + outHeight + " , 总窗口width = " + outWidth;
20 </script>
21 </body>
22 </html>
```

执行结果

ch28_4.html

file:///C:/Users/Jiin-Kwei/Desktop/简体H...

输出窗口高度与宽度的应用

浏览区height = 122 , 浏览区width = 462

总窗口height = 214 , 总窗口width = 478

28-2-2-2　在浏览器的状态栏显示位置

在讲解本节内容前，如果你的浏览器没有开启状态栏，需开启浏览器的状态栏，方法是执行工具 / 工具栏 / 状态栏命令，如下所示：

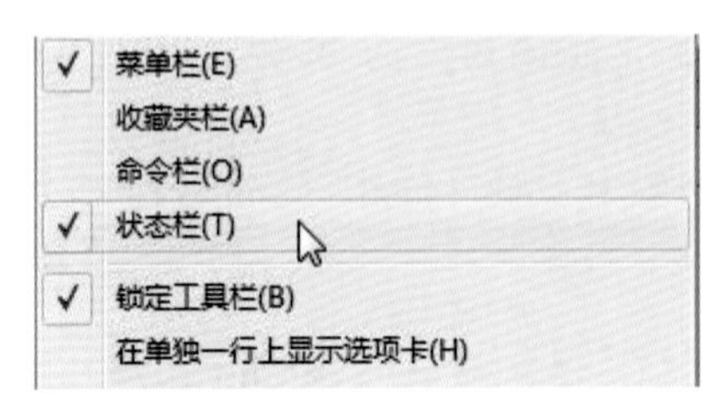

window 对象有下列属性，使用这些属性可以获得浏览器窗口的状态栏信息。

defaultStatus：默认状态栏信息。

status：状态栏信息。

程序实例 ch28_5.html：在状态栏显示信息的应用，这个程序会先显示网页默认的状态栏信息“HTML5+CSS3 王者归来”，如果单击 Date 按钮，则会显示当前日期与时间。

值得注意，鼠标指针离开 Date 按钮后，又会显示默认的信息。这个程序在第 11 行调用 Date() 函数显示当前日期与时间。

```
1 <!doctype html>
2 <html>
3 <head>
4    <meta charset="utf-8">
5    <title>ch28_5.html</title>
6    <script>
7       function load( ) {
8          defaultStatus = "HTML5+CSS3王者归来"        // 状态栏显示书名
9       };
10      function displayDate( ) {
11         status = new Date( );                       // 状态栏显示日期
12      };
13   </script>
14 </head>
15 <body onload="load( )">
16 <p>状态栏的输出应用</p>
17 <form>
18    <input type="button" onclick="displayDate( )" value="Date">
19 </form>
20 </body>
21 </html>
```

执行结果

如果没有默认状态栏数据（本例是本书书名），只要单击 Date 按钮后，状态栏将持续显示当前的日期与时间。

28-2-2-3 window 对象的其他属性

下列是 window 对象其他属性的说明：

closed：窗口是否关闭，true 表示是，false 表示否。

document：document 对象。

history：history 对象。

length：窗口的框架数目。

location：location 对象。

name：窗口名称。

navigator：navigator 对象。

opener：这个窗口的开启者。

pageXOffset：文件窗口距离显示区左上角的 x 位置。

pageYOffset：文件窗口距离显示区左上角的 y 位置。

parent：指向父窗口。

self：指向 window 对象本身。

top：指向最上层窗口。

screen：screen 对象。

screenX：窗口左上角距离屏幕左上角的 x 轴距离。

screenY：窗口左上角距离屏幕左上角的 y 轴距离。

28-2-3　window 对象的方法

28-2-3-1　定时器设定

window 对象有下列参数可以执行计时功能。

```
idTime = setTimeout ( function, milliseconds ) ;
```

上述参数意义如下：

idTime 是此定时器的返回参数，可由此关闭此定时器。

function：计时到达时，所执行的函数。

milliseconds：千分之一秒。

下面是关闭上述定时器的方法。

```
clearTimeout ( idTime ) ;   // 关闭 idTime 定时器
```

程序实例 ch28_6.html：这是一个设定定时器的设计，窗口状态栏会显示“计时中 …”或“计时结束”，每一次计时时间是 3 秒。

```
1  <!doctype html>
2  <html>
3  <head>
4     <meta charset="utf-8">
5     <title>ch28_6.html</title>
6     <script>
7        var idTime;
8        function stopTime ( ) {                     // 询问是否继续
9           var intBoolean = confirm("是否继续计时?");
10          if ( intBoolean == false ) {
11             status = "计时结束";                   // 列出计时结束
12             clearTimeout( idTime );               // 计时结束
13          } else {
14             counterTime( );                       // 重新计时
15          }
16       }
17       function counterTime( ) {                   // 设定计时
18          status = "计时中 ... "                    // 列出计时中字符串
19          idTime = setTimeout( stopTime, 3000);    // 计时是3秒
20       }
21    </script>
22 </head>
23 <body>
24 <p>Window定时器运作</p>
25 <form>                                  <!-- 启动计时 -->
26    <input type="button" onclick="counterTime( )" value="Timer">
27 </form>
28 </body>
29 </html>
```

执行结果

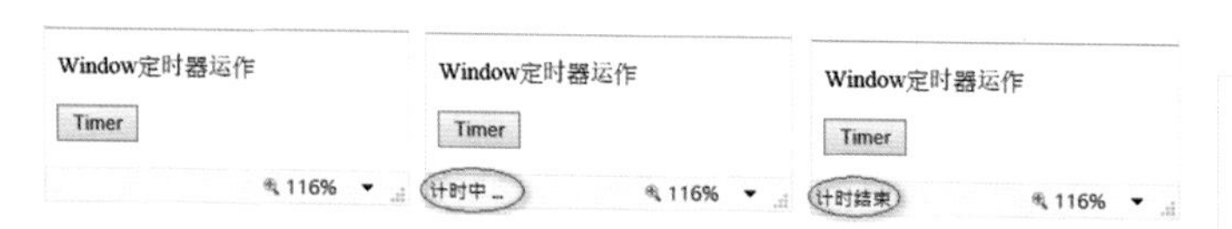

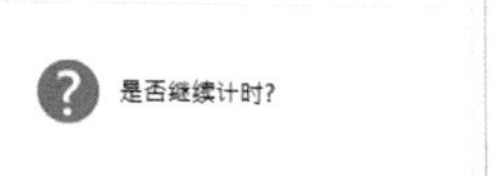

上述程序第 9 行使用了 confirm() 方法，这个方法执行时会产生信息，单击“确定”按钮会传回 true，单击“取消”按钮会传回 false。window 对象另一组常用的计时方法是：

```
idTime = setInterval ( function, milliseconds ) ;
```

上述参数意义如下：

function：每隔特定时间的周期，会执行此函数。

milliseconds：单位是千分之一秒。

idTime：执行 setInterval 的返回值，可用此关闭此计时。

clearInterval(idTime) 函数可以关闭 idTime 定时器。

程序实例 ch28_7.html：setInterval() 和 clearInterval() 函数的应用。这个程序在执行时，若单击“显示时钟”按钮，可以显示时钟，若单击“暂停时钟”按钮，可暂时中止其显示。

```
1 <!doctype html>
2 <html>
3 <head>
4    <meta charset="utf-8">
5    <title>ch28_7.html</title>
6    <script>
7       var idMyTime;
8       function stopTime ( ) {              // 时钟暂停
9          clearInterval( idMyTime );
10         document.getElementById("ex").innerHTML = "时钟暂停";
11      }
12      function startTime( ) {
13         var currentTime = new Date( );   // 获得时钟信息
14         var localTime = currentTime.toLocaleTimeString( );     // 转成时间字符串
15         document.getElementById("ex").innerHTML = localTime;
16      }
17      function myTime( ) {                 // 起动时钟
18         idMyTime = setInterval(function ( ) { startTime( ) }, 1000 );
19      }
20   </script>
21 </head>
22 <body>
23 <p>Window时钟设计</p>
24 <p id="ex">时钟尚未启动</p>
25 <form>                                   <!-- 显示与暂停按钮设计 -->
26    <input type="button" onclick="myTime( )" value="显示时钟">
27    <input type="button" onclick="stopTime( )" value="暂停时钟">
28 </form>
29 </body>
30 </html>
```

执行结果

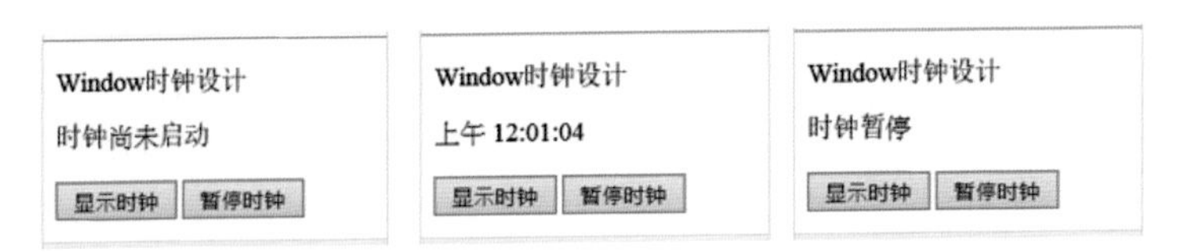

上述程序的第 14 行 toLocaleTimeString() 函数可将时间信息转成当地的时间。本例是转成“上午 12:01:04”。

28-2-3-2 open() 和 close()

open() 可以开新窗口，close() 可以关闭窗口。open() 的使用语法如下：

```
winID = window.open ( URL, name, specs, replace ) ;
```

❑ URL

这是可选项，可以设定与开启网页文件的 URL，如果不指定，则开启的窗口是空白页（blank）。

- name

可设定 target 属性，可能的值如下：

_self：在目前的浏览页面下显示，这是系统默认设置。

_blank：在现成的浏览器下新增一个浏览页面。

_parent：如果目前的页面有父层级，在父层级页面显示。

_top：在目前浏览器的最顶端显示。

name：窗口的名称，可以新增一个浏览器窗口。

- specs（所开启的窗口特色）

可以有下列值：

channelmode：值可以是 yes | no | 1 | 0，即是否用剧院模式开启，默认值是否。

directory：值可以是 yes | no | 1 | 0，即是否增加目录按钮，默认是开启，IE 支持。

fullscreen：值可以是 yes | no | 1 | 0，即是否以全屏幕开启，默认是否，IE 支持。

height：值为窗口高度，最小值是 100，单位是 px。

left：值为窗口的 x 轴坐标，必须是正值，单位是 px。

location：值可以是 yes | no | 1 | 0，即是否显示网址栏，默认是显示。

menubar：值可以是 yes | no | 1 | 0，即是否显示菜单。

resizable：值可以是 yes | no | 1 | 0，即是否可更改窗口大小。

scrollbars：值可以是 yes | no | 1 | 0，即是否显示滚动条。

status：值可以是 yes | no | 1 | 0，即是否显示状态栏。

titlebar：值可以是 yes | no | 1 | 0，即是否显示标题栏。

toolbar：值可以是 yes | no | 1 | 0，即是否显示工具栏。

top：窗口的 y 轴坐标，必须是正值，单位是 px。

width：窗口宽度，最小值是即是 100，单位是 px。

- replace

这是逻辑值，true 表示替换浏览历史（history）的条目（entry）。false 表示在浏览历史中建立新的条目。

- winID

这是开启新窗口后的返回值。读者可以自行设定这个返回值的名称，之后可以使用这个返回值操作此窗口。

关闭窗口方法如下：

```
winID.close ( ) ;
```

程序实例 ch28_8.html：开启新窗口与关闭窗口的应用。所开启的窗口在同一浏览器出现。程序第 14 行省略 name 参数，相当于 _blank 参数效果。

```
1  <!doctype html>
2  <html>
3  <head>
4     <meta charset="utf-8">
5     <title>ch28_8.html</title>
6  </head>
7  <body>
8  <p>开启新窗口Window</p>
9  <button onclick="openWin( )">Open Window</button>
10 <button onclick="closeWin( )">Close Window</button>
11 <script>
12    var myfirstWin;
13    function openWin( ) {          // 在相同浏览器开新窗口
14       myfirstWin = window.open("","width=300,height=150");
15    }
16    function closeWin( ) {         // 关闭窗口
17       myfirstWin.close();
18    }
19 </script>
20 </body>
21 </html>
```

执行结果 下列是在 Chrome 中的执行结果，可单击 Open Window 按钮开启新窗口。

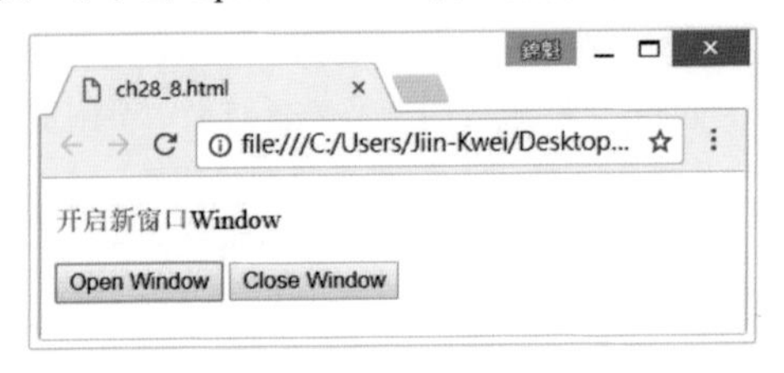

在父窗口，单击 Close Window 按钮可关闭新增窗口。

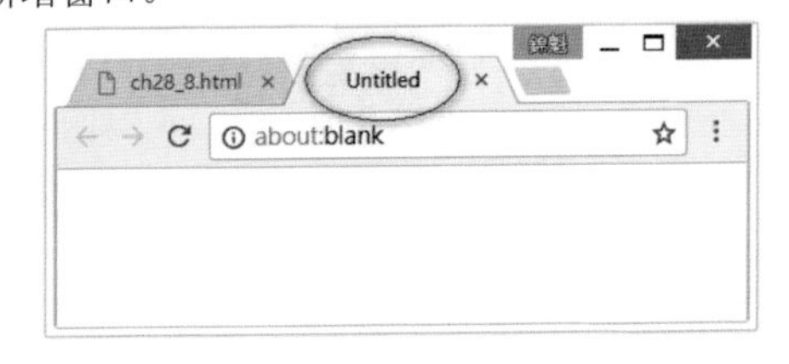

程序实例 ch28_9.html：重新设计 ch28_8.html，以新的窗口显示所建的窗口。这个程序只是程序的修改了原程序的第 14 行，增加为窗口命名。

```
14       myfirstWin = window.open("","myFirstWindow","width=300,height=150");
```

执行结果 下列是所建的新窗口。

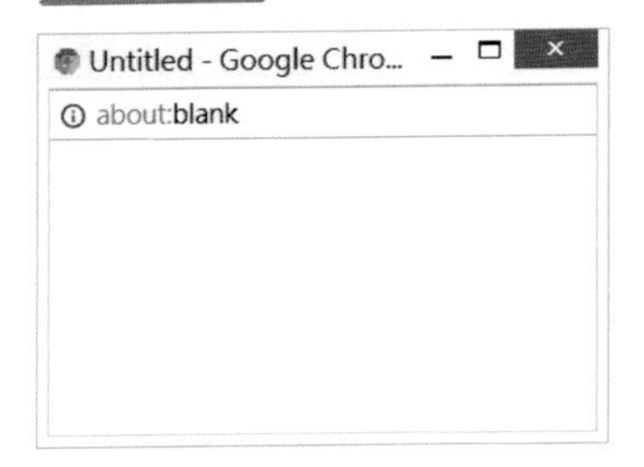

程序实例 ch28_10.html：重新设计 ch28_8.html，扩充第 14 行，增加显示工具栏、状态栏功能，可以调整窗口大小，同时设定子窗口的位置。

```
13    function openWin( ) {          // 在不同浏览器开新窗口
14       myfirstWin = window.open("","_blank",
15       "toolbar=yes,status=1,resizable=1,top=200,left=300,width=600,height=300");
16    }
```

执行结果 下列是IE的执行结果。

在 BOM 模型下，父窗口与子窗口可以互动交流，例如：父窗口可以将所建的子窗口关闭，子窗口也可以传递信息给父窗口。子窗口传递信息给父窗口使用的是 opener 属性，可参考下面的实例。

程序实例 ch28_11.html：这个程序执行时，若是单击 Run 按钮，会建立一个子窗口，同时子窗口会传递信息“This Message from child Window”给父窗口。

```
1 <!doctype html>
2 <html>
3 <head>
4    <meta charset="utf-8">
5    <title>ch28_11.html</title>
6 </head>
7 <body>
8 <p>信息交换</p>
9 <button onclick="testFun( )">Run</button>
10 <script>
11    var childWin;
12    function testFun( ) {
13       childWin = window.open("","_blank",
14       "toolbar=yes,status=1,resizable=1,top=200,left=300,width=600,height=300");
15       childWin.document.write("<p>This is child Window</p>");
16       childWin.opener.document.write("<p>This Message from child Window</p>");
17    }
18 </script>
19 </body>
20 </html>
```

执行结果

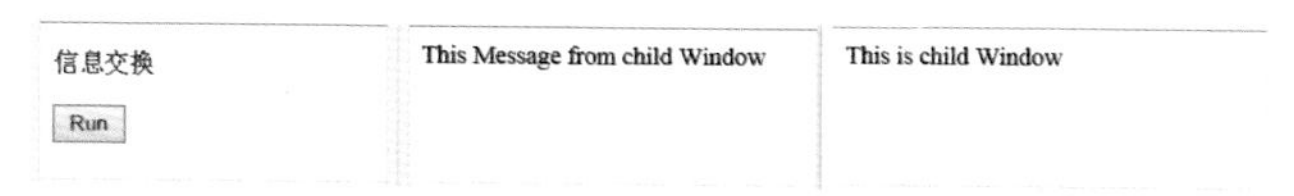

28-2-3-3　scrollBy() 和 scrollTo()

scrollBy() 方法是设定滚动滚动条的滚动量，单位是 px，格式如下。

```
window.scrollBy ( xnum, ynum )
```

xnum：x 轴的滚动量，正值是往右滚动，负值是往左滚动。

ynum：y 轴的滚动量，正值是往下滚动，负值是往上滚动。

scrollTo() 方法是设定滚动条的滚动位置。

```
window.scrollTo ( xpos,ypos )
```

xpos：滚到 x 轴位置。

ypos：滚到 y 轴位置。

程序实例 ch28_12.html：这个程序会依指定方向滚动滚动条，每次 30px。

```
1 <!doctype html>
2 <html>
3 <head>
4    <meta charset="utf-8">
5    <title>ch28_12.html</title>
6    <style>
7       body { width:1000px; height:1000px; }  /* 要设定较大区间才会显示滚动条 */
8       button { position:fixed; }             /* 将button定位 */
9    </style>
10 </head>
11 <body>
12 <h1>深石数位</p>
13 <p>深度学习滴水穿石</p>
14 <button onclick="scrollMove(30,0)">向右滚动</button><br>
15 <button onclick="scrollMove(-30,0)">向左滚动</button><br>
16 <button onclick="scrollMove(0,30)">向下滚动</button><br>
17 <button onclick="scrollMove(0,-30)">向上滚动</button><br>
18 <script>
19    function scrollMove(x, y) {
20       scrollBy(x,y)
21    }
22 </script>
23 </body>
24 </html>
```

执行结果

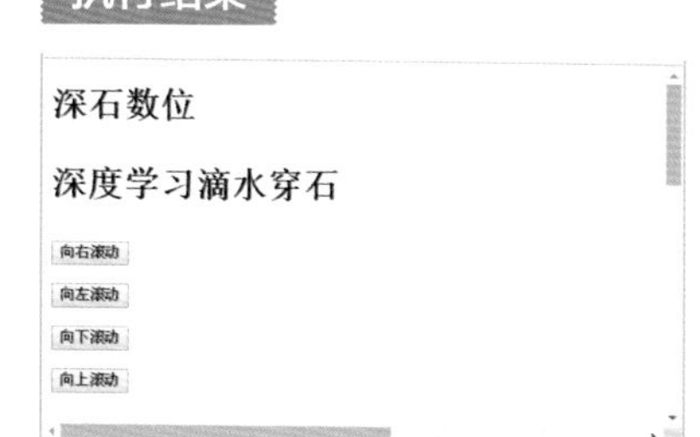

28-2-3-4　window 对象的其他方法

下列是 window 对象其他的方法说明：

blur()：移除该窗口的焦点（focus）。

createPopup()：建立一个弹出窗口。

focus()：为该窗口取得焦点。

moveBy(x,y)：以 (x,y) 相对位置移动窗口。

moveTo(x,y)：窗口移至相对屏幕左上角绝对位置 (x,y)。

resizeBy(x,y)：调整窗口大小，变化量水平轴是 x，垂直轴是 y，单位是 px。

resizeTo(x,y)：将窗口调整至水平轴是 x，垂直轴是 y，单位是 px。

28-3　screen 对象

screen 对象包含用户的屏幕信息，这个对象包含下列属性。

screen.height：屏幕高度，单位是 px。

screen.width：屏幕宽度，单位是 px。

screen.availHeight：屏幕可用高度，不包含屏幕下方的任务栏，单位是 px。

screen.availWidth：屏幕可用宽度，不包含屏幕左方的任务栏，单位是 px。

screen.colorDcpth：颜色深度，列出每个像素用多少位储存，单位是 px。

screen.pixelDepth：意义与 screen.colorDepth 相同。

程序实例 ch28_13.html：列出用户的屏幕信息。

```
1  <!doctype html>
2  <html>
3  <head>
4      <meta charset="utf-8">
5      <title>ch28_13.html</title>
6  </head>
7  <h1>获得屏幕信息</h1>
8  <p id="ex1">屏幕高度=</p>
9  <p id="ex2">屏幕可用高度=</p>
10 <p id="ex3">屏幕宽度=</p>
11 <p id="ex4">屏幕可用宽度=</p>
12 <p id="ex5">屏幕颜色深度=</p>
13 <script>
14     document.getElementById("ex1").innerHTML += screen.height;
15     document.getElementById("ex2").innerHTML += screen.availHeight;
16     document.getElementById("ex3").innerHTML += screen.width;
17     document.getElementById("ex4").innerHTML += screen.availWidth;
18     document.getElementById("ex5").innerHTML += screen.colorDepth;
19 </script>
20 </body>
21 </html>
```

执行结果

获得屏幕信息

屏幕高度=864

屏幕可用高度=826

屏幕宽度=1536

屏幕可用宽度=1536

屏幕颜色深度=24

28-4　navigator 对象

这个对象用于获得用户的浏览器信息，这些信息是只能读取的信息，下列是此对象的属性说明。

appCodeName：浏览器的程序代码名称，例如 Mozilla。

appMinorVersion：浏览器的辅版本号。

appName：浏览器名称。

appVersion：浏览器的版本号。

browerLanguage：浏览器所用语言。

cookieEnabled：浏览器是否使用 cookie 功能，true 表示是，false 表示否。

cpuClass：返回 CPU 类型。

onLine：返回目前浏览器是否联机，true 表示是，false 表示否。

platform：返回浏览器的操作系统平台。

systemLanguage：返回操作系统目前的语系。

userAgent：返回 HTTP Request 中 user-agent 的值。

userLanguage：返回浏览器操作系统所用语言。

程序实例 ch28_14.html：列出目前笔者所使用浏览器的信息。

```
1 <!doctype html>
2 <html>
3 <head>
4     <meta charset="utf-8">
5     <title>ch28_14.html</title>
6 </head>
7 <body>
8 <h1>获得浏览器信息</h1>
9 <p id="ex"></p>
10 <script>
11     var bInfo = "";
12     bInfo += "<p>浏览器appCodeName: " + navigator.appCodeName + "</p>";
13     bInfo += "<p>浏览器appName: " + navigator.appName + "</p>";
14     bInfo += "<p>浏览器appVersion: " + navigator.appVersion + "</p>";
15     bInfo += "<p>浏览器appMinorVersion: " + navigator.appMinorVersion + "</p>";
16     bInfo += "<p>浏览器Cookie Enabled: " + navigator.cookieEnabled + "</p>";
17     bInfo += "<p>浏览器计算机cpuClass: " + navigator.cpuClass + "</p>";
18     bInfo += "<p>浏览器onLine: " + navigator.onLine + "</p>";
19     bInfo += "<p>浏览器Language: " + navigator.browserLanguage + "</p>";
20     bInfo += "<p>User Language: " + navigator.userLanguage + "</p>";
21     bInfo += "<p>System Language: " + navigator.systemLanguage + "</p>";
22     bInfo += "<p>操作系统platform: " + navigator.platform + "</p>";
23     bInfo += "<p>HTTP Request userAgent: " + navigator.userAgent + "</p>";
24     document.getElementById("ex").innerHTML += bInfo;
25 </script>
26 </body>
27 </html>
```

执行结果

获得浏览器信息

浏览器appCodeName: Mozilla

浏览器appName: Netscape

浏览器appVersion: 5.0 (Windows NT 6.3; WOW64; Trident/7.0; Touch; .NET4.0E; .NET4.0C; .NET CLR 3.5.30729; .NET CLR 2.0.50727; .NET CLR 3.0.30729; Tablet PC 2.0; MAARJS; rv:11.0) like Gecko

浏览器appMinorVersion: 0

浏览器Cookie Enabled: true

浏览器计算机cpuClass: x86

浏览器onLine: true

浏览器Language: zh-TW

User Language: zh-TW

System Language: zh-TW

操作系统platform: Win32

HTTP Request userAgent: Mozilla/5.0 (Windows NT 6.3; WOW64; Trident/7.0; Touch; .NET4.0E; .NET4.0C; .NET CLR 3.5.30729; .NET CLR 2.0.50727; .NET CLR 3.0.30729; Tablet PC 2.0; MAARJS; rv:11.0) like Gecko

上述有些数据只能参考，不一定完全正确，例如笔者使用的是 IE 浏览器却得到 Netscape 浏览器的结果，Netscape 是约 20 年前的浏览器啊！

28-5 history 对象

这个对象包含浏览器的浏览记录，这个对象只有一个属性。

legnth：记录浏览记录的采数。

这个对象有下列方法可用：

back()：回到上一页。

forward()：跳到下一页。

go(n)：n 是正值则跳到下 n 页，n 是负值则跳到上 n 页。

程序实例 ch28_15.html：设计跳到下一页与上一页的应用。在测试此程序时，可以先在网址栏输入任一单位的网页地址，然后返回此网页，再单击“下一页”按钮时可以跳到先前单位的网页。这个程序同时会列出浏览记录次数。

```
1  <!doctype html>
2  <html>
3  <head>
4     <meta charset="utf-8">
5     <title>ch28_15.html</title>
6  </head>
7  <body>
8  <h1>浏览器history</h1>
9  <p id="ex"></p>
10 <input type="button" value="上一页" onclick="historyBack( )">
11 <input type="button" value="下一页" onclick="historyForward( )">
12 <script>
13    var numH = window.history;      // 设定history对象下一列会列出历史记录次数
14    document.getElementById("ex").innerHTML = "历史记录次数 = " + numH.length;
15    function historyBack( ) {                    // 回到上一页
16       window.history.back( );
17    }
18    function historyForward( ) {                 // 跳到下一页
19       window.history.forward( );
20    }
21 </script>
22 </body>
23 </html>
```

执行结果

浏览器history

历史记录次数=1

上一页 下一页

28-6 location 对象

location 对象用于列出目前浏览网页的 URL 信息，下列是这个对象的属性。

hash：网址中“#”符号后面的部分。

host：网址的主机名与通信端口。

hostname：网址的主机名。

href：完整的 URL 字符串。

pathname：网址的文件名与路径。

port：URL 网址的通信端口。

search：返回 URL 网址“?”符号后面的信息。

这个对象有下列方法可用：

assign(URL)：载入参数 URL 的网页。

reload()：重载目前开启的网页。

replace(URL)：载入 URL 的网页，同时用这个网页取代目前网页在 history 中的记录，相当于属性 href 设为目前参数 URL。

程序实例 ch28_16.html：列出 location 属性值。

```
1  <!doctype html>
2  <html>
3  <head>
4     <meta charset="utf-8">
5     <title>ch28_16.html</title>
6  </head>
7  <body>
8  <h1>location 对象</h1>
9  <p id="ex"></p>
10 <script>
11    var loInfo = "";
12    loInfo += "<p>hash = " + window.location.hash + "</p>";
13    loInfo += "<p>host = " + window.location.host + "</p>";
14    loInfo += "<p>hostname = " + window.location.hostname + "</p>";
15    loInfo += "<p>URL = " + window.location.href + "</p>";
16    loInfo += "<p>pathname = " + window.location.pathname + "</p>";
17    loInfo += "<p>port = " + window.location.port + "</p>";
18    loInfo += "<p>search = " + window.location.searcch + "</p>";
```

```
19     document.getElementById("ex").innerHTML += loInfo;
20  </script>
21  </body>
22  </html>
```

执行结果 下图中，由于程序没有真正放在网页内，所以有些属性值是空白的。

location对象

hash =

host =

hostname =

URL = file:///D:/HTML5+CSS3/ch28/ch28_16.html

pathname = /D:/HTML5+CSS3/ch28/ch28_16.html

port =

search = undefined

下图所示是笔者将 HTML 文件放在 Internet 上的执行结果，此时 host 和 hostname 属性就有数据了。

port 如果是默认值，例如 80 或 443，就不会有返回值。

程序实例 ch28_17.html：这个程序执行时先列出 location 属性值，然后单击 New Page 按钮，就会加载 ch28_16.html 文件。

```
1  <!doctype html>
2  <html>
3  <head>
4     <meta charset="utf-8">
5     <title>ch28_17.html</title>
6  </head>
7  <body>
8  <h1>location对象</h1>
9  <p id="ex"></p>
10 <script>
11    var loInfo = "";
12    loInfo += "<p>hash = " + window.location.hash + "</p>";
13    loInfo += "<p>host = " + window.location.host + "</p>";
14    loInfo += "<p>hostname = " + window.location.hostname + "</p>";
15    loInfo += "<p>URL = " + window.location.href + "</p>";
16    loInfo += "<p>pathname = " + window.location.pathname + "</p>";
17    loInfo += "<p>port = " + window.location.port + "</p>";
18    loInfo += "<p>search = " + window.location.searcch + "</p>";
19    document.getElementById("ex").innerHTML += loInfo;
20    function newPage( ) {
21       window.location.assign("ch28_16.html");
22    }
23 </script>
24 <input type="button" value="New Page" onclick="newPage( )">
25 </body>
26 </html>
```

执行结果

location对象

hash =

host =

hostname =

URL = file:///D:/HTML5+CSS3/ch28/ch28_17.html

pathname = /D:/HTML5+CSS3/ch28/ch28_17.html

port =

search = undefined

New Page

location对象

hash =

host =

hostname =

URL = file:///D:/HTML5+CSS3/ch28/ch28_16.html

pathname = /D:/HTML5+CSS3/ch28/ch28_16.html

port =

search = undefined

习题

1. 为 ch28_6.html 增加新功能，当重复计时，同时列出重复次数，格式可以自行发挥创意。
2. 时间系列指令如下：

```
var nowTime = new Date();
var hh = nowTime.getHours();        // 返回时 hour
var mm = nowTime.getMinutes();      // 返回分 minutes
var ss = nowTime.getSeconds();      // 返回秒 seconds
```

请使用上述数据为网页建立返回时钟值的设计，时间格式是“hh:mm:ss”。

3. 请使用 JavaScript 自行撰写属于自己的 confirm() 函数。

第 29 章

HTML 的文件对象模型 DOM

本章摘要

DOM 是 Document Object Model 的缩写。有了这个 DOM，我们可以使用 JavaScript 存取、更改所有 HTML 的元素。

29-1 认识 DOM

DOM 是 W3C 推荐的标准平台，可接受不同语言的参考使用，主要是定义存取 HTML 文件的方法与标准。也可以说 DOM 提供了一个接口，可让不同的计算机语言（programs）或脚本语言（scripts）动态存取或更新 HTML 文件的元素。这本书的重点是使用 JavaScript 存取、更改所有 HTML 的元素。特别须留意的是，DOM 不是 JavaScript 的一部分。

W3C DOM 的标准有 3 种：

- HTML DOM：HTML 文件的标准，这是本书的重点。
- XML DOM：XML 文件的标准。
- Core DOM：所有文件的标准。

更精确地说，DOM 定义了 HTML 对象模型和程序接口（Application Programming Interface，API），基本定义如下：

- 每个 HTML 元素皆是一个对象（object）。
- 所有 HTML 元素的属性（property）。
- 存取所有 HTML 元素的方法（method）。
- 所有 HTML 元素的事件（event）。

上述笔者以存取（access）代表 DOM 对 HTML 元素的定义，更精确地说，DOM 定义了增加（add）、删除（delete）、获取（get）和更改（change）HTML 元素的标准与方法。

当一个 HTML 文件下载到浏览器后，浏览器就会为网页建立一个 DOM 模型，这个模型是一个树状结构。

程序实例 ch29_1.html：绘制一份 HTML 文件的树状结构。

```
1 <!doctype html>
2 <html>
3 <head>
4     <meta charset="utf-8">
5     <title>ch29_1.html</title>
6 </head>
7 <body>
8 <h1>DOM</h1>
9 <p>Using JavaScript access HTML</p>
10 <ul>
11     <li>HTML</li>
12     <li>CSS</li>
13     <li>JavaScript</li>
14 </ul>
15 </body>
16 </html>
```

执行结果　下列是上述 HTML 文件的树状结构。

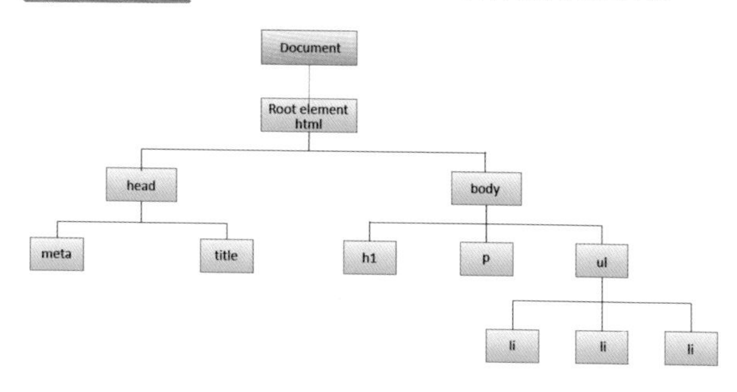

在上述 DOM 的树状结构下，JavaScript 利用树状结构与原理，可以执行下列工作：

- 删除现有 HTML 的元素与属性。
- 新增 HTML 元素与属性。
- 取得 HTML 元素与属性。
- 更改 HTML 元素与属性。
- 更改页面 CSS 样式。
- 为页面的事件设计处理程序。
- 为页面建立新的事件。

29-2 取得 HTML 元素

下面将分成几个小节讲解存取 HTML 元素的方法。

29-2-1 getElementByID()

其实先前我们已经使用这个方法（method）许多次了，这是 document 对象的方法，从 JavaScript 相关章节起，我们将大多数的执行结果以这个方法存入 HTML 元素内，下面将再以实例说明。

程序实例 ch29_2.html：getElementByID() 的应用。这个程序会读取标题元素 <h1> 的内容，然后输出。

```
1  <!doctype html>
2  <html>
3  <head>
4     <meta charset="utf-8">
5     <title>ch29_2.html</title>
6  </head>
7  <body>
8  <h1 id="info">DOM</h1>                                    <!-- 标题元素内容 -->
9  <p>使用getElementById方法取得元素内容</p>
10 <p id="ex"></p>
11 <script>
12    var exInfo = document.getElementById("info");          // 取得标题<h1>内容
13    document.getElementById("ex").innerHTML = "h1内容是 = " + exInfo.innerHTML;
14 </script>
15 </body>
16 </html>
```

执行结果

DOM
使用getElementById方法取得元素内容
h1内容是 = DOM

29-2-2 getElementsByTagName()

这一节所述的方法是使用标记名称（TagName）。由于一个 HTML 文件内可能会有许多标记名称是相同的，因此可以返回一个节点串行（HTMLCollection）元素内容，其中第一条数据的索引是 0，第二条数据的索引是 1……，其他依此类推。

其实所返回的节点串行元素内容，看起来好像是数组（array），需用索引存取，可是我们无法将数组的函数 push() 或 pop() 等应用在节点串行上。

程序实例 ch29_3.html：getElementsByTagName( ) 的应用。这个程序会用标记名称方法取得所有 <p> 元素的内容，然后输出。

```
1  <!doctype html>
2  <html>
3  <head>
4     <meta charset="utf-8">
5     <title>ch29_3.html</title>
6  </head>
7  <body>
8  <p>DOM观念应用</p>
9  <p>使用getElementByTagName方法取得元素内容</p>
10 <p>HTML5+CSS3+JavaScript</p>
11 <p id="ex0"></p>
12 <p id="ex1"></p>
13 <p id="ex2"></p>
14 <script>
15    var exInfo = document.getElementsByTagName("p");          // 取得段落<p>内容
16    document.getElementById("ex0").innerHTML = "p(0) = " + exInfo[0].innerHTML;
17    document.getElementById("ex1").innerHTML = "p(1) = " + exInfo[1].innerHTML;
18    document.getElementById("ex2").innerHTML = "p(2) = " + exInfo[2].innerHTML;
19 </script>
20 </body>
21 </html>
```

执行结果

DOM观念应用
使用getElementByTagName方法取得元素内容
HTML5+CSS3+JavaScript
p(0) = DOM观念应用
p(1) = 使用getElementByTagName方法取得元素内容
p(2) = HTML5+CSS3+JavaScript

29-2-3　getElementsByClassName()

由于一个 HTML 文件内可能会有某些元素有相同的类别（class）名称，因此可以返回一个相同类别名称的节点串行元素内容，其中第一条数据的索引是 0，第二条数据的索引是 1……其他依此类推。值得留意的是元素不同，但是类别（class）相同的也将列出。

程序实例 ch29_4.html：getElementsByClassName() 的应用。这个程序会列出第 8、10、11 行，类别是“info”的所有数据，即使第 8 行元素是 <h1>，其他两行元素是 <p>，也将通通列出来。

```
1  <!doctype html>
2  <html>
3  <head>
4     <meta charset="utf-8">
5     <title>ch29_4.html</title>
6  </head>
7  <body>
8  <h1 class="info">DeepStone</h1>
9  <p>DOM概念应用</p>
10 <p class="info">使用getElementByClassName方法取得元素内容</p>
11 <p class="info">HTML5+CSS3+JavaScript</p>
12 <p id="ex0"></p>
13 <p id="ex1"></p>
14 <p id="ex2"></p>
15 <script>
16    var exInfo = document.getElementsByClassName("info");  // 取得class是info的内容
17    document.getElementById("ex0").innerHTML = "p(0) = " + exInfo[0].innerHTML;
18    document.getElementById("ex1").innerHTML = "p(1) = " + exInfo[1].innerHTML;
19    document.getElementById("ex2").innerHTML = "p(2) = " + exInfo[2].innerHTML;
20 </script>
21 </body>
22 </html>
```

执行结果

DeepStone

DOM概念应用

使用getElementByClassName方法取得元素内容

HTML5+CSS3+JavaScript

p(0) = DeepStone

p(1) = 使用getElementByClassName方法取得元素内容

p(2) = HTML5+CSS3+JavaScript

29-2-4　querySelectorAll() 和 querySelector()

querySelectorAll() 这个方法可以搜寻与特定 CSS 选择器属性相同的元素，同样，由于可能会有多条数据符合，所以返回值是节点串行元素。

程序实例 ch29_5.html：querySelectorAll() 方法的应用。这个程序会返回 class 属性值是“info”的所有 <p> 元素，并列出这些内容。

```
1  <!doctype html>
2  <html>
3  <head>
4     <meta charset="utf-8">
5     <title>ch29_5.html</title>
6  </head>
7  <body>
8  <p>DOM概念应用</p>
9  <p class="info">使用querySelectorAll方法取得元素内容</p>
10 <p class="info">HTML5+CSS3+JavaScript</p>
11 <p id="ex0"></p>
12 <p id="ex1"></p>
13 <script>
14    var exInfo = document.querySelectorAll("p.info");  // 取得class是info的<p>内
15    document.getElementById("ex0").innerHTML = "p(0) = " + exInfo[0].innerHTML;
16    document.getElementById("ex1").innerHTML = "p(1) = " + exInfo[1].innerHTML;
17 </script>
18 </body>
19 </html>
```

执行结果

DOM概念应用

使用querySelectorAll方法取得元素内容

HTML5+CSS3+JavaScript

p(0) = 使用querySelectorAll方法取得元素内容

p(1) = HTML5+CSS3+JavaScript

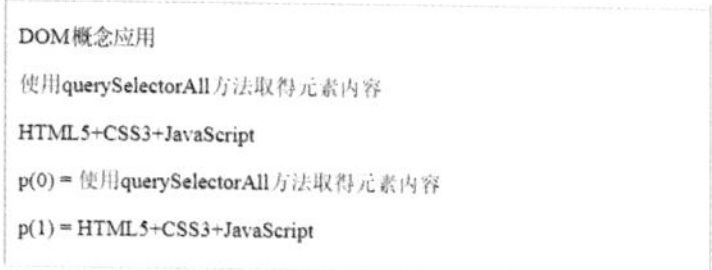

querySelector() 这个方法可用于搜寻与特定 CSS 选择器属性相同的元素，同时也是第一条数据，所以返回值是单一元素。

程序实例 ch29_6.html：重新设计 ch29_5.html，这个程序会获取第一条 class 是 info 的 <p> 元素，可参考程序第 14 和 15 行，以及第一条 <p> 元素，可参考程序第 16 和 17 行。

```
1  <!doctype html>
2  <html>
3  <head>
4      <meta charset="utf-8">
5      <title>ch29_6.html</title>
6  </head>
7  <body>
8  <p>DOM概念应用</p>
9  <p class="info">使用querySelector方法取得元素内容</p>
10 <p class="info">HTML5+CSS3+JavaScript</p>
11 <p id="ex0"></p>
12 <p id="ex1"></p>
13 <script>
14     var exInfo = document.querySelector("p.info");  // 取得第一笔class是info的<p>内容
15     document.getElementById("ex0").innerHTML = exInfo.innerHTML;
16     exInfo = document.querySelector("p");           // 取得第一笔<p>内容
17     document.getElementById("ex1").innerHTML = exInfo.innerHTML;
18 </script>
19 </body>
20 </html>
```

执行结果

DOM概念应用

使用querySelector方法取得元素内容

HTML5+CSS3+JavaScript

使用querySelector方法取得元素内容

DOM概念应用

29-2-5 双层条件的存取功能

在设计网页时也会碰上双层条件的搜寻，例如，想要存取所有 id 是 mybook 的 <p> 元素，这时可以使用前几节介绍的 getElementById() 和 getElementsByTagName() 方法，返回值也是节点串行元素。

程序实例 ch29_7.html：getElementById() 和 getElementsByTagName() 方法的综合应用，列出 id 是 mybook 区块内的所有 <p> 元素。

```
1  <!doctype html>
2  <html>
3  <head>
4      <meta charset="utf-8">
5      <title>ch29_7.html</title>
6  </head>
7  <body>
8  <div id="mybook">
9      <h1>我的著作</h1>
10     <p>一个人的极境旅行南极大陆北极海</p>
11     <p>迈向赌神之路台湾麻将必胜秘籍</p>
12 </div>
13 <p id="ex0"></p>
14 <p id="ex1"></p>
15 <script>
16     var xbook = document.getElementById("mybook");       // 取得id是mybook
17     var exInfo = xbook.getElementsByTagName("p");         // 取得tag是p
18     document.getElementById("ex0").innerHTML = "p(0) = " + exInfo[0].innerHTML;
19     document.getElementById("ex1").innerHTML = "p(1) = " + exInfo[1].innerHTML;
20 </script>
21 </body>
22 </html>
```

执行结果

我的著作

一个人的极境旅行南极大陆北极海

迈向赌神之路台湾麻将必胜秘籍

p(0) = 一个人的极境旅行南极大陆北极海

p(1) = 迈向赌神之路台湾麻将必胜秘籍

29-2-6 返回串行的长度 length

从 29-2-2 节起我们知道存取元素时，常会返回串行，另外，还会返回串行长度，也就是元素的数量，这个数量会存在 length 属性内。之前程序实例的设计方式，皆是笔者已经知道有几条数据返回的设计方式，下面将用更科学方式设计程序。

程序实例 ch29_8.html：重新设计 ch29_7.html，这个程序会返回数据条数，同时用 for 循环方式将结果放入 <p id="ex1">，再列出。

```
1  <!doctype html>
2  <html>
3  <head>
4     <meta charset="utf-8">
5     <title>ch29_8.html</title>
6  </head>
7  <body>
8  <div id="mybook">
9     <h1>我的著作</h1>
10    <p>一个人的极境旅行南极大陆北极海</p>
11    <p>迈向赌神之路麻将必胜秘籍</p>
12 </div>
13 <p id="ex0"></p>                                  <!-- 预计存放数据条数 -->
14 <p id="ex1"></p>                                  <!-- 预计存放结果数组 -->
15 <script>
16    var i;                                          // 索引
17    var txt = "";                                   // 暂存字符串
18    var xbook = document.getElementById("mybook");  // 取得id是mybook
19    var exInfo = xbook.getElementsByTagName("p");   // 取得tag是p
20    var lengthInfo = exInfo.length;                 // 返回数据数量
21    for ( i = 0; i < lengthInfo; i++ ) {
22       txt += exInfo[i].innerHTML + "<br>"
23    }
24    document.getElementById("ex0").innerHTML = "资料条数 = " + i;
25    document.getElementById("ex1").innerHTML = txt;
26 </script>
27 </body>
28 </html>
```

执行结果

我的著作

一个人的极境旅行南极大陆北极海

迈向赌神之路麻将必胜秘籍

资料条数 = 2

一个人的极境旅行南极大陆北极海
迈向赌神之路麻将必胜秘籍

29-2-7　元素上下文属性

元素文件 document 内容的属性有下列 3 种。

textContent：内容，不含任何标记码。

innerHTML：元素内容，含子标记码，但是不含本身标记码。

outerHTML：元素内容，含子标记码，也含本身标记码。

如果有一个元素内容如下：

```
<p>Marching onto the path of <b>Web Design Expert</b></p>
```

则上述 3 个属性的概念与内容分别如下图所示。

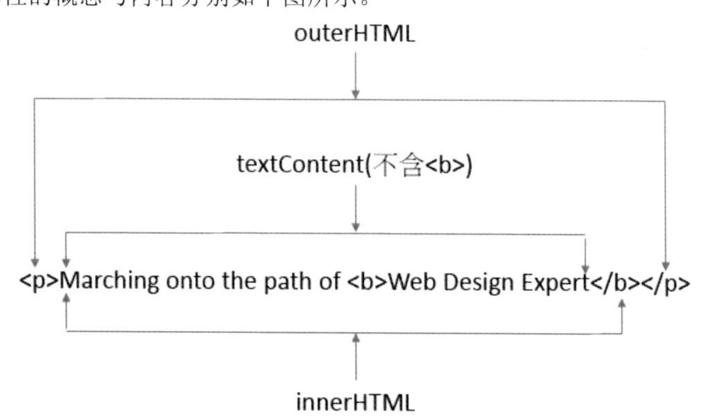

textContent：Marching onto the path of Web Design Expert

innerHTML：Marching onto the path of <b>Web Design Expert</b>

outerHTML：<p>Marching onto the path of <b>Web Design Expert</b></p>

程序实例 ch29_9.html：测试上述 document 属性，单击任意按钮，系统将列出相应执行结果。程序第 22 行是用于测试上述属性的 <p> 元素。

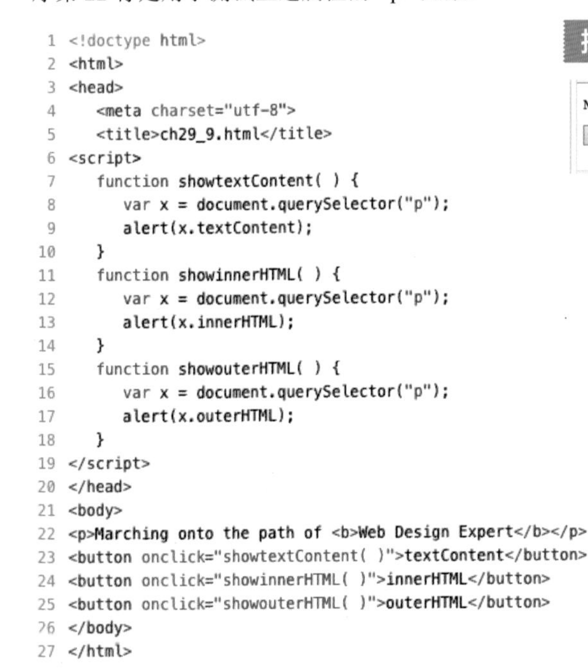

```
1  <!doctype html>
2  <html>
3  <head>
4     <meta charset="utf-8">
5     <title>ch29_9.html</title>
6  <script>
7     function showtextContent( ) {
8        var x = document.querySelector("p");
9        alert(x.textContent);
10    }
11    function showinnerHTML( ) {
12       var x = document.querySelector("p");
13       alert(x.innerHTML);
14    }
15    function showouterHTML( ) {
16       var x = document.querySelector("p");
17       alert(x.outerHTML);
18    }
19 </script>
20 </head>
21 <body>
22 <p>Marching onto the path of <b>Web Design Expert</b></p>
23 <button onclick="showtextContent( )">textContent</button>
24 <button onclick="showinnerHTML( )">innerHTML</button>
25 <button onclick="showouterHTML( )">outerHTML</button>
26 </body>
27 </html>
```

执行结果

Marching onto the path of **Web Design Expert**

textContent innerHTML outerHTML

下列是单击 3 个按钮后的示范输出。

29-2-8 元素大小与位置

元素位置与大小的属性如下（单位是 px）：

offsetHeight：元素对象的高度。

offsetWidth：元素对象的宽度。

offsetLeft：元素对象距离左边界的距离。

offsetTop：元素对象距离上边界的距离。

程序实例 ch29_10.html：列出所插入图片的宽度、高度以及左边界、右边界距离。程序执行时单击“图片尺寸位置”按钮，即可获得结果。

```
1  <!doctype html>
2  <html>
3  <head>
4     <meta charset="utf-8">
5     <title>ch29_10.html</title>
6  <script>
7     function getWidthHeight( ) {
8        var x = document.getElementById("pict");
9        document.getElementById("size").innerHTML = "图片宽度: " + x.offsetWidth + "<br>";
10       document.getElementById("size").innerHTML += "图片高度: " + x.offsetHeight + "<br>";
11       document.getElementById("size").innerHTML += "左边界距离: " + x.offsetLeft + "<br>";
12       document.getElementById("size").innerHTML += "上边界距离: " + x.offsetTop + "<br>";
13    }
14 </script>
15 </head>
16 <body>
17 <h1 id="ex">雪国</h1>
18 <p><img id="pict" src="snow.jpg"></p>
19 <button onclick="getWidthHeight( )">图片尺寸位置</button>
20 <p id="size"></p>
21 </body>
22 </html>
```

执行结果

29-2-9　更改图片大小

在 HTML 相关章节介绍过可以使用 height/width 属性分别设定图片的大小，其实也可以直接更改这两个属性来更改图片的大小。

程序实例 ch29_11.html：更改图片大小的应用。

```
1  <!doctype html>
2  <html>
3  <head>
4     <meta charset="utf-8">
5     <title>ch29_11.html</title>
6  <script>
7     function changeSize( ) {
8        document.getElementById("pict").width="200";
9     }
10 </script>
11 </head>
12 <body>
13 <h1 id="ex">雪国</h1>
14 <p><img id="pict" src="snow.jpg" width="100"></p>
15 <button onclick="changeSize( )">更改大小尺寸</button>
16 </body>
17 </html>
```

执行结果

29-3　更改 HTML 元素内容

29-3-1　更改标题或段落的内容

最简单更改 HTML 元素内容的方法是使用下列语法：

```
document.getElementById(id).innerHTML = new HTML;
```

程序实例 ch29_12.html：更改标题内容的实例。

```
1  <!doctype html>
2  <html>
3  <head>
4     <meta charset="utf-8">
5     <title>ch29_12.html</title>
6  <script>
7     function changeText( ) {
8        var x = document.getElementById("ex");
9        if ( x.innerHTML == "深石数字")
10          document.getElementById("ex").innerHTML = "DeepStone";
11       else
12          document.getElementById("ex").innerHTML = "深石数字";
13    }
14 </script>
15 </head>
16 <body>
17 <h1 id="ex">深石数字</h1>
18 <button onclick="changeText( )">标题语言转换</button>
19 </body>
20 </html>
```

执行结果　单击“标题语言转换”按钮，可以切换的标题显示。

DeepStone

标题语言转换

程序实例 ch29_13.html：更改段落内容的应用。

```
1  <!doctype html>
2  <html>
3  <head>
4     <meta charset="utf-8">
5     <title>ch29_13.html</title>
6  <script>
7     function changeText( ) {
8        var x = document.getElementById("ex");
9        if ( x.innerHTML == "深度学习")
10          document.getElementById("ex").innerHTML = "Deep Learning";
11       else
12          document.getElementById("ex").innerHTML = "深度学习";
13    }
14 </script>
15 </head>
16 <body>
17 <p id="ex">深度学习</p>
18 <button onclick="changeText( )">标题语言转换</button>
19 </body>
20 </html>
```

执行结果

深度学习

标题语言转换

Deep Learning

标题语言转换

29-3-2 更改属性内容

HTML 元素更改属性内容的语法如下：

document.getElementById(id).attribute = new value;

程序实例 ch29_14.html：美女与企鹅图片更改的应用。这个程序的重点是第 11 和第 15 行，可以更改“src”属性的内容，相当于是更改图片。

```
1  <!doctype html>
2  <html>
3  <head>
4     <meta charset="utf-8">
5     <title>ch29_14.html</title>
6     <script>
7     function changeText( ) {
8        var x = document.getElementById("ex");
9        if ( x.innerHTML == "美女") {
10          x.innerHTML = "企鹅";
11          document.getElementById("pict").src = "penguin.jpg";
12       }
13       else {
14          x.innerHTML = "美女";
15          document.getElementById("pict").src = "icerain.png";
16       }
17    }
18    </script>
19 </head>
20 <body>
21 <p id="ex">美女</p>
22 <p><img id="pict" src="icerain.png" width="100"></p>
23 <button onclick="changeText( )">图片转换</button>
24 </body>
25 </html>
```

执行结果

29-4 DOM 节点和浏览元素

在 DOM 规范中，它和 BOM 一样可用树状结构进行解析，这一节的重点是浏览 HTML 文件组成的树状结构。假设有一个 HTML 文件内容如下：

```
1  <!doctype html>
2  <html>
3  <head>
4     <meta charset="utf-8">
5     <title>ch29</title>
6  </head>
7  <body>
8  <h1></h1>
9  <p><a></a></p>
10 <img>
11 </body>
12 </html>
```

在 DOM 规范中每一个元素可以视为一个节点（Node），因此可以将上述 HTML 文件转成下列树状结构形式。

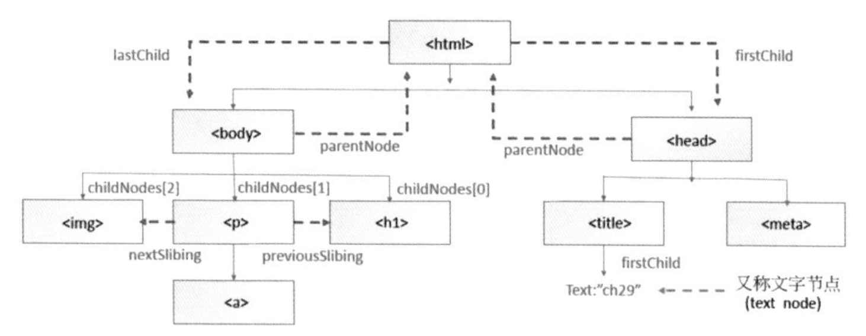

29-4-1　认识相关名词

parentNode：父节点，例如 <html> 是 <head> 或 <body> 的父节点。

firstChild：第一个子节点，例如 <h1> 是 <body> 的第一个子节点，如果以节点串行处理，索引值从 0 开始，所以表达方式是 childNodes[0]。另外，末端节点的结点内容算是第一个子节点（firstChild）内容，这个内容也算一个节点，称“文字节点（text node）”，例如“ch29”算是 <title> 节点的第一个字节点的内容。

lastChild：最后一个子节点，例如 <img> 是 <body> 最后一个子节点，如果以节点串行处理，由于 <img> 是 <body> 的第 3 个子节点，索引值从 0 开始，所以表达方式是 childNodes[2]。

previousSibling：前一个兄弟节点，例如 <h1> 是 <p> 的前一个兄弟节点。

nextSibling：下一个兄弟节点，例如 <img> 是 <p> 的下一个兄弟节点。

nodeName：节点的标记名称。

nodeValue：节点内容。

上述 childNodes[ ] 又称集合对象，有了它，任一个节点皆可进入它的子节点，存取节点以及节点内容。

29-4-2　存取节点值

之前元素内容的取得可以用下列语句实现：

```
var txt = document.getElementById("ex").innerHTML;
```

虽然 node 是节点内容，但是想使用节点方式取得内容，需使用如下方法：

```
var txt = document.getElementById ( "ex" ) .firstChild.nodeValue;
```

或

```
var txt = document.getElementById ( "ex" ) .firstChild.data;
```

程序实例 ch29_15.html：认识 nodeName、nodeValue。

```
1  <!doctype html>
2  <html>
3  <head>
4     <meta charset="utf-8">
5     <title id="info">ch29_15.html</title>
6  <script>
7     function load( ) {
8        var x1 = document.getElementById("info").nodeName;
9        var x2 = document.getElementById("info").firstChild.nodeValue;
10       document.getElementById("ex").innerHTML = "nodeName = " + x1 +
11       "<br>" + "firstChild.nodeValue = " + x2;
12    }
13 </script>
14 </head>
15 <body onload="load( )">
16 <p id="ex"></p>
17 </body>
18 </html>
```

执行结果

nodeName = TITLE
firstChild.nodeValue = ch29_15.html

程序实例 ch29_16.html：childNodes[0] 的应用。这个程序主要是介绍使用节点串行 childNodes[ ] 存取元素内容的方法。

```
1  <!doctype html>
2  <html>
3  <head>
4     <meta charset="utf-8">
5     <title>ch29_16.html</title>
6  <script>
7     function changeText( ) {
8        var x1 = document.getElementById("ex1").childNodes[0].nodeValue;
9        document.getElementById("ex2").innerHTML = x1;
10    }
11 </script>
12 </head>
13 <body>
14 <h1 id="ex1">HTML 5+CSS3</h1>
15 <p id="ex2">王者归来</p>
16 <button onclick="changeText( )">ChangeText</button>
17 </body>
18 </html>
```

执行结果

HTML 5+CSS3
王者归来
ChangeText

HTML 5+CSS3
HTML 5+CSS3
ChangeText

程序实例 ch29_17.html：重新设计 ch29_16.html，只修改第 9 行。

```
9        document.getElementById("ex2").childNodes[0].nodeValue = x1;
```

执行结果 与 ch29_16.html 相同。

29-4-3 <body> 和 <html> 节点

有两个特别的节点可以存取 <body> 和 HTML 文件本体的内容。

document.body：存取 <body> 元素内所有的内容。

document.documentElement：存取 <html> 元素内所有的内容。

程序实例 ch29_18.html：列出所有 <body> 元素内的内容。

```
1  <!doctype html>
2  <html>
3  <head>
4     <meta charset="utf-8">
5     <title>ch29_18.html</title>
6  </head>
7  <body>
8  <h1>body内容</h1>
9  <script>
10    alert(document.body.innerHTML);
11 </script>
12 </body>
13 </html>
```

执行结果

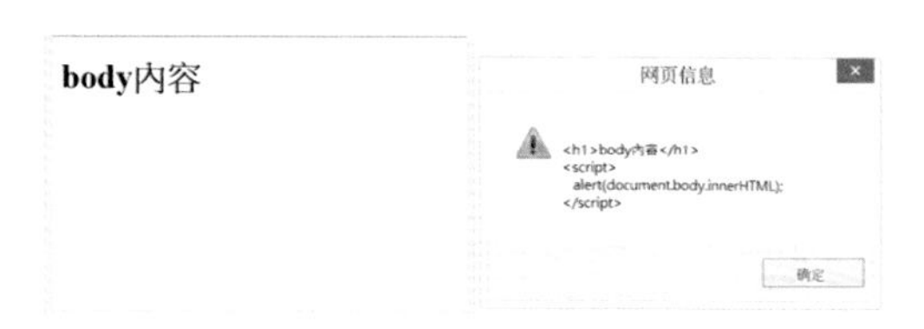

程序实例 ch29_19.html：列出所有 <body> 元素内的内容。

```
1  <!doctype html>
2  <html>
3  <head>
4     <meta charset="utf-8">
5     <title>ch29_19.html</title>
6  </head>
7  <body>
8  <h1>html内容</h1>
9  <script>
10    alert(document.documentElement.innerHTML);
11 </script>
12 </body>
13 </html>
```

执行结果

29-4-4　相同父节点的兄弟节点内容

相关节点上下文属性如下：

previousElementSibling.innerHTML：前一个节点内容。

nextElementSibling.innerHTML：下一个节点内容。

程序实例 ch29_20.html：列出项目列表的前一个节点内容的应用。这个程序在执行时，可按北极海、中国西藏、蒙古的顺序列出它们的上一个节点内容。

```
1  <!doctype html>
2  <html>
3  <head>
4     <meta charset="utf-8">
5     <title>ch29_20.html</title>
6     <script>
7        function fun1( ) {
8           var x = document.getElementById("ex1").previousElementSibling.innerHTML;
9           alert("前一个节点内容 = " + x);
10       }
11       function fun2( ) {
12          var x = document.getElementById("ex2").previousElementSibling.innerHTML;
13          alert("前一个节点内容 = " + x);
14       }
15       function fun3( ) {
16          var x = document.getElementById("ex3").previousElementSibling.innerHTML;
17          alert("前一个节点内容 = " + x);
18       }
19    </script>
20 </head>
21 <body>
22 <h1>我的旅游经历</h1>
23 <ul>
24    <li>南极大陆</li>
25    <li id="ex1" onclick="fun1( )">北极海</li>
26    <li id="ex2" onclick="fun2( )">中国西藏</li>
27    <li id="ex3" onclick="fun3( )">蒙古</li>
28 </ul>
29 </body>
30 </html>
```

执行结果　下列是在 Chrome 中的执行结果。

我的旅游经历

- 南极大陆
- 北极海
- 中国西藏
- 蒙古

This page says:

前一个节点内容 = 南极大陆

- 蒙古

程序实例 ch29_21.html：列出项目列表的下一个节点内容的应用。这个程序在执行时，可按南极大陆、北极海、中国西藏的顺序列出它们的下一个节点内容。

```
1  <!doctype html>
2  <html>
3  <head>
4     <meta charset="utf-8">
5     <title>ch29_21.html</title>
6     <script>
7        function fun1( ) {
8           var x = document.getElementById("ex1").nextElementSibling.innerHTML;
9           alert("下一个节点内容 = " + x);
10       }
11       function fun2( ) {
12          var x = document.getElementById("ex2").nextElementSibling.innerHTML;
13          alert("下一个节点内容 = " + x);
14       }
15       function fun3( ) {
16          var x = document.getElementById("ex3").nextElementSibling.innerHTML;
17          alert("下一个节点内容 = " + x);
18       }
19    </script>
20 </head>
21 <body>
22 <h1>我的旅游经历</h1>
23 <ul>
24    <li id="ex1" onclick="fun1( )">南极大陆</li>
25    <li id="ex2" onclick="fun2( )">北极海</li>
26    <li id="ex3" onclick="fun3( )">中国西藏</li>
27    <li>蒙古</li>
28 </ul>
29 </body>
30 </html>
```

执行结果 下列是在 Chrome 中的执行结果。

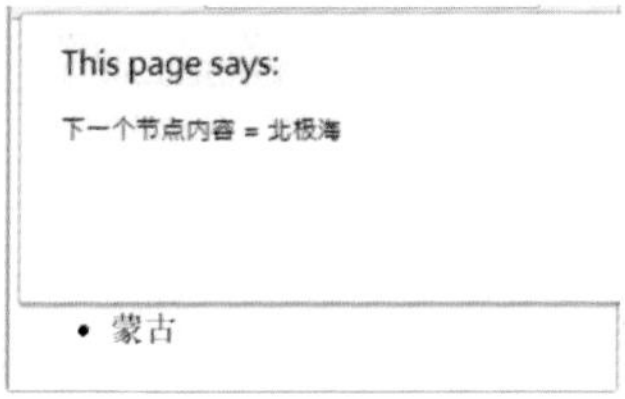

29-4-5 存取父节点

存取父节点可以使用 parentNode.nodeName，可参考下面的实例。

程序实例 ch29_22.html：重新设计 ch29_21.html，使得单击旅游地点时，列出父节点。

```
1  <!doctype html>
2  <html>
3  <head>
4     <meta charset="utf-8">
5     <title>ch29_22.html</title>
6     <script>
7        function fun1( ) {
8           var x = document.getElementById("ex1").parentNode.nodeName;
9           alert("父节点 = " + x);
10       }
11       function fun2( ) {
12          var x = document.getElementById("ex2").parentNode.nodeName;
13          alert("父节点 = " + x);
14       }
15       function fun3( ) {
16          var x = document.getElementById("ex3").parentNode.nodeName;
17          alert("父节点 = " + x);
18       }
19       function fun4( ) {
20          var x = document.getElementById("ex4").parentNode.nodeName;
21          alert("父节点 = " + x);
22       }
23    </script>
24 </head>
25 <body>
26 <h1>我的旅游经历</h1>
27 <ul>
28    <li id="ex1" onclick="fun1( )">南极大陆</li>
29    <li id="ex2" onclick="fun2( )">北极海</li>
30    <li id="ex3" onclick="fun3( )">中国西藏</li>
31    <li id="ex4" onclick="fun4( )">蒙古</li>
32 </ul>
33 </body>
34 </html>
```

执行结果 下列是在 Chrome 中的执行结果。不论单击那一个地点，皆会出现下方下图所示的对话框。

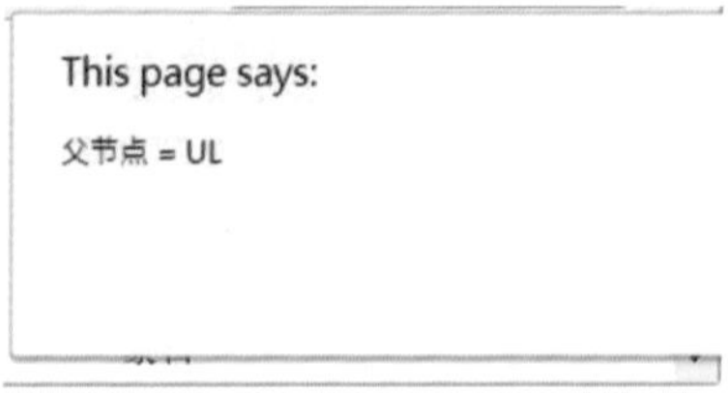

29-5 建立、插入、删除节点

本节将一一说明建立、插入、删除节点方面的知识。

29-5-1 建立节点

如果想要建立节点，首先要建立一个新节点，然后将这个新建的节点插入适当的父元素内，成为这个父元素的一个子元素。建立一个新节点又可分建立节点类型和建立节点的文字节点（可想成是内容），最后再使用 appendChild() 将节点和文字节点串起来，可参考下列程序代码说明。

```
var newNode = document.createElement(" 元素 ");       // newNode 是新建节点名称
var nodeText = document.createTextNode(" 内容 ");     // nodeText 是文字节点
```

下面是将节点和文字节点串起来的语法。

```
newNode.appendChild ( nodeText ) ;    // 将 newNode 和 nodeText 串起来
```

节点建立完成后，下一步是找寻插入元素，下面是插入 id 为“demo”的实例。

```
var existParentNode = document.getElementById ( "demo" ) ;
```

最后再将所建的节点插入元素内，一般会插到最后面成为该元素的 lastChild。

```
existParentNode.appendChild ( newNode ) ;
```

程序实例 ch29_23.html：程序将制作一个项目列表，在执行时若单击 Add 按钮，可以在项目列表后面增加“台湾大学”项。

```
1  <!doctype html>
2  <html>
3  <head>
4     <meta charset="utf-8">
5     <title>ch29_23.html</title>
6     <script>
7     function addSchool( ) {
8        var newNode = document.createElement("li");              // 建立节点
9        var nodeText = document.createTextNode("台湾大学");     // 输入文字节点内容
10       newNode.appendChild(nodeText);                           // 文字节点放入li节点
11       var existParentNode = document.getElementById("demo"); // 预计放入串行父节点
12       existParentNode.appendChild(newNode);                    // 插入节点
13    }
14    </script>
15 </head>
16 <body>
17 <h1>中国台湾著名大学</h1>
18 <ul id="demo">
19    <li id="ex1">明志科技大学</li>
20    <li id="ex2">台湾科技大学</li>
21    <li id="ex3">台湾清华大学</li>
22 </ul>
23 <button onclick="addSchool( )">Add</button>
24 </body>
25 </html>
```

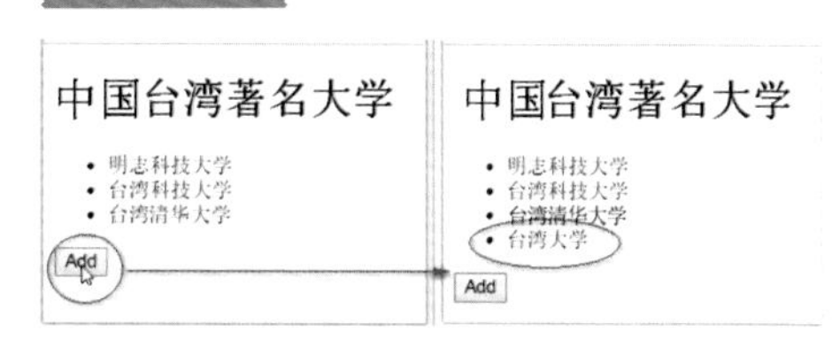

29-5-2 将节点插入特定位置

将节点插入特定位置的方法如下：

```
node.insertBefore ( newNode, child ) ;
```

node 是父节点，newNode 是新建节点，child 是目标节点，newNode 会插入在 node 父节点下，child 节点前。

程序实例 ch29_24.html：重新设计 ch29_23.html，当单击 Add 按钮时，会在“台湾清华大学”上方插入“台湾大学”。这个程序与 ch29_3.html 相较，修改了第 12 行，这行代码是先取得目标节点，第 13 行则是将新建节点插入目标节点前。

```
7    function addSchool( ) {
8       var newNode = document.createElement("li");              // 建立节点
9       var nodeText = document.createTextNode("台湾大学");      // 输入文字节点内容
10      newNode.appendChild(nodeText);                           // 文字节点放入li节点
11      var existParentNode = document.getElementById("demo"); // 预计放入串行父节点
12      var child = document.getElementById("ex3");              // 预计要插在这个节点之前
13      existParentNode.insertBefore(newNode,child);             // 执行在child节点前插入
14   }
```

29-5-3 删除节点

DOM 删除节点时，一定要指出是删除哪一个父节点的子节点。可以使用 removeChild() 方法执行删除操作，语法格式如下：

```
parentNode.removeChild ( childNode ) ;
```

上述语句相当于删除 parentNode 的子节点 childNode。

程序实例 ch29_25.html：在项目列表删除节点的应用。这个程序执行时若单击 Delete 按钮，可以删除“台湾清华大学”项目。

```
1  <!doctype html>
2  <html>
3  <head>
4     <meta charset="utf-8">
5     <title>ch29_25.html</title>
6     <script>
7     function delSchool( ) {
8        var parent = document.getElementById("demo"); // 取得父节点
9        var child = document.getElementById("ex3");   // 预计删除的子节点
10       parent.removeChild(child);                    // 删除parent的子节点child
11    }
12    </script>
13 </head>
14 <body>
15 <h1>中国台湾著名大学</h1>
16 <ul id="demo">
17    <li id="ex1">明志科技大学</li>
18    <li id="ex2">台湾科技大学</li>
19    <li id="ex3">台湾清华大学</li>
20 </ul>
21 <button onclick="delSchool( )">Delete</button>
22 </body>
23 </html>
```

29-5-4 更换节点

DOM 更换节点时，一定要指出是更换哪一个父节点的子节点。可以使用 replaceChild() 方法执行更换操作，语法格式如下：

```
parentNode.replaceChild ( newNode,childNode ) ;
```

上述语句相当于使用 newNode 更换 parentNode 的子节点 childNode。

程序实例 ch29_26.html：在项目列表更换节点的应用。这个程序执行时若单击 Replace 按钮，可以用“台湾大学”取代“台湾清华大学”项目。

```
1  <!doctype html>
2  <html>
3  <head>
4     <meta charset="utf-8">
5     <title>ch29_26.html</title>
6     <script>
7     function addSchool( ) {
8        var newNode = document.createElement("li");                  // 建立节点
9        var nodeText = document.createTextNode("台湾大学");          // 输入文字节点内容
10       newNode.appendChild(nodeText);                               // 文字节点放入li节点
11       var parent = document.getElementById("demo");                // 预计放入串行父节点
12       var child = document.getElementById("ex3");                 // 预计要更换的节点
13       parent.replaceChild(newNode,child);                          // 执行更换
14    }
15    </script>
16 </head>
17 <body>
18 <h1>中国台湾著名大学</h1>
19 <ul id="demo">
20    <li id="ex1">明志科技大学</li>
21    <li id="ex2">台湾科技大学</li>
22    <li id="ex3">台湾清华大学</li>
23 </ul>
24 <button onclick="addSchool( )">Replace</button>
25 </body>
26 </html>
```

执行结果

中国台湾著名大学
- 明志科技大学
- 台湾科技大学
- 台湾清华大学

Replace

中国台湾著名大学
- 明志科技大学
- 台湾科技大学
- 台湾大学

Replace

29-6 DOM 与 CSS

HTML DOM 允许使用 JavaScript 更改 HTML 文件的 CSS 样式表的属性内容，这样可以让整个网页设计变得更活泼多样，语法格式如下：

```
document.getElementById(id).style.property = new-style;
```

下面是程序设计时常用的属性：

backgroundcolor：背景色
backgroundimage：图案
color：前景色
visibility：是否显示
fontFamily：字体
fontSize：字号
textAlign：对齐方式

程序实例 ch29_27.html：单击按钮可以更改 Coffee 字样的颜色。

```
1  <!doctype html>
2  <html>
3  <head>
4     <meta charset="utf-8">
5     <title>ch29_27.html</title>
6     <script>
7     function colorBlue( ) {
8        document.getElementById("ex").style.color = "blue";
9     }
10    function colorRed( ) {
11       document.getElementById("ex").style.color = "red";
12    }
13    function colorBlack( ) {
14       document.getElementById("ex").style.color = "black";
15    }
16    </script>
17 </head>
18 <body>
19 <h1 id="ex">Coffee</h1>
20 <button onclick="colorBlue( )">Blue</button>
21 <button onclick="colorRed( )">Red</button>
22 <button onclick="colorBlack( )">Default</button>
23 </body>
24 </html>
```

执行结果

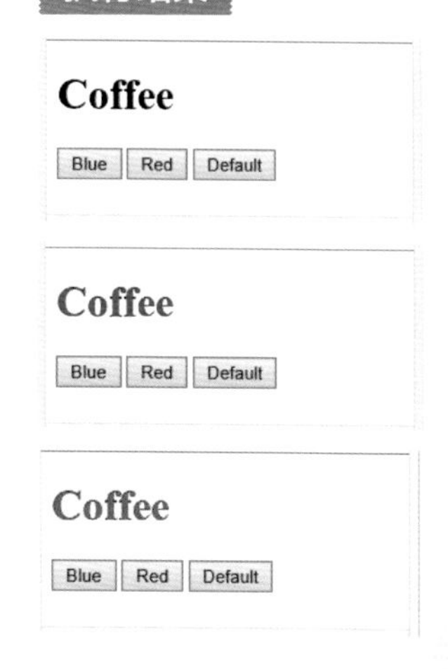

程序实例 ch29_28.html：单击按钮可以更改 Coffee 字体的背景颜色。

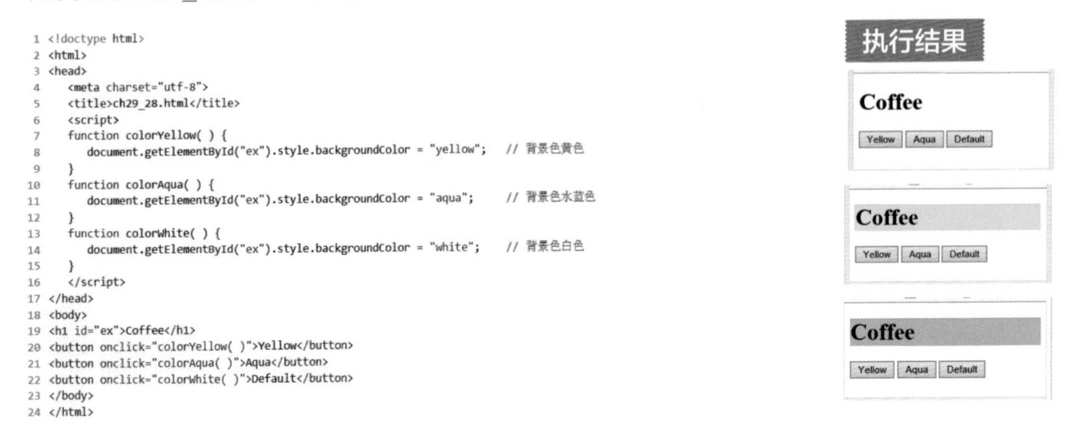

```
1  <!doctype html>
2  <html>
3  <head>
4     <meta charset="utf-8">
5     <title>ch29_28.html</title>
6     <script>
7     function colorYellow( ) {
8        document.getElementById("ex").style.backgroundColor = "yellow";   // 背景色黄色
9     }
10    function colorAqua( ) {
11       document.getElementById("ex").style.backgroundColor = "aqua";     // 背景色水蓝色
12    }
13    function colorWhite( ) {
14       document.getElementById("ex").style.backgroundColor = "white";    // 背景色白色
15    }
16    </script>
17 </head>
18 <body>
19 <h1 id="ex">Coffee</h1>
20 <button onclick="colorYellow( )">Yellow</button>
21 <button onclick="colorAqua( )">Aqua</button>
22 <button onclick="colorWhite( )">Default</button>
23 </body>
24 </html>
```


程序实例 ch29_29.html：单击按钮可以更改 Coffee 字样的背景颜色，并且黄色底时字号是 40px，水蓝色时是 30px，白色时是 20px。

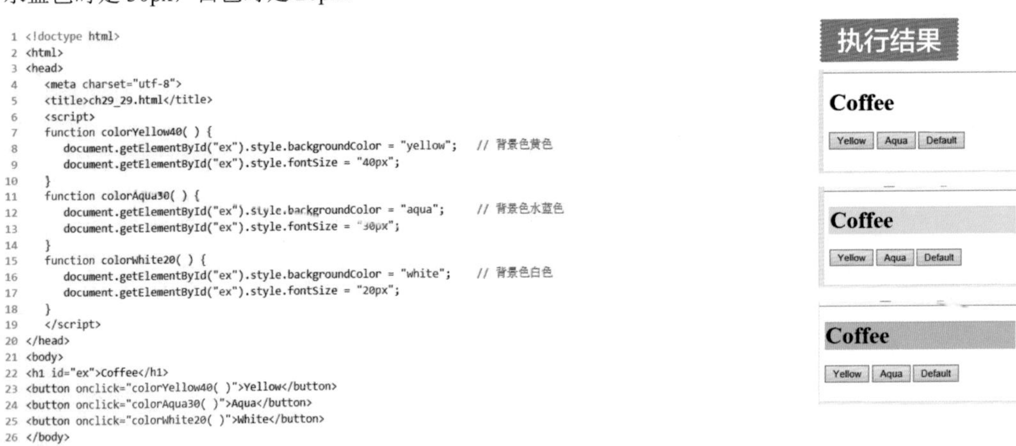

```
1  <!doctype html>
2  <html>
3  <head>
4     <meta charset="utf-8">
5     <title>ch29_29.html</title>
6     <script>
7     function colorYellow40( ) {
8        document.getElementById("ex").style.backgroundColor = "yellow";   // 背景色黄色
9        document.getElementById("ex").style.fontSize = "40px";
10    }
11    function colorAqua30( ) {
12       document.getElementById("ex").style.backgroundColor = "aqua";     // 背景色水蓝色
13       document.getElementById("ex").style.fontSize = "30px";
14    }
15    function colorWhite20( ) {
16       document.getElementById("ex").style.backgroundColor = "white";    // 背景色白色
17       document.getElementById("ex").style.fontSize = "20px";
18    }
19    </script>
20 </head>
21 <body>
22 <h1 id="ex">Coffee</h1>
23 <button onclick="colorYellow40( )">Yellow</button>
24 <button onclick="colorAqua30( )">Aqua</button>
25 <button onclick="colorWhite20( )">White</button>
26 </body>
27 </html>
```


程序实例 ch29_30.html：单击按钮可以更改 Coffee 字样的背景颜色，同时字符串将居中对齐。

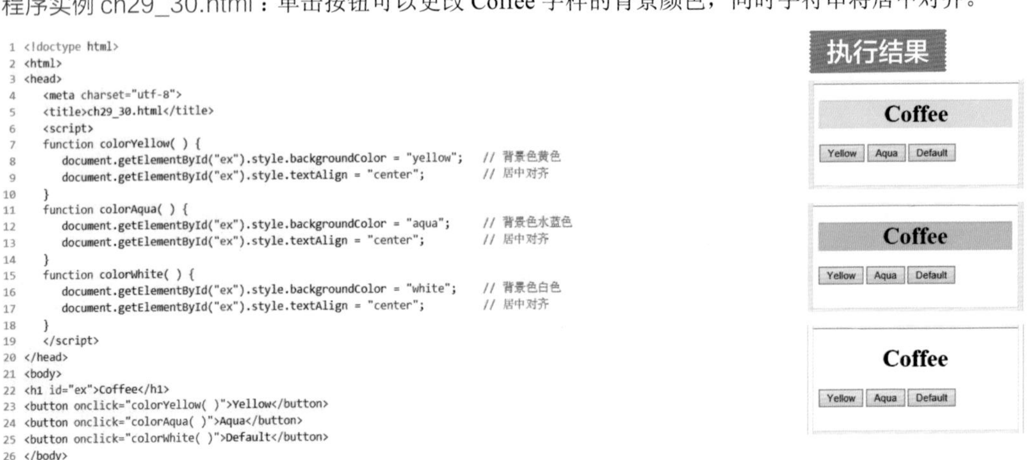

```
1  <!doctype html>
2  <html>
3  <head>
4     <meta charset="utf-8">
5     <title>ch29_30.html</title>
6     <script>
7     function colorYellow( ) {
8        document.getElementById("ex").style.backgroundColor = "yellow";   // 背景色黄色
9        document.getElementById("ex").style.textAlign = "center";         // 居中对齐
10    }
11    function colorAqua( ) {
12       document.getElementById("ex").style.backgroundColor = "aqua";     // 背景色水蓝色
13       document.getElementById("ex").style.textAlign = "center";         // 居中对齐
14    }
15    function colorWhite( ) {
16       document.getElementById("ex").style.backgroundColor = "white";    // 背景色白色
17       document.getElementById("ex").style.textAlign = "center";         // 居中对齐
18    }
19    </script>
20 </head>
21 <body>
22 <h1 id="ex">Coffee</h1>
23 <button onclick="colorYellow( )">Yellow</button>
24 <button onclick="colorAqua( )">Aqua</button>
25 <button onclick="colorWhite( )">Default</button>
26 </body>
27 </html>
```

29-7 HTML 的集合对象

HTML DOM 提供了一些特别的属性可以存取集合（collection）对象，它的语法格式如下：

document.images：适合配合 <img> 标记使用。

document.forms：适合配合 <form> 标记使用。

document.anchors：适合配合有 name 属性的 <a> 标记使用，不过 name 属性 HTML5 不支持。

document.links：适合配合有 href 属性的 <a> 标记使用。

使用上述对象时，有下列属性可用。

length：<img> 的对象数量。

有下列方法可用。

[index]：返回 <img> 对象的特定索引值。

item（index）：返回特定索引值的 <img> 对象。

namedItem（id）：返回特定 id 的 <img> 对象。

29-7-1 document.images

这个对象可以返回整个 HTML 文件所有 <img> 元素的集合，需留意，其中 <input> 元素 type 属性是“image”的不属于此集合。

程序实例 ch29_31.html：传回图片对象数量。

```
1 <!doctype html>
2 <html>
3 <head>
4    <meta charset="utf-8">
5    <title>ch29_31.html</title>
6 <script>
7    function picCount( ) {
8       var count = document.images.length;                    // 计算<img>数量
9       document.getElementById("num").innerHTML = "<img>数量是 = " + count;
10   }
11 </script>
12 </head>
13 <body>
14 <img id="pict1" src="icerain.png" width="100">
15 <img id="pict2" src="penguin.jpg" width="100">
16 <img id="pict3" src="snow.jpg" width="100">
17 <br>
18 <button onclick="picCount( )">OK</button>
19 <p id="num"></p>
20 </body>
21 </html>
```

执行结果

程序实例 ch29_32.html：使用 3 种方法，列出图片的 URL 信息。

```
1 <!doctype html>
2 <html>
3 <head>
4    <meta charset="utf-8">
5    <title>ch29_32.html</title>
6 <script>
7    function picCount( ) {
8       var x1 = document.images[0].src;
9       var x2 = document.images.item(1).src;
10      var x3 = document.images.namedItem("pict3").src;
11      document.getElementById("url").innerHTML = "图片1 URL = " + x1 +
12      "<br>" + "图片2 URL = " + x2 + "<br>" + "图片3 URL = " + x3 ;
```

```
13     }
14 </script>
15 </head>
16 <body>
17 <img id="pict1" src="icerain.png" width="100">
18 <img id="pict2" src="penguin.jpg" width="100">
19 <img id="pict3" src="snow.jpg" width="100">
20 <br>
21 <button onclick="picCount( )">GetURL</button>
22 <p id="url"></p>
23 </body>
24 </html>
```

执行结果

程序实例 ch29_33.html：为第一张图片加上蓝色 dotted 线，厚度是 3px。

```
1 <!doctype html>
2 <html>
3 <head>
4     <meta charset="utf-8">
5     <title>ch29_33.html</title>
6 <script>
7     function dotBorder( ) {
8         var x = document.images[0].style.border = "3px dotted blue";
9     }
10 </script>
11 </head>
12 <body>
13 <img id="pict1" src="icerain.png" width="100">
14 <img id="pict2" src="penguin.jpg" width="100">
15 <img id="pict3" src="snow.jpg" width="100">
16 <br>
17 <button onclick="dotBorder( )">Dotted</button>
18 <p id="url"></p>
19 </body>
20 </html>
```

执行结果

29-7-2 document.forms

这个对象可以返回整个 HTML 文件所有 <form> 元素的集合。

程序实例 ch29_34.html：列出 form 的数量和 id 属性值。

```
1 <!doctype html>
2 <html>
3 <head>
4     <meta charset="utf-8">
5     <title>ch29_34.html</title>
6 </head>
7 <body>
8 <form id="info" action="cgi-bin/getinfo.php" method="get">
9     <p>姓名: <input type="text" name="name" value="JK Hung"></p>
10    <p>电话: <input type="tel" name="phone" value="0928999999"></p>
11 </form>
12 <p>请按执行钮</p>
13 <button onclick="getLength( )">执行</button>
14 <p id="ex"></p>
15 <script>
16 function getLength( ) {
17     var len = document.forms.length;          // form元素数量
18     var xId = document.forms[0].id;           // form id
19     document.getElementById("ex").innerHTML = "form元素数量" + len +
20     "<br>" + "form id = " + xId;
21 }
22 </script>
23 </body>
24 </html>
```

执行结果

程序实例 ch29_35.html：将 form 内每一个元素内容列出来。

```
1 <!doctype html>
2 <html>
3 <head>
4    <meta charset="utf-8">
5    <title>ch29_35.html</title>
6 </head>
7 <body>
8 <form id="info" action="cgi-bin/getinfo.php" method="get">
9    <p>姓名: <input type="text" name="name" value="JK Hung"></p>
10   <p>电话: <input type="tel" name="phone" value="0928999999"></p>
11   <p><input type="submit" value="测试"></p>
12 </form>
13 <p>请按执行钮</p>
14 <button onclick="getInput( )">执行</button>
15 <p id="ex"></p>                                   <!-- 预计存放结果数组 -->
16 <script>
17 function getInput( ) {
18    var i;                                         // 索引
19    var txt = "";                                  // 暂存字符串
20    var str = document.forms["info"];              // 取的id是info的form
21    var lenForm = str.length;                      // 传回数据数量
22    for ( i = 0; i < lenForm; i++ ) {
23       txt += str.elements[i].value + "<br>"
24    }
25    document.getElementById("ex").innerHTML = txt;
26 }
27 </script>
28 </body>
29 </html>
```

29-7-3 document.links

这个对象可返回有 href 属性的 <a> 标记的元素集合。

程序实例 ch29_36.html：可以计算有 href 属性的 <a> 标记的元素数量，同时将索引为 0 的超链接用蓝色 3px 实线框住。

```
1 <!doctype html>
2 <html>
3 <head>
4    <meta charset="utf-8">
5    <title>ch29_36.html</title>
6    <script>
7       function myfun( ) {
8          var x = document.links.length;
9          document.getElementById("ex").innerHTML = "Links数量 = " + x;
10         document.links[0].style.border = "3px solid blue"
11      }
12   </script>
13 </head>
14 <body>
15 <p><a href="ch29_1.html">ch29_1.html</a></p>
16 <p><a href="ch29_2.html">ch29_2.html</a></p>
17 <button onclick="myfun( )">执行</button>
18 <p id="ex"></p>
19 </body>
20 </html>
```


29-8 DOM 事件属性

在 10-2 节笔者列出了 HTML 所有事件属性的列表，HTML 的 DOM 允许针对 HTML 事件发生时，使用 JavaScript 执行某些特定工作。其实本书前几章节也陆续介绍一些事件属性了，例如 HTML 文件下载时的 onload 事件、单击某元素的 onclick 事件等。这一节读者可以学到更多事件的处理知识。

29-8-1 onload 与 onunload 事件

onload 事件是指 HTML 文件加载时产生的事件，之前已有介绍，这一节的重点是 onunload。当目前 HTML 页面被卸载时，会发生 onunload 事件。下列是常见的 onunload 事件被触发的时机。

- 浏览器被关闭。
- 单击超链接。
- 提交表单。
- 重载（reload）网页，此时也会触发 onunload 事件。

基本语法格式如下：

```
<element onunload="myFun ( ) ">
```

程序实例 ch29_37.html：onunload 事件的应用。这个事件被触发时，会输出“下回再见”的对话框。

```
1 <!doctype html>
2 <html>
3 <head>
4    <meta charset="utf-8">
5    <title>ch29_37.html</title>
6    <script>
7       function myFun( ) {
8          alert("下回再见");
9       }
10   </script>
11 </head>
12 <body onunload="myFun( )">
13 <h1>欢迎光临</h1>
14 <p>请按F5可以重载网页</p>
15 </body>
16 </html>
```

执行结果

29-8-2 onchange 事件

onchange 事件是指元素内容更改时会被触发，一般输入字段若有内容改变时，会触发此事件，它的基本语法格式如下：

```
<element onchange="myFun ( ) ">
```

程序实例 ch29_38.html：onchange 事件的应用。这个程序如果更改了默认输入字段的数据，并单击其他区域后，将显示提示出对话框。

```
1 <!doctype html>
2 <html>
3 <head>
4    <meta charset="utf-8">
5    <title>ch29_38.html</title>
6    <script>
7       function myFun( txt ) {
8          alert("Warning:账号内容被更改: " + txt);
9       }
10   </script>
11 </head>
12 <body>
13 <p>请输入账号</p>
14 Enter Account:
15 <input type="text"  name="account" value="DeepStone" onchange="myFun(this.value)">
16 </body>
17 </html>
```

执行结果　下列是在 Chrome 中的执行结果。

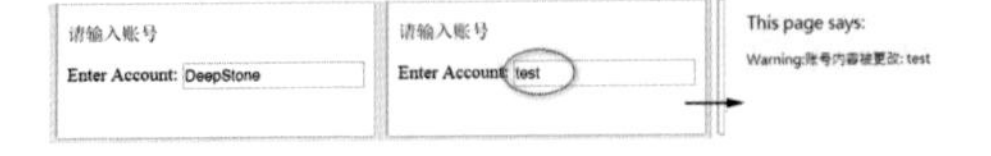

这个程序的第 15 行使用了 this，“this.value”是指新输入的内容。

程序实例 ch29_39.html：onchange 的应用。这个程序在执行时，如果有新选单项目会出现对话框，列出新选项内容。

```
1 <!doctype html>
2 <html>
3 <head>
4    <meta charset="utf-8">
5    <title>ch29_39.html</title>
6    <script>
7       function myEvent( ) {
8          var txt = document.getElementById("trip").value;
9          alert("你的选择是 : " + txt );
10       }
11    </script>
12 </head>
13 <body>
14 <p>请输入旅游地点</p>
15 <select id="trip" onchange="myEvent( )">
16    <option value="北极海">北极海
17    <option value="南极大陆">南极大陆
18    <option value="冰岛">冰岛
19 </select>
20 <p>当选择新地点时会触发事件</p>
21 </body>
22 </html>
```

执行结果　下列是在 Chrome 中的执行结果。

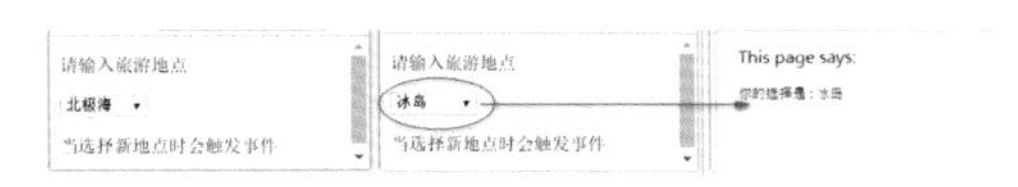

29-8-3　onclick 事件

本书叙述至此 onclick 事件已经有许多实例了，大部分是配合按钮来介绍，当单击按钮时，会触发这个事件。本节将介绍该事件的其他应用实例，它的语法格式如下：

```
<element onclick="myFun ( ) ">
```

程序实例 ch29_40.html：单击字符串元素可以更改字符串内容。

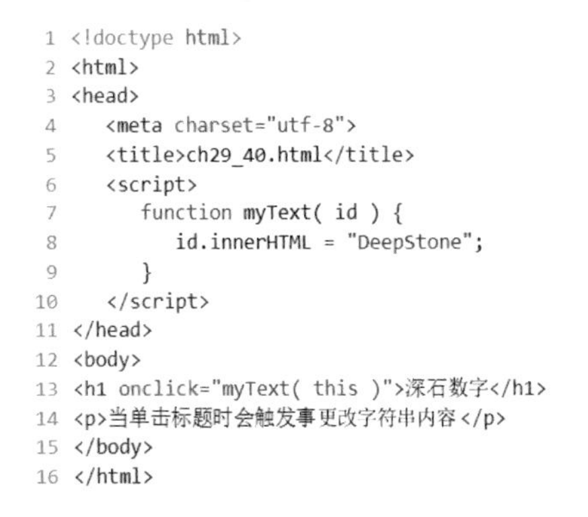

```
1 <!doctype html>
2 <html>
3 <head>
4    <meta charset="utf-8">
5    <title>ch29_40.html</title>
6    <script>
7       function myText( id ) {
8          id.innerHTML = "DeepStone";
9       }
10    </script>
11 </head>
12 <body>
13 <h1 onclick="myText( this )">深石数字</h1>
14 <p>当单击标题时会触发事更改字符串内容</p>
15 </body>
16 </html>
```

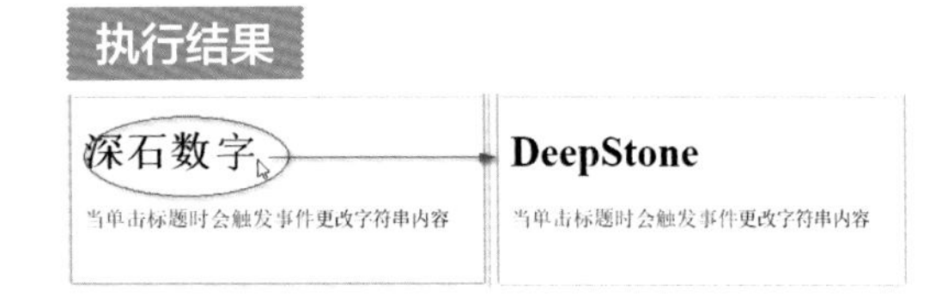

程序实例 ch29_41.html：在单击标题时，会更改标题颜色为蓝色。

```
1 <!doctype html>
2 <html>
3 <head>
4    <meta charset="utf-8">
5    <title>ch29_41.html</title>
6    <script>
7       function myText( id,txtColor ) {
8          id.style.color = txtColor;
9       }
10    </script>
11 </head>
12 <body>
13 <h1 onclick="myText( this, 'blue' )">深石数字</h1>
14 <p>当单击标题时会触发事件更改文字颜色</p>
15 </body>
16 </html>
```

执行结果

29-8-4 ondblclick 事件

ondblclick 事件是指双击对象时产生的事件，它的语法格式如下：

```
<element ondblclick="myFun ( ) ">
```

程序实例 ch29_42.html：双击标题可以将标题颜色改成蓝色。

```
1  <!doctype html>
2  <html>
3  <head>
4     <meta charset="utf-8">
5     <title>ch29_42.html</title>
6     <script>
7        function myText( id,txtColor ) {
8           id.style.color = txtColor;
9        }
10    </script>
11 </head>
12 <body>
13 <h1 ondblclick="myText( this, 'blue' )">深石数位</h1>
14 <p>当双击标题时会触发事件时会触发事件</p>
15 </body>
16 </html>
```

执行结果

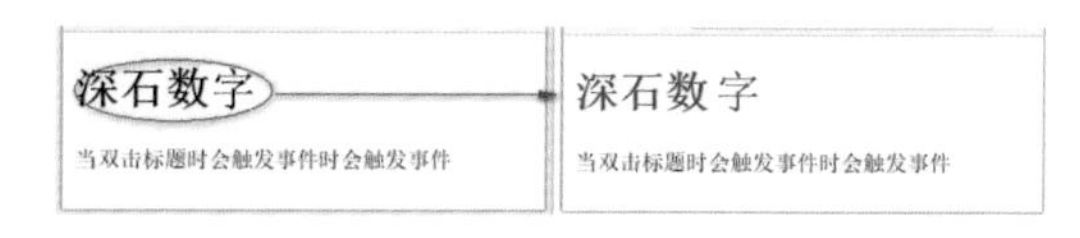

29-8-5 onmouseover 和 onmouseout 事件

当鼠标指针移至某对象处时会产生 onmouseover 事件，当鼠标指针离开某对象处时会产生 onmouseout 事件，它们的语法格式如下：

```
<element onmouseover="myFun ( ) ">
<element onmouseout="myFun ( ) ">
```

程序实例 ch29_43.html：原先图片宽度是 100px，当鼠标指针移至图片处时，可以让图片宽度放大至 200px，离开时图片恢复宽度为 100px。

```
1  <!doctype html>
2  <html>
3  <head>
4     <meta charset="utf-8">
5     <title>ch29_43.html</title>
6     <script>
7        function large( id ) {
8           id.style.width="200px";
9        }
10       function normal( id ) {
11          id.style.width="100px";
12       }
13    </script>
14 </head>
15 <body>
16 <p>当鼠标经过或离开会触发事件</p>
17 <img src="hung.jpg" width="100" onmouseover="large(this)" onmouseout="normal(this)">
18 </body>
19 </html>
```

执行结果

29-8-6 onmousedown 和 onmouseup 事件

当单击鼠标左键时会产生 onclick 事件。其实当按住鼠标左键时会先产生 onmousedown 事件，放开鼠标按键时会产生 onmouseup 事件，然后才产生 onclick 事件。本节将讨论 onmousedown 和

onmouseup 事件，它们的语法格式如下：

```
<element onmouseover="myFun ( ) ">
<element onmouseout="myFun ( ) ">
```

程序实例 ch29_44.html：重新设计 ch29_43.html，改成在图片处按住鼠标左键处时，图片宽度会改成 200px，放开鼠标按键后图片宽度恢复成 100px。

```
1  <!doctype html>
2  <html>
3  <head>
4     <meta charset="utf-8">
5     <title>ch29_44.html</title>
6     <script>
7        function large( id ) {
8           id.style.width="200px";
9        }
10       function normal( id ) {
11          id.style.width="100px";
12       }
13    </script>
14 </head>
15 <body>
16 <p>当在图片内按住鼠标左键图片可以放大</p>
17 <img src="hung.jpg" width="100" onmousedown="large(this)" onmouseup="normal(this)">
18 </body>
19 </html>
```

执行结果

当在图片内按住鼠标左键图片可以放大

当在图片内按住鼠标左键图片可以放大

29-8-7　在 JavaScript 内建立事件

目前所有看到的事件，均是在元素内增加事件属性，当此元素被触发时，会执行元素内设定的函数。其实我们也可以在元素中不设定事件属性，改在 <script> 内设定。

程序实例 ch29_45.html：在 JavaScript 内建立事件的应用。这个程序的重点在第 9 和第 12 行，过去我们会在建立按钮时，自动加上 onclick 事件属性，本例我们在 <script> 阶段第 12 行才建立 onclick 事件去执行 showTime()。

```
1  <!doctype html>
2  <html>
3  <head>
4     <meta charset="utf-8">
5     <title>ch29_45.html</title>
6  </head>
7  <body>
8  <p>单击“时间”按钮可以显示时间</p>
9  <button id="myTime">时间</button>
10 <p id="ex"></p>
11 <script>
12    document.getElementById("myTime").onclick = showTime;    // 设定单击“时间”按钮列出目前时间
13    function showTime() {
14       document.getElementById("ex").innerHTML = Date();
15    }
16 </script>
17 </body>
18 </html>
```

执行结果

单击“时间”按钮可以显示时间

时间

单击“时间”按钮可以显示时间

时间

Sun Aug 27 2017 17:38:55 GMT+0800 (北京时间)

程序实例 ch29_46.html：更改窗口背景颜色的应用，执行程序时只要单击窗口背景，窗口背景色将改为水蓝色。

```
1  <!doctype html>
2  <html>
3  <head>
4     <meta charset="utf-8">
5     <title>ch29_46.html</title>
6     <script>
7        window.onclick = myBackground;            // 设定单击窗口区可启动事件
8        function myBackground( ) {
9           document.getElementsByTagName("body")[0].style.backgroundColor = "aqua";
10       }
11    </script>
12 </head>
13 <body>
14 <h1>深石数字</h1>
15 <p>当单击窗口空白区会触发事件更改背景颜色</p>
16 </body>
17 </html>
```

执行结果

深石数字

当单击窗口空白区会触发事件更改背景颜色

深石数字

当单击窗口空白区会触发事件更改背景颜色

上述程序第 7 行是设定当窗口对象被单击时执行 myBackground() 函数。

习题

1. 请重新设计 ch29_11.html，如果图片宽度是 100px，请将按钮名称改为“放大图片”，单击可将图片宽度改成 200px；如果图片宽度是 200px，请将按钮名称改为“缩小图片”，单击可将图片宽度改成 100px。
2. 请参考 ch29_27.html 和 ch29_28.html，将功能组合，同时将前景和背景颜色扩增至 5 种。
3. 请参考 ch29_31.html 和 ch29_32.html，插入至少 5 张图片，然后利用 length 取得图片数量，使用循环方式列出 URL。
4. 请参考 ch29_44.html，改成鼠标指向对象时换另外一张图片，至于其他内容设计可自行发挥创意。
5. 请参考 ch29_41.html，首先设置 5 种颜色可供选取，选择颜色后，再单击标题，将标题改成所选的颜色。

第 30 章

HTML Canvas 绘图与动画

本章摘要

30-1　建立 Canvas 绘图环境
30-2　绘制矩形
30-3　绘制线条
30-4　绘制圆形或弧线
30-5　色彩渐变效果的处理
30-6　绘制文字
30-7　绘制图像
30-8　建立简单动画
30-9　位移与旋转

在 HTML4.01 时代，用户无法在网页上绘制图形。Canvas 是 HTML5 新增的元素，有了这个元素，就可以很轻易地配合 JavaScript 的一些方法，在网页内绘制直线、矩形、圆形、字符和图像，甚至绘制简单的动画。

30-1 建立 Canvas 绘图环境

<canvas> 其实是 HTML 的元素，用于建立绘图环境，读者可以设想成绘图区，套用 HTML 的概念也可称绘图容器，它的基本使用语法格式如下：

```
<canvas id="canvasId" width="xx" height="xx"> 文字区 </canvas>
```

id 是绘图区的标识符，width 和 height 分别是绘图区的宽度和高度。上述标记中的文字区（可以省略）一般是用在当浏览器不支持 <canvas> 时，输出“浏览器不支持 canvas”的信息。当用 <canvas> 声明绘图区后，我们可以使用 CSS 为绘图区建立样式。

程序实例 ch30_1.html：建立 canvas 绘图区，第一个绘图区建立完成后，为这个绘图区加上外框，第二个建立完成后，为这个绘图区加上黄色背景色。

```
1  <!doctype html>
2  <html>
3  <head>
4     <meta charset="utf-8">
5     <title>ch30_1.html</title>
6     <style>
7        #demo1 { border:2px solid blue; }
8        #demo2 { background-color:yellow; }
9     </style>
10 </head>
11 <body>
12 <h1>HTML 5 Canvas绘图</h1>
13 <canvas id="demo1" width="200" height="200">浏览器不支持canvas元素</canvas>
14 <canvas id="demo2" width="100" height="100">浏览器不支持canvas元素</canvas>
15 </body>
16 </html>
```

执行结果

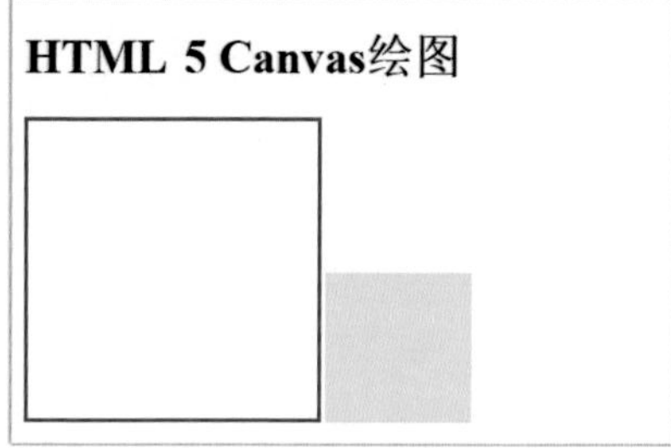

<canvas> 元素本身没有绘图功能，我们必须使用 JavaScript 调用 Canvas API（Application Programming Interface），或称 Canvas 对象的方法（method）来进行绘图。

30-2 绘制矩形

绘制矩形的方法有许多，下面将一一说明。

30-2-1 rect()、stroke() 和 strokeRect()

rect() 可用于绘制矩形，它的使用格式如下：

```
rect(x, y, width, height);
```

x 是相对于绘图区左上角的 x 轴距离，y 是相对于绘图区左上角的 y 轴距离，width 是矩形的宽度，height 是矩形的高度。

stroke() 实际上是让 rect() 方法产生的矩形绘制框线，默认颜色是黑色。如果没有使用 stroke() 方法，则无法看到矩形的框线。

程序实例 ch30_2.html：绘制矩形的实例。

```
1 <!doctype html>
2 <html>
3 <head>
4     <meta charset="utf-8">
5     <title>ch30_2.html</title>
6     <style>
7         #myCanvas { border:2px solid blue; }
8     </style>
9 </head>
10 <body>
11 <canvas id="myCanvas" width="200" height="200">浏览器不支持canvas元素</canvas>
12 <script>
13         var obj = document.getElementById("myCanvas");  // 获得canvas对象
14         var ctx = obj.getContext("2d");                 // 建立2D绘图对象
15         ctx.rect(10,10,100,80);
16           ctx.stroke( );                                // 加上上色彩
17     </script>
18 </body>
19 </html>
```

执行结果

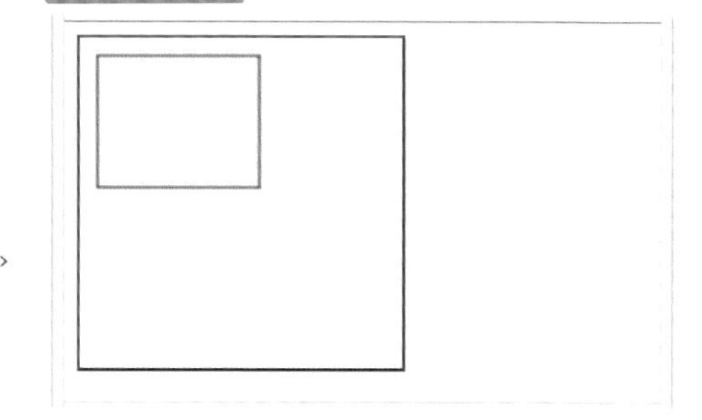

上例中我们已经成功绘制出矩形了，在此笔者想讲解绘制图形的步骤，当我们建立绘图环境后，在实际绘图前需执行下列两条语句。

```
13        var obj = document.getElementById("myCanvas");  // 获得canvas对象
14        var ctx = obj.getContext("2d");                 // 建立2D绘图对象
```

上述语句主要是建立 2D 绘图对象。目前 HTML5 只支持 2D 绘图，有了上述对象就可以正式绘图了。上述程序的第 15 行是绘制矩形，第 16 行是加上绘制的色彩，如果没有后者将看不到所绘制矩形的框。

坦白说使用两条语句绘制矩形是有一点麻烦，其实我们可以使用 strokeRect() 方法一次实现绘制矩形和上色功能。strokeRect() 方法使用格式与 rect() 方法相同。

程序实例 ch30_3.html：使用 strokeRect() 方法重新设计 ch30_2.html，下面是与 ch30_2.html 不同的程序代码。

```
15         ctx.strokeRect(10,10,100,80);
```

执行结果　与 ch30_2.html 相同。

30-2-2　fillRect() 和 fillStyle()

strokeRect() 方法绘制空矩形，fillRect() 方法绘制填充的矩形，它的使用格式与 strokeRect() 相同。fillStyle() 的使用格式如下：

```
fillStyle(value);
```

value 可能的值如下：

- color：颜色值，可参考附录 E，默认是黑色。
- gradient：可使用线性渐变或辐射渐变颜色，30-5 节会解说。
- pattern：使用图样对象。

程序实例 ch30_4.html：绘制填满矩形的应用。本程序使用了不同颜色值的应用方法，可参考第 17 和第 19 行。

```
1 <!doctype html>
2 <html>
3 <head>
4    <meta charset="utf-8">
5    <title>ch30_4.html</title>
6    <style>
7       #myCanvas { border:2px solid blue; }
8    </style>
9 </head>
10 <body>
11 <canvas id="myCanvas" width="200" height="200">浏览器不支持canvas元素</canvas>
12 <script>
13       var obj = document.getElementById("myCanvas");  // 获得canvas对象
14       var ctx = obj.getContext("2d");                 // 建立2D绘图对象
15         ctx.fillStyle = "yellow";
16       ctx.fillRect(10,10,100,80);
17         ctx.fillStyle = "red";
18         ctx.fillRect(30,30,100,80);
19         ctx.fillStyle = "#7FFF00";
20         ctx.fillRect(50,50,100,80);
21         ctx.fillStyle = "#FF69B4";
22         ctx.fillRect(70,70,100,80);
23         ctx.fillStyle = "blue";
24         ctx.fillRect(90,90,100,80);
25    </script>
26 </body>
27 </html>
```

执行结果

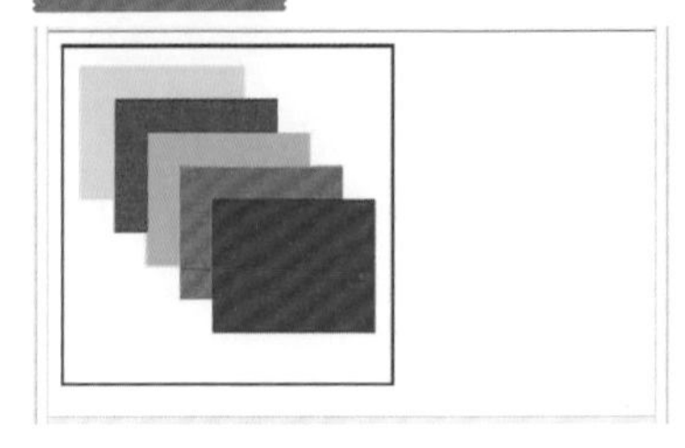

30-2-3 clearRect()

这个方法用来清除区块区间，它的使用格式与 rect() 方法相同，只不过这个方法会清除指定区块。

程序实例 ch30_5.html：重新设计 ch30_4.html，这个程序只增加了第 25 行，清除位置是 (60,60)，宽和高是 (80,60)。

```
25        ctx.clearRect(60,60,80,60);          // 清除区块
```

执行结果

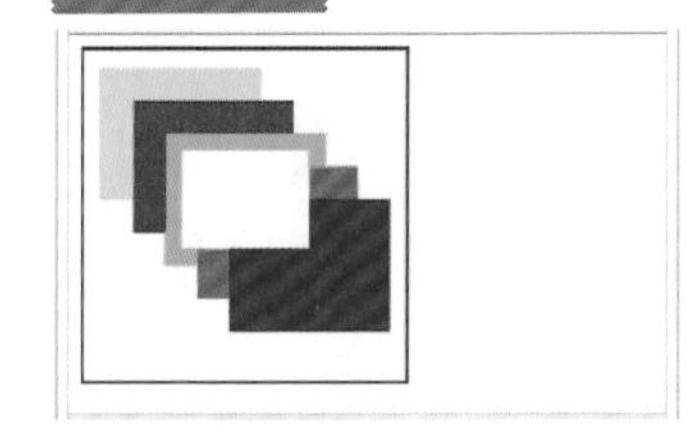

30-3 绘制线条

在 Canvas 环境中绘制线条基本上与绘制矩形一样，是将绘图区左上角视为坐标原点 (0,0)，往右可增加 x 轴值，往下可增加 y 轴值。

30-3-1 绘制直线

可以使用下列方法绘制直线：

```
moveTo(x,y);          // 定义线条起点
lineTo(x,y);          // 定义线条终点，如果继续使用则原先终点变为新线条的起点
```

绘制完成后与 rect() 方法一样需要使用 stroke() 方法上色。

程序实例 ch30_6.html：绘制线条的应用。

```
1 <!doctype html>
2 <html>
3 <head>
4    <meta charset="utf-8">
5    <title>ch30_6.html</title>
6    <style>
7       #myCanvas { border:2px solid blue; }
8    </style>
9 </head>
10 <body>
11 <canvas id="myCanvas" width="200" height="200">浏览器不支持canvas元素</canvas>
12 <script>
13       var obj = document.getElementById("myCanvas");     // 获得canvas对象
14       var ctx = obj.getContext("2d");                    // 建立2D绘图对象
15         ctx.moveTo(0,0);                                 // 绘制第一条线
16         ctx.lineTo(50,50);
17         ctx.moveTo(100,50);                              // 绘制第二条线是L型
18         ctx.lineTo(100,150);
19         ctx.lineTo(150,150);
20         ctx.stroke( );                                   // 上色
21    </script>
22 </body>
23 </html>
```

执行结果

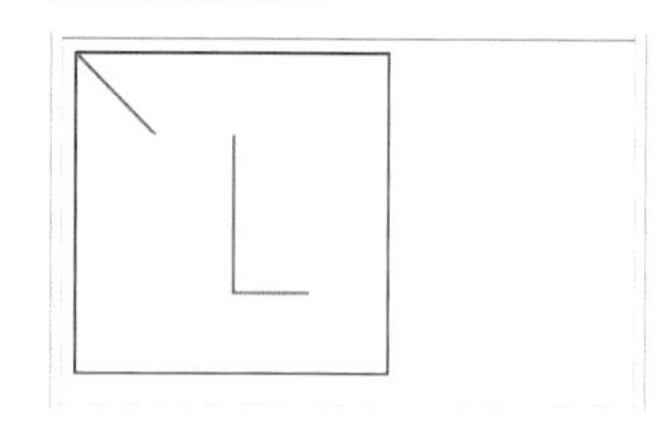

30-3-2　beginPath() 和 closePath()

beginPath() 方法的功能是开始一个新的路径，同时会清除之前记忆的线条信息，但是已绘好的图案不受影响。这个方法没有参数，网页程序设计师习惯上会在绘制线条前先加上这个方法。

closePath() 方法用于关闭路径，它可以将目前绘图点与绘图起点连接，如此，可以围成图案。这个方法没有参数。

程序实例 ch30_7.html：将 ch30_6.html 所绘制的 L 形，封闭成为三角形。

```
1 <!doctype html>
2 <html>
3 <head>
4    <meta charset="utf-8">
5    <title>ch30_7.html</title>
6    <style>
7       #myCanvas { border:2px solid blue; }
8    </style>
9 </head>
10 <body>
11 <canvas id="myCanvas" width="200" height="200">浏览器不支持canvas元素</canvas>
12 <script>
13       var obj = document.getElementById("myCanvas");     // 获得canvas对象
14       var ctx = obj.getContext("2d");                    // 建立2D绘图对象
15         ctx.beginPath( );
16         ctx.moveTo(100,50);                              // 先绘制条线是L形
17         ctx.lineTo(100,150);
18         ctx.lineTo(150,150);
19         ctx.closePath( );                                // 关闭线条成三角形
20         ctx.stroke( );
21    </script>
22 </body>
23 </html>
```

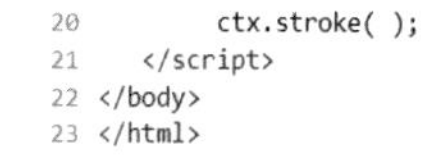

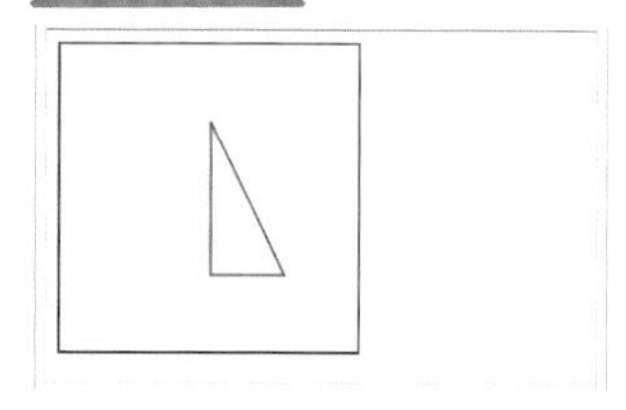

30-3-3　lineWidth

使用 Canvas 时默认的线条宽度是 1px，但是可以使用 lineWidth 设定线条宽度，单位是 px。

程序实例 ch30_8.html：以循环方式绘制 5 条宽度从 1px 到 5px 的水平线。

```
1 <!doctype html>
2 <html>
3 <head>
4    <meta charset="utf-8">
5    <title>ch30_8.html</title>
6    <style>
7       #myCanvas { border:2px solid blue; }
8    </style>
9 </head>
10 <body>
11 <canvas id="myCanvas" width="200" height="200">浏览器不支持canvas元素</canvas>
12 <script>
13       var obj = document.getElementById("myCanvas");     // 获得canvas对象
14       var ctx = obj.getContext("2d");                    // 建立2D绘图对象
```

```
15        for ( var i = 1; i <=5; i++ ) {
16           ctx.beginPath( );
17           ctx.lineWidth = i;                          // 设定线条宽度
18             ctx.moveTo(30,i*30);
19             ctx.lineTo(170,i*30);
20             ctx.stroke( );                            // 上色
21        }
22     </script>
23  </body>
24  </html>
```

执行结果

30-3-4 fill()

方法 fill() 可将目前所绘制的路径填满，如果所绘制的图案尚未闭合，它会主动从起点绘一条线到终点以封闭图形。

程序实例 ch30_9.html：重新设计 ch30_7.html，以第 19 行取代原先程序的第 19 和第 20 行。

```
19        ctx.fill( );                          // 封闭图形同时上色
```

执行结果

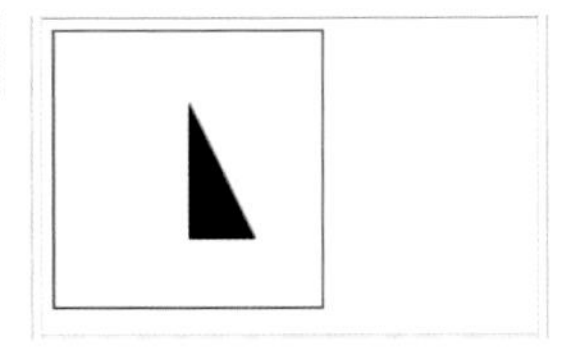

30-3-5 lineCap

这个属性可以设定线条的端点样式，它的使用格式如下：

```
lineCap = "value";
```

value 值的可能内容如下：

- ❑ butt：默认值，即线的端点是平的。
- ❑ round：线的端点是圆的，这个选项会让线条稍微长一些。
- ❑ square：线的端点是矩形的，这个选项会让线条稍微长一些。

程序实例 ch30_10.html：分别测试属性值 butt、round、square，了解端点样式。

```
1  <!doctype html>
2  <html>
3  <head>
4     <meta charset="utf-8">
5     <title>ch30_10.html</title>
6     <style>
7        #myCanvas { border:2px solid blue; }
8     </style>
9  </head>
10 <body>
11 <canvas id="myCanvas" width="200" height="200">浏览器不支持canvas元素</canvas>
12 <script>
13       var obj = document.getElementById("myCanvas");  // 获得canvas对象
14       var ctx = obj.getContext("2d");                 // 建立2D绘图对象
15       ctx.beginPath( );                               // 测试线条1
16       ctx.lineWidth=10;
17       ctx.lineCap="butt";                             // butt
18       ctx.moveTo(50,50);
19       ctx.lineTo(50,150);
20       ctx.stroke( );
21       ctx.beginPath( );                               // 测试线条2
22       ctx.lineWidth=10;
23       ctx.lineCap="round";                            // round
24       ctx.moveTo(100,50);
25       ctx.lineTo(100,150);
26       ctx.stroke( );
27       ctx.beginPath( );                               // 测试线条3
28       ctx.lineWidth=10;
29       ctx.lineCap="square";                           // square
30       ctx.moveTo(150,50);
31       ctx.lineTo(150,150);
32       ctx.stroke( );
33    </script>
34 </body>
35 </html>
```

执行结果

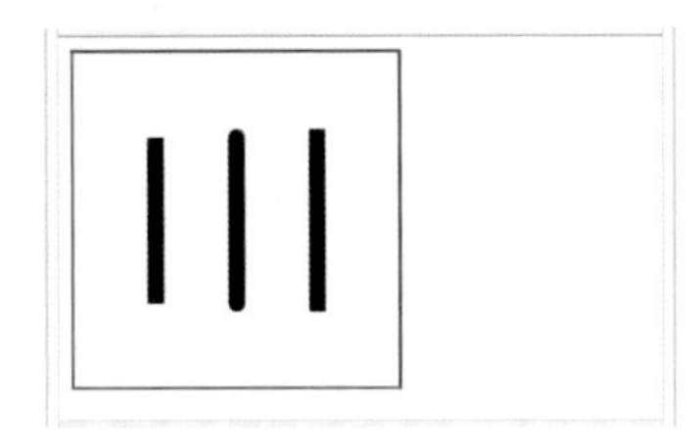

30-3-6　lineJoin

这个属性可以设定线条的交接点样式，它的使用格式如下：

```
lineJoin = "value";
```

value 值的可能内容如下：

- miter：默认值，即尖的角。
- round：线的交接点是圆的。
- square：线的交接点是斜的。

程序实例 ch30_11.html：分别测试属性值 miter、round、bevel，了解交接点样式。

```
1 <!doctype html>
2 <html>
3 <head>
4    <meta charset="utf-8">
5    <title>ch30_11.html</title>
6    <style>
7       #myCanvas { border:2px solid blue; }
8    </style>
9 </head>
10 <body>
11 <canvas id="myCanvas" width="300" height="200">浏览器不支持canvas元素</canvas>
12 <script>
13       var obj = document.getElementById("myCanvas");  // 获得canvas对象
14       var ctx = obj.getContext("2d");                 // 建立2D绘图对象
15       ctx.beginPath( );                               // 测试交接点1
16       ctx.lineWidth=10;
17       ctx.lineJoin="miter";                           // miter
18       ctx.moveTo(20,20);
19       ctx.lineTo(50,160);
20       ctx.lineTo(80,20);
21       ctx.stroke( );
22       ctx.beginPath( );                               // 测试交接点2
23       ctx.lineWidth=10;
24       ctx.lineJoin="round";                           // round
25       ctx.moveTo(110,20);
26       ctx.lineTo(140,160);
27       ctx.lineTo(170,20);
28       ctx.stroke( );
29       ctx.beginPath( );                               // 测试交接点3
30       ctx.lineWidth=10;
31       ctx.lineJoin="bevel";                           // bevel
32       ctx.moveTo(200,20);
33       ctx.lineTo(230,160);
34       ctx.lineTo(260,20);
35       ctx.stroke( );
36    </script>
37 </body>
38 </html>
```

执行结果

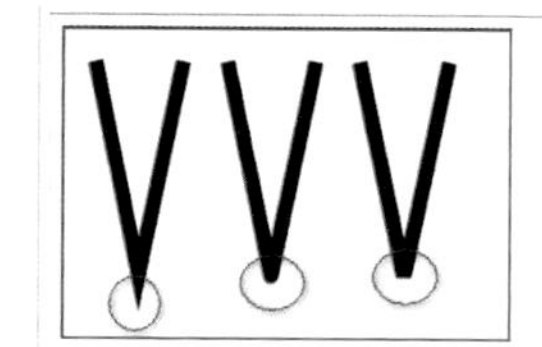

30-4　绘制圆形或弧线

arc() 方法可以绘制圆形或弧线，本节将会详细解说。

30-4-1　绘制圆形

绘制圆形可以使用 arc() 方法，它的使用格式如下：

```
arc(x,y,r,startangle,endangle);
```

(x,y) 是圆心坐标，r 是半径，startangle 是起始角度，一般设为 0，endangle 是结束角度，可设为 2*Math.PI。

程序实例 ch30_12.html：绘制圆形的基本应用。

```
1 <!doctype html>
2 <html>
3 <head>
4     <meta charset="utf-8">
5     <title>ch30_12.html</title>
6     <style>
7         #myCanvas { border:2px solid blue; }
8     </style>
9 </head>
10 <body>
11 <canvas id="myCanvas" width="300" height="200">浏览器不支持canvas元素</canvas>
12 <script>
13         var obj = document.getElementById("myCanvas");  // 获得canvas对象
14         var ctx = obj.getContext("2d");                 // 建立2D绘图对象
15         ctx.beginPath( );
16         ctx.arc(150,100,60,0,2*Math.PI);                // 绘制圆形
```

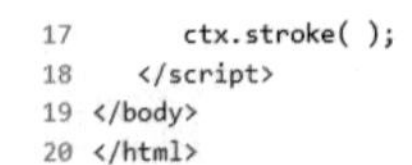

```
17         ctx.stroke( );
18     </script>
19 </body>
20 </html>
```

执行结果

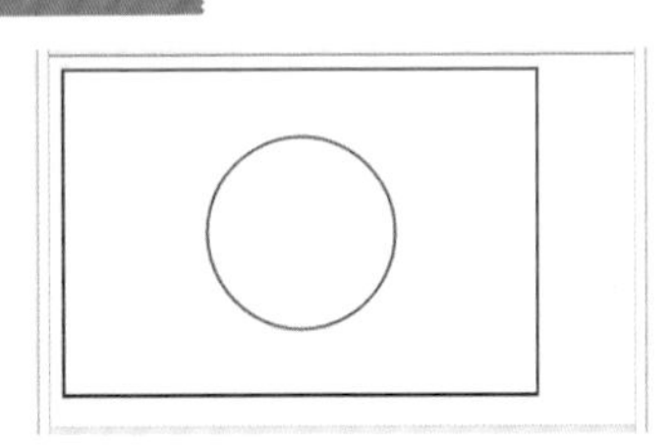

30-4-2 绘制弧线

同样是使用 arc() 方法，可以产生曲形，方法是结束角度不要设为“2*Math.PI”。绘制圆形的原理如下图所示。

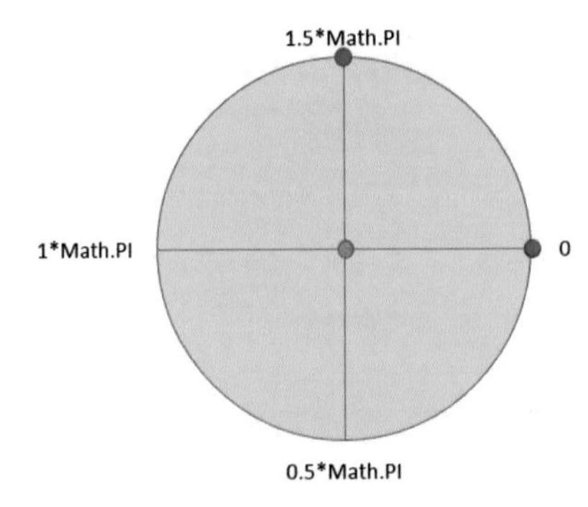

绘制圆形时，起始角度是圆的右边端点，如果结束角度是 1*Math.PI，则只是绘制半圆形。

程序实例 ch30_13.html：绘制 3 条弧线，结束角度分别是 0.5/1.0/1.5*Math.PI。

```
1 <!doctype html>
2 <html>
3 <head>
4     <meta charset="utf-8">
5     <title>ch30_13.html</title>
6     <style>
7         #myCanvas { border:2px solid blue; }
8     </style>
9 </head>
10 <body>
11 <canvas id="myCanvas" width="300" height="200">浏览器不支持canvas元素</canvas>
12 <script>
13         var obj = document.getElementById("myCanvas");  // 获得canvas对象
14         var ctx = obj.getContext("2d");                 // 建立2D绘图对象
15         ctx.beginPath( );
16         ctx.arc(50,100,40,0,0.5*Math.PI);               // 绘制曲线1
17         ctx.stroke( );
18         ctx.beginPath( );
19         ctx.arc(150,100,40,0,1*Math.PI);                // 绘制曲线2
20         ctx.stroke( );
21         ctx.beginPath( );
22         ctx.arc(250,100,40,0,1.5*Math.PI);              // 绘制曲线3
23         ctx.stroke( );
24     </script>
25 </body>
26 </html>
```

执行结果

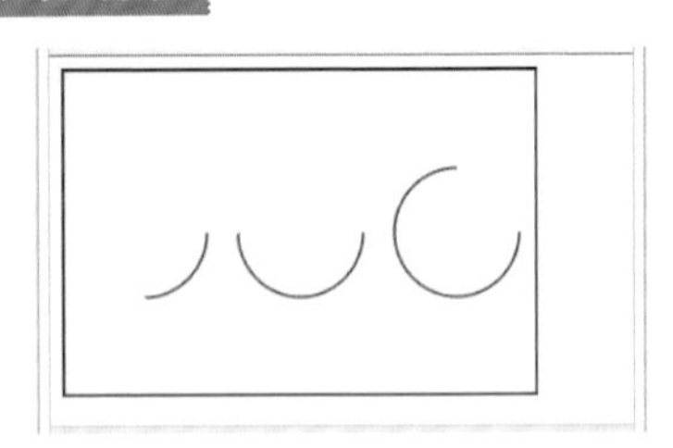

30-4-3　顺时针弧线或逆时针弧线

前一节所绘制的弧线是沿顺时针方向，我们可以在 arc() 参数中增加一个参数，以达到绘制逆时针弧线的效果。

```
arc(x,y,r,startangle,endangle,counterclockwise);
```

参数 counterclockwise 的默认值是 false，如果改成 true，则依逆时针方向绘制弧线。

程序实例 ch30_14.html：重新设计 ch30_13.html，在 arc() 方法中增加 true 参数。

```
1 <!doctype html>
2 <html>
3 <head>
4    <meta charset="utf-8">
5    <title>ch30_14.html</title>
6    <style>
7       #myCanvas { border:2px solid blue; }
8    </style>
9 </head>
10 <body>
11 <canvas id="myCanvas" width="300" height="200">浏览器不支持canvas元素</canvas>
12 <script>
13       var obj = document.getElementById("myCanvas");  // 获得canvas对象
14       var ctx = obj.getContext("2d");                 // 建立2D绘图对象
15       ctx.beginPath( );
16       ctx.arc(50,100,40,0,0.5*Math.PI,true);          // 绘制弧线1
17       ctx.stroke( );
18       ctx.beginPath( );
19       ctx.arc(150,100,40,0,1*Math.PI,true);           // 绘制弧线2
20       ctx.stroke( );
21       ctx.beginPath( );
22       ctx.arc(250,100,40,0,1.5*Math.PI,true);         // 绘制弧线3
23       ctx.stroke( );
24    </script>
25 </body>
26 </html>
```

执行结果

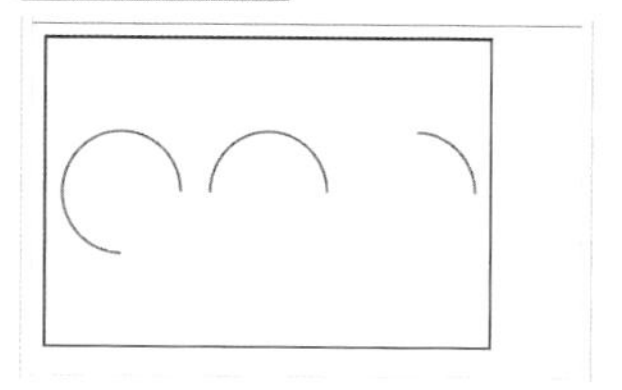

绘制弧线，角度起点不需一定在 0 度，可以自选角度，参考下列实例。

程序实例 ch30_15.html：从 1.25*Math.PI 处开始绘制弧形的应用。

```
1 <!doctype html>
2 <html>
3 <head>
4    <meta charset="utf-8">
5    <title>ch30_15.html</title>
6    <style>
7       #myCanvas { border:2px solid blue; }
8    </style>
9 </head>
10 <body>
11 <canvas id="myCanvas" width="300" height="200">浏览器不支持canvas元素</canvas>
12 <script>
13       var obj = document.getElementById("myCanvas");  // 获得canvas对象
14       var ctx = obj.getContext("2d");                 // 建立2D绘图对象
15         ctx.beginPath( );
16         ctx.arc(50,100,40,1.25*Math.PI,1.75*Math.PI);        // 绘制弧线1
17         ctx.stroke( );
18         ctx.beginPath( );
19         ctx.arc(150,100,40,1.25*Math.PI,1.75*Math.PI,true);  // 绘制弧线2
20         ctx.stroke( );
21    </script>
22 </body>
23 </html>
```

执行结果

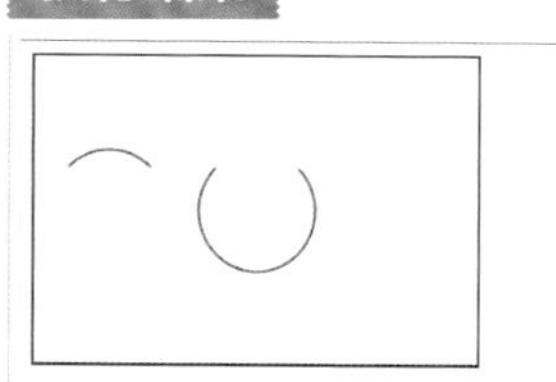

在设计圆弧时，若是绘制完圆弧后加上 closePath() 方法，圆弧的端点会接合。

程序实例 ch30_16.html：重新设计 ch30_15.html，将弧线接合。

```
<!doctype html>
<html>
<head>
   <meta charset="utf-8">
   <title>ch30_16.html</title>
   <style>
      #myCanvas { border:2px solid blue; }
   </style>
</head>
<body>
<canvas id="myCanvas" width="300" height="200">浏览器不支持canvas元素</canvas>
<script>
      var obj = document.getElementById("myCanvas");  // 获得canvas对象
      var ctx = obj.getContext("2d");                 // 建立2D绘图对象
        ctx.beginPath( );
        ctx.arc(50,100,40,1.25*Math.PI,1.75*Math.PI);          // 绘制弧线1
        ctx.closePath( );
        ctx.stroke( );
        ctx.beginPath( );
        ctx.arc(150,100,40,1.25*Math.PI,1.75*Math.PI,true);    // 绘制弧线2
        ctx.closePath( );
        ctx.stroke( );
   </script>
</body>
</html>
```

执行结果

30-4-4　实心圆的绘制

其实只要适度将 fillstyle() 和 fill() 方法应用在绘制完圆形后，就可以绘制实心圆。

程序实例 ch30_17.html：绘制水蓝色（aqua）的实心圆。

```
<!doctype html>
<html>
<head>
   <meta charset="utf-8">
   <title>ch30_17.html</title>
   <style>
      #myCanvas { border:2px solid blue; }
   </style>
</head>
<body>
<canvas id="myCanvas" width="300" height="200">浏览器不支持canvas元素</canvas>
<script>
      var obj = document.getElementById("myCanvas");  // 获得canvas对象
      var ctx = obj.getContext("2d");                 // 建立2D绘图对象
      ctx.beginPath( );
      ctx.arc(150,100,60,0,2*Math.PI);                // 绘制圆形
      ctx.fillStyle = "aqua";                         // 选aqua色彩
      ctx.fill( );                                    // 填充色彩
      ctx.stroke( );                                  // 绘圆形外框
   </script>
</body>
</html>
```

执行结果

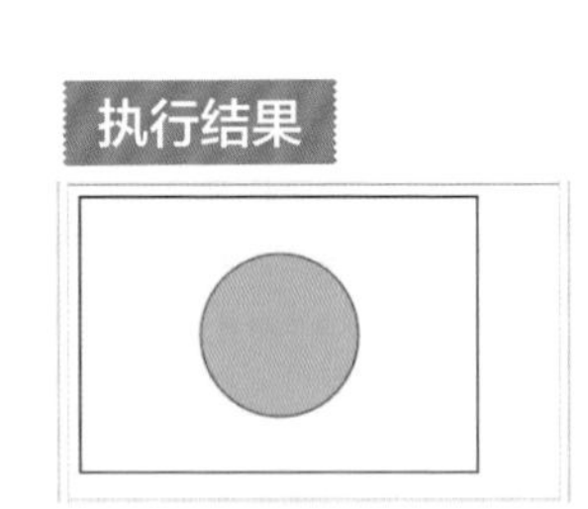

30-4-5　arcTo()

arcTo() 方法的功能是连接两条交线的弧线，使用语法格式如下：

```
arcTo(x1,y1,x2,y2,r);
```

(x1,y1) 是第一条交线的坐标，可以想成是控点的坐标，(x2,y2) 是第二条交线的坐标，可以想成是弧线终点的坐标，r 是半径，下列是参数的示意图。

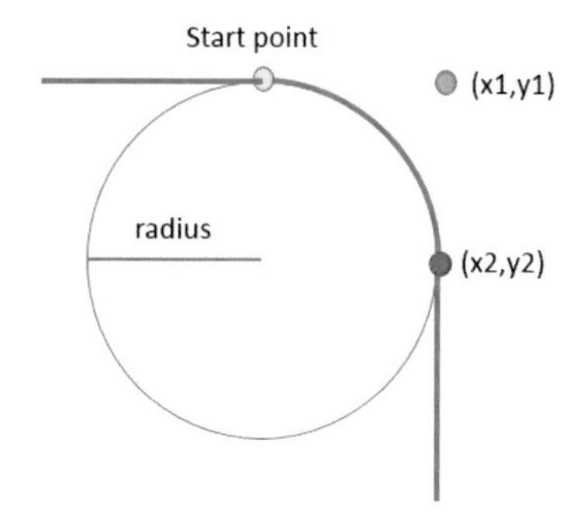

程序实例 ch30_18.html：arcTo() 方法的实例应用。

```
1  <!doctype html>
2  <html>
3  <head>
4     <meta charset="utf-8">
5     <title>ch30_18.html</title>
6     <style>
7        #myCanvas { border:2px solid blue; }
8     </style>
9  </head>
10 <body>
11 <canvas id="myCanvas" width="200" height="200">浏览器不支持canvas元素</canvas>
12 <script>
13       var obj = document.getElementById("myCanvas");  // 获得canvas对象
14       var ctx = obj.getContext("2d");                 // 建立2D绘图对象
15       ctx.beginPath( );
16       ctx.moveTo(30,30);                              // 线条起点
17       ctx.lineTo(100,30);                             // 建立水平线
18       ctx.arcTo(150,30,150,80,50);                    // 建立弧线
19       ctx.lineTo(150,150);                            // 建立垂直线
20       ctx.stroke( );                                  // 绘外框
21    </script>
22 </body>
23 </html>
```

执行结果

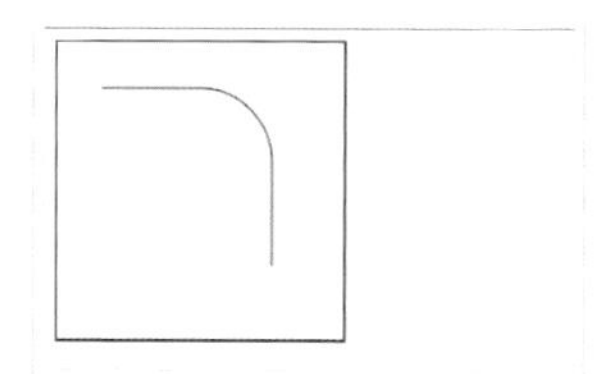

30-5　色彩渐变效果的处理

在 Canvas 绘图中，我们也可以实现色彩渐变效果，本书将渐变分成线性（linear）渐变和辐射（radial）渐变并分别解说，另外也将讲解渐变应用在线条对象的方法。

30-5-1　线性渐变

若想实现渐变色彩，首先要建立渐变对象，下面是建立线性渐变对象的方法。

```
createLinearGradient(x1,y1,x2,y2);
```

(x1,y1) 是线性渐变的起点，(x2,y2) 是线性渐变的终点。如果起点和终点的 y 轴坐标值相同，表示这是从左到右或从右到左的线性渐变；如果 x 轴坐标值相同，表示这是从上到下或是下到上的线性渐变；如果坐标轴不相同，表示是从某一点渐变到另外一点，例如，如果 (x1,y1) 代表左上角坐标，(x2,y2) 代表右下角坐标，将得到左上角到右下角的渐变。

建立好线性渐变的起点和终点后，下一步是设定在这区间内的色彩，下列是设定色彩的方法。

```
addColorStop(value,"color");
```

value 值是色彩停驻点位置，它的值为 0~1，0 代表线性渐变的起点，1 代表线性渐变的终点。如果有更多色彩，只要设定该色的位置即可。color 是颜色值。

程序实例 ch30_19.html：4 种渐变的实例，每一渐变皆是两种色彩，前两种渐变是左右渐变，后两种渐变是上下渐变。

```
1 <!doctype html>
2 <html>
3 <head>
4    <meta charset="utf-8">
5    <title>ch30_19.html</title>
6    <style>
7       #myCanvas { border:2px solid blue; }
8    </style>
9 </head>
10 <body>
11 <canvas id="myCanvas" width="800" height="200">浏览器不支持canvas元素</canvas>
12 <script>
13       var obj = document.getElementById("myCanvas");    // 获得canvas对象
14       var ctx = obj.getContext("2d");                   // 建立2D绘图对象
15 // 第一个矩形
16       var grd = ctx.createLinearGradient(20,20,180,20); // 建立左往右    gradient
17       grd.addColorStop(0,"blue");
18       grd.addColorStop(1,"white");
19       ctx.fillStyle=grd;                                // 设定填充样式为grd
20       ctx.fillRect(20,20,160,160);                      // 执行填充
21 // 第二个矩形
22       grd = ctx.createLinearGradient(220,20,380,20);    // 建立左往右渐变gradient
23       grd.addColorStop(0,"green");
24       grd.addColorStop(1,"yellow");
25       ctx.fillStyle=grd;                                // 设定填充样式为grd
26       ctx.fillRect(220,20,160,160);                     // 执行填充
27 // 第三个矩形
28       grd = ctx.createLinearGradient(420,20,420,180);   // 建立上往下渐变gradient
29       grd.addColorStop(0,"yellow");
30       grd.addColorStop(1,"red");
31       ctx.fillStyle=grd;                                // 设定填充样式为grd
32       ctx.fillRect(420,20,160,160);                     // 执行填充
33 // 第四个矩形
34       grd = ctx.createLinearGradient(620,20,620,180);   // 建立上往下渐变gradient
35       grd.addColorStop(0,"red");
36       grd.addColorStop(1,"white");
37       ctx.fillStyle=grd;                                // 设定填充样式为grd
38       ctx.fillRect(620,20,160,160);                     // 执行填充
39    </script>
40 </body>
41 </html>
```

执行结果

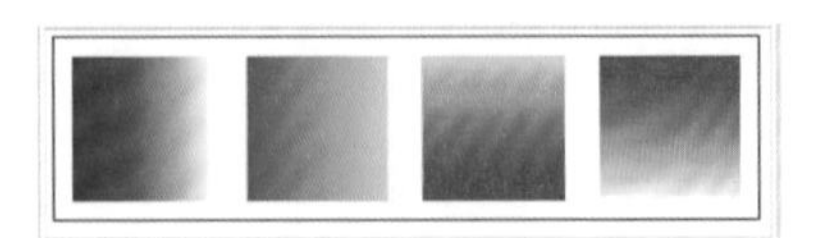

程序实例 ch30_20.html：4 种渐变的实例，每一渐变皆是 3 种色彩，前两种渐变是左右渐变，第 3 种渐变是从左上到右下渐变，第 4 种渐变是从左下到右上渐变。

```
1  <!doctype html>
2  <html>
3  <head>
4     <meta charset="utf-8">
5     <title>ch30_20.html</title>
6     <style>
7        #myCanvas { border:2px solid blue; }
8     </style>
9  </head>
10 <body>
11 <canvas id="myCanvas" width="800" height="200">浏览器不支持canvas元素</canvas>
12 <script>
13       var obj = document.getElementById("myCanvas");    // 获得canvas对象
14       var ctx = obj.getContext("2d");                   // 建立2D绘图对象
15 // 第一个矩形
16       var grd = ctx.createLinearGradient(20,20,180,20); // 建立左往右渐变gradient
17       grd.addColorStop(0,"blue");
18       grd.addColorStop(0.5,"green");
19       grd.addColorStop(1,"white");
20       ctx.fillStyle=grd;                                // 设定填充样式为grd
21       ctx.fillRect(20,20,160,160);                      // 执行填充
22 // 第二个矩形
23       grd = ctx.createLinearGradient(220,20,380,20);    // 建立左往右渐变gradient
24       grd.addColorStop(0,"green");
25       grd.addColorStop(0.5,"red");
26       grd.addColorStop(1,"yellow");
27       ctx.fillStyle=grd;                                // 设定填充样式为grd
28       ctx.fillRect(220,20,160,160);                     // 执行填充
29 // 第三个矩形
30       grd = ctx.createLinearGradient(420,20,580,180);   // 建立左上往右下渐变gradient
31       grd.addColorStop(0,"yellow");
32       grd.addColorStop(0.5,"green");
33       grd.addColorStop(1,"yellow");
34       ctx.fillStyle=grd;                                // 设定填充样式为grd
35       ctx.fillRect(420,20,160,160);                     // 执行填充
36 // 第四个矩形
37       grd = ctx.createLinearGradient(620,180,780,20);   // 建立左上往右下渐变gradient
38       grd.addColorStop(0,"red");
39       grd.addColorStop(0.5,"yellow");
40       grd.addColorStop(1,"white");
41       ctx.fillStyle=grd;                                // 设定填充样式为grd
42       ctx.fillRect(620,20,160,160);                     // 执行填充
43    </script>
44 </body>
45 </html>
```

执行结果

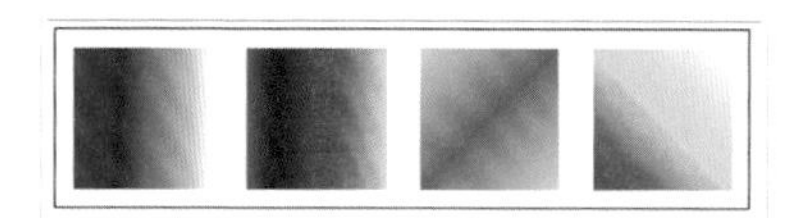

30-5-2 辐射渐变

下列是建立辐射渐变对象的方法。

```
createRadialGradient(x1,y1,r1,x2,y2,r2);
```

(x1,y1) 是辐射渐变的起点，r1 是起点的半径，(x2,y2) 是辐射渐变的终点，r2 是终点的半径。建立好辐射渐变的起点和终点后，下一步是设定区间内的色彩，与线性渐变一样也使用 addColorStop()

方法。至于色彩停驻点位置，它的值是 0~1，0 代表辐射渐变的中心，1 代表辐射渐变的外围点。如果有更多色彩，只要设定该色的位置即可。

程序实例 ch30_21.html：辐射渐变的应用，前面两种是正方形填充两种色彩的渐变，第 3 种是矩形填充 3 种色彩的渐变。

```
1 <!doctype html>
2 <html>
3 <head>
4     <meta charset="utf-8">
5     <title>ch30_21.html</title>
6     <style>
7         #myCanvas { border:2px solid blue; }
8     </style>
9 </head>
10 <body>
11 <canvas id="myCanvas" width="700" height="200">浏览器不支持canvas元素</canvas>
12 <script>
13         var obj = document.getElementById("myCanvas");              // 获得canvas对象
14         var ctx = obj.getContext("2d");                             // 建立2D绘图对象
15 // 第一个矩形
16         var grd = ctx.createRadialGradient(100,100,10,100,100,100); // 建立辐射渐变 gradient
17         grd.addColorStop(0,"blue");
18         grd.addColorStop(1,"white");
19         ctx.fillStyle=grd;                                          // 设定填充样式为grd
20         ctx.fillRect(20,20,160,160);                                // 执行填充
21 // 第二个矩形
22         grd = ctx.createRadialGradient(250,100,10,320,100,100);     // 建立辐射渐变 gradient
23         grd.addColorStop(0,"green");
24         grd.addColorStop(1,"yellow");
25         ctx.fillStyle=grd;                                          // 设定填充样式为grd
26         ctx.fillRect(220,20,160,160);                               // 执行填充
27 // 第三个矩形
28         grd = ctx.createRadialGradient(500,100,1,500,100,180);      // 建立辐射渐变 gradient
29         grd.addColorStop(0,"red");
30         grd.addColorStop(0.5,"yellow");
31         grd.addColorStop(1,"green");
32         ctx.fillStyle=grd;                                          // 设定填充样式为grd
33         ctx.fillRect(420,20,260,160);                               // 执行填充
34     </script>
35 </body>
36 </html>
```

执行结果

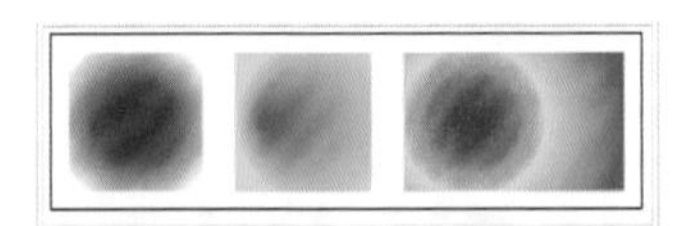

30-5-3 将渐变应用在矩形框线

在讲解这个知识点前，笔者想先介绍方法 strokeStyle()，这个方法一般用于设定线条的颜色，当然也可以应用在线条或矩形框线。它的使用格式如下：

```
strokeStyle(value);
```

value 可能的值如下：

- color：颜色值，可参考附录 E，默认是黑色。
- gradient：使用线性或辐射渐变颜色，前面有介绍。
- pattern：使用图样对象。

程序实例 ch30_22.html：绘制绿色和红色的矩形框线。

```
1  <!doctype html>
2  <html>
3  <head>
4     <meta charset="utf-8">
5     <title>ch30_22.html</title>
6     <style>
7        #myCanvas { border:2px solid blue; }
8     </style>
9  </head>
10 <body>
11 <canvas id="myCanvas" width="500" height="200">浏览器不支持canvas元素</canvas>
12 <script>
13       var obj = document.getElementById("myCanvas");       // 获得canvas对象
14       var ctx = obj.getContext("2d");                      // 建立2D绘图对象
15 // 第一个矩形
16       ctx.lineWidth = 10;
17       ctx.strokeStyle = "green";                           // 设定样式为绿色
18       ctx.strokeRect(20,20,160,160);                       // 执行绘制
19 // 第二个矩形
20       ctx.lineWidth = 10;
21       ctx.strokeStyle = "red";                             // 设定样式为红色
22       ctx.strokeRect(220,20,260,160);                      // 执行绘制
23    </script>
24 </body>
25 </html>
```

执行结果

程序实例 ch30_23.html：将渐变应用在矩形框线的应用。

```
1  <!doctype html>
2  <html>
3  <head>
4     <meta charset="utf-8">
5     <title>ch30_23.html</title>
6     <style>
7        #myCanvas { border:2px solid blue; }
8     </style>
9  </head>
10 <body>
11 <canvas id="myCanvas" width="500" height="200">浏览器不支持canvas元素</canvas>
12 <script>
13       var obj = document.getElementById("myCanvas");      // 获得canvas对象
14       var ctx = obj.getContext("2d");                     // 建立2D绘图对象
15 // 第一个矩形
16       var grd = ctx.createLinearGradient(0,0,180,0);      // 建立线性渐层gradient
17       grd.addColorStop(0,"green");
18       grd.addColorStop(1,"yellow");
19       ctx.lineWidth = 10;
20       ctx.strokeStyle = grd;                              // 设定样式为grd
21       ctx.strokeRect(20,20,160,160);                      // 执行绘制
22 // 第二个矩形
23       grd = ctx.createLinearGradient(200,0,480,0);        // 建立线性渐层gradient
24       grd.addColorStop(0,"yellow");
25       grd.addColorStop(0.5,"red");
26       grd.addColorStop(1,"yellow");
27       ctx.lineWidth = 10;
28       ctx.strokeStyle = grd;                              // 设定样式为grd
29       ctx.strokeRect(220,20,260,160);                     // 执行绘制
30    </script>
31 </body>
32 </html>
```

执行结果

30-6 绘制文字

本节将介绍绘制文字的相关属性和方法。

30-6-1 font

这个属性可以设定字体和字号，下列是常使用的语法格式：

```
font = "font-style font-variant font-weight font-family font-size";
```

- font-style：可以是 normal(默认)、italic、oblique。
- font-variant：可以是 normal(默认)、small-caps。
- font-weight：可以是 normal(默认)、bold、bolder、lighter。
- font-family：可选择系统支持的字体，例如 Arial 等。
- font-size：可以直接用数字。

30-6-2 fillText() 和 strokeText

这两个方法可以写出文字，它的使用格式如下：

```
fillText(text,x,y,maxWidth);      // 输出实体文字
strokeText(text,x,y,maxWidth);    // 输出轮廓文字
```

text 是要输出的文字，(x,y) 是文字输出的起点位置，maxWidth 参数可以省略，它表示文字的最大宽度。

程序实例 ch30_24.html：输出文字的应用。

```
1  <!doctype html>
2  <html>
3  <head>
4     <meta charset="utf-8">
5     <title>ch30_24.html</title>
6     <style>
7        #myCanvas { border:2px solid blue; }
8     </style>
9  </head>
10 <body>
11 <canvas id="myCanvas" width="400" height="150">浏览器不支持canvas元素</canvas>
12 <script>
13       var obj = document.getElementById("myCanvas");      // 获得canvas对象
14       var ctx = obj.getContext("2d");                     // 建立2D绘图对象
15       ctx.font = "50px Arial";
16       ctx.fillText("Deep Learning",20,50);                // 输出实体文字
17       ctx.strokeText("Deep Learning",20,120);             // 输出轮廓文字
18    </script>
19 </body>
20 </html>
```

执行结果

Deep Learning
Deep Learning

30-6-3 文字输出与渐变的应用

程序实例 ch30_25.html：将渐变应用于文字输出。

```
1  <!doctype html>
2  <html>
3  <head>
4     <meta charset="utf-8">
5     <title>ch30_25.html</title>
6     <style>
7        #myCanvas { border:2px solid blue; }
8     </style>
9  </head>
10 <body>
11 <canvas id="myCanvas" width="400" height="150">浏览器不支持canvas元素</canvas>
12 <script>
13       var obj = document.getElementById("myCanvas");      // 获得canvas对象
14       var ctx = obj.getContext("2d");                     // 建立2D绘图对象
15       grd = ctx.createLinearGradient(20,0,380,0);         // 建立左往右渐变gradient
16       grd.addColorStop(0,"green");
17       grd.addColorStop(1,"yellow");
18       ctx.fillStyle = grd;
19       ctx.font = "50px Arial";
20       ctx.fillText("Deep Learning",20,50);                // 输出实体文字
21       ctx.strokeStyle= grd;
22       ctx.strokeText("Deep Learning",20,120);             // 输出轮廓文字
23    </script>
24 </body>
25 </html>
```

执行结果

Deep Learning
Deep Learning

30-6-4 输出文字居中对齐

textBaseline 属性可设定文字垂直位置，使用的语法格式与图示说明如下：

```
textBaseline = top | middle | bottome | alphabetic | Hanging;
```

Alphabetic Bottom Hanging Middle Top

top 表示文字上缘对齐基线，middle 表示文字中央（em 区块）对齐基线，bottom 表示文字下缘对齐基线。alphabetic 是默认值，表示文字基线在正常位置。

程序实例 ch30_26.html：输出文字居中对齐的应用。

```
1  <!doctype html>
2  <html>
3  <head>
4     <meta charset="utf-8">
5     <title>ch30_26.html</title>
6     <style>
7        #myCanvas { border:2px solid blue; }
8     </style>
9  </head>
10 <body>
11 <canvas id="myCanvas" width="400" height="120">浏览器不支持canvas元素</canvas>
12 <script>
13       var obj = document.getElementById("myCanvas");      // 获得canvas对象
14       var ctx = obj.getContext("2d");                     // 建立2D绘图对象
15       grd = ctx.createLinearGradient(20,0,380,0);         // 建立左往右渐变gradient
16       grd.addColorStop(0,"green");
17       grd.addColorStop(1,"yellow");
18       ctx.fillStyle = grd;
19       ctx.font = "50px Arial";
20       ctx.textBaseline = "middle";                        // 垂直居中
21       ctx.textAlign = "center"                            // 输出在水平居中
22       ctx.fillText("Deep Learning",obj.width/2,obj.height/2);        // 输出实体文字
23    </script>
24 </body>
25 </html>
```

执行结果

Deep Learning

30-7 绘制图像

在 Canvas 环境下可以使用 drawImage( ) 方法绘图，此外也可以使用它来放大或缩小图像，它的使用格式如下：

```
drawImage(img,x,y);                      // 方法 1
drawImage(img,x,y,w,h);                  // 方法 2
drawImage(img,sx,sy,sw,sh,x,y,w,h);      // 方法 3
```

- 方法 1　(x,y) 是图像坐标起点，img 是图像，可以用与原图相同的大小绘图。
- 方法 2　(x,y) 是图像坐标起点，img 是图像，w 是图像宽度，h 是图像高度。
- 方法 3　(sx,sy) 是被复制图像的坐标起点，img 是图像。sw 是被复制图像的宽度，sh 是被复制图像的高度。(x,y) 是复制后图像的位置，w 是复制后图像的宽度，h 是复制后图像的高度。

了解上述参数后，就可以实际建立 Canvas 绘图了。首先需要建立一个 Image 对象，建好后再设定图像对象的路径 (URL)：

```
var img = new Image( );
img.src = "图像的 URL";
```

程序实例 ch30_27.html：实际建立一个 Canvas 的图像，建立时直接指定图像的宽度和高度。

```
1  <!doctype html>
2  <html>
3  <head>
4     <meta charset="utf-8">
5     <title>ch30_27.html</title>
6     <style>
7        #myCanvas { border:2px solid blue; }
8     </style>
9  </head>
10 <body>
11 <canvas id="myCanvas" width="400" height="200">浏览器不支持canvas元素</canvas>
12 <script>
13    window.onload = function() {
14       var obj = document.getElementById("myCanvas");
15       var ctx = obj.getContext("2d");
16       var img = new Image( );
17       img.src = "northcountry.png";
18       ctx.drawImage(img, 10, 10, 380, 180);
19    };
20 </script>
21 </body>
22 </html>
```

执行结果

程序实例 ch30_28.html：这个程序会先显示图片，然后建立一个 Canvas 绘图区，最后将所裁切的图片放在 Canvas 绘图区。

```
1  <!doctype html>
2  <html>
3  <head>
4     <meta charset="utf-8">
5     <title>ch30_28.html</title>
6     <style>
7        #myCanvas { border:2px solid blue; }
8     </style>
9  </head>
10 <body>
11 <p>范例图片</p>
12 <img id="pict" width="400" src="northcountry.png" alt="northCountry.png">
13 <p>Canvas:裁切和显示图片</p>
14 <canvas id="myCanvas" width="400" height="200">浏览器不支持canvas元素</canvas>
15 <script>
16    window.onload = function() {
17       var obj = document.getElementById("myCanvas");
18       var ctx = obj.getContext("2d");
19       var img = document.getElementById("pict");
20       ctx.drawImage(img,250,120,160,100,10,10,160,100);    // 裁切和显示图片
21    };
22 </script>
23 </body>
24 </html>
```

执行结果

30-8 建立简单动画

建立动画的基本步骤如下：

（1）绘制动画图片。

（2）让动画显示一段时间，可使用 setInterval() 方法。

（3）删除动画图片，可使用 clearRect() 方法或是用白色再绘制一次。

（4）将绘图点移到新位置，回到步骤 1。

程序实例 ch30_29.html：设计一个动画，每 0.5 秒执行一次，左右边切换亮灯，左边会亮蓝灯，右边会亮红灯。

```
1  <!doctype html>
2  <html>
3  <head>
4     <meta charset="utf-8">
5     <title>ch30_29.html</title>
6     <style>
7        #myCanvas { border:2px solid blue; }
8     </style>
9  </head>
10 <body>
11 <canvas id="myCanvas" width="200" height="200">浏览器不支持canvas元素</canvas>
12 <script>
13    window.onload = function() {
14       var obj = document.getElementById("myCanvas");
15       var ctx = obj.getContext("2d");
16       var light = true;                    // light=true亮左边否则亮右边
17       setInterval(onoff, 500);             // 每0.5秒执行onoff函数一次
18       function onoff( ) {
19          if ( light == true ) {            // 如果light是true表示亮左边蓝方块
20             ctx.fillStyle = "blue";        // 左边方块蓝色
21             ctx.fillRect(40, 90, 20, 20);  // 绘制左边方块
22             ctx.fillStyle = "white"        // 右边方块白色
23             ctx.fillRect(140,90,20,20);    // 用白色方块绘制右边相当于清除
24             light = false;
25          }
26          else {                            // 如果light是false表示亮右边红方块
27             ctx.fillStyle = "white";       // 左边方块白色
28             ctx.fillRect(40, 90, 20, 20);  // 用白色方块绘制左边相当于清除
29             ctx.fillStyle = "red"          // 右边方块红色
30             ctx.fillRect(140,90,20,20);    // 绘制右边方块
31             light = true;
32
33          }
34       }
35    };
36 </script>
37 </body>
38 </html>
```

执行结果

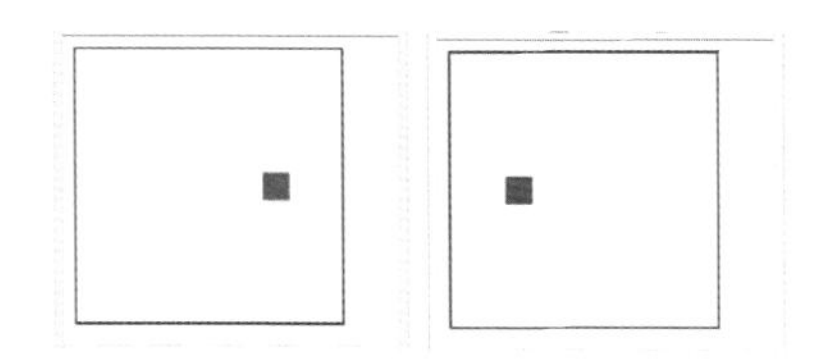

程序实例 ch30_30.html：设计一个动画，动画中的方块可以从左上角移至右下角，每 0.5 秒移动一次。

```
1  <!doctype html>
2  <html>
3  <head>
4     <meta charset="utf-8">
5     <title>ch30_30.html</title>
6     <style>
7        #myCanvas { border:2px solid blue; }
8     </style>
9  </head>
10 <body>
11 <canvas id="myCanvas" width="200" height="200">浏览器不支持canvas元素</canvas>
12 <script>
13    window.onload = function() {
14       var obj = document.getElementById("myCanvas");
15       var ctx = obj.getContext("2d");
16       var  bottom = false;
17       var i = 0;
18       var len = 20;                            // 位移单位
19       var x = 20;                              // 矩形宽
20       var y = 20;                              // 矩形高
21       setInterval(moving, 500);                // 每0.5秒执行moving函数一次
22       function moving( ) {
23          if ( bottom == true ) {               // 如果bottom是true表示到底了
24             bottom = false;
25             ctx.clearRect(180,180,x,y);        // 清除最右下角方块
26          }
27          else {
28            ctx.clearRect(i-len,i-len,x,y);     // 清除方块
29          }
30          ctx.fillStyle = "blue";               // 方块颜色
31          ctx.fillRect(i, i, x, y);             // 绘制方块
32          i += len;                             // 移动绘图位置
33          if ( i == 200 ) {
34             bottom = true;                     // 出现在右下角
35             i = 0;
36          }
37       }
38    };
39 </script>
40 </body>
41 </html>
```

执行结果

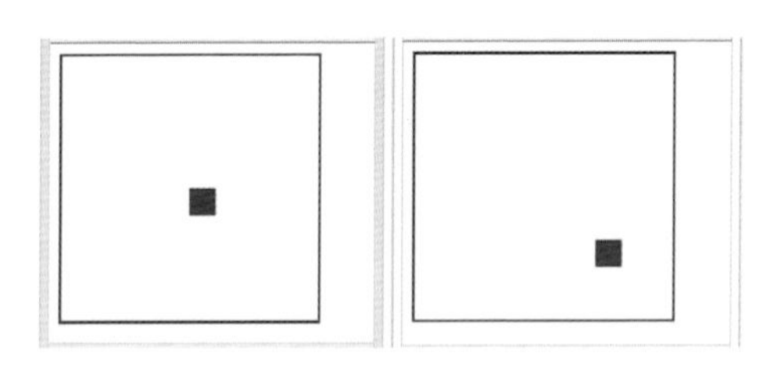

30-9 位移与旋转

Canvas 绘图区建好后，默认原点位于左上角，使用 translate() 方法可以移动原点位置，它的使用格式如下：

```
translate(x,y);
```

x 是 X 轴坐标移动距离，正值为向右移动，负值为向左移动。y 是 Y 轴坐标移动距离，正值向下移动，负值向上移动。

程序实例 ch30_31.html：translate() 方法的应用，绘制时针长条。这个程序会先移动原点到 Canvas 绘图区中央位置，然后再输出一条指针。

```
1  <!doctype html>
2  <html>
3  <head>
4     <meta charset="utf-8">
5     <title>ch30_31.html</title>
6     <style>
7        #myCanvas { border:2px solid blue; }
8     </style>
9  </head>
10 <body>
11 <canvas id="myCanvas" width="200" height="200">浏览器不支持canvas元素</canvas>
12 <script>
13    window.onload = function() {
14       var obj = document.getElementById("myCanvas");
15       var ctx = obj.getContext("2d");
16       var radius = obj.width/2;
17       ctx.translate(radius, radius);
18       ctx.lineCap = "round";
19       ctx.fillStyle = "blue";                    // 方块颜色
20       ctx.fillRect(0,0,50,radius * 0.05);        // 绘制时针长条
21    };
22 </script>
23 </body>
24 </html>
```

执行结果

rotate() 方法的功能是依原点位置旋转图形，如果是正值则按顺时针方向旋转，负值则是逆时针方向旋转，使用格式如下：

```
rotate(angle*Math.PI/180);
```

上述公式中 angle 参数代表旋转角度。

程序实例 ch30_32.html：重新设计 ch30_31.html，增绘一条旋转 30 度的时针长条。

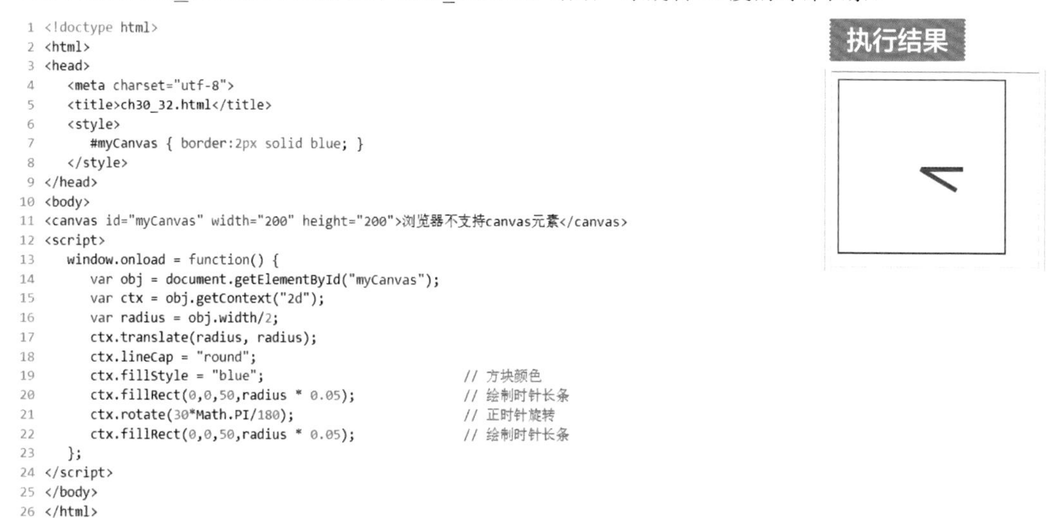

```
1  <!doctype html>
2  <html>
3  <head>
4     <meta charset="utf-8">
5     <title>ch30_32.html</title>
6     <style>
7        #myCanvas { border:2px solid blue; }
8     </style>
9  </head>
10 <body>
11 <canvas id="myCanvas" width="200" height="200">浏览器不支持canvas元素</canvas>
12 <script>
13    window.onload = function() {
14       var obj = document.getElementById("myCanvas");
15       var ctx = obj.getContext("2d");
16       var radius = obj.width/2;
17       ctx.translate(radius, radius);
18       ctx.lineCap = "round";
19       ctx.fillStyle = "blue";                    // 方块颜色
20       ctx.fillRect(0,0,50,radius * 0.05);        // 绘制时针长条
21       ctx.rotate(30*Math.PI/180);                // 正时针旋转
22       ctx.fillRect(0,0,50,radius * 0.05);        // 绘制时针长条
23    };
24 </script>
25 </body>
26 </html>
```

执行结果

相信各位读者一定了解位移（translate）和旋转（rotate）方法的功能了，接下来笔者要介绍在时钟位置输出小时、数字的方法，为设计时钟做基础。

程序实例 ch30_33.html：重新设计 ch30_31.html，增加输出时钟数字“1”。

```
1  <!doctype html>
2  <html>
3  <head>
4     <meta charset="utf-8">
5     <title>ch30_33.html</title>
6     <style>
7        #myCanvas { border:2px solid blue; }
8     </style>
9  </head>
10 <body>
11 <canvas id="myCanvas" width="200" height="200">浏览器不支持canvas元素</canvas>
12 <script>
13    window.onload = function() {
14       var obj = document.getElementById("myCanvas");
15       var ctx = obj.getContext("2d");
16         var radius = obj.width/2;
17         ctx.translate(radius, radius);
18         ctx.lineCap = "round";
19         ctx.fillStyle = "blue";                      // 方块颜色
20         ctx.fillRect(0,0,50,radius * 0.05);          // 绘制时针长条
21 // 绘制时针数字1
22       ctx.font =  radius*0.2 + "px sans-serif";      // 字号是radius的20%px
23       ctx.textBaseline="middle";                     // 时钟数字垂直居中
24       ctx.textAlign="center";                        // 时钟数字水平居中
25       var digit = 1;
26         var angle = digit * Math.PI / 6;
27       ctx.rotate(angle);                             // 正时针旋转数字1出现位置
28       ctx.translate(0, -radius*0.8);                 // 往上移动原点
29       ctx.rotate(-angle);                            // 复原角度
30 // 绘制数字的底图
31         ctx.beginPath();
32       ctx.arc(0,0,radius*0.2,0,2*Math.PI);           // 绘制时钟中心点
33       ctx.fillStyle = "#66FFFF";                     // 色彩
34       ctx.fill();                                    // 填满
35 // 执行绘制1
36         ctx.fillStyle = "black"
37       ctx.fillText(digit.toString(),0,0);            // 输出数字1
38    };
39 </script>
40 </body>
41 </html>
```

执行结果

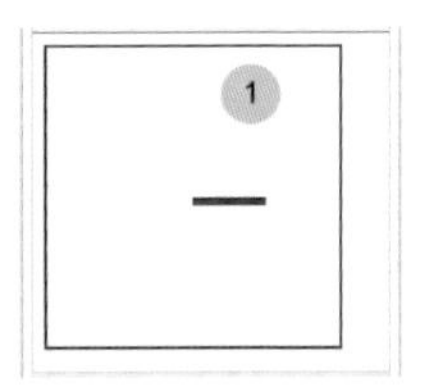

程序实例 ch30_34.html：设计时钟。

```
1  <!DOCTYPE html>
2  <html>
3  <head>
4     <meta charset="utf-8">
5     <title>ch30_34.html</title>
6     <style>
7        #myCanvas { border:2px solid blue; background-color:yellow;}
8     </style>
9  </head>
10 <body>
11 <canvas id="myCanvas" width="300" height="300"></canvas>
12 <script>
13 var obj = document.getElementById("myCanvas");
14 var ctx = myCanvas.getContext("2d");
15 var radius = obj.height / 2;
16 ctx.translate(radius, radius);                   // 移动坐标原点到中心点
17 radius = radius * 0.90;
18 setInterval(drawClock, 1000);
19 // 这个时钟的原理是每秒重新绘制时钟
20 function drawClock() {
21   drawFace(ctx, radius);
22   clockDigit(ctx, radius);
23   timePointer(ctx, radius);
24 }
```

```
25 function drawFace(ctx, radius) {
26   var grd;
27   ctx.beginPath();                                          // 绘制时钟内部
28   ctx.arc(0,0,radius,0,2*Math.PI);
29   ctx.fillStyle = 'white';                                  // 选白色
30   ctx.fill();                                               // 白色填满
31   grd = ctx.createRadialGradient(0,0,radius*0.9, 0,0,radius*1.1);
32   grd.addColorStop(0,"blue");
33   grd.addColorStop(0.5,"aqua");
34   grd.addColorStop(1,"blue");
35   ctx.strokeStyle = grd;
36   ctx.lineWidth = radius*0.1;
37   ctx.stroke();
38   ctx.beginPath();
39   ctx.arc(0, 0, radius*0.1, 0, 2*Math.PI);                 // 绘制时钟中心点
40   ctx.fillStyle = "#66FFFF";                                // 色彩
41   ctx.fill();                                               // 填满
42 }
43 function clockDigit(ctx, radius) {
44   var angle;
45   var digit;
46   ctx.font =  radius*0.2 + "px sans-serif";                  // 字号是radius的20%px
47   ctx.textBaseline="middle";                                 // 时钟数字垂直居中
48   ctx.textAlign="center";                                    // 时钟数字水平居中
49 // 绘制时钟数字
50   for( digit = 1; digit <= 12; digit++){                     // 计算时钟12个数字的位置
51     angle = digit * Math.PI / 6;                          // 计算时钟数字的角度位置
52     ctx.rotate(angle);                                    // 正时针旋转数字出现位置
53     ctx.translate(0, -radius*0.8);                        // 移动原点
54     ctx.rotate(-angle);                                   // 复原角度
55 // 绘制数字的底图
56     ctx.beginPath();
57     ctx.arc(0,0,radius*0.15,0,2*Math.PI);                 // 绘制时钟中心点
58     ctx.fillStyle = "#66FFFF";                            // 色彩
59     ctx.fill();                                           // 填满
60 // 执行绘制数字
61     ctx.fillStyle = "blue";
62     ctx.fillText(digit.toString(), 0, 0);                 // 输出时钟数字
63     ctx.rotate(angle);
64     ctx.translate(0, radius*0.8);
65     ctx.rotate(-angle);                                   // 原点回到中心点
66   }
67 }
68 function timePointer(ctx, radius){
69     var now = new Date();
70     var hour = now.getHours();
71     var minute = now.getMinutes();
72     var second = now.getSeconds();
73 // 绘制时针
74     hour=hour%12;
75     hour=(hour*Math.PI/6)+(minute*Math.PI/(6*60))+(second*Math.PI/(360*60));
76     drawPtr(ctx, hour, radius*0.4, radius*0.05);              // radius分别是时针长度与宽度
77 // 绘制分针
78     minute=(minute*Math.PI/30)+(second*Math.PI/(30*60));
79     drawPtr(ctx, minute, radius*0.55, radius*0.05);           // radius分别是分针长度与宽度
80 // 绘制秒针
81     second=(second*Math.PI/30);
82     drawPtr(ctx, second, radius*0.7, radius*0.01);            // radius分别是秒针长度与宽度
83 }
84 function drawPtr(ctx, pos, len, width) {                      // 实际绘制时针分针秒针
85     ctx.beginPath();
86     ctx.lineWidth = width;
87     ctx.lineCap = "round";
88     ctx.moveTo(0,0);
89     ctx.rotate(pos);
90     ctx.lineTo(0, -len);
91     ctx.stroke();
92     ctx.rotate(-pos);
93 }
94 </script>
95 </body>
96 </html>
```

执行结果

习题

1. 请参考 ch30_8.html，将线条宽度增加 5 倍，然后自行建立 5 种（2 色）线性渐变，5 种 3 色以上线性渐变，详细规格请自行确定。
2. 请使用 Canvas 元素，自行绘制一个简单的漫画人物。
3. 请绘制矩形，参考 ch30_21.html，设计 10 种辐射渐变，详细规格请自行确定。
4. 请绘制下面的图形，提示：圆形框式辐射渐变效果。

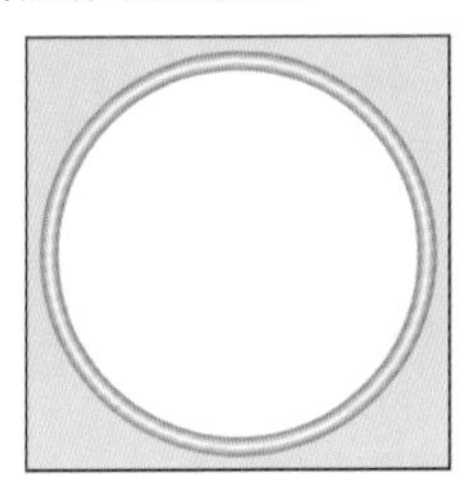

5. 请参考 ch30_28.html，设计可以用单击功能按钮方式放大或缩小图片的应用，各对象详细规格可以自行确定。
6. 重新设计 ch30_29.html，将动画图改成圆。
7. 请设计一个走马灯，使其内容可以由左往右移动。走马灯文字以及详细规格可以自行确定。

第 31 章

取得用户的经纬度数据

本章摘要

HTML5 提供有可以获取浏览器所在位置的 API 应用程序，当我们获取位置信息后，可以搭配 Google Maps API，在网页显示用户所在位置的地图。这也是本章的主题。

网站可以获得用户位置信息时，就可以提供更好的服务给使用者，例如，可以提供用户附近的景点、商店、加油站、停车场等信息，甚至可以提供导航、追踪用户移动路径等信息。当网站获取到所有用户信息时，就可以用这些信息进行大数据分析，判断用户的习性，种种商机也就产生了。

31-1 HTML 的 Geolocation

我们身处在移动设备盛行的时代，手机、平板电脑、PC、汽车、邮轮、飞机等设备皆有位置信息，一般可以通过下列方式获取位置信息。

- GPS：可以很精确地提供位置信息，误差小，缺点是比较耗电，定位速度较慢。
- WiFi：可以由 WiFi 取得位置信息。
- 电话公司基地台：可以使用三角定位法获得位置信息。
- IP 地址：可以由 IP 地址取得位置信息，特别是对固定的 IP 地址，很快就可以被掌握位置信息。许多美国动作影片，皆是以固定 IP 地址取得敌对方的位置信息。这种方式的缺点是如果个人装置所连接的 IP 地址是在几平米外或更远时，IP 地址将不再是用户位置，会产生误差。

使用 HTML 的 Geolocation API 可以获得用户的位置信息，对于一些拥有 GPS 的装置，例如 iPhone，则可以获得非常精确的信息。但是 W3C 协会考虑到使用者的隐私问题，所以第一次使用时需要用户同意，这个程序才可以运作，当使用者同意后未来就可以持续使用了。程序设计时，读者需最先认识的对象是 navigator.geolocation 对象，各种定位方法与相关属性，皆是它的子对象。可以使用下列方法获得浏览器的用户是否同意给予位置信息。

```
if ( navigator.geolocation ) {
   语句 A;                    // 如果支持，执行此语句
} else {
   语句 B;                    // 如果不支持，执行此语句
}
```

对于语句 A 而言，程序代码通常用于设计取得浏览器位置信息。对于语句 B 而言，程序代码通常用于列出错误信息。

程序实例 ch31_1.html：判断浏览器是否支持提供位置信息。

```
1  <!DOCTYPE html>
2  <html>
3     <meta charset="utf-8">
4     <title>ch31_1.html</title>
5  <body>
6  <h1>获得浏览器是否支持获取位置信息</h1>
7  <button onclick="getLocation()">Get Location</button>
8  <p id="ex"></p>
9  <script>
10    var loc = document.getElementById("ex");
11    function getLocation() {                    // 是否可取得位置信息
12       if ( navigator.geolocation ) {
13          alert("浏览器支持显示位置信息");
14       } else {
15          alert("浏览器不支持显示位置信息");
16       }
17    }
18 </script>
19 </body>
20 </html>
```

执行结果 在第一次执行时可以看到是否允许获取位置信息的选项，请确定允许。

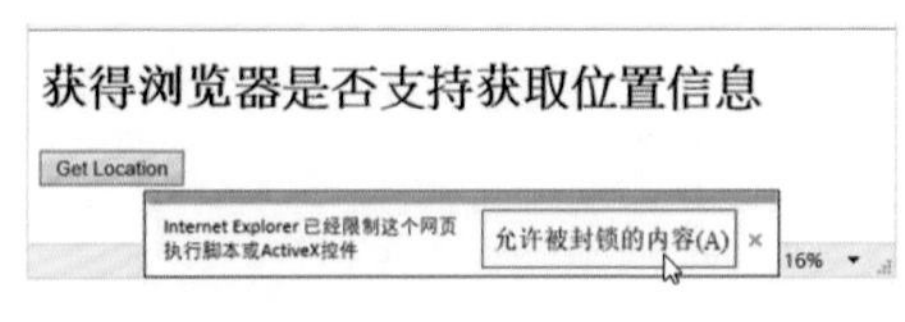

下面是执行结果。

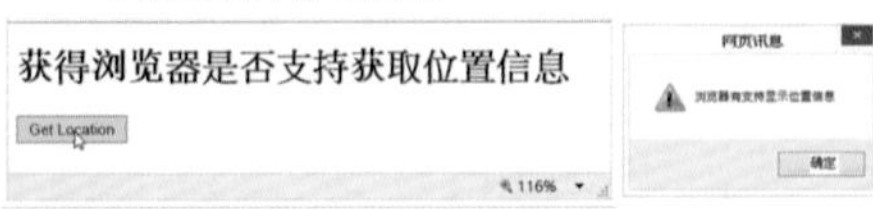

31-2 getCurrentPosition()

取得用户位置信息的 API 是 getCurrentPosition() 方法，如果使用者的浏览器同意给予位置信息就会传回经度（longitude）和纬度（latitude）信息。这个方法的使用格式如下：

```
getCurrentPosition(onSuccess,onError,option);
```

在使用时也可以省略第 2、3 个参数。第 1 个参数 onSuccess 是一个回调函数，当允许获得浏览器地理位置信息时，由这个回调函数可以获得一系列信息。这个回调函数有一个 position 对象，包含 coords 和 timestamp 属性。coords 属性本身也是一个对象，它包含下列地理位置信息。

- coords.latitude：纬度信息。
- coords.longitude：经度信息。
- coords.accuracy：位置准确性信息（如果有就返回），单位是米。
- coords.altitude：海拔高度信息（如果有就返回），单位是米。
- coords.altitudeAccuracy：海拔高度准确性信息（如果有就返回），单位是米。
- coords.heading：设备前进方向，用正北的顺时针方向角度表示（如果有就返回）。
- coords.speed：目前前进速度（如果有就返回）。
- timestamp：与 coords 一样是个对象，记录目前用户的日期 / 时间（如果有就返回）。

程序实例 ch31_2.html：列出浏览器用户的位置和时间信息。

```
1 <!DOCTYPE html>
2 <html>
3    <meta charset="utf-8">
4    <title>ch31_2.html</title>
5 <body>
6 <h1>获得用户的位置(经度和纬度)信息</h1>
7 <button onclick="getLocation()">Get Location</button>
8 <p id="ex"></p>
9 <p id="exTime"></p>
10 <script>
11    var loc = document.getElementById("ex");
12    var locTime = document.getElementById("exTime");
13    function getLocation() {                // 是否可取得位置信息
14       if ( navigator.geolocation ) {
15          navigator.geolocation.getCurrentPosition(displayPosition);
16       } else {
17          loc.innerHTML = "浏览器不支持显示位置信息";
18       }
19    }
20    function displayPosition(position) {     // 取得与列出经纬度信息
21       loc.innerHTML = "经度 : " + position.coords.longitude +
22       "<br>纬度 : " + position.coords.latitude;
23       var x = new Date(position.timestamp);  // 取得时间字符串
24       locTime.innerHTML = x.toLocaleDateString( ) + "  " +
25                           x.toLocaleTimeString( ); // 转成可阅读模式
26    }
27 </script>
28 </body>
29 </html>
```

执行结果如下图所示。

获得用户的位置(经度和纬度)信息

单击 Get location 按钮可以得到下图所示结果。

获得用户的位置(经度和纬度)信息

Get Location

经度 : 121.534791
纬度 : 25.109856

2017年8月27日 下午 09:47:22

其实 getCurrentPosition() 方法在使用上可以有第 2 个参数 onError，这是一个错误处理函数，这个错误处理函数有一个 error 对象，它有一个属性 code，用于返回错误信息代码。由这个错误信息代码，程序设计师可以知道无法返回用户位置信息的原因。下列是可能的 code 错误代码信息。

PERMISSION_DENIED：也可用数值“1”代表，表示使用者拒绝提供。

POSITION_UNAVAILABLE：也可用数值“2”代表，表示目前没有信息。

TIMEOUT：也可用数值“3”代表，要求提供信息时间到了。

UNKNOWN_ERROR：不明原因错误。

程序实例 ch31_3.html：重新设计 ch31_2.html，增加错误信息原因处理函数。

```
1 <!DOCTYPE html>
2 <html>
3     <meta charset="utf-8">
4     <title>ch31_3.html</title>
5 <body>
6 <h1>获得用户的位置(经度和纬度)信息</h1>
7 <button onclick="getLocation()">Get Location</button>
8 <p id="ex"></p>
9 <script>
10    var loc = document.getElementById("ex");
11    function getLocation() {                  // 是否可取得位置信息
12       if ( navigator.geolocation ) {
13          navigator.geolocation.getCurrentPosition(displayPosition,displayError);
14       } else {
15          loc.innerHTML = "浏览器不支持显示位置信息";
16       }
17    }
18    function displayPosition(position) {      // 取得与列出经纬度信息
19        loc.innerHTML = "经度 : " + position.coords.longitude +
20        "<br>纬度 : " + position.coords.latitude;
21    }
22    function displayError(error) {            // 列出无法取得位置信息原因
23     switch(error.code) {
24         case error.PERMISSION_DENIED:
25             loc.innerHTML = "使用者拒绝提供"
26             break;
27         case error.POSITION_UNAVAILABLE:
28             loc.innerHTML = "目前没有位置信息"
29             break;
30         case error.TIMEOUT:
31             loc.innerHTML = "要求提供信息时间到了"
32             break;
33         case error.UNKNOWN_ERROR:
34             loc.innerHTML = "不明原因错误"
35             break;
36     }
37 }
38 </script>
39 </body>
40 </html>
```

执行结果

getCurrentPosition 的第 3 个参数 options 比较少用，它提供一些选项供浏览器参考，可以是下列值：

- enableHighAccuracy：默认值是 false，若是 true 则告诉浏览器提供高精度数据。
- maximumAge：设定浏览器响应消息的有效时间，过了之后浏览器须再提供新信息，单位是毫秒 (millisecond)。默认是 0 秒，表示有要求时须立刻响应位置信息。
- timeOut：可以设定等待时间，如果超过就使用错误处理函数。默认是 0 或 infinite，表示没有时间限制。

31-3 watchPosition() 和 clearWatch()

Geolocation 对象还有其他两个方法与返回位置信息有关。

- watchPosition()：可以返回浏览器用户的最新位置信息。这个方法还会持续返回最新位置信息，就好像我们开车时车上的 GPS 一样，会持续返回位置信息，协助我们了解距离目的地的距离；或是我们拿 iPhone 手机打开地图，当持续在外面走动时，可以发现手机上标着我们位置的标记是随我们移动而改变的。

- clearWatch()：可以终止 watchPosition()。

程序实例 ch31_4.html：重新设计 ch31_2.html，但是改用 watchPosition() 方法，同时简化到只列出地理位置信息。下面只列出了与 ch31_2.html 不同的程序代码，笔者只是将 getCurrentPosition() 换掉。

```
13            navigator.geolocation.watchPosition(displayPosition);
```

执行结果

获得用户的位置(经度和纬度)信息

Get Location

经度：121.534718
纬度：25.109853

建议读者将上述程序放入网站，然后用手机浏览。假设读者现在正开车，只要按一下 Get Location 按钮，即可看到经纬度数值发生变化。

习题

1. 请重新设计 ch31_2.html，应用 coords.accuracy、coords.altitude、coords.altitudeAccuracy、coords.heading、coords.speed。
2. 本章讲解了取得浏览者地理位置的方法，也讲解了标注浏览者位置的方法，以及使用 watchPosition() 持续返回用户位置信息的方法。请设计一个地图程序，并将这个程序放在网格上，然后将手机连入网络，再进入地图程序，现在你可以到处逛逛，请由手机对照自己目前在地图上的位置。这个作业不难，当你实现时，就具备设计导航程序的基础能力了。

第 32 章

jQuery Mobile 移动版网页设计

本章摘要

32-1 安装 Opera Mobile Classic Emulator
32-2 我的第一个采用 jQuery Mobile 设计的网页
32-3 jQuery 的基本网页架构
32-4 超链接功能
32-5 对话框的设计
32-6 页面的切换
32-7 建立按钮
32-8 弹出框的设计
32-9 工具栏
32-10 导航栏
32-11 面板(Panel)
32-12 可折叠区块
32-13 建立表格
32-14 列表显示
32-15 列表符号
32-16 制作输入表单

在移动设备普及的今天，如何设计一个可以在移动设备浏览的网页已经成为一个重要的课题。笔者前面已经介绍过 HTML5、CSS3、JavaScript 了，接下来将讲解 jQuery Mobile，这是一个专攻设计移动设备跨平台网页的系统，也是目前最受欢迎的系统。

过去想写手机应用程序，会依操作系统类型，使用不同的语言，例如：

- 在 Android 或 Blackberry 上使用 Java。
- 在 iOS 上使用 Objective C。
- 在 Window Phone 上使用 C# 和 .net 等。

如今使用 jQuery Mobile 就可以了，限于篇幅，本章的重点是引导读者敲开 jQuery 设计的大门，若想学习更多应自行参阅相关图书。

32-1 安装 Opera Mobile Classic Emulator

使用 jQuery 设计移动设备用的网页时，一般计算机的浏览器不太适合做测试，最好是用手机或平板电脑做测试。如果没有这些设备也没关系，可以安装移动设备的仿真器 Opera Mobile Classic Emulator，读者可以到下面的网址下载：

http://www.opera.com/zh-tw/developer/mobile-emulator

进入网页后将看到下列画面：

请选择当前计算机的作业环境，接下来采用默认设置安装即可。

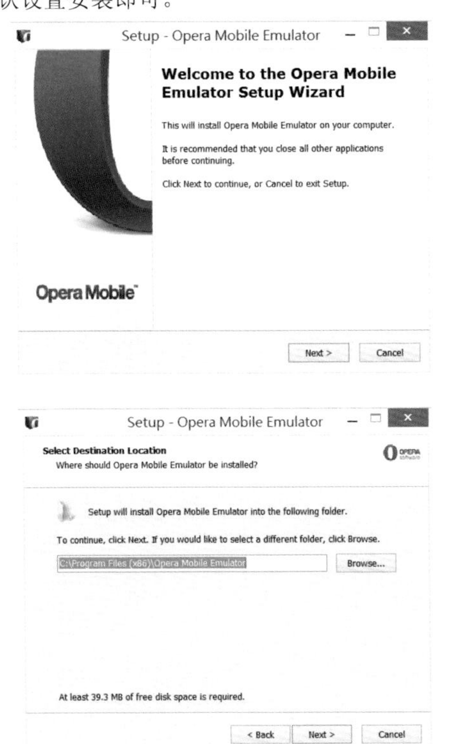

单击 Next 按钮继续。

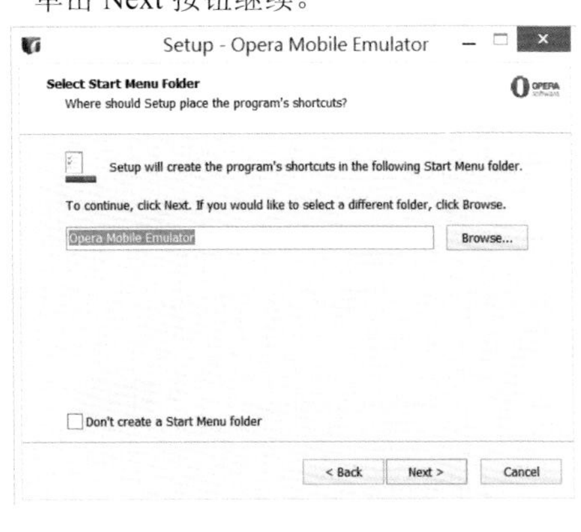

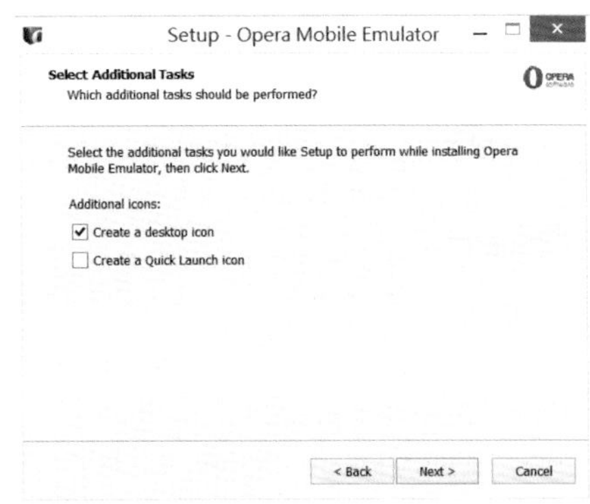

然后单击 Install 按钮。

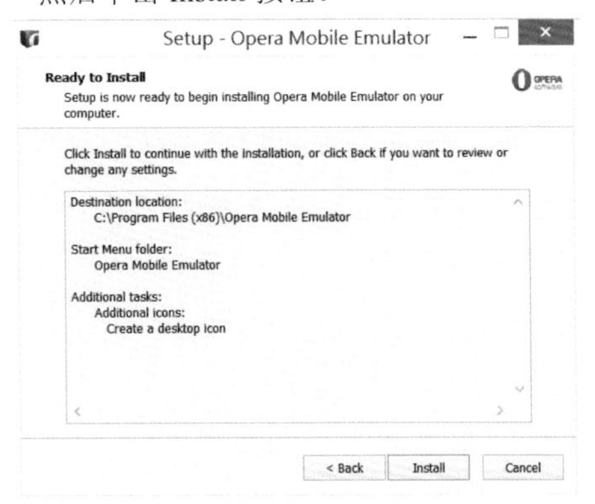

下图所示为安装完成的画面，单击 Finish 按钮。

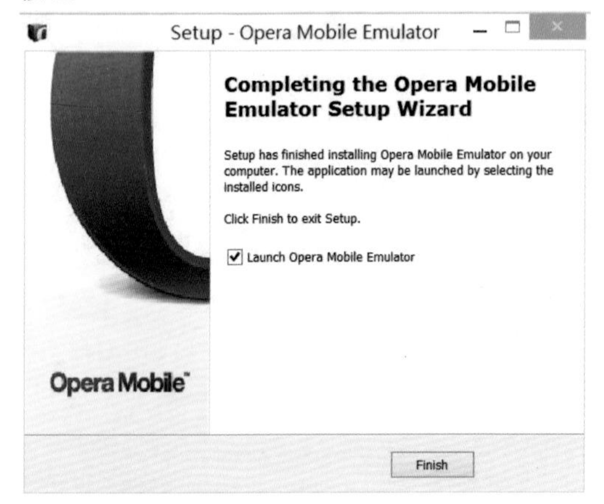

启动程序时将询问要使用的语言，设置好后单击 OK 按钮。

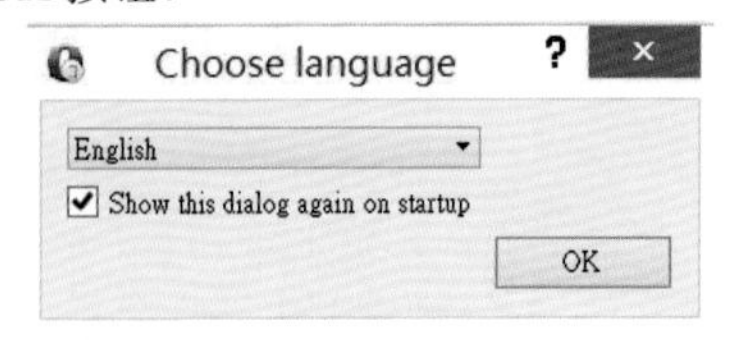

此时将看到下列画面，单击 Launch 按钮。

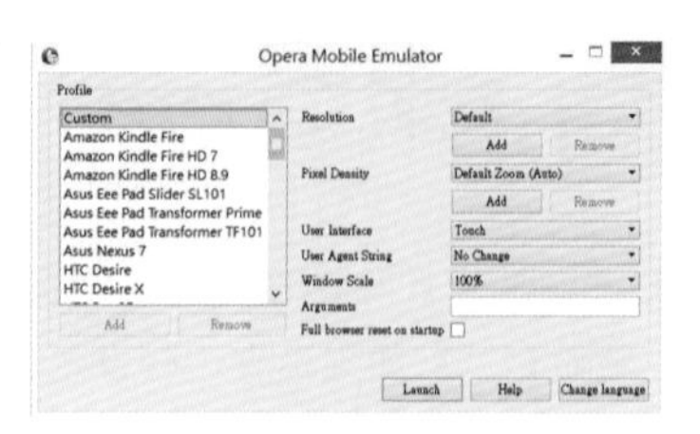

此时可以看到下图所示的 Opera Mobile Classic Emulator 启动屏幕。

之后只要将所设计的 HTML 文件拖曳至“输入网址”输入框，就可浏览所设计的网页了。

32-2 我的第一个采用 jQuery Mobile 设计的网页

jQuery 是 JavaScript 的函数库，有函数库的辅助可以大大缩短 JavaScript 开发网页的时间。本章的重点是使用 jQuery Mobile 开发移动版网页。要想开发 jQuery Mobile 网页需引用 3 份资料：

- 与 jQuery Mobile 相关的 CSS 样式表“jquery.mobile-1.4.5.css”。
- 与 jQuery 有关的 JavaScript 函数库“jquery.js”。
- 与 jQuery Mobile 有关的 JavaScript 函数库“jquery.mobile-1.4.5.js”。

有两种方法取得上述资料，一是直接到 jQuery 官网下载，下载完成后，将文件放在与程序相同的项目文件夹即可。这时 <head> 元素应该包含下列内容：

```
<head>
   <meta name="viewport" content="width=device-width, initial-scale=1">
   <link rel="stylesheet" href="jquery.mobile-1.4.5.css">
   <script src="jquery.js"></script>
   <script src="jquery.mobile-1.4.5.js"></script>
</head>
```

下列是下载网址：

http://www.jquery.com/download/

http://www.jquerymobile.com/download/

另一种是到 jQuery Mobile 的 http://www.jquerymobile.com/download/ 网站，搜索 Copy-and-Paste snippet for jQuery CDN hosted files 字符串，可参考下图。

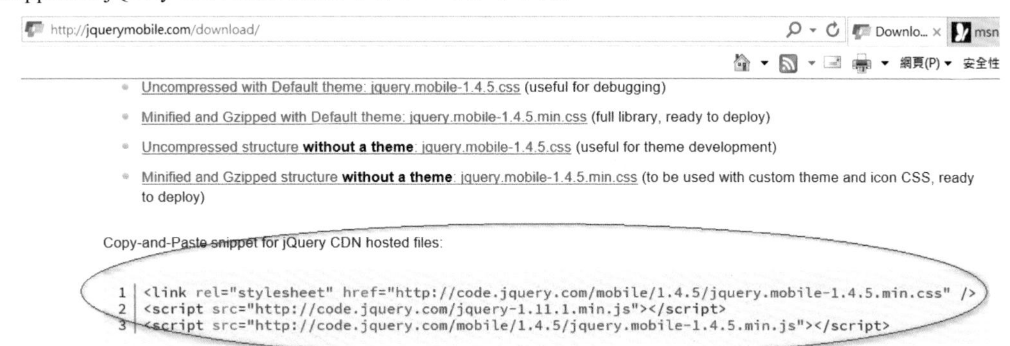

然后将上图所示的数据复制到每一个 HTML 文件，放在 <head> 和 </head> 标记内即可。这也是笔者建议各位以及笔者所采用的方法。

程序实例 ch32_1.html：我的第一个 jQuery Mobile 移动版网页程序。

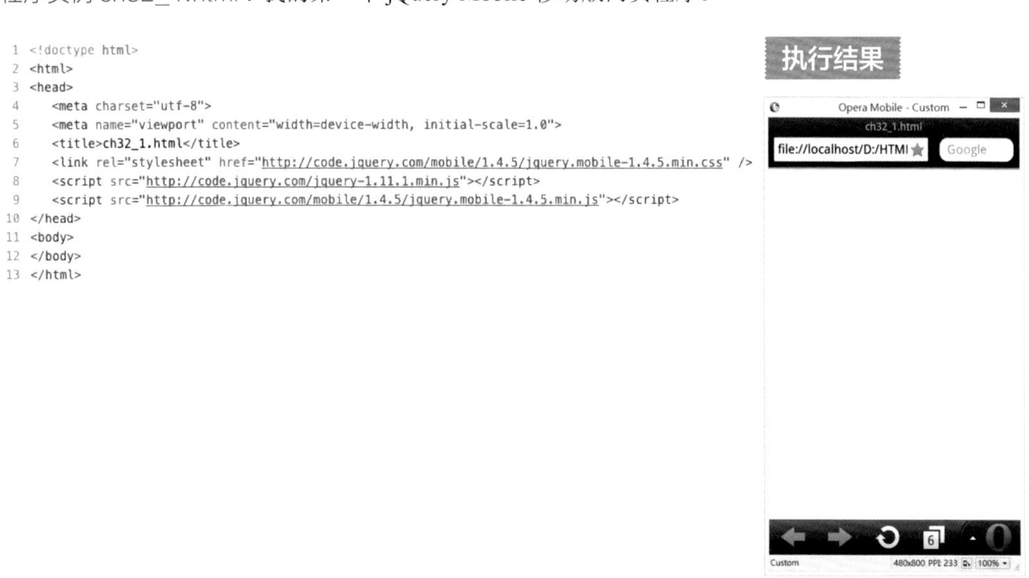

```
1  <!doctype html>
2  <html>
3  <head>
4      <meta charset="utf-8">
5      <meta name="viewport" content="width=device-width, initial-scale=1.0">
6      <title>ch32_1.html</title>
7      <link rel="stylesheet" href="http://code.jquery.com/mobile/1.4.5/jquery.mobile-1.4.5.min.css" />
8      <script src="http://code.jquery.com/jquery-1.11.1.min.js"></script>
9      <script src="http://code.jquery.com/mobile/1.4.5/jquery.mobile-1.4.5.min.js"></script>
10 </head>
11 <body>
12 </body>
13 </html>
```


因为网页设计里面没有任何内容，所以是空白画面。

32-3 jQuery 的基本网页架构

jQuery 的网页架构由一个或多个页面（page）组成，每一个页面的基本架构是由 header（页首）、content（内容）、footer（页尾）所组成。下面是 jQuery 页面的基本架构。

```
<div data-role="page">          <!- - 定义 jQuery 页面 - ->
   <div data-role="header">
      页首内容区
   </div>
   <div data-role="content">
      页面内容区
   </div>
   <div data-role="footer">
      页尾内容区
   </div>
</div>
```

读者可将 data-role 想成角色，下列是常看到的 data-role 设定：

- header：页首，它的内容会安置在浏览器上方，同时背景有灰色长条，也可视为工具栏（toolbar），该区一般放置标题或搜索按钮。
- content：页面内容区，可以将 HTML 中的 <h1>、<p>、<img>、<ul>、<li> 等元素放在此区。
- main：也是定义页面内容区，如果有许多主题内容，可先定义内容，再区分次内容，也可以将 HTML 中的 <h1>、<p>、<img>、<ul>、<li> 等元素放在此区。
- footer：页尾，它的内容会被安置在浏览器下方，同时背景有灰色长条。

后面的章节会介绍更多 data-role 的内容。

程序实例 ch32_2.html：正式制作 jQuery Mobile 移动版网页程序。

```
1 <!doctype html>
2 <html>
3 <head>
4    <meta charset="utf-8">
5    <meta name="viewport" content="width=device-width, initial-scale=1.0">
6    <title>ch32_2.html</title>
7    <link rel="stylesheet" href="http://code.jquery.com/mobile/1.4.5/jquery.mobile-1.4.5.min.css" />
8    <script src="http://code.jquery.com/jquery-1.11.1.min.js"></script>
9    <script src="http://code.jquery.com/mobile/1.4.5/jquery.mobile-1.4.5.min.js"></script>
10 </head>
11 <body>
12 <div data-role="page">
13    <div data-role="header">
14       <h1>深石数字</h1>
15    </div>
16    <div data-role="content">
17       <p>深度学习滴水穿石</p>
18       <p>Deep Learning</p>
19    </div>
20    <div data-role="footer">
21       <h1>台北市南京东路</h1>
22    </div>
23 </div>
24 </body>
25 </html>
```

程序实例 ch32_3.html：将页尾固定在页面下方，其实只要将上例第 20 行改为下面的代码即可。

```
20    <div data-role="footer" data-position="fixed">
```

执行结果　下方左图为 ch32_2.html 的执行结果，下方右图为 ch32_3.html 的执行结果。

32-4 超链接功能

一个 html 文件想要设计成二份页面很容易，只要设定成如下形式即可。

```
<div data-role="page" id="xxx">          <!-- 定义 jQuery 页面 -->
    页面真实内容区
</div>
<div data-role="page" id="yyy">          <!-- 定义 jQuery 页面 -->
    页面真实内容区
</div>
```

这时需在 data-role 为 page 的 <div> 元素内增加页面识别 id 定义，有了这个定义，将来就可在页面间切换。

程序实例 ch32_4.html：两份文件页面切换的应用。下面笔者只列出 <body> 元素之内容，第 13 行定义第一页的 id 是 “page1”，第 27 行定义第一页的 id 是 “page2”，读者需留意第 20 行和第 34 行超链接的语法。

```
11 <body>
12 <!-- 定义第一页 -->
13 <div data-role="page" id="page1">
14    <div data-role="header">
15       <h1>深石数字</h1>
16    </div>
17    <div data-role="content">
18       <p>深度学习滴水穿石</p>
19       <p>Deep Learning</p>
20       <p>认识<a href="#page2">深石</a></p>
21    </div>
22    <div data-role="footer" data-position="fixed">
23       <h1>台北市南京东路</h1>
24    </div>
25 </div>
26 <!-- 定义第二页 -->
27 <div data-role="page" id="page2">
28    <div data-role="header">
29       <h1>深石契子</h1>
30    </div>
31    <div data-role="content">
32       <p>深石DeepStone</p>
33       <p>IBM Deepblue Google Deepmind</p>
34       <p>返回<a href="#page1">首页</a></p>
35    </div>
36    <div data-role="footer" data-position="fixed">
37       <h1>台北市南京东路</h1>
38    </div>
39 </div>
40 </body>
```

执行结果

32-5 对话框的设计

若是想要设计对话框，可以在定义页面的 <div> 标记内增加下列属性设定：

data-dialog="true"　　　　<-- 可参考程序实例 ch32_5.html 第 27 行 -->

至于对话框要切换回首页的方法可参考前一节。在下列程序设计中，笔者在定义页面的 <div> 标记内增加了 data-title 属性，这个属性可以设定网址区上方的标题，下面是程序代码：

```
13 <div data-role="page" data-title="Silicon Stone国际认证" id="page1">
```

下图所示为所建立的标题。

程序实例 ch32_5.html：对话框的设计。

```
11 <body>
12 <!-- 定义第一页 -->
13 <div data-role="page" data-title="Silicon Stone国际认证" id="page1">
14     <div data-role="header">
15         <p>Silicon Stone Education</p>
16     </div>
17     <div data-role="content">
18         <h3>Web Design系列</h3>
19         <p><a href="#page2">HTML5</a></p>
20         <p>CSS3</p>
21     </div>
22     <div data-role="footer" data-position="fixed">
23         <h1>台北市南京东路</h1>
24     </div>
25 </div>
26 <!-- 定义对话框 -->
27 <div data-role="page" data-dialog="true" id="page2">
28     <div data-role="header">
29         <h1>HTML5</h1>
30     </div>
31     <div data-role="content">
32         <p>There are many tools for designing a website, but the most
33            fundamental undoubtedly will be HTML.</p>
34         <p>返回<a href="#page1">Silicon Stone国际认证</a></p>
35     </div>
36     <div data-role="footer" data-position="fixed">
37         <h1>台北市南京东路</h1>
38     </div>
39 </div>
40 </body>
```

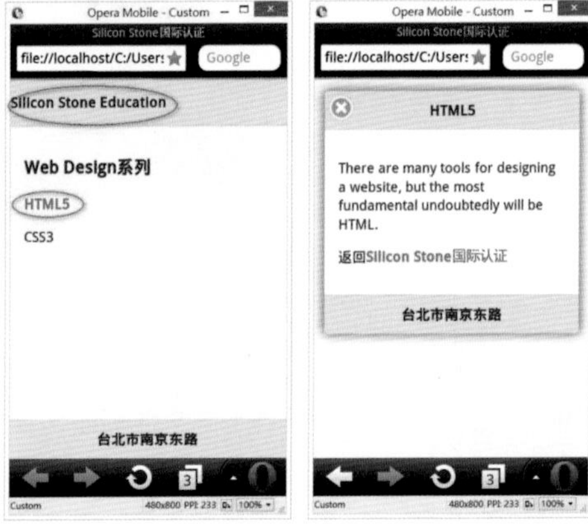

32-6 页面的切换

jQuery 提供许多种页面切换方法，可以用下列 data-transition 属性设定。

- fade：默认值，即页面淡化到下一页。
- flip：从后向前翻转。
- flow：流动方式，即这一页离开，下一页进入。
- pop：弹出的方式。
- slide：从右向左滑入。

- slidefade：从右向左滑入，同时有淡化效果。
- slidedown：从上往下滑入。
- turn：转到下一页。
- none：没有特效。

如果希望反方向切换页面，可增加如下设定。

```
data-direction="reverse"
```

程序实例 ch32_6.html：重新修改 ch32_4.html 为页面切换的设计，下面只列出所设定页面切换的程序代码，首先由右向左滑入的程序代码。

```
20        <p>认识<a href="#page2" data-transition="slide">深石</a></p>
```

其次是由左到右滑入的程序代码。

```
34      <p>返回<a href="#page1" data-transition="slide" data-direction="reverse">首页</a></p>
```

执行结果　除了切换效果外，基本与 ch32_4.html 相同。

32-7　建立按钮

jQuery Mobile 提供了 3 种方法用于建立按钮。

32-7-1　使用 <input> 元素建立按钮

使用 <input> 元素建立按钮的基本格式如下：

```
<input type="button" value="NameofButton">
```

程序实例 ch32_7.html：重新设计 ch32_3.html，在内容区增加按钮。

```
11 <body>
12 <div data-role="page">
13    <div data-role="header">
14       <h1>深石数字</h1>
15    </div>
16    <div data-role="content">
17       <p>深度学习滴水穿石</p>
18       <input type="button" value="Test">
19    </div>
20    <div data-role="footer" data-position="fixed">
21       <h1>台北市南京东路</h1>
22    </div>
23 </div>
24 </body>
```

执行结果

32-7-2　使用 <button> 元素建立按钮

使用 <button> 元素，同时将 class 设定为 ui-btn。

程序实例 ch32_8.html：重新设计 ch32_7.html，使用 <button> 元素。这个程序只修改了一行。

```
18          <button class="ui-btn">Test</button>
```

执行结果　与 ch32_7.html 相同。

32-7-3　使用 <a> 元素建立按钮

使用 <a> 元素，同时将 class 设定为 ui-btn。

程序实例 ch32_9.html：重新设计 ch32_7.html，使用 <button> 元素。这个程序只修改了一行。超链接属性 href 可以是任意的超链接。

```
18          <a href="#" class="ui-btn">Test</a>
```

执行结果　与 ch32_7.html 相同。

32-7-4　按钮图标

jQuery Mobile 提供了一系列的图标，可以让按钮设计得更吸引人，下列是按钮名称与对应的实际图标。

ui-icon-arrow-l：　ui-icon-arrow-r：　ui-icon-info：　ui-icon-delete：

ui-icon-back：　ui-icon-audio：　ui-icon-lock：　ui-icon-search：

ui-icon-alert：　ui-icon-grid：　ui-icon-home：

32-7-5　设定按钮图标的位置

可以使用 ui-btn-icon 类别设定图标位置为上（top）、右（right）、下（bottom）和左（left）。须留意，如果使用 <a> 元素建立按钮，当选定图标后，一定要设定图标位置，否则不会显示图标。

程序实例 ch32_10.html：按钮含图标的应用，本程序同时也设定了图标的位置。

```
11 <body>
12 <div data-role="page">
13     <div data-role="header">
14         <h1>深石数字</h1>
15     </div>
16     <div data-role="content">
17         <p>深度学习滴水穿石</p>
18         <a href="#" class="ui-btn ui-icon-home ui-btn-icon-top">返回Home</a>
19         <a href="#" class="ui-btn ui-icon-arrow-r ui-btn-icon-right">Big Data</a>
20         <a href="#" class="ui-btn ui-icon-arrow-l ui-btn-icon-left">Web Design</a>
21         <a href="#" class="ui-btn ui-icon-info ui-btn-icon-bottom">Information</a>
22     </div>
23     <div data-role="footer" data-position="fixed">
24         <h1>台北市南京东路</h1>
25     </div>
26 </div>
27 </body>
```

执行结果

32-7-6 更多图标设定

下列是一些图标设定的说明：

- ❑ ui-shadow：图标增加阴影。
- ❑ ui-alt-icon：图标是黑色。
- ❑ ui-btn-icon-notext：隐藏图标文字。
- ❑ ui-nodisc-icon：不含外框。

程序实例 ch32_11.html：不含文字按钮，以及各种不同按钮的设计。

```
11 <body>
12 <div data-role="page">
13    <div data-role="header">
14       <h1>深石数字</h1>
15    </div>
16    <div data-role="content">
17       <p>深度学习滴水穿石</p>
18       <a href="#" class="ui-btn ui-icon-home ui-btn-icon-notext">Home</a>
19       <a href="#" class="ui-btn ui-icon-home ui-btn-icon-notext
20          ui-alt-icon">Home</a>
21       <a href="#" class="ui-btn ui-icon-search ui-btn-icon-notext">Search</a>
22       <a href="#" class="ui-btn ui-icon-search ui-corner-all ui-btn-icon-notext
23          ui-nodisc-icon">Search</a>
24    </div>
25    <div data-role="footer" data-position="fixed">
26       <h1>台北市南京东路</h1>
27    </div>
28 </div>
29 </body>
```

下列是另外两个常用按钮设定的说明：

- ❑ ui-btn-inline：按钮可以只有包含它的内容，不会占据整行，在此情况下按钮可以相邻。
- ❑ ui-corner-all：为按钮加圆角框。

程序实例 ch32_12.html：建立相邻的按钮，同时为按钮加上圆角框。

```
11 <body>
12 <div data-role="page">
13    <div data-role="header">
14       <h1>深石数字</h1>
15    </div>
16    <div data-role="content">
17       <a href="#" class="ui-btn ui-btn-inline ui-corner-all">深度学习</a>
18       <a href="#" class="ui-btn ui-btn-inline ui-corner-all">滴水穿石</a>
19    </div>
20    <div data-role="footer" data-position="fixed">
21       <h1>台北市南京东路</h1>
22    </div>
23 </div>
24 </body>
```

32-8 弹出框的设计

弹出框（Popups）与对话框有些类似，皆会弹出显示一些文字，如果你想要显示一些简短文字、图片、地图等，这是一个好的工具，设计方法如下：

```
<a href="#xxx" data-rel="popup" class=" …. ">    <!-- 超链接设计 -->
  …
<div data-role="popup" id="xxx">                 <!-- Popups 设计 -->
```

程序实例 ch32_13.html：弹出框的设计。单击“深度学习”按钮，可以出现弹出框。

```
11 <body>
12 <div data-role="page">
13    <div data-role="header">
14       <h1>深石数字</h1>
15    </div>
16    <div data-role="content">
17       <a href="#myPopup" data-rel="popup" class="ui-btn ui-btn-inline
18          ui-corner-all">深度学习</a>
19    </div>
20    <div data-role="popup" id="myPopup">
21       <p>深石数字公司开发了一套具有人工智能的在线学习系统</p>
22    </div>
23    <div data-role="footer" data-position="fixed">
24       <h1>台北市南京东路</h1>
25    </div>
26 </div>
27 </body>
```

上述弹出框的内间距 (padding) 较少，如果希望增加，可以参考下面的实例增加“class=ui-content”的设定。

程序实例 ch32_14.html：增加弹出框的内间距。本程序其实只是更改了 ch32_13.html 的第 20 行。

```
20     <div data-role="popup" id="myPopup" class="ui-content">
```

执行结果

深石数字

深石数字公司开发了一套具有人工智能的在线学习系统

32-9 工具栏

工具栏一般是放在页首区或页尾区，这一节将讲解这方面的应用。

32-9-1 页首区

在页首区虽然已经有页面标题了，但是还是可以在页首区放几个工具钮，例如，Home 将按钮放在左边，Search 按钮放在右边。

程序实例 ch32_15.html：在页首区建立工具按钮的应用。

```
11 <body>
12 <div data-role="page">
13    <div data-role="header">
14       <a href="#" class="ui-btn ui-corner-all ui-shadow ui-icon-home
15        ui-btn-icon-left">Home</a>
16       <h1>深石数字</h1>
17       <a href="#" class="ui-btn ui-corner-all ui-shadow ui-icon-search
18        ui-btn-icon-left">Search</a>
19    </div>
20    <div data-role="content">
21       <p>Toolbars中Header Bars的应用</p>
22    </div>
23 </div>
24 </body>
```

执行结果

32-9-2 页尾区

尽管笔者先前都是将公司地址放在页尾区，但有时也会利用公司网页的页尾区邀请浏览者关注 Facebook 或微博账号。

程序实例 ch32_16.html：建立页尾区功能按钮的应用。

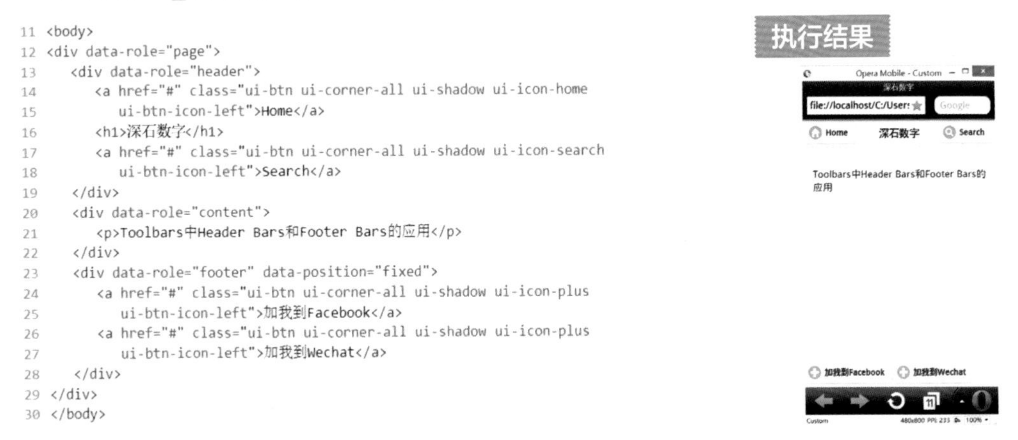

```
11 <body>
12 <div data-role="page">
13    <div data-role="header">
14       <a href="#" class="ui-btn ui-corner-all ui-shadow ui-icon-home
15          ui-btn-icon-left">Home</a>
16       <h1>深石数字</h1>
17       <a href="#" class="ui-btn ui-corner-all ui-shadow ui-icon-search
18          ui-btn-icon-left">Search</a>
19    </div>
20    <div data-role="content">
21       <p>Toolbars中Header Bars和Footer Bars的应用</p>
22    </div>
23    <div data-role="footer" data-position="fixed">
24       <a href="#" class="ui-btn ui-corner-all ui-shadow ui-icon-plus
25          ui-btn-icon-left">加我到Facebook</a>
26       <a href="#" class="ui-btn ui-corner-all ui-shadow ui-icon-plus
27          ui-btn-icon-left">加我到Wechat</a>
28    </div>
29 </div>
30 </body>
```


上述程序的页尾区按钮没有居中对齐，如果想要居中对齐可以使用 CSS 样式表单，参考下述实例。

程序实例 ch32_17.html：重新设计 ch32_16.html，将页尾区的功能按钮居中对齐。本程序只增加了如下 CSS 样式表单。

```
23    <div data-role="footer" data-position="fixed" style="text-align:center;">
```

执行结果 可参考上方右图。

32-10 导航栏

导航栏的特色是包含一系列的超链接，并且水平放置，一般会安置在页首区或页尾区。声明导航栏的方法是在 <div> 元素内声明 data-role= “navbar”。导航栏内的超链接会自动转为按钮，同时按钮会均分导航栏宽度。如果有多于 5 个的按钮会被分成两行显示在导航栏。

程序实例 ch32_18.html：导航栏的应用，这个程序为导览列设计了 4 个超链接。

```
11 <body>
12 <div data-role="page">
13    <div data-role="header">
14       <h1>深石数字</h1>
15       <div data-role="navbar">
16          <ul>
17             <li><a  href="#">信息出版</a></li>
18             <li><a  href="#">财经出版</a></li>
19             <li><a  href="#">国际认证</a></li>
20             <li><a  href="#">JobExam</a></li>
21          </ul>
22       </div>
23    </div>
24    <div data-role="content">
25       <p>Navigation Bars的应用</p>
26    </div>
27    <div data-role="footer" data-position="fixed" style="text-align:center;">
28       <a href="#" class="ui-btn ui-corner-all ui-shadow ui-icon-plus
29          ui-btn-icon-left">加我到Facebook</a>
30       <a href="#" class="ui-btn ui-corner-all ui-shadow ui-icon-plus
31          ui-btn-icon-left">加我到Wechat</a>
32    </div>
33 </div>
34 </body>
```

执行结果

程序实例 ch32_19.html：重新设计 ch32_18.html，为导航栏内的超链接建立图标，下面只列出了与 ch32_18.html 不同的代码。

```
15       <div data-role="navbar">
16          <ul>
17             <li><a  href="#" data-icon="home">Home</a></li>
18             <li><a  href="#" data-icon="arrow-r">信息出版</a></li>
19             <li><a  href="#" data-icon="arrow-r">国际认证</a></li>
20             <li><a  href="#" data-icon="info">Help</a></li>
21          </ul>
22       </div>
```

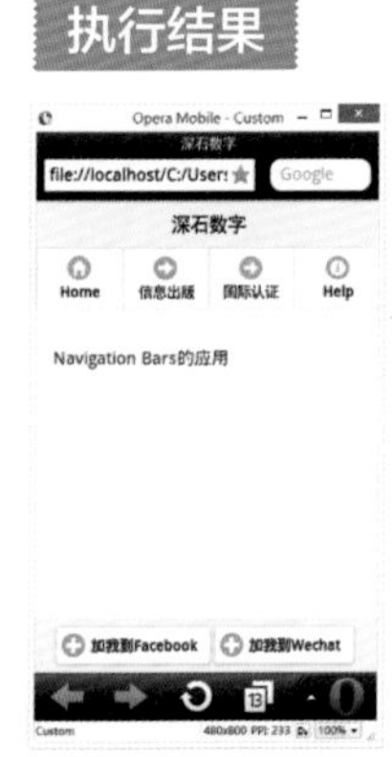

目前以上所有的按钮，若是单击可产生按钮被按的蓝色底色，其实我们可以在超链接中设定 class="ui-btn-active" 来呈现按钮被按下的效果。

程序实例 ch32_20.html：重新设计 ch32_19.html，事先设定 Home 按钮被按下的效果。修改的代码如下。

```
17             <li><a  href="#" data-icon="home" class="ui-btn-active">Home</a></li>
```

32-11 面板（Panel）

jQuery 的面板功能主要是可以增加额外的显示空间，执行时正常版面会由左向右滑动，这样就可以看到下一层的区块，即面板（Panel）。这个功能在使用前须先声明：

```
<div data-role="Panel" id="xxx">
  面板内容
</div>
```

程序实例 ch32_21.html：面板的基本应用。

```
11 <body>
12 <div data-role="page" id="page1">
13    <div data-role="header">
14       <h1>深石数字</h1>
15    </div>
16    <div data-role="panel" id="myPanel">   <!-- 建立Panel内容 -->
17       <h2>Panel的应用</h2>
18       <p>单击Panel区外可以关闭Panel</p>
19    </div>
20    <div data-role="content">
21       <p>单击Panel按钮可以开启Panel</p>
22       <a href="#myPanel" class="ui-btn ui-btn-inline ui-corner-all">开启Panel</a>
23    </div>
24 </div>
25 </body>
```

执行结果

在设计面板时可以使用下列属性设定面板显示方式：

- data-display="reveal"：默认设置，即面板在下一层，页面滑动时就会显示。
- data-display="overlay"：面板内容会覆盖上方页面。
- data-display="push"：面板和页面同时变化。

程序实例 ch32_22.html：使用 3 种方式显示面板内容，HTML5 按钮使用 overlay 方式，CSS3 按钮使用 reveal 方式，jQuery 按钮使用 push 方式。

```
11 <body>
12 <div data-role="page" id="page1">
13    <div data-role="header">
14       <h1>深石数字</h1>
15    </div>
16    <div data-role="panel" id="overlayPanel" data-display="overlay">
17       <h2>Overlay显示HTML5</h2>
18       <p>单击下列按钮或在Panel区外可以关闭Panel</p>
19       <a href="#page1" data-rel="close" class="ui-btn ui-btn-inline ui-corner-all
20          ui-icon-delete ui-btn-icon-left">关闭Panel</a>
21    </div>
22    <div data-role="panel" id="revealPanel" data-display="reveal">
23       <h2>Reveal显示CSS3</h2>
24       <p>单击下列按钮或在Panel区外可以关闭Panel</p>
25       <a href="#page1" data-rel="close" class="ui-btn ui-btn-inline ui-corner-all
26          ui-icon-delete ui-btn-icon-left">关闭Panel</a>
27    </div>
28    <div data-role="panel" id="pushPanel" data-display="push">
29       <h2>Push显示jQuery</h2>
30       <p>单击下列按钮或在Panel区外可以关闭Panel</p>
31       <a href="#page1" data-rel="close" class="ui-btn ui-btn-inline ui-corner-all
32          ui-icon-delete ui-btn-icon-left">关闭Panel</a>
33    </div>
34    <div data-role="content">
35       <p>请选择内容</p>
36       <a href="#overlayPanel" class="ui-btn ui-btn-inline ui-corner-all ui-shadow">HTML5</a>
37       <a href="#revealPanel" class="ui-btn ui-btn-inline ui-corner-all ui-shadow">CSS3</a>
38       <a href="#pushPanel" class="ui-btn ui-btn-inline ui-corner-all ui-shadow">jQuery</a>
39    </div>
40    <div data-role="footer">
41       <h1>欢迎参观</h1>
42    </div>
43 </div>
44 </body>
```

执行结果

默认情况下面板是在左边开启，但是可以使用如下属性设定面板从右边开启。

```
data-position="right"
```

程序实例 ch32_23.html：重新设计 ch32_21.html，但是面板从右边开启。

```
16     <div data-role="panel" id="myPanel" data-position="right">   <!-- 建立Panel内容 -->
```

执行结果

32-12 可折叠区块

jQuery 也允许建立可折叠区块，本节将分成基本型和巢状型来解说。

32-12-1 基本可折叠区块

可以使用下列语法声明建立可折叠区块。

```
<div data-role="Panel" id="xxx">
    <h1>xxx</h1>                    <!-- 这是标题 -->
    <p>yyy</p>                      <!-- 这是被展开内容 -->
</div>
```

程序实例 ch32_24.html：折叠区块的基本应用。

```
11 <body>
12 <div data-role="page" id="page1">
13     <div data-role="header">
14         <h1>深石数字</h1>
15     </div>
16 
17     <div data-role="content">
18         <div data-role="collapsible">
19             <h1>SSE国际认证 -- collapsible</h1>
20             <p>Web Design -- 这是被展开内容</p>
21         </div>
22     </div>
23 
24     <div data-role="footer">
25         <h1>深度学习滴水穿石</h1>
26     </div>
27 </div>
28 </body>
```

执行结果

32-12-2　巢状可折叠区块

可以使用下列语法声明建立巢状可折叠区块。

```
<div data-role="Panel"id="xxx">
   <h1>xxx</h1>                        <!-- 这是标题 -->
   <p>yyy</p>                          <!-- 这是被展开内容 -->
   <div data-role="Panel" id="zzz">    <!-- 这是第二层 -->
      <h1>xxx</h1>                     <!-- 这是第二层标题 -->
      <p>yyy</p>                       <!-- 这是第二层被展开内容 -->
       </div>
</div>
```

程序实例 ch32_25.html：重新设计 ch32_24.html，增加第二层可折叠区块。

```
11 <body>
12 <div data-role="page" id="page1">
13    <div data-role="header">
14       <h1>深石数字</h1>
15    </div>
16
17    <div data-role="content">
18       <div data-role="collapsible">
19          <h1>SSE国际认证 -- collapsible</h1>
20          <p>Web Design -- 这是被展开内容</p>
21          <div data-role="collapsible">
22             <h1>Web Design认证系列 -- 第二层collapsible</h1>
23             <p>HTML5 -- 这是被展开内容</p>
24          </div>
25       </div>
26    </div>
27
28    <div data-role="footer">
29       <h1>深度学习滴水穿石</h1>
30    </div>
31 </div>
32 </body>
```

执行结果　下列是展开第一层与第二层区块的画面。

32-13　建立表格

在 24-7 节笔者介绍了响应式网页设计。jQuery 的表格也符合响应式的设计（Responsive Design），这种设计会针对手机或平板电脑显示屏的宽度，自行调配表格的显示方式。目前有两种响应式表格，重新排列（reflow）和字段切换（column toggle）。

32-13-1　Reflow 表格

这种表基本上其数据会水平排列，当数据域数太多造成宽度在最小范围值时，数据将被垂直处理。建立表格的声明方法如下：

```
<table data-role="table" class="ui-responsive">
  表格内容，可参考 HTML 方式建立表格；
</table>
```

jQuery Mobile 不支持 rowspan 和 colspan 属性。

程序实例 ch32_26.html：表格的建立。在执行时读者可以试着更改手机或平板显示屏的宽度，以有较好的体会。如果适度为表格加宽，可以得到不同的结果。

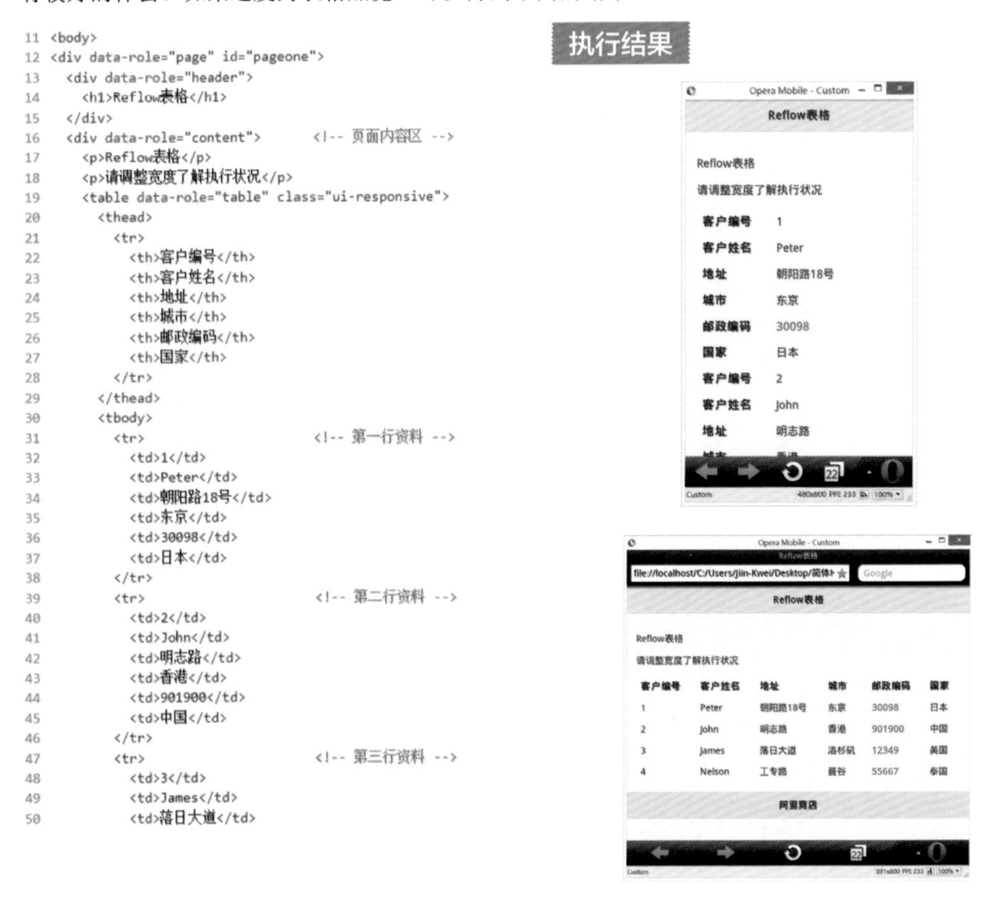

```
11 <body>
12 <div data-role="page" id="pageone">
13   <div data-role="header">
14     <h1>Reflow表格</h1>
15   </div>
16   <div data-role="content">        <!-- 页面内容区 -->
17     <p>Reflow表格</p>
18     <p>请调整宽度了解执行状况</p>
19     <table data-role="table" class="ui-responsive">
20       <thead>
21         <tr>
22           <th>客户编号</th>
23           <th>客户姓名</th>
24           <th>地址</th>
25           <th>城市</th>
26           <th>邮政编码</th>
27           <th>国家</th>
28         </tr>
29       </thead>
30       <tbody>
31         <tr>                       <!-- 第一行资料 -->
32           <td>1</td>
33           <td>Peter</td>
34           <td>朝阳路18号</td>
35           <td>东京</td>
36           <td>30098</td>
37           <td>日本</td>
38         </tr>
39         <tr>                       <!-- 第二行资料 -->
40           <td>2</td>
41           <td>John</td>
42           <td>明志路</td>
43           <td>香港</td>
44           <td>901900</td>
45           <td>中国</td>
46         </tr>
47         <tr>                       <!-- 第三行资料 -->
48           <td>3</td>
49           <td>James</td>
50           <td>落日大道</td>
```


32-13-2 Column Toggle 表格

这类表格碰上移动设备显示屏宽度不足时，会隐藏部分字段，它的声明方法如下：

```
<table data-role="table" class="ui-responsive" data-mode="columntoggle">
```

在默认情况，如果屏幕宽度不足时，会从右边字段开始隐藏，不过我们可以在 <th> 元素内使用 data-priority 属性设定显示的优先级，值从 1 到 6，1 是最优先显示，6 是最后显示。

```
<th> 一定显示 </th>
<th data-priority="1"> 优先权最高 </th>
<th data-priority="3"> 优先权中 </th>
<th data-priority="6"> 优先权最低 </th>
```

如果 <th> 元素内没有设定 data-priority 属性，表示一定要显示。

程序实例 ch32_27.html：重新设计 ch32_26.html，使用 Column Toggle 类型的表格。

```
16  <div data-role="content">        <!-- 页面内容区 -->
17    <p>字段Toggle表格</p>
18    <p>部分字段会被隐藏</p>
19    <table data-role="table" data-mode="columntoggle" class="ui-responsive" id="myTable">
20      <thead>
21        <tr>
22          <th data-priority="5">客户编号</th>
23          <th>客户姓名</th>
24          <th data-priority="1">地址</th>
25          <th data-priority="2">城市</th>
26          <th data-priority="3">邮政编码</th>
27          <th data-priority="4">国家</th>
28        </tr>
29      </thead>
```

执行结果

我们可以在上方右图所示的画面中勾选要显示的字段。上例是单击 Columns 按钮列出可勾选的字段，我们也可以在 <table> 元素内更改“Columns”字符串，可参考下列实例：

程序实例 ch32_28.html：重新设计 ch32_26.html，将 Columns 按钮改成“可切换显示字段按钮”，修改的代码如下。

```
19    <table data-role="table" data-mode="columntoggle" class="ui-responsive"
20      data-column-btn-text="可切换显示字段按钮" id="myTable">
```

执行结果

字段Toggle表格

字段Toggle表格

部分字段会被隐藏

可切换显示字段按钮

客户姓名　地址

Peter　朝阳路18号

32-13-3 将样式表应用在表格

在 <table> 元素 class 属性中增加 ui-shadow 可使建立的表格有加阴影的框。

程序实例 ch32_29.html：重新设计 ch32_26.html，为表格建立阴影，修改的代码如下。

```
19    <table data-role="table" data-mode="columntoggle" class="ui-responsive ui-shadow" id="myTable">
```

执行结果

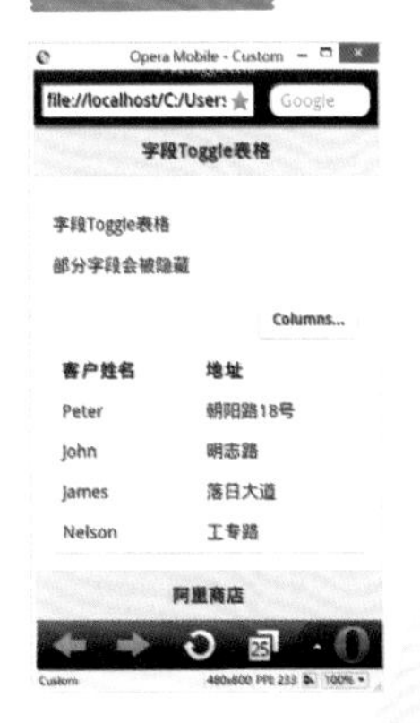

程序实例 ch32_30.html：重新设计 ch32_26.html，为表格每一行加上浅灰色，这时可以使用样式表，修改的代码如下。

```
10    <style>
11       tr { border-bottom:1px solid lightgray; }
12    </style>
```

执行结果

程序实例 ch32_31.html：重新设计 ch32_26.html，设定偶数字段的背景色是蓝色。

```
10    <style>
11       tr { border-bottom:1px solid lightgray; }
12       tr:nth-child(even) { background:lightblue; }
13    </style>
```

执行结果

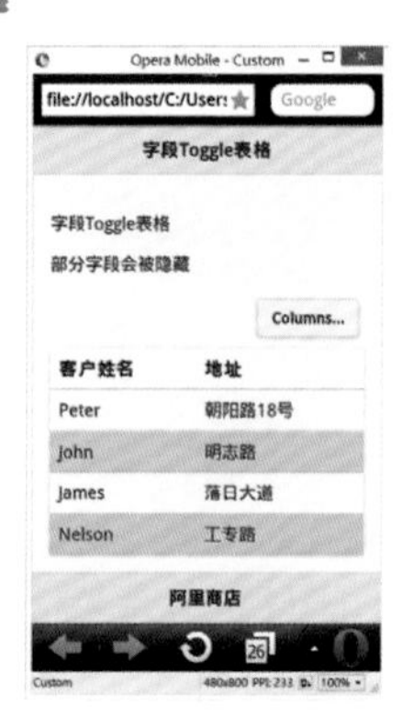

32-14 列表显示

列表显示的方法与 HTML5 基本相同，使用 <ul> 和 <ol> 元素，不过需在这两个元素内增加属性 data-role="listview"。另外，jQuery Mobile 自动为窗体项目设为以按钮方式显示。

程序实例 ch32_32.html：列表显示的应用。

```
11 <body>
12 <div data-role="page" id="pageone">
13    <div data-role="content">
14       <h2>无编号Ordered List</h2>
15       <ul data-role="listview">
16          <li><a href="#">明志科大</a></li>
17          <li><a href="#">台湾科大</a></li>
18          <li><a href="#">台北科大</a></li>
19       </ul>
20       <h2>有编号Unordered List</h2>
21       <ol data-role="listview">
```

```
22            <li><a href="#">明志科大</a></li>
23            <li><a href="#">台湾科大</a></li>
24            <li><a href="#">台北科大</a></li>
25         </ol>
26      </div>
27   </div>
28   </body>
```

执行结果

在设计时可以使用 data-inset="true" 为项目数据增加圆角框和部分内间距（padding）。

程序实例 ch32_33.html：使用 data-inset="true" 重新设计 ch32_32.html。

```
15         <ul data-role="listview" data-inset="true">
```

执行结果

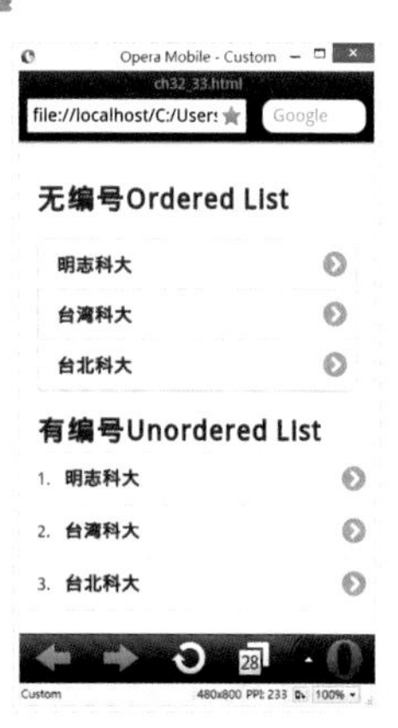

当项目列表数据很多时，可以在 <li> 元素内加上属性 data-role="list-divider" 为项目分类。

程序实例 ch32_34.html：重新设计 ch32_33.html，为项目列表分类。

```
11 <body>
12 <div data-role="page" id="pageone">
13    <div data-role="content">
14       <h2>无编号Ordered List</h2>
15       <ul data-role="listview" data-inset="true">
16          <li data-role="list-divider">科技大学体系</li>
17          <li><a href="#">明志科大</a></li>
18          <li><a href="#">台湾科大</a></li>
19          <li><a href="#">台北科大</a></li>
20          <li data-role="list-divider">传统大学体系</li>
21          <li><a href="#">台湾大学</a></li>
22          <li><a href="#">台湾清华大学</a></li>
23          <li><a href="#">台湾交通大学</a></li>
24       </ul>
25    </div>
26 </div>
27 </body>
```

执行结果

32-15 列表符号

32-15-1 默认列表符号

如果仔细看前一节的执行结果，可以看到在列表项目右边有向右箭头（right arrow）符号，我们可以使用 data-icon 属性设定其他符号。如果将 data-icon 属性设为 false，表示没有符号，可参考下列程序第 17 行。

程序实例 ch32_35.html：列表符号的应用。

```
11 <body>
12 <div data-role="page" id="pageone">
13   <div data-role="content">
14     <h2>中国台湾的大学</h2>
15     <ul data-role="listview" data-inset="true">
16       <li><a href="#">明志科大default</a></li>
17       <li data-icon="false"><a href="#">台灣科大false</a></li>
18       <li data-icon="plus"><a href="#">台北科大plus</a></li>
19       <li data-icon="minus"><a href="#">台灣大学minus</a></li>
20       <li data-icon="delete"><a href="#">台灣清华大学delete</a></li>
21       <li data-icon="location"><a href="#">台灣交通大学location</a></li>
22     </ul>
23   </div>
24 </div>
25 </body>
```

执行结果

32-15-2 自设列表图标

我们也可以自行插入 icon 式的图片，方法是在 <img> 元素内增加下列设定：

```
<img src="xxx" class="ui-li-icon">
```

程序实例 ch32_36.html：重新设计 ch32_35.html，在“明志科大”左边插入 icon 图示。

```
16       <li><a href="#"><img src="mit.jpg" class="ui-li-icon">明志科大default</a></li>
```

执行结果

32-15-3　清单的缩图

我们也可以用缩图方式处理项目列表旁的图标。

程序实例 ch32_37.html：在项目列表旁增加列表的实例。

```
11 <body>
12 <div data-role="page" id="page1">
13    <div data-role="main" class="ui-content">
14       <h2>深石集团</h2>
15       <ul data-role="listview" data-inset="true">
16          <li>
17             <a href="#"><img src="deepstone.jpg"></a>
18          </li>
19          <li>
20             <a href="#"><img src="topteam.jpg"></a>
21          </li>
22       </ul>
23    </div>
24 </div>
25 </body>
```

32-15-4　为缩图加上文字批注

我们也可以在缩图右边加入文字，可参考下列实例。

程序实例 ch32_38.html：重新设计 ch32_37.html，在缩图右边增加文字叙述。

```
11 <body>
12 <div data-role="page" id="page1">
13    <div data-role="main" class="ui-content">
14       <h2>深石集团</h2>
15       <ul data-role="listview" data-inset="true">
16          <li>
17             <a href="#">
18                <img src="deepstone.jpg">
19                <h2>深石数字</h2>
20                <p>身度学习滴水穿石</p>
21             </a>
22          </li>
23          <li>
24             <a href="#">
25                <img src="topteam.jpg">
26                <h2>佳魁信息</h2>
27                <p>TopTeam顶尖团队</p>
28             </a>
29          </li>
30       </ul>
31    </div>
32 </div>
33 </body>
```

32-15-5　分割列表按钮

当 <li> 元素内有两个 <a> 元素时，jQuery Mobile 会自动分割列表按钮，同时右边的按钮有向右的箭头图标。如果第二个 <a> 元素内有文字，当鼠标指针移过去时会列出此文字。

程序实例 ch32_39.html：分割列表按钮的应用。

```
16          <li>
17              <a href="#">
18                  <img src="deepstone.jpg">
19                  <h2>深石数字</h2>
20                  <p>身度学习滴水穿石</p>
21              </a>
22              <a href="#">细说深石</a>
23          </li>
24          <li>
25              <a href="#">
26                  <img src="topteam.jpg">
27                  <h2>佳魁信息</h2>
28                  <p>TopTeam顶尖团队</p>
29              </a>
30              <a href="#">细说佳魁</a>
31          </li>
```

执行结果

按说在 jQuery Mobile 中将鼠标 cesu 指针移至向右箭头图标外可以看到文字，不过笔者测试结果是 jQuery Mobile 中没有看到，用 Chrome 测试，可以得到下图所示结果。

32-16 制作输入表单

建立输入表单的方法和 HTML 一样，都是使用 <form> 元素，各组件的类型需由 <input> 元素的 type 属性设定。下面将直接讲解各类组件的使用方法。

32-16-1 <label> 元素

<label> 常用在表单组件的域名指定上，所以一般较少单独存在，使用方法如下：

```
<label for=" 名称 "> 域名 </label>
```

上述 for 属性常和组件的 id 属性有相同的名称，这样才可以搭配。

32-16-2 text 属性

text 属性用于文字输入。

程序实例 ch32_40.html：输入姓名的应用。

```
11 <body>
12 <div data-role="page" id="page1">
13    <div data-role="main" class="ui-content">
14       <form method="post" action="/mybookpost.php">
15          <label for="userName">姓名:</label>
16          <input type="text" name="name" id="userName">
17       </form>
18    </div>
19 </div>
20 </body>
```

执行结果

程序实例 ch32_41.html：重新设计 ch32_40.html，在文字输入字段增加默认文字。本例的核心是增加 placeholder 属性，这个属性的值就是默认文字，修改部分的代码如下。

```
16          <input type="text" name="name" id="userName" placeholder="User Name">
```

执行结果

如果在 <input> 元素内增加 data-clear-btn="true"，则输入时会在右边增加删除图示。

程序实例 ch32_42.html：重新设计 ch32_40.html，增加 data-clear-btn="true" 属性，修改部分的代码如下。

```
16          <input type="text" name="name" id="userName" data-clear-btn="true">
```

执行结果

32-16-3　功能按钮属性

常见的功能按钮属性使用与 HTML 相同。

```
<input type="submit" value="xxx">
<input type="reset" value="xxx">
<input type="button" value="xxx">
```

程序实例 ch32_43.html：功能按钮的应用。

```
11 <body>
12 <div data-role="page" id="page1">
13    <div data-role="main" class="ui-content">
14       <form method="post" action="/mybookpost.php">
15          <label for="userName">姓名:</label>
16          <input type="text" name="name" id="userName">
17          <input type="submit" value="确定">
18          <input type="reset" value="重新输入">
19        </form>
20    </div>
21 </div>
22 </body>
```

执行结果

程序实例 ch32_44.html：重新设计程序实例 ch32_43.html，调整“确定”功能按钮，同时增加图标。

```
17          <input type="submit" value="确定" data-icon="check"
18                 data-iconpos="right" data-inline="true">
```

执行结果

32-16-4 radio 属性

这是选项按钮属性，在此用户可以使用一个选项，规则与 HTML 相同。

程序实例 ch32_45.html：选项按钮的应用。

```
11 <body>
12 <div data-role="page">
13    <div data-role="header">
14       <h1>选项按钮Button</h1>
15    </div>
16    <div data-role="main" class="ui-content">
17       <form method="post" action="/mybookpost.php">
18          <fieldset data-role="controlgroup">
19             <legend>请输入性别:</legend>
20             <label for="male">男姓</label>
21             <input type="radio" name="gender" id="male" value="male">
22             <label for="female">女性</label>
23             <input type="radio" name="gender" id="female" value="female">
24          </fieldset>
25          <input type="submit" data-inline="true" value="确定">
26       </form>
27    </div>
28 </div>
29 </body>
```


上述程序笔者使用了 HTML 中介绍过的 <fieldset> 元素将按钮组织起来，并且也使用了 HTML 中介绍过的 <legend> 元素建立字段文字。

32-16-5 checkbox 属性

这个属性可以制作复选框，以供用户选择多个选项。

程序实例 ch32_46.html：checkbox 的应用。

```
11 <body>
12 <div data-role="page">
13    <div data-role="header">
14       <h1>复选框checkbox</h1>
15    </div>
16    <div data-role="main" class="ui-content">
17       <form method="post" action="/mybookpost.php">
18          <fieldset data-role="controlgroup">
19             <legend>请选择兴趣:</legend>
20             <label for="basketball">篮球</label>
21             <input type="checkbox" name="interest" id="basketball" value="basketball">
22             <label for="swimming">游泳</label>
23             <input type="checkbox" name="interest" id="swimming" value="swimming">
24             <label for="reading">阅读</label>
25             <input type="checkbox" name="interest" id="reading" value="reading">
26          </fieldset>
27          <input type="submit" data-inline="true" value="确定">
28       </form>
29    </div>
30 </div>
31 </body>
```

执行结果

32-16-6 select 属性

这个属性可以建立下拉式菜单，在使用时须使用 <option> 元素建立菜单项目。

程序实例 ch32_47.html：下拉式菜单的应用。

```
11 <body>
12 <div data-role="page">
13    <div data-role="header">
14       <h1>Select菜单</h1>
15    </div>
16    <div data-role="main" class="ui-content">
17       <form method="post" action="/mybookpost.php">
18          <fieldset class="ui-field-contain">
19             <label for="city">选择城市</label>
20             <select name="city" id="city">
21                <option value="Beijing">北京</option>
22                <option value="Beijing">东京</option>
23                <option value="Beijing">香港</option>
24             </select>
25          </fieldset>
26          <input type="submit" data-inline="true" value="确定">
27       </form>
28    </div>
29 </div>
30 </body>
```

执行结果

如果菜单项目有许多，可以使用 <outgroup> 元素进行分类。

程序实例 ch32_48.html：重新设计 ch32_47.html，增加州别的分类。

```
11 <body>
12 <div data-role="page">
13    <div data-role="header">
14       <h1>Select菜单</h1>
15    </div>
16    <div data-role="main" class="ui-content">
17       <form method="post" action="/mybookpost.php">
18          <fieldset class="ui-field-contain">
19             <label for="city">选择城市</label>
20             <select name="city" id="city">
21                <optgroup label="亚洲">
22                   <option value="Beijing">北京</option>
23                   <option value="Beijing">东京</option>
24                   <option value="Beijing">香港</option>
25                </optgroup>
26                <optgroup label="欧洲">
27                   <option value="Beijing">伦敦</option>
28                   <option value="Beijing">罗马</option>
29                   <option value="Beijing">巴黎</option>
30                </optgroup>
31             </select>
32          </fieldset>
33          <input type="submit" data-inline="true" value="确定">
34       </form>
35    </div>
36 </div>
37 </body>
```


32-16-7 range 属性

这个属性允许用拖曳方式输入数值。

程序实例 ch32_49.html：range 属性的应用，读者可以通过拖曳了解数字变化。这个程序设定该属性最小值是 0，最大值是 100。

```
11 <body>
12 <div data-role="page">
13    <div data-role="header">
14       <h1>数值</h1>
15    </div>
16    <div data-role="main" class="ui-content">
17       <form method="post" action="/mybookpost.php">
18          <label for="number">数值</label>
19          <input type="range" name="number" id="number" value="100" min="0" max="100">
20       </form>
21    </div>
22 </div>
23 </body>
```

执行结果

32-16-8 On/Off 切换设计

设计 On/Off 切换需使用 checkbox 属性，然后设定 data-role="flipswitch"。

程序实例 ch32_50.html：On/Off 切换设计的应用。

```
11 <body>
12 <div data-role="page">
13    <div data-role="header">
14       <h1>On/Off切换</h1>
15    </div>
16    <div data-role="main" class="ui-content">
17       <form method="post" action="/mybookpost.php">
18          <label for="switch">On/Off切换</label>
19          <input type="checkbox" data-role="flipswitch" name="switch" id="switch">
20       </form>
21    </div>
22 </div>
23 </body>
```

执行结果

习题

1. 请重新设计 ch32_19.html，将图标放在下方。
2. 请重新设计 ch32_39.html，使得当单击右边按钮时列出对话框，其中显示的信息请自行设置。
3. 请重新设计 ch32_44.html，将“重新输入”按钮处理成“确定”按钮的样式，然后自行设置不一样的图标。
4. 请使用 jQuery Mobile 设计一个自己的手机网页。
5. 请使用 jQuery Mobile 重新设计第 9 章的习题。

第 33 章

将网页转成 APP 应用程序

本章摘要

PhoneGap 是一个开放原码的移动装置开发框架，当程序设计师使用 HTML、CSS、JavaScript 开发应用程序时，可以用它将应用程序转成 APP 应用程序。这个软件原开发商是 Nitobi 公司，后来这家公司被 Adobe 公司收购。

33-1 准备 HTML 文件

首先你可以任选一个想转成 APP 的 HTML 文件。本章的实例笔者使用 ch30_34.html 的时钟程序，不过使用前需将文件名改为 index.html。

33-2 准备 config.xml 配置文件

其实配置文件的基本规范也是 W3C 制定的，更多这方面的详细知识，读者可以参考网页 docs.phonegap.com。

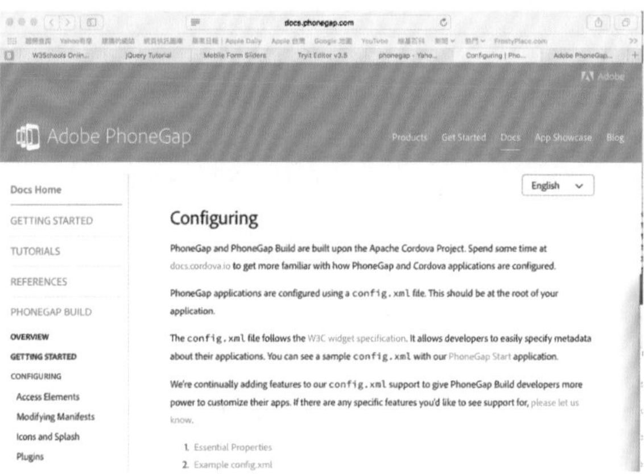

上述网页往下滚动可以看到示范 config.xml 文件。下面是笔者参考示范文件，修改的自己的版本。

```
1  <?xml version="1.0" encoding="UTF-8" ?>
2  <widget xmlns   = "http://www.w3.org/ns/widgets"
3      xmlns:gap   = "http://phonegap.com/ns/1.0"
4      id          = "DeepStone"
5      versionCode = "10"
6      version     = "1.0.0" >
7
8  <!-- versionCode is optional and Android only -->
9
10   <name>DeepStone</name>
11
12   <description>
13       HTML5+CSS3
14   </description>
15
16   <author href="https://www.deepstone.com.tw" email="cshung@deepstone.com.tw">
17       洪錦魁
18   </author>
19
20 </widget>
```

上述文件几个关键点说明如下：

- ❑ 第 4 行是 APP 的标识符，笔者在此设定 DeepStone，W3C 建议这里使用反向域名，例如 tw.com.deepstone。此处笔者使用了简化方式。
- ❑ 第 5 和第 6 行是版本编号和次编号，笔者使用了默认编号。
- ❑ 第 10 行是 APP 的名称，本例笔者使用 DeepStone，下面是成功建立 APP 后看到的名称。

- 第 13 行是这个 APP 的描述。
- 第 16 和第 17 行是笔者公司和电子邮件地址。

如果你希望有自己的 App 图示，可以在第 18 行后面加上如下指令。

```
<icon src="icon.jpg" />
```

请注意上述是 XML 语法。

33-3 压缩网页与配置文件

必须将网页的 HTML 文件与 config.xml 配置文件压缩后使用，如果你的程序有图片文件也必需将它一起压缩成 zip 文件。

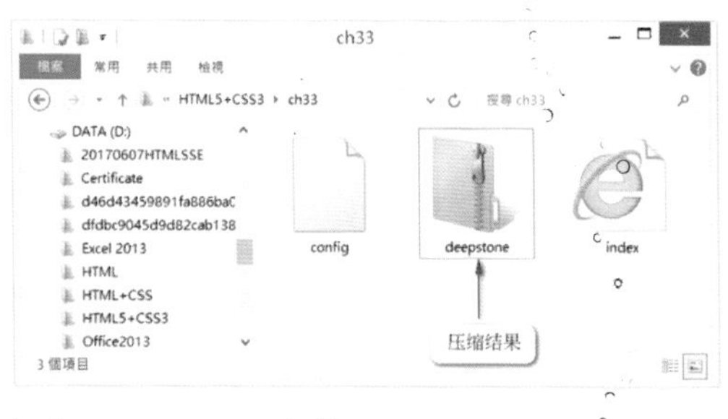

本例笔者压缩结果是存成 deepstone.zip 文件。

33-4 建立 APP 应用程序

首先联机到 http://www.phonegap.com，可以看到下图所示画面：

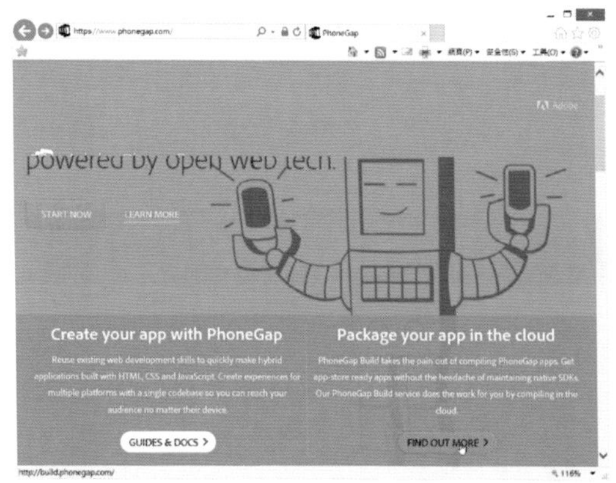

请选择 Package your app in the cloud，单击 FIND OUT MORE 按钮。

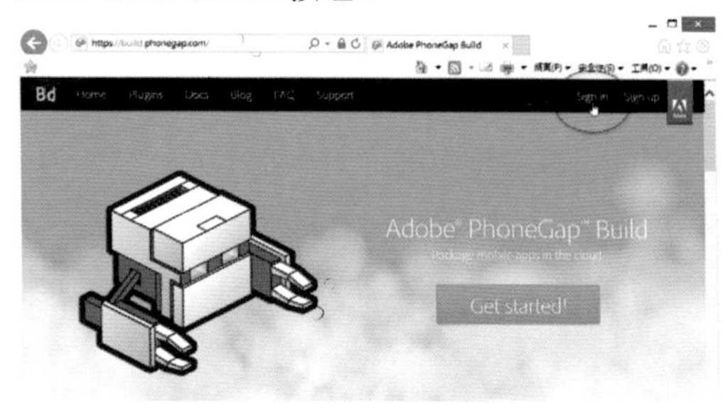

继续单击 Sign in 链接。

如果当前系统装有 Adobe Account 则单击 Sign in with Adobe ID 链接，如果没有则单击下方的 Sign up for a new account。非常容易申请，首先选择 free。

接下来输入姓名，E-mail 和密码（供以后登录使用）。输入完成后单击 Sign up 按钮。

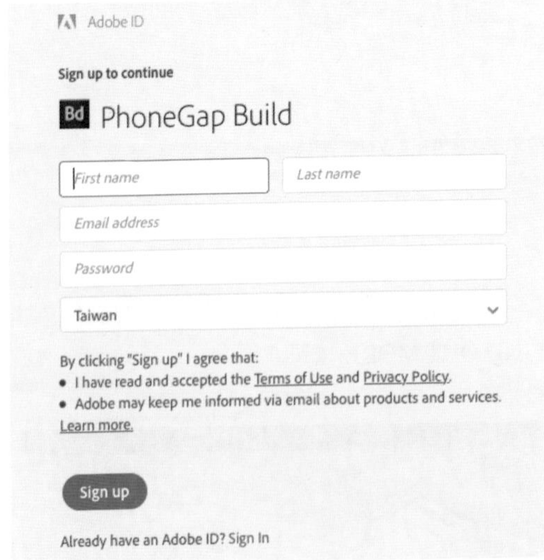

接着需上传 zip 文件，请单击 Upload a zip file 按钮。

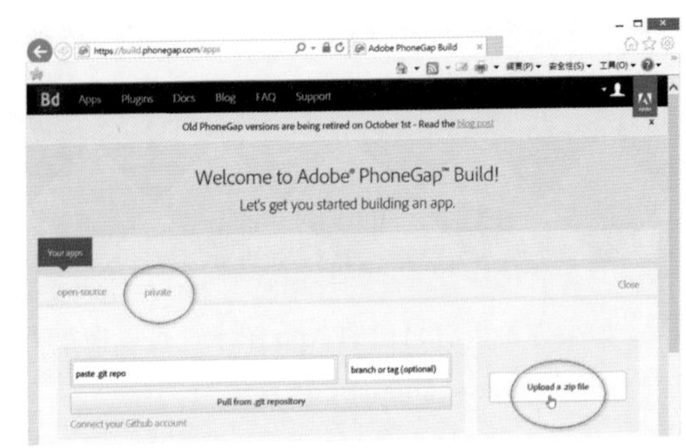

请选择 deepstone.zip 文件，然后单击打开按钮。

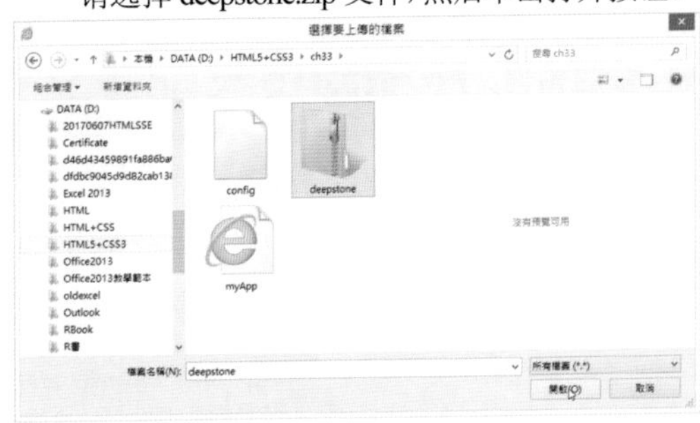

然后单击 Ready to build 按钮。

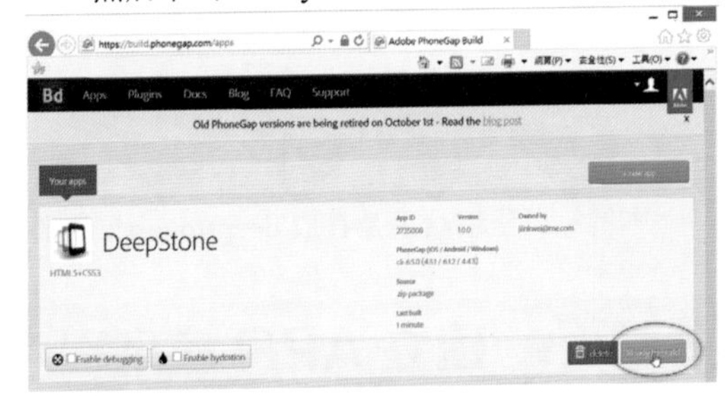

这时出现建立完成的画面，在右上方可以看到二维码，请使用 Android 操作系统的手机扫描此二维码。

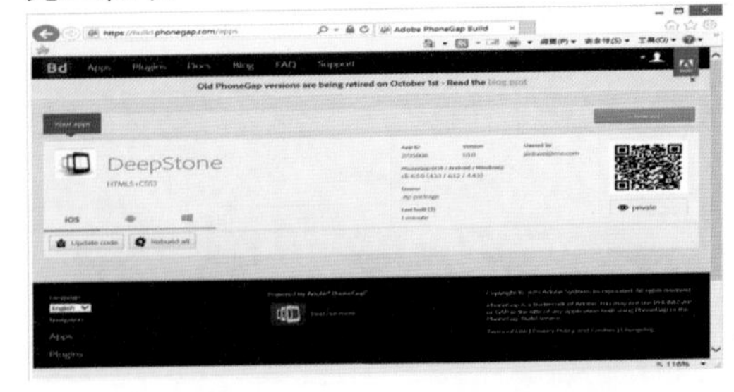

接着请遵照程序指示下载、安装，就可以得到所建的 APP 图标和时钟 APP。

33-5 重新上传文件

由于是免费所以 PhoneGap 只能建立一个 APP，如果想更新 APP，请单击有条形码窗口画面那一页左下方的 Update code 按钮，然后重新选择 zip 文件，再上传即可。单击“浏览”按钮可以选择文件。最后预祝读者学习愉快。

附　录　A

HTML 标记列表

标　　记	HTML5 支持表	页　　码
<!-- … -->		14
<!doctype>		8
<a>		31
<abbr>		23
<acronym>	HTML5 不支持	
<address>		36
<applet>	HTML5 不支持	
<area>		57
<article>	HTML5 新增	123
<aside>	HTML5 新增	123
<audio>	HTML5 新增	68
<b>		20
<base>		38
<basefont>	HTML5 不支持	
<bdi>	HTML5 新增	24
<bdo>		25
<big>	HTML5 不支持	
<blockquote>		21
<body>		9
 		17
<button>		298
<canvas>	HTML5 新增	367
<caption>		51
<center>	HTML5 不支持	
<cite>		21
<code>		22
<col>		51
<colgroup>		51
<datalist>	HTML5 新增	107
<dd>		45
<del>		24
<dfn>	HTML5 新增	23
<dir>	HTML5 不支持	
<div>		119
<dl>		45
<dt>		45
<em>		21

标　记	HTML5 支持表	页　码
<embed>	HTML5 新增	77
<fieldset>		108
<figcaption>	HTML5 新增	56
<figure>	HTML5 新增	56
<font>	HTML5 不支持	
<footer>	HTML5 新增	20
<form>		84
<frame>	HTML5 不支持	
<frameset>	HTML5 不支持	
<h1> to <h6>		16
<head>		9
<header>	HTML5 新增	19
<hgroup>	HTML5 新增	122
<hr>		18
<html>		8
<i>		21
<iframe>		80
<img>		55
<ins>		24
<input>		85
<keygen>	HTML5 新增	109
<isindex>	HTML5 不支持	
<kbd>		22
<label>		102
<legend>		108
<li>		41
<link>		132
<map>		57
<mark>	HTML5 新增	22
<meta>		12
<meter>	HTML5 新增	103
<nav>	HTML5 新增	122
<noframe>	HTML5 不支持	
<noscript>		116
<object>		78
<ol>		41
<optgroup>		106
<option>		107

标　　记	HTML5 支持表	页　　码
<p>		18
<param>		79
<pre>		17
<progress>	HTML5 新增	103
<q>		21
<rp>	HTML5 新增	25
<rt>	HTML5 新增	25
<ruby>	HTML5 新增	25
<s>	HTML5 不支持	
<samp>		22
<script>		117
<section>	HTML5 新增	19
<select>		104
<small>		22
<source>	HTML5 新增	70
<span>		119
<strike>	HTML5 不支持	
<strong>		20
<style>		52
<sub>		26
<sup>		26
<table>		47
<tbody>		48
<td>		47
<textarea>		101
<tfoot>		49
<th>		48
<thead>		48
<time>	HTML5 新增	124
<title>		13
<tr>		47
<track>	HTML5 新增	72
<tt>	HTML5 不支持	
<u>	HTML5 不支持	
<ul>		41
<var>	HTML5 新增	22
<video>	HTML5 新增	65
<xmp>	HTML5 不支持	

B

附　　录　　B

HTML 属性索引表

属　性	适 用 元 素	页码
accept	<input>	85
accept-charset	<form>	85
accesskey	全局属性	112
action	<form>	84
alt	<area>,<img>,<input>	55
autocomplete	<form>,<input>	85
autofocus	<button>,<input>,<keygen>,<select>,<textarea>	85
autoplay	<audio>,<video>	69
border	<table>	47
challenge	<keygen>	105
charset	<meta>,<script>	12
checked	<input>	86
class	全局属性	112
cols	<textarea>	101
colspan	<td>,<th>	49
content	<meta>	13
contenteditable	全局属性	112
contextmenu	全局属性	112
controls	<audio>,<video>	69
coords	<area>	57
data	<object>	78
data-*	全局属性	112
datetime	<del>,<ins>,<time>	99
default	<track>	73
dirname	<input>,<textarea>	86
disabled	<button>,<fieldset>,<input>,<keygen>,<optgroup>,<option>,<select>,<textarea>	86
draggable	全局属性	113
enctype	<form>	85
for	<label>,<output>	102
form	<button>,<fieldset>,<input>,<keygen>,<label>,<meter>,<object>,<output>,<select>,<textare>	78
formaction	<button>,<input>	86
formenctype	<input>	86
formmethod	<input>	86
formnovalidate	<input>	86
formtarget	<input>	86
height	<canvas>,<embed>,<iframe>,<img>,<input>,<object>,<video>	55

属　性	适 用 元 素	页码
hidden	全局属性	113
high	<meter>	103
href	<a>,<area>,<base>,<link>	9,31
http-equiv	<meta>	12
id	全局属性	35
keytype	<keygen>	105
kind	<track>	72
label	<track>,<option>,<optgroup>	72
lang	全局属性	113
list	<input>	86
loop	<audio>,<video>	69
low	<meter>	103
max	<input>,<meter>,<progress>	88
maxlength	<input>,<textarea>	87
media	<a>,<area>,<link>,<source>,<style>	84
mediagroup	<vedio>	69
method	<form>	84
min	<input>,<meter>	103
multiple	<input>,<select>	87
muted	<video>,<audio>	69
name	<button>,<fieldset>,<form>,<iframe>,<input>,<keygen>, <map>,<meta>,<object>,<output>,<param>,<select>,<textarea>	12
novalidate	<form>	85
onabort	<audio>,<embed>,<img>,<object>,<video>	116
onafterprint	<body>	115
onbeforeprint	<body>	115
onbeforeunload	<body>	115
onblur	所有可看到属性	115
oncanplay	<audio>,<embed>,<object>,<video>	116
oncanplaythrough	<audio>,<video>	116
onchange	所有可看到属性	115
onclick	所有可看到属性	116
oncontextmenu	所有可看到属性	115
oncopy	所有可看到属性	116
oncuechange	<track>	116
oncut	所有可看到属性	116
ondblclick	所有可看到属性	116
ondrag	所有可看到属性	116

属　　性	适 用 元 素	页码
ondragend	所有可看到属性	116
ondragenter	所有可看到属性	116
ondragleave	所有可看到属性	116
ondragover	所有可看到属性	116
ondragstart	所有可看到属性	116
ondrop	所有可看到属性	116
ondurationchange	<audio>,<video>	116
onemptied	<audio>,<video>	117
onended	<audio>,<video>	117
onerror	<audio>,<body>,<embed>,<img>,<object>,<script>,<style>,<video>	115
onfocus	所有可看到属性	115
onhashchange	<body>	115
oninput	所有可看到属性	115
oninvalid	所有可看到属性	115
onkeydown	所有可看到属性	115
onkeypress	所有可看到属性	115
onkeyup	所有可看到属性	115
onload	<body>,<iframe>,<img>,<input>,<link>,<script>,<style>	115
onloadeddata	<audio>,<video>	117
onloadstart	<audio>,<video>	117
onmessage	所有可看到属性	115
onmousedown	所有可看到属性	116
onmousemove	所有可看到属性	116
onmouseout	所有可看到属性	116
onmouseover	所有可看到属性	116
onmouseup	所有可看到属性	116
onmousewheel	所有可看到属性	116
onoffline	<body>	115
ononline	<body>	115
onpagehide	<body>	115
onpageshow	<body>	115
onpaste	所有可看到属性	116
onpause	<audio>,<video>	117
onplay	<audio>,<video>	117
onplaying	<audio>,<video>	117
onpopstate	<body>	115
onprogress	<audio>,<video>	117
onratechange	<audio>,<video>	117

属　性	适用元素	页码
onreset	<form>	115
onresize	<body>	115
onscroll	所有可看到属性	116
onseeked	<audio>,<video>	117
onseeking	<audio>,<video>	117
onselect	所有可看到属性	115
onshow	<menu>	117
onstalled	<audio>,<video>	117
onstorage	<body>	115
onsubmit	<form>	115
onsuspend	<audio>,<video>	117
ontimeupdate	<audio>,<video>	117
ontoggle	<details>	117
onunload	<body>	115
onvolumechange	<audio>,<video>	117
onwaiting	<audio>,<video>	117
onwheel	所有可看到属性	116
optimum	<meter>	103
pattern	<input>	87
placeholder	<input>,<textarea>	87
poster	<video>	65
preload	<audio>,<video>	69
readonly	<input>,<textarea>	87
rel	<a>,<area>,<link>	132
required	<input>,<select>,<textarea>	87
reversed	<ol>	44
rows	<textarea>	101
rowspan	<td>,<th>	50
selected	<option>	105
shape	<area>	57
size	<input>,<select>	122
span	<col>,<colgroup>	51
spellcheck	全局属性	113
src	<audio>,<embed>,<iframe>,<img>,<input>,<script>,<source>,<track>,<video>	55
srcdoc	<iframe>	80
srclang	<track>	72
start	<ol>	42

属　　性	适 用 元 素	页码
step	<input>	87
style	全局属性	51
tabindex	全局属性	114
target	<a>,<area>,<base>,<form>	31
title	全局属性	13
translate	全局属性	115
type	<button>,<embed>,<input>,<link>,<menu>,<object>,<script>,<source>,<style>	43
usemap	<img>,<object>	57
value	<button>,<input>,<li>,<option>,<meter>,<progress>,<param>	43
width	<canvas>,<embed>,<iframe>,<img>,<input>,<object>,<video>	55
wrap	<textarea>	101

附　录　C

CSS 属性索引表

D

附　录　D

网页设计使用的单位

网页设计时常常需要指定长度，有时可以使用绝对单位，有时可以使用相对单位，本附录将对此做一个完整的说明。

D-1 绝对单位

网页设计时常见的绝对单位如下：

cm：厘米

mm：毫米

in：英寸　　1 in = 2.54cm

pt（point）：点　　1 in = 72pt

pc（pica）：派卡　　1 pc = 12pt

D-2 相对单位

请参考下图，理解对 ex 和 em 的定义：

网页设计时常见的相对单位如下：

em：指的是字体的高度。由于使用者可以自行调整浏览器显示的字号，所以这个单位是相对单位。

ex：指的是小写英文字母 x 的高度，这个单位的实际大小也因浏览器显示的字号而定。

px：这是最常用的单位，以屏幕分辨率的 pixel（像素）为单位。这也是一个相对单位，因为它会因所使用的屏幕分辨率而产生不同单位大小，1em=16px。

D-3 百分比

有时也以字体的百分比定义长度单位，例如，下列语句定义以字号的 90% 显示。

```
P (
   font-size:90%
}
```

附　录　E

认识网页设计的颜色

色彩名称	十六进制	色彩样式
AliceBlue	#F0F8FF	
AntiqueWhite	#FAEBD7	
Aqua	#00FFFF	
Aquamarine	#7FFFD4	
Azure	#F0FFFF	
Beige	#F5F5DC	
Bisque	#FFE4C4	
Black	#000000	
BlanchedAlmond	#FFEBCD	
Blue	#0000FF	
BlueViolet	#8A2BE2	
Brown	#A52A2A	
BurlyWood	#DEB887	
CadetBlue	#5F9EA0	
Chartreuse	#7FFF00	
Chocolate	#D2691E	
Coral	#FF7F50	
CornflowerBlue	#6495ED	
Cornsilk	#FFF8DC	
Crimson	#DC143C	
Cyan	#00FFFF	
DarkBlue	#00008B	
DarkCyan	#008B8B	
DarkGoldenRod	#B8860B	
DarkGray	#A9A9A9	
DarkGrey	#A9A9A9	
DarkGreen	#006400	
DarkKhaki	#BDB76B	
DarkMagenta	#8B008B	
DarkOliveGreen	#556B2F	
DarkOrange	#FF8C00	
DarkOrchid	#9932CC	

色 彩 名 称	十六进制	色 彩 样 式
DarkRed	#8B0000	
DarkSalmon	#E9967A	
DarkSeaGreen	#8FBC8F	
DarkSlateBlue	#483D8B	
DarkSlateGray	#2F4F4F	
DarkSlateGrey	#2F4F4F	
DarkTurquoise	#00CED1	
DarkViolet	#9400D3	
DeepPink	#FF1493	
DeepSkyBlue	#00BFFF	
DimGray	#696969	
DimGrey	#696969	
DodgerBlue	#1E90FF	
FireBrick	#B22222	
FloralWhite	#FFFAF0	
ForestGreen	#228B22	
Fuchsia	#FF00FF	
Gainsboro	#DCDCDC	
GhostWhite	#F8F8FF	
Gold	#FFD700	
GoldenRod	#DAA520	
Gray	#808080	
Grey	#808080	
Green	#008000	
GreenYellow	#ADFF2F	
HoneyDew	#F0FFF0	
HotPink	#FF69B4	
IndianRed	#CD5C5C	
Indigo	#4B0082	
Ivory	#FFFFF0	
Khaki	#F0E68C	
Lavender	#E6E6FA	

色彩名称	十六进制	色彩样式
LavenderBlush	#FFF0F5	
LawnGreen	#7CFC00	
LemonChiffon	#FFFACD	
LightBlue	#ADD8E6	
LightCoral	#F08080	
LightCyan	#E0FFFF	
LightGoldenRodYellow	#FAFAD2	
LightGray	#D3D3D3	
LightGrey	#D3D3D3	
LightGreen	#90EE90	
LightPink	#FFB6C1	
LightSalmon	#FFA07A	
LightSeaGreen	#20B2AA	
LightSkyBlue	#87CEFA	
LightSlateGray	#778899	
LightSlateGrey	#778899	
LightSteelBlue	#B0C4DE	
LightYellow	#FFFFE0	
Lime	#00FF00	
LimeGreen	#32CD32	
Linen	#FAF0E6	
Magenta	#FF00FF	
Maroon	#800000	
MediumAquaMarine	#66CDAA	
MediumBlue	#0000CD	
MediumOrchid	#BA55D3	
MediumPurple	#9370DB	
MediumSeaGreen	#3CB371	
MediumSlateBlue	#7B68EE	
MediumSpringGreen	#00FA9A	
MediumTurquoise	#48D1CC	
MediumVioletRed	#C71585	

色彩名称	十六进制	色彩样式
MidnightBlue	#191970	
MintCream	#F5FFFA	
MistyRose	#FFE4E1	
Moccasin	#FFE4B5	
NavajoWhite	#FFDEAD	
Navy	#000080	
OldLace	#FDF5E6	
Olive	#808000	
OliveDrab	#6B8E23	
Orange	#FFA500	
OrangeRed	#FF4500	
Orchid	#DA70D6	
PaleGoldenRod	#EEE8AA	
PaleGreen	#98FB98	
PaleTurquoise	#AFEEEE	
PaleVioletRed	#DB7093	
PapayaWhip	#FFEFD5	
PeachPuff	#FFDAB9	
Peru	#CD853F	
Pink	#FFC0CB	
Plum	#DDA0DD	
PowderBlue	#B0E0E6	
Purple	#800080	
RebeccaPurple	#663399	
Red	#FF0000	
RosyBrown	#BC8F8F	
RoyalBlue	#4169E1	
SaddleBrown	#8B4513	
Salmon	#FA8072	
SandyBrown	#F4A460	
SeaGreen	#2E8B57	
SeaShell	#FFF5EE	

色彩名称	十六进制	色彩样式
Sienna	#A0522D	
Silver	#C0C0C0	
SkyBlue	#87CEEB	
SlateBlue	#6A5ACD	
SlateGray	#708090	
SlateGrey	#708090	
Snow	#FFFAFA	
SpringGreen	#00FF7F	
SteelBlue	#4682B4	
Tan	#D2B48C	
Teal	#008080	
Thistle	#D8BFD8	
Tomato	#FF6347	
Turquoise	#40E0D0	
Violet	#EE82EE	
Wheat	#F5DEB3	
White	#FFFFFF	
WhiteSmoke	#F5F5F5	
Yellow	#FFFF00	
YellowGreen	#9ACD32